HTML5移动
Web+Vue.js
应用开发实战

吕鸣 著

清华大学出版社
北京

内 容 简 介

本书综合运用 HTML5、Vue.js 全家桶等流行前端技术介绍了如何开发一款企业级移动 Web 应用的方法与技巧，主要内容包括：HTML5 语义标签和属性，HTML5 音视频，HTML5 Canvas，HTML5 网页存储，CSS3 选择器，CSS3 背景，CSS3 转换、过渡和动画，移动 Web 开发和调试，响应式页面和 Flex 布局，移动 Web 的 touch 事件系统，Vue.js 的组件、指令和模板语法，Vue.js 的组件通信、动画和插槽，Vuex 与 Vue.js 结合实现项目状态管理，Vue Router 与 Vue.js 结合实现项目路由管理；PWA 渐进式技术和 ECMAScript 6 新特性等内容，并借助待办事项管理系统和新浪微博 Web App 项目开发提高读者的实战技能。

本书内容丰富，注重实战，特别适合正在学习移动 Web 开发或前端开发的人员使用，对于有一年左右从业经验的前端工程师和想要了解企业级移动 Web 项目开发的前端工程师也能从本书中获得收益。

图书在版编目（CIP）数据

HTML5 移动 Web+Vue.js 应用开发实战/吕鸣著. —北京：清华大学出版社，2020.5（2024.8重印）
ISBN 978-7-302-55419-6

Ⅰ. ①H… Ⅱ. ①吕… Ⅲ. ①网页制作工具—程序设计 Ⅳ. ①TP392.092.2

中国版本图书馆 CIP 数据核字（2020）第 073931 号

责任编辑：王金柱
封面设计：王 翔
责任校对：闫秀华
责任印制：丛怀宇

出版发行：清华大学出版社
    网 址：https://www.tup.com.cn, https://www.wqxuetang.com
    地 址：北京清华大学学研大厦 A 座   邮 编：100084
    社 总 机：010-83470000   邮 购：010-62786544
    投稿与读者服务：010-62776969，c-service@tup.tsinghua.edu.cn
    质量反馈：010-62772015，zhiliang@tup.tsinghua.edu.cn

印 装 者：三河市君旺印务有限公司
经 销：全国新华书店
开 本：190mm×260mm   印 张：28.5   字 数：776 千字
版 次：2020 年 7 月第 1 版   印 次：2024 年 8 月第 3 次印刷
定 价：89.00 元

产品编号：084756-01

前　言

随着移动互联网的高速发展，移动端开发技术已经成为现阶段软件工程师不可不学的一门技术，而 HTML5 移动 Web 开发技术作为移动端的一个重要领域，以其特有的跨平台、易上手等特性，成为前端工程师必备的技能，结合当下非常流行的 Vue.js 前端框架，能够开发出各种各样的企业级业务产品。市面上有不少关于 HTML5 以及 Vue.js 相关技术的书籍，但是大多都是讲解单一的技术，本书的特点是综合运用了当前流行的前端开发技术，不限于 HTML5 和 Vue.js，而且还讲解了 CSS3 以及 PWA 等技术，并讲解了如何综合运用这些技术开发企业级的移动 Web 项目。读者通过阅读本书能够在掌握理论、技术的同时，深入了解一个真正的移动 Web 实战项目是如何开发的，并且搭配本书提供的项目视频教程，还可以大大提升学习效率。

本书主要内容

本书从逻辑上可以分为 5 大部分，共 19 章，各部分内容概述如下：

第 1 部分（第 1 章到第 6 章）主要介绍 HTML5 和 CSS3 基础理论知识相关的内容，其中包括的知识点如下：

- HTML5 新增标签的介绍和使用。
- HTML5 的 Canvas 绘图基础。
- HTML5 网页存储。
- CSS3 新增选择器和样式的介绍与使用。
- CSS3 转换、过渡和动画效果。

第 2 部分（第 9 章到第 11 章）主要介绍移动 Web 开发相关的内容，其中包括的知识点如下：

- 移动 Web 的调试技巧和方案选择。
- 移动 Web 的屏幕适配、响应式页面和 Flex 布局。
- 移动 Web 的 touch 事件系统。

第 3 部分（第 12 章到第 15 章）主要介绍 Vue.js 全家桶相关的内容，其中包括的知识点如下：

- Vue.js 的基础知识，包括组件、指令和模板语法等。
- Vue.js 的高级进阶知识，包括组件通信、动画和插槽等。
- Vuex 与 Vue.js 结合实现项目状态管理。
- Vue Router 与 Vue.js 结合实现项目路由管理。

第 4 部分（第 16 章和第 17 章）主要介绍 PWA 技术和 ECMAScipt 6 相关技术栈的内容，其中包括的知识点如下：

- PWA 技术概述。
- Service Worker 全方位技术。
- Web Push 和 Web Notification 相关技术。
- ECMAScript 6 的新特性。

第 5 部分（第 18 章和第 19 章）主要介绍两个 Web 项目的开发，从易到难结合书中的理论知识点，并在真正的实战项目中进行应用，便于读者更好地掌握本书的知识点。

本书的适合人群

（1）正在学习前端开发技术的爱好者或即将毕业的学生。

（2）有一年左右工作经验的前端工程师。

（3）想要了解企业级移动 Web 项目开发的前端工程师。

阅读本书之后，能学到什么？

学习本书，读者需要具备基本的 HTML 和 CSS 以及 JavaScript 编程基础，通过阅读本书你能取得以下收获：

- 掌握 HTML5 和 CSS3 相关基础理论知识和实践应用。
- 掌握移动 Web 开发独有的调试技术、屏幕适配和 touch 事件系统。
- 掌握 Vue.js 完整的基础知识和进阶技能。
- 掌握 Vuex，Vue Router 集合 Vue.js 的理论和实践。
- 了解 PWA 技术与移动 Web App 的深度结合。
- 学会待办事项系统和企业级实战项目新浪微博 Web App 从 0 到 1 完整的开发流程。

本书源代码、视频教学和 PPT 课件

本书提供了完整的实例代码和 PPT 课件，读者可以扫描下述二维码获取：

另外，本书还提供了微博项目案例的教学视频，读者可以直接扫描相应章节的二维码观看。

如果无法下载，请发邮件至 bootsaga@126.com 寻求帮助，邮件标题为：HTML5 移动 Web+Vue.js 应用开发实战。

"书犹药也，善读之可以医愚"，每本书都是一剂良药，帮你解决困惑，带来转机。同样，每门技术的掌握都需要从理论到实战，才能真正理解，并为自己所用。对于每一名前端工程师来说，技术的变化和更新必然会带来持久不断地学习，掌握其中的要领便能从容应对，愿各位读者学习本书之后都能有所收获，搭上移动互联网这座大船！

感谢本书在编写时，我的妻子对我的理解和帮助，以及我刚出生一个月的女儿！

编 者

2020.1

目　　录

第1章

移动 Web 开发概述

1.1　移动互联网 Web 技术发展

互联网的发展总是伴随着人们上网设备的更新，在 2008 年之前，大多数的上网设备还是以桌面 PC 电脑为主，网上资源也相对较少。那些年比较流行的论坛网站有天涯社区、猫扑社区，等等，搜索引擎则有百度搜索和搜狗搜索等，新闻资讯类的网站则有四大门户网站，新浪、网易、搜狐和腾讯。这些网站大多数都是以文字加图片等信息的展示为主构成了早期 PC 端网页的内容，再和加上各类的表单填写页面跳转作为与用户的交互方式。

当时的手机虽然已经很普遍了，但是大多数的功能还是用来接打电话和收发短信，受限于 2G 移动网络的限制，使用手机上网或者进行娱乐的应用相对较少，并且其他可供使用的移动互联网软硬件产品和相关业务也较少，大部分的上网应用还是集中在 PC 端。

在 2012 年左右，随着移动端 Android 和 iOS 操作系统的出现，智能手机如雨后春笋般进入了我们的生活中，并且出现了微信这种重量级的移动互联网产品业务，伴随着 3G 和 4G 移动网络的普及，中国的互联网才真正进入到高速移动互联网时代。

随着移动互联网的高速发展，源自用户界面的前端工程师逐渐从软件工程师中独立出来，前端开发技术也逐渐衍生出以下几种分支：

- 原生应用（Native App）开发：这类开发技术是完全使用移动端系统语言编写的客户端应用，iOS 系统采用 Object-C 或者 Swift 语言，Android 采用 Java 语言。采用原生应用（或称为原生 App）开发的项目得益于功能强大和丰富的原生接口，可实现较为复杂的交互需求，用户体验好，但灵活性不强，开发成本高。

- Web 应用（Web App）开发：这类开发技术也称为移动 Web 开发或者 HTML5 页面开发，是采用 HTML+CSS+JavaScript 语言开发的。采用 Web 应用开发的项目由多个前端页面组成，这些页面多采用更新的 HTML5 技术，与传统的 PC 网页不同的是这些前端页面有更强的适配性和性能要求，并且利用原生应用的 WebView 组件或者系统自带的浏览器提供应用的壳子，最终形成一个看似是 App 的应用程序，所以称作 Web 应用（Web App）。Web 应用中的每个页面都可以单独在移动浏览器里打开，跨平台和可移植性较强，但性能体验和功能性不如原生应用。

- HyBrid App（混合类应用）开发：这类开发技术介于原生应用开发技术和移动 Web 开发技术之间，是上面两种开发技术的混合版。这类应用整体上看是一个原生应用，功能性和交互性强的部分采用原生的语言开发，另外部分内容会采用 WebView 组件构成页面容器，采用 HTML+CSS+JavaScript 语言开发前端页面，同时会提供可定制化的原生应用组件和接口来让前端页面调用，拓宽前端技术的能力，最终组成一个含有原生应用开发技术和移动 Web 开发技术的混合类应用。

这三类 App 之间的关系如图 1-1 所示。当前比较流行的移动互联网产品，例如微信、手机淘宝、豆瓣等都是比较典型的混合模式开发的 HyBrid App。为了满足更多的动态化需求，挣脱每次发布都需要受到应用市场上架的限制，混合模式也衍生出越来越多的客户端动态化方案，其中包括以前端技术为主的微信小程序、React Native 等方案。总之，无论是哪种方案和应用，移动 Web 开发都是非常重要且必不可少的技术，并且随着 5G 时代的到来，越来越丰富的移动互联网应用会进入人们的生活，这些应用的技术实现都会用到移动 Web 开发中。

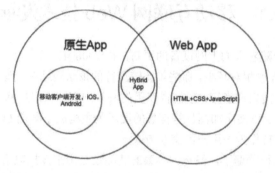

图 1-1 原生 App、Web App 与 HyBrid App 之间的关系

1.2 移动 Web 开发和 PC Web 开发的区别

相信大部分读者或多或少都掌握一些 PC 端开发技术或具有开发 PC 端页面的经验，实际上传统的 PC 端开发和移动 Web 开发所使用的技术栈基本上是一致的，都是采用 HTML+CSS+JavaScript 语言来开发的，但是从产品形态、网络环境以及性能要求上来看，还是有不少区别的：

- 移动设备由于屏幕较小，而要将原本在 PC 端的信息内容呈现在移动端，就需要进行优化和精简，因此 App 界面设计的复杂度比传统 PC 端要小，这其实降低了一定的开发难度，但是移动端的页面所运行的环境是非常多变的，不同的智能手机或移动设备屏幕各不相同，有的屏幕大，有的屏幕小，有的采用高清屏，有的采用标清屏，所以在屏幕适配上，移动 Web 页面有着更高的适配性要求。

- 传统的 PC 端页面开发始终逃脱不了浏览器兼容性问题，从最开始的 IE 系列浏览器到当下流行的谷歌 Chrome、火狐（Firefox）以及 360 浏览器等，由于各浏览器厂商的标准不同，前端工程师始终要和这些"不标准"斗争，浏览器兼容性问题一直是一个比较头疼的问题。好在目前大多数智能手机或移动设备，其自带的移动端浏览器大多采用 WebKit[1]

---

[1] 浏览器内核也称为排版引擎，是用来让网页浏览器绘制网页的核心，常见的内核有 WebKit、Gecko 和 Trident，同样的网页在不同的内核中可能会有不同的表现。

内核，统一的标准使得移动 Web 开发需要处理的浏览器兼容性问题要少一些。

- 移动设备上网虽然可以使用 WiFi，但是不排除在一些关键时刻，在 3G 或 4G 移动网络下使用移动设备上网，这些情况下的网络速度和固网宽带的网络速度相比还是要慢一些，更重要的是这些网络的资费要贵很多，并且当遇到网络信号差时，会有很糟糕的用户体验。所以，如何优化移动端在弱网络下的页面性能，提升用户在弱网络下的使用体验，是移动 Web 开发一项非常重要的技术点。
- 移动设备本身的 CPU、内存以及存储设备和 PC 端相比，差距还是很大的，同样的一个页面在 PC 机上处理假如需要 10 毫秒，换到移动设备上可能需要几倍的处理时间，而互联网上的应用响应时间太慢会导致大量用户的丢失，所以，编写健壮性更强、性能更高效的代码不仅是 PC 端需要关注的，在移动端更需要关注。

在过去，当一个公司或者企业需要开发一个互联网产品时，首先都会想到 PC 端，并且以 PC 端的用户体验为主，如果刚好有移动端的需求，也大多是移植 PC 端的设计。而现在，这类现象已经悄然发生变化，PC 端的业务热度已经降低，以移动端为主的业务理念逐渐成为互联网产品的研发方向，这种新的理念被称为"Mobile First"（移动优先），并延续至今。因此，移动 Web 开发也就变得更加重要了。

1.3　移动 Web 和 HTML5

HTML5（简称 H5）技术是定义 HTML 标准的最新版本，它是一个新版本的 HTML 语言，不仅仅是指新的标签元素、新的属性和行为，还包括了更加强大的技术集合，涵盖了新的 JavaScript Document API（例如 Canvas，地理定位等），以及新的 CSS 版本：CSS3，新增了如位移、转换和动画的 API，所有的这些新技术都包括在内，统称为 HTML5。

由于 HTML5 相关技术是新的标准，因此对于 PC 端浏览器而言，支持性并不是很好，尤其是一些低版本的 IE 浏览器，例如 IE8 以下的浏览器对 HTML5 的支持就非常差，所以 HTML5 及其相关技术经常用在移动 Web 端的开发中，采用 HTML5 技术开发的页面也有另一个名称，即 HTML5 或者 H5 页面。

那么，新版本的 HTML5 与之前的版本相比，到底引入了哪些新的内容呢？与上一个版本相比，主要引入的内容如下：

- 语义：能够更恰当地用于描述内容是什么。
- 离线和存储：能够让网页在客户端本地存储数据以及更高效的离线运行。
- 多媒体：使视频（Video）和音频（Audio）成为 Web 页面中常见的元素。
- Canvas 和 2D/3D 绘图：提供了更多分范围呈现页面元素的选择。
- 设备访问（Device Access）：提供了能够操作原生硬件设备的接口。
- 样式动画效果：使得 CSS3 可以创作出更加复杂的前端动画。

随着 HTML5 相关技术的引入，JavaScript 也更新了版本，提供了一些新的数据结构和 API，被称为 ECMAScript 6.0（简称 ES6），这些内容会在本书后面的章节进行详细的讲解。

1.4 浏览器安装和代码环境的准备

1.4.1 安装 Chrome

作为一本技术研发类的图书，本书中的内容有很多的代码讲解和演示，推荐读者编写并运行这些代码，这样有益于对相关知识点的理解和掌握。

运行本书的这些代码推荐使用的浏览器为谷歌（Google）Chrome，版本为 79，下载地址为：https://www.google.cn/chrome/，如果这个地址无法打开，也可以在 360 软件市场搜索下载，如果无法找到指定版本，则尽量使用版本号大于 70 的版本。

本书中的相关演示代码都是以.html 文件的形式承载的，一般情况下可以双击这些文件，即可在浏览器中运行它们，但是也会有一些文件必须通过静态服务器的方式来运行，即采用 http://localhost/xxx.html 访问的方式来运行，所以读者可以在本地系统安装一个静态资源服务器，推荐使用基于 Node.js 的轻量级 Web 服务器：http-server。

1.4.2 安装 Node.js 和 http-server

使用 http-server 需要安装 Node.js。由于本书的演示代码运行和后面的实战项目开发都需要用到 Node.js，因此安装 Node.js 非常必要。Node.js 安装起来非常简单，这里我们只讲解 Windows 平台下的安装步骤。

首先，到 Node.js 官网下载安装包，Node.js 官网地址为：https://nodejs.org/zh-cn/download/。

选择长期支持版，并根据自己计算机系统是 32 位或者 64 位选择 Windows 安装包（.msi）文件，如图 1-2 所示。

图 1-2 下载 Node.js 的 Windows 安装包

下载完成后，双击安装包 node-v12.13.1-x64.msi（注意，随着时间的推移，读者下载的最新版安装包名可能会比本书中使用的版本新），如图 1-3 所示。

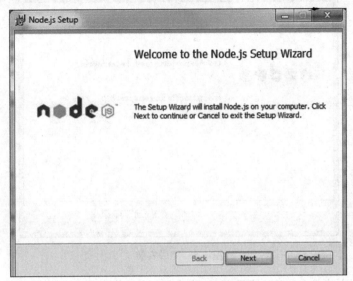

图 1-3　Node.js 安装步骤 1

依次单击 Next 按钮，安装位置可自由选择，如图 1-4 所示。

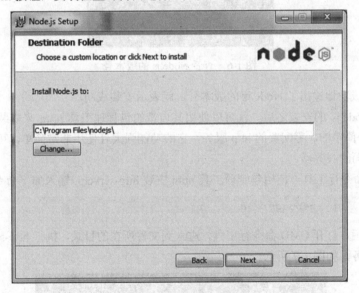

图 1-4　Node.js 安装步骤 2

最后单击 Finish 按钮完成安装，如图 1-5 所示。

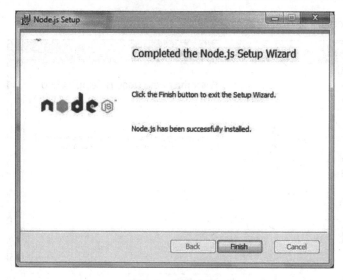

图 1-5　完成安装

若要检测是否安装成功，可以使用 CMD 命令行工具，依次单击"开始→运行"，再输入 CMD
命令来启动这个工具。然后输入 node -v 命令来查看 Node.js 版本号，如图 1-6 所示。

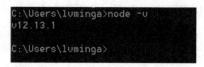

图 1-6　查看 Node.js 的版本号

如果控制台成功地输出了 Node.js 的版本号，就表示安装成功。

在完成了 Node.js 的安装之后，就可以使用其自带的包管理工具 npm 来安装 http-server 了。
http-server 是一个简单的、零配置的 http 服务，它的功能强大且使用非常简单，可以用于测试、开
发和运行静态页面的服务器。

启动 CMD 命令行工具，使用包管理工具 npm 安装 http-server，输入如下命令：

```
npm install spy-debugger -g
```

安装完成之后，打开 CMD 命令行工具，进入到文件所在的目录，执行 http-server 命令即可开
启本地的 http 服务，如图 1-7 所示。

```
C:\webbook-master\bookcode\Vue\vuex>http-server
Starting up http-server, serving ./
Available on:
  http://10.69.4.233:8081
  http://127.0.0.1:8081
Hit CTRL-C to stop the server
```

图 1-7　运行 http-server 开启本地的 http 服务

在浏览器地址栏输入 http://127.0.0.1:8081/xx.html 或者 http://localhost:8080/xx.html 即可访问对
应的页面。

关于 npm 包管理工具的使用会在后面移动 Web 开发和调试章节中具体讲解。

1.4.3　选择合适的代码编辑器

由于本书中有很多的演示代码，因此提前选择一款合适的代码编辑器是很有必要的，关于代码编辑器的选择，完全可以根据个人的喜好来定，在这里笔者介绍几种比较常用的前端代码编辑器：

- **Visual Studio Code：** 简称 VS Code，它是目前使用人数最多的代码编辑器，由微软发布于 2015 年，是一款比较年轻的代码编辑器，它的功能强大并支持插件扩展，但占用内存相对较多，适合有一定前端基础的开发人员使用。
- **Sublime Text：** 目前最新版本是 Sublime Text 3，界面美观，体积小，运行起来非常快，也不会占用大量内存，在功能上稍逊色 VS Code，同样支持插件扩展，适合新手使用。
- **WebStorm：** 功能强大，集成度高，想要的功能几乎都有，被誉为最智能的 JavaScript 代码编辑器，但体积大，占内存多，并且是一款收费的软件，相对于前面两款代码编辑器，因为增加了使用成本，所以使用人数相对少一些。
- **Dreamweaver：** 中文名称 "梦想编织者"，这个就不必说了，老牌子值得信赖，伴随前端而生，见证了前端的发展，内置浏览器可以实时预览是这款代码编辑器的一大特色，但其他的功能相对已经落后，现在使用的人并不多，本书不推荐使用。

在本书的实战项目章节中，会使用 Sublime Text 3 代码编辑器来编写代码。

1.5　本章小结

本章中主要包含移动 Web 开发技术概述和阅读本书的一些前置环境准备工作这两部分内容。第一部分内容包括在移动互联网的大环境下，前端技术的主要分支，移动 Web 开发技术和 PC 端 Web 开发技术以及 HTML5 的区别与联系。第二部分内容包括了 Chrome 浏览器和 Node.js 及 http-server 的安装和使用，以及如何选择一款合适的代码编辑器。本章虽然内容不多，却包含了移动 Web 开发的整体入门知识和相关的概念，为读者顺利学习本书后续的内容打下一个良好的基础。下面来检验一下读者对本章内容的掌握程度：

- 什么是 HyBrid App？
- 移动 Web 开发和 PC 端 Web 端开发有何区别？
- 通过本章内容的学习，谈谈你对移动 Web 开发技术的发展趋势，就业前景的理解。

第2章

HTML5 语义化标签和属性

标签语义化，简单来说就是让标签有含义，标题用<hx>标签（<h1>，<h2>等），列表用<ul>标签，这样我们从网页中的每行源代码一眼就可以看出要展示哪些内容。

在 HTML5 之前，一般是使用<div>或<span>标签来实现大多数的网页元素，这对于整个 HTML 文件来说，过于单一了。随着 HTML5 的到来，引入了一些新的标签，例如<header>、<footer>、<nav>和<section>等，这些标签更加语义化，使页面有良好的结构，无论是谁都能够看懂这块内容是什么，并且有利于搜索引擎的搜索。HTML5 这些语义化新标签的优点总结如下：

- HTML 结构清晰
- 代码可读性较好
- 无障碍阅读
- 搜索引擎可以根据标签的语义确定上下文和权重问题
- 移动设备能够更完美地展现网页
- 便于团队维护和开发

HTML5 除了新增一些语义化标签，同时也引入了相关的语义化属性，例如给<input>标签增加了很多实用的属性，接下来，我们就来一一学习这些内容。

2.1 DOCTYPE 声明

DOCTYPE 声明，在代码中对应的就是<!DOCTYPE>，它位于 HTML 文件的最前面，在<html>标签之前。这里讲解<!DOCTYPE>声明主要是为了和 HTML5 版本之前的声明进行对比。

<!DOCTYPE>声明不是 HTML 标签，它的作用是告知 Web 浏览界面应该使用哪个 HTML 版本。在 HTML5 之前的 HTML4.0.1 版本，有三种设置<!DOCTYPE>声明的方式，分别说明如下。

（1）严格标准模式（HTML 4 Strict），声明的代码为：

```
<!DOCTYPE HTML PUBLIC "-//W3C//DTD HTML 4.01//EN" "http://www.w3.org
/TR/html4/strict.dtd">
```

（2）近似标准模式（HTML 4 Transitional），声明的代码为：

```
<!DOCTYPE HTML PUBLIC "-//W3C//DTD HTML 4.01 Transitional//EN"
"http://www.w3.org/TR/html4/loose.dtd">
```

（3）近似标准框架模式（HTML 4 Frameset），声明的代码为：

```
<!DOCTYPE HTML PUBLIC "-//W3C//DTD HTML 4.01 Frameset//EN"
"http://www.w3.org/TR/html4/frameset.dtd">
```

这些声明的代码都采用固定的写法，并无项目的关联性，使用时直接设置即可。

对于 HTML5 版本的<!DOCTYPE>声明，就简单多了，只有一种版本，对应的声明代码如下：

```
<!DOCTYPE html>
```

在完成<!DOCTYPE>声明之后，在大多数情况下，要对网页的语言和编码进行设置。网页中声明语言与编码方式是很重要的，如果网页文件没有正确地声明编码方式，浏览器会根据网络浏览者计算机上的设置来显示编码。例如，我们有时浏览一些网站时会看到一些网页变成了乱码，通常就是因为没有正确地声明编码方式。

在 HTML4.0.1 版本时，通常采用<meta>标签的方式声明语言和编码方式：

```
<meta http-equiv="Content-Type" content="text/html;charset=UTF-8" >
```

在 HTML5 中，可以使用对<meta>标签直接追加 charset 属性的方式来指定字符的编码方式，如下所示：

```
<meta charset="UTF-8">
```

同时，在<html>标签中使用 lang 属性来设置语言：

```
<html lang="zh-CN">...</html>
```

最后需要说明的是，在声明<!DOCTYPE>和<meta>标签中设置的属性都是不区分字母大小写的，例如可以将 UTF-8 换成 utf-8，<!DOCTYPE html>换成<!doctype html>。

接下来，创建一个新的 HTML5 页面，并且添加上<!DOCTYPE html>声明和语言及编码方式的设置，如示例代码 2-1-1 所示。

示例代码 2-1-1　第一个 HTML5 页面

```
<!DOCTYPE html>
<html lang="zh-CN">
<head>
  <meta charset="UTF-8">
  <title>HTML5</title>
</head>
<body>
```

```
</body>
</html>
```

上面代码是完整的 HTML5 代码，可以直接在浏览器中运行，后续有关标签和相关属性的讲解，会以此为基础。

2.2 <header>标签

<header>标签（也可称为<header>元素），作为 HTML5 引入的新标签之一，如果翻译成中文，可以理解成头部内容，或者是页眉内容。顾名思义，我们可以将网页最开始的部分内容放在<header>标签里面来显示，可以在上面代码中的<body>里新增<header>标签，如示例代码 2-2-1 所示。

示例代码 2-2-1　<header>标签

```
<header>
  <h1>I am header</h1>
  <p>header content</p>
</header>
```

<header>标签在浏览器默认样式上和<div>是一致的，都属于区块级元素，只是在语义上有所区别，所以在规范上来说：

● <header>元素应该作为一个容器，负责 HTML 页面顶部内容的显示，它可以有很多子元素。
● 在一个 HTML 页面中，某些业务逻辑情况下，可以定义多个<header>元素，数量不受限制。
● 尽量不要把<header>标签放在<footer>标签中或者另一个<header>标签内部。

2.3 <footer>标签

同<header>标签对应的是<footer>标签，所谓"一头一尾"，作为 HTML5 引入的新标签之一，如果翻译成中文，可以理解成底部内容，或者是页脚内容。顾名思义，我们可以将网页结尾的部分内容放在<footer>标签里面来显示，接下来新增<footer>标签，如示例代码 2-3-1 所示。

示例代码 2-3-1　<footer>标签

```
<footer>
  <p>Posted by: 移动 Web 开发实战</p>
  <p>Contact information: <a href="mailto:someone@example.com">
someone@example.com</a>.</p>
<footer>
```

<footer>标签在样式上和<div>标签没有什么区别，但是在使用时，需要注意语义化和规范：

● 根据语义化的规范，<footer>元素大多数包括多个子元素，有网站的所有者信息、备案信息、姓名、文件的创建日期以及联系信息等。

- 在一个 HTML 页面中，某些业务逻辑情况下，可以定义多个<footer>元素，并且在每个<section>标签中都可以有一个<footer>标签，这一点不受限制。
- 尽量不要把<footer>标签放在<header>标签中或者另一个<footer>元素内部。

<footer>标签通常是常驻在页面底部，与之搭配的 CSS 样式可以采用 fixed 定位，代码如下：

```
footer {
  position:absolute;
  bottom:0;
  width:100%;
  height:100px;
  background-color: #ffc0cb;
}
```

将网站的所有者信息、备案信息等放在<footer>中并置于页面底部，这是很多网站的标配。

2.4　<section>标签

<section>标签是 HTML5 引入的另一个语义化标签，作用是对页面上的内容进行分块，这里的分块，主要是指按照功能来分，比如一个新闻消息的列表展示页，诸如国际版块、娱乐版块、体育版块，等等，每一个板块都可以使用<section>来划分，而每个版块都需要有自己的标题和内容，并且相对独立。例如图 2-1 所示这个场景的页面。

图 2-1　<section>使用场景

参考图 2-1，我们使用代码来演示一下如何使用<section>标签，<section>标签也没有特殊的样式，使用起来和<div>标签是一样的，如示例代码 2-4-1 所示。

示例代码 2-4-1 <section>标签

```
<section>
 <h3>Title</h3>
 <p>section info</p>
 <img src="test.png" />
</section>
```

下面总结一下<section>标签的使用场景和规范：

● 使用<section>标签时，里面的内容一般要搭配标题和正文等，例如<h1>~<h6>或者<p>标签。
● 每个<section>标签都是一个独立的模块，这些独立模块内部不应该再嵌套<section>标签，但是多个<section>标签可以并列使用。
● 最后，<section>标签不应当作为一个容器元素，它的语义化更强一些，当无法找到使用<section>标签的充分理由时，尽量不要使用。

2.5 <nav>标签

<nav>标签是 HTML5 引入的另一个语义化标签，<nav>标签用于表示 HTML 页面中的导航，可以是页面与页面之间的导航，也可以是页内段与段之间的导航。<nav>所代表的导航一般是位于页面顶部的横向导航，或者是面包屑导航，如图 2-2 所示。

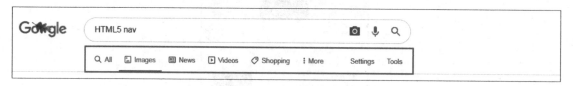

图 2-2 <nav>导航

由于导航的性质，大部分导航内部都是由一个列表组成，也称为导航列表。<nav>内部可以用<ul>或者<ol>来实现导航元素的布局，如示例代码 2-5-1 所示。

示例代码 2-5-1 <nav>标签

```
<nav>
 <ul>
  <li><a href="#">Home</a></li>
  <li><a href="#">About</a></li>
  <li><a href="#">Contact</a></li>
 </ul>
</nav>
```

下面总结一下<nav>标签的使用场景和规范：

- <nav>标签中一般会放一些<a>标签链接元素来实现单击导航的效果。但是，并不是所有的链接都必须使用<nav>元素，它只用来将一些功能性强的链接放入导航栏。
- 一个网页也可能含有多个<nav>元素，例如一个是网站内页面之间的导航列表，另一个是本页面内段与段的导航列表。
- 对于移动 Web 的页面，<nav>标签也可以放置在页面底部来代表页面内的导航，例如微信 App 底部的"微信""通讯录""发现"和"我的" 4 个导航链接。

2.6　<aside>标签

HTML5 的<aside>标签用来表示与当前页面内容相关的部分内容，通常用于显示侧边栏或者补充的内容，如目录、索引等。在一些场景下，可以理解成是一个侧边的导航栏，如图 2-3 所示。

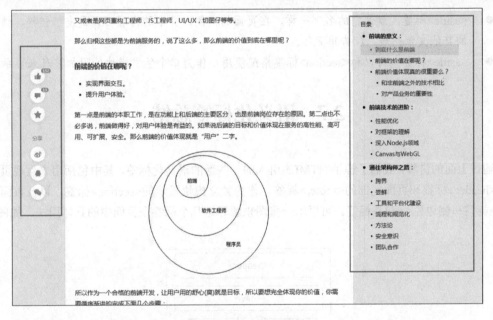

图 2-3　<aside>侧边栏

如果采用代码来实现侧边栏，与一般的<div>标签在样式上没有区别，如示例代码 2-6-1 所示。

示例代码 2-6-1　<aside>标签

```
<aside>
  <h2>标题 1</h2>
  <ul>
    <li>目录 1</li>
    <li>目录 2</li>
  </ul>
  <h2>标题 2</h2>
  <ul>
    <li>目录 1</li>
```

```
    <li>目录 2</li>
  </ul>
</aside>
```

<aside>标签也可以作为<section>标签中独立模块的一部分，用来表示主要内容的附属信息部分，其中的内容可以是与当前文章有关的相关资料、名词解释等，如示例代码 2-6-2 所示。

示例代码 2-6-2   <aside>标签和<section>标签

```
<section>
  <h1>文章的标题</h1>
  <p>文章的正文</p>
  <aside>文章相关的资料、名词解释等</aside>
</section>
```

下面总结一下<aside>标签的使用场景和规范：

- <aside>标签，就像它的名字一样，在页面的一侧，其中的内容可以是友情链接、博客中的其他文章列表、广告单元等。
- <aside>标签也可以和<section>标签搭配使用，作为单个独立模块的附加信息来显示。

2.7 语义化标签总结

通过上面的讲解，我们了解了 HTML5 引入的一些新的语义化标签，其中包括用来呈现页面头部的<header>标签和页面尾部的<footer>标签，作为独立模块显示的<section>标签，以及页面导航<nav>标签和侧边栏<aside>标签。可以用一张图来解释这几个标签在页面中的具体用法，如图 2-4 所示。

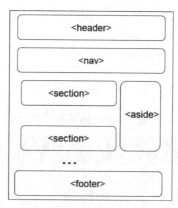

图 2-4   语义化标签总结

HTML5 之所以引入这些新的语义化标签，主要是为了让 HTML 代码更加规范和语义化，每当我们开始编写一个前端页面时，首先在心里应该有一个思路，如何将页面进行功能划分，划分之后，如何按照每个模块的展示内容来选择合适的 HTML5 语义化标签。

当然，有些程序员不管要在网页呈现任何内容，都统一使用<div>标签，我们称这种现象为"标签选择困难症"，虽然以这种方式使用标签并不会影响网页代码的运行，但是当其他程序员来阅读这些代码时，就会感到很乱。

HTML5 语义化标签的意义，不仅在于更方便开发人员阅读代码文件和理清代码结构，而且对浏览器而言，能够更清晰地识别网页的结构。同时良好语义化代码的网站，对于搜索引擎优化（Search Engine Optimization，SEO）功能更加友好，能够让搜索引擎清晰地捕捉到网页的主次模块和内容，所以建议程序员尽可能使用语义化标签来构建 HTML 页面。

当然，上述所讲解的标签并不是所有的 HTML5 新引入的标签，而是与语义化概念关系比较紧密的一些标签，下面介绍 HTML5 新引入的几种有代表性的标签。

2.8　HTML5 其他新增的标签

2.8.1　\<progress\>标签

HTML5 中的\<progress\>标签是一个非常实用的标签，它表示一段进度条，可以用在需要显示进度的程序中，例如在需要等待或者加载中的场景中使用。该标签元素有以下两个属性可以进行设置：

● max：该属性描述了这个\<progress\>元素所表示的任务一共需要完成多少工作。
● value：该属性用来指定进度条已完成的工作量。如果没有 value 属性，则进度条的进度为"不确定"。也就是说，进度条不会显示任何进度，我们无法估计当前的工作会在何时完成（比如在下载一个未知大小的文件时或者请求数据时）。\<progress\>元素会呈现出一个动态的效果。

下面使用代码来演示\<progress\>标签的用法，如示例代码 2-8-1 所示。

```
示例代码 2-8-1    <progress>标签

设置进度：
<progress value="45" max="100"></progress>
<br>
不设置进度：
<progress></progress>
```

在浏览器中运行后，效果如图 2-5 所示。

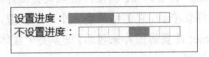

图 2-5　\<progress\>标签

从图 2-5 中，可以观察到上面的\<progress\>标签中深色部分表示已完成的量，而下面的\<progress\>标签的深色部分其实是一个不断左右移动的滑块，用来表示处于等待中的进度条。读者可以在浏览器中运行这个演示代码，就会看到运行时的效果。

在 Chrome 浏览器中，如果想修改<progress>标签的样式，例如大小和颜色，则可以使用如下代码：

```
progress::-webkit-progress-bar {          /* 控制进度条背景的样式 */
  height: 10px;
  background-color:#d7d7d7;
}
progress::-webkit-progress-value { /* 控制进度条值的样式 */
  height: 10px;
  background-color:orange;
}
```

需要注意的是，在上面的代码中，采用了指定浏览器的前缀，所以只针对 Chrome 浏览器才有效，对于 IE 或者 Firefox 浏览器是无效的。

2.8.2 <picture>标签

继 HTML5 新增了许多新的标签之后，在子版本 HTML5.1 中（截至 2020 年，HTML5 共有 3 个子版本 HTML5.1、HTML5.2 和 HTML5.3，其中 HTML5.3 处于草案阶段），又引入了几个“更时尚”的标签，其中就包括<picture>标签。在传统的 PC 端网页中，显示一张图片大多数会采用<img>标签，但是随着移动互联网的发展，网页越来越多地运行在屏幕大小多变，分辨率不同的移动端设备中。<picture>标签提供了一种新的图片显示方案，可以为当前移动设备选择更加适合的图片。

<picture>标签主要用法是在其内部创建若干个可以设置特性的<source>元素，每个<source>元素可以设置不同的 srcset 属性，代表不同的图片地址，同时可以设置不同的 media 属性，代表符合的特定条件，使用方法如示例代码 2-8-2 所示。

示例代码 2-8-2 <picture>标签

```
<picture>
  <source srcset="large.jpg" media="(min-width: 800px)">
  <source srcset="medium.jpg" media="(min-width: 600px)">
  <img srcset="small.jpg">
</picture>
```

<source>元素主要有以下属性，它们的含义是：

● **srcset:** 该属性类似<img>标签的 src 属性，用来设置图片的地址。

● **media:** 该属性也叫作媒体查询，它的结果是一个布尔类型，用来判断是否满足查询条件，当成立时便会使用 srcset 设置的图片来显示，更多关于媒体查询的用法会在后面有关移动 Web 适配的章节进行讲解。

● **type:** 该属性为<source>元素的 srcset 属性设置的图片资源指定一个 MIME 类型。如果当前设备不支持指定的类型，那么就不会使用该 srcset 设置的图片。

上面代码具体代表的含义是：当屏幕宽度大于 300px 且小于 400px 时，会选用 medium.jpg 这张图片来显示，当屏幕宽度小于 300px 时，会选用 small.jpg 这张图片来显示，其余情况下则选用 large.jpg 这张图片来显示。在每一个<picture>标签中，都需要有一个<img>标签表示默认图片，当其他的<source>条件都不满足时，就会使用默认图片来显示。

　　针对不同移动设备加载不同图片不仅能节约带宽，而且显示效果更好，即便图片差别不大，但是可以在细节上提升用户体验。

2.8.3　<dialog>标签

　　<dialog>标签是在子版本 HTML5.2 中引入的标签。<dialog>标签的作用是提供一个弹出的对话框元素，该元素位置上默认为在屏幕上左右居中，同时包括一个黑色的边框。该元素具有 open 属性，用来表示显示弹出框，但是在大多数情况下需要通过 JavaScript 来控制。

　　<dialog>标签的使用如示例代码 2-8-3 所示。

示例代码 2-8-3　<dialog>标签

```
<dialog id="dialog" open>
    这是一个弹出对话框元素
</dialog>
```

在浏览器中运行后，效果如图 2-6 所示。

这是一个弹出对话框元素

图 2-6　<dialog>标签和使用效果

　　在上面的代码中，open 属性意味着该弹出框是可见的，假如没有这个属性，那么这个对话框就会隐藏起来，直到我们使用 JavaScript 来显示它，其实就是给它加上了 open 属性。

　　<dialog>标签对应的 DOM 元素有以下方法可供 JavaScript 来调用：

- **show()和 showModal()：** 这两个方法相同之处都是打开弹出对话框，都会给<dialog>标签添加一个 open 属性。唯一区别就是 show()方法会按照其在 DOM 中的位置显示弹出对话框，没有遮罩，而 showModal()方法会出现遮罩，并且自动进行按键监控（即按了 Esc 键，弹出对话框会关闭）。在大多数情况下，应使用更智能的 showModal()方法。
- **close()：** 关闭弹出对话框，即删除 open 属性，并且可以携带一个参数作为额外数据，传入的值可以通过 DOM 对象 dialog.returnValue 来获取。

同时提供了两个事件：

- **close 事件：** 当弹出对话框关闭时触发。
- **cancel 事件：** 当按下 Esc 键关闭模态框时触发。

使用 JavaScript 来操作弹出对话框、控制隐藏和显示，如示例代码 2-8-4 所示。

示例代码 2-8-4　使用 JavaScript 操作<dialog>标签

```
<button onclick="openDialog()">打开弹出对话框</button>
<button onclick="closeDialog()">关闭弹出对话框</button>
<dialog id="dialog">这是一个弹出对话框元素</dialog>
```

```
<script type="text/javascript">
  // 获取弹出对话框的 DOM 对象
  var dialog = document.getElementById('dialog')
  // 打开弹出对话框的回调方法
  function openDialog() {
    dialog.showModal()
  }
  // 关闭弹出对话框的回调函数
  function closeDialog() {
    dialog.close()
  }
  dialog.addEventListener('close', function(){
    console.log('弹出对话框被关闭')
  })
</script>
```

标签在实际使用时，都会对其自定义的样式采用任意 CSS 样式来重置它的默认样式，但是对于含有遮罩层的弹出对话框，可以采用伪元素的方式去定义遮罩框的样式，代码如下：

```
dialog::backdrop {
  background-color: rgba(41, 107, 255, 0.4);/*定义遮罩框为40%透明度的蓝色*/
}
```

2.9　HTML5 新增的标签属性

HTML5 新增了不少的标签属性，大多数是基于<input>标签的属性，作为 HTML5 页面中一个与用户交互的重要入口，<input>输入框元素基本上在每个网页的页面都会用到。除了新增的<input>标签的属性外，还有新增的<script>标签的 async 和 defer 属性（在 HTML4.0.1 中提出，在 HTML5 中完善），这些属性也是比较重要的。下面我们来一一讲解。

2.9.1　<input>的 type 属性

在 HTML5 中，为<input>元素新增了以下一些 type 属性值，用来丰富文本框的类型。如示例代码 2-9-1 所示。

示例代码 2-9-1　<input>的 type 属性

```
<fieldset>
  <legend>HTML5 新增 input type 类型</legend>
  <form>
    邮箱：<input type="email"><br />
    手机号码：<input type="tel"><br />
    网址：<input type="url"><br />
    数字：<input type="number"><br />
    搜索框：<input type="search"><br />
```

```
        拖动滑块：<input type="range"><br />
        时间：<input type="time"><br />
        日期：<input type="date"><br />
        几年几月：<input type="month"><br />
        几年几周：<input type="week"><br />
        颜色：<input type="color"><br />
    </form>
</fieldset>
```

上面的代码展示了 HTML 新增的几种 type 类型，将这段演示代码在 PC 端的 Chrome 浏览器来运行一下（Chrome 浏览器使用本书开头指定的版本，即至少 70 版本以上），即可看到每种 type 的显示效果，如图 2-7 所示。

由于移动端有不同的 iOS 和 Android 平台，以及不同的 WebView 内核的区别，因此<input>输入框元素在移动端浏览器中的表现就比较多元化一些，下面列举几个可以明显看出区别的类型。

在 iOS 中使用 type="date"，显示的结果如图 2-8 所示。

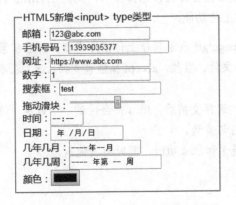

图 2-7　HTML5 新增<input>的 type 类型　　　图 2-8　在 iOS 中使用 input type="date"的显示结果

在 iOS 中使用 input type="tel"，显示的结果如图 2-9 所示。

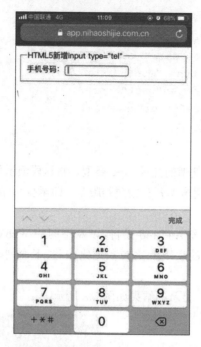

图 2-9　在 iOS 中使用 input type="tel"的显示结果

　　如果是一个日期的类型，会自动调用手机端的时间选择器；如果是电话类型，当调用键盘时，会自动转换成数字键盘，并且无法输入数字之外的字符。关于移动端<input>各种 type 的效果，笔者建议读者拿起手机来真实体验一下，可以在手机端执行示例代码 2-9-1 来加深印象。

2.9.2　<input>文件上传功能

　　在 HTML5 之前，可以使用<input type="file">来实现文件或者图片的上传，HTML5 中使用<input>标签在移动 Web 端会调用相册面板，在 PC 端则会打开文件选择窗口，同时 HTML5 针对这个上传功能在<input>标签上扩展了一些属性来丰富上传功能：

- **accept：** 限制上传文件的类型，image/png,image/gif 表示只能上传图片类型，并且扩展名是 png 或 gif，image/* 表示任何图片类型的文件。当然，accept 属性也支持 .xx，表示扩展名标识的限制，例如 accept=".pdf,.doc"。
- **multiple：** 设置是否支持同时选择多个文件，选择支持后，files 将会得到一个数组。例如在移动 Web 端调用相册面板时，可以进行打勾多选。
- **capture：** 该属性可以调用系统默认相机、摄像和录音功能，同时有其他取值：
  - ✧ capture="camera" 表示相机。
  - ✧ capture="camcorder" 表示摄像机。
  - ✧ capture="microphone" 表示录音。

　　需要注意的是，在移动 Web 端给<input>标签设置了 capture 属性后，当<input>被鼠标单击之后，将会直接调用对应的模块，而不会让用户选择。设置了 capture 属性之后，multiple 也将会被忽略，如示例代码 2-9-2 所示。

示例代码 2-9-2　<input>的文件上传

```
<p>选取多张照片：<input type="file" accept="image/*" multiple="multiple">

<p>从相机选取图片：<input type="file" accept="image/*" capture="camera"
multiple="multiple">

<p>从麦克风选取声音：<input type="file" accept="audio/*" capture="microphone">

<p>从录像机选取（录制）视频：<input type="file" accept="video/*"
capture="camcorder">
```

建议读者尝试在手机端体验这段代码的真实效果，在 iOS 手机端体验的效果如图 2-10 和图 2-11 所示。

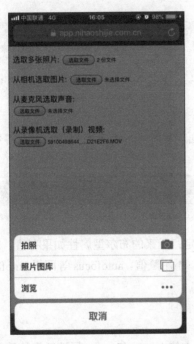

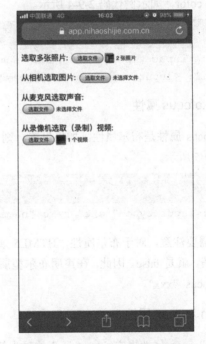

图 2-10　在 iOS 中使用 multiple 后的效果　　　　图 2-11　在 iOS 中选择完成后的效果

在真实体验后会发现，capture="microphone"这个属性在移动端的支持度并不是很好，例如 iOS 12 版本的 Safari 浏览器就不支持该属性设置的选项。

在获取了相关的文件之后，怎么获取所上传的文件呢？我们可以给<input>绑定一个 onchange 事件，以便在代码中获取对应的文件数据，如示例代码 2-9-3 所示。

示例代码 2-9-3　JavaScript 获取<input>数据

```
<p>选取多张照片：<input type="file" accept="image/*" multiple="multiple"
id="uploader">

<script>
var recorder = document.getElementById('uploader');
```

```
recorder.addEventListener('change', function(e) {
  var file = e.target.files;
  console.log(file)
  // 这里可以获取文件数据
});
</script>
```

2.9.3 <input>其他新增属性

1. autocomplete 属性

autocomplete 属性规定表单或输入字段是否应该自动完成。在自动完成启用之后，浏览器会基于用户之前的输入值自动填写。在默认情况下，大多数浏览器都启用这项功能。需要注意的是，autocomplete 属性适用于这些<input>类型：text、search、url、tel、email、password、datepickers、range 以及 color，如示例代码 2-9-4 所示。

示例代码 2-9-4　autocomplete 属性

```
Name: <input type="text" name="name" autocomplete="on"><br />
E-mail: <input type="email" name="email" autocomplete="off"><br />
```

2. autofocus 属性

autofocus 属性是布尔属性。如果设置，则当页面加载时<input>元素应该自动获得焦点。如示例代码 2-9-5 所示。

示例代码 2-9-5　autofocus 属性

```
Name:<input type="text" name="name" autofocus>
```

这里需要注意，对于布尔属性，HTML5 规范规定：元素的布尔型属性如果有值，就是 true，如果没有值，就是 false。因此，在声明布尔型属性时，不用赋值。autofocus 等同于 autofocus="true" 或者 autofocus="xxx"。

3. min 和 max 属性

min 和 max 属性规定<input>元素的最小值和最大值。min 和 max 属性适用的输入类型是：number、range、date、month、time 以及 week，如示例代码 2-9-6 所示。

示例代码 2-9-6　min 和 max 属性

```
<!--只能输入 1980-01-01 之前的日期:-->
<input type="date" name="beforeday" max="1979-12-31">
<!--只能输入 2000-01-01 之后的日期:-->
<input type="date" name="afterday" min="2000-01-02">
<!--只能输入 1-5(包括 1 和 5)数字:-->
<input type="number" name="range" min="1" max="5">
```

4. pattern 属性

pattern 属性规定用于检查<input>元素内容值的正则表达式。适用于以下输入类型：text、search、

url、tel、email 和 password。例如，只能包含三个字母的输入内容（无数字或特殊字符），如示例代码 2-9-7 所示。

示例代码　2-9-7 pattern 属性

```
<input type="text" name="code" pattern="[A-Za-z]{3}" title="Three letter
code">
```

5. placeholder 属性

placeholder 属性规定用以描述输入字段预期值的提示（样本值或有关格式的简短描述），该提示会在用户输入值之前显示在输入字段中，在输入任何值后自动消失。

在 HTML5 之前，实现一个输入框的 placeholder 需要借助 CSS 和 JavaScript 来实现，如果使用 HTML5，一个 placeholder 属性即可实现效果，减少了重复性的开发工作。目前 placeholder 属性适用于以下输入类型：text、search、url、tel、email 以及 password，如示例代码 2-9-8 所示。

示例代码 2-9-8　placeholder 属性

```
Name:<input type="text" name="name" placeholder="请输入名字">
```

6. required 属性

required 属性是布尔属性。如果设置这个属性，则规定在提交表单之前必须填写输入字段。适用于以下输入类型：text、search、url、tel、email、password、number、checkbox、radio 和 file，如示例代码 2-9-9 所示。

示例代码 2-9-9　required 属性

```
Username: <input type="text" name="usrname" required>
```

对于所有的内容限制类属性，例如 pattern、max、min 和 pattern 等，当输入的值非法时，当此 `<input>` 放在表单 `<form>` 中作为表单元素提交时，会有错误提示信息，如图 2-12 所示。

图 2-12　错误提示信息

或者当鼠标移到非法元素上时，也会有错误提示信息，如图 2-13 所示。

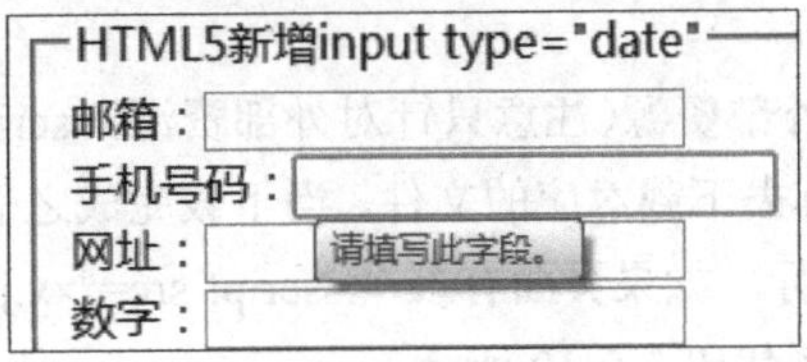

图 2-13　错误提示信息

2.9.4 <script>的 async 和 defer 属性

在讲解<script>的 async 和 defer 属性之前,我们首先需要了解一下浏览器渲染页面的原理,如图 2-14 所示。

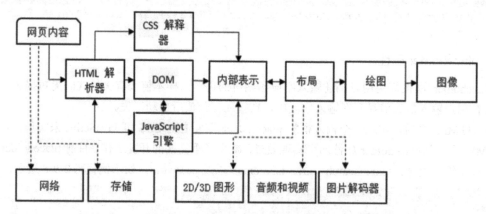

图 2-14 浏览器渲染页面的原理

在图 2-14 的左半部分,当浏览器获得 HTML 页面内容进行解析并渲染时,就会出现阻塞问题,下面来详细解释一下:

- 当浏览器获得服务端返回的 HTML 页面内容时,总是会从上往下解析并渲染页面。
- 一般的 HTML 页面,一些样式文件 CSS 和脚本文件 JavaScript 会放在头部<head>标签中被导入。
- 当浏览器解析到头部的 CSS 和 JavaScript 标签时,如果遇到的是外部链接,就会下载这些资源。
- 暂不提外部 CSS 资源,这里我们只说 JavaScript 外部资源,即当浏览器遇到外部的<script src="xx.js">时,就会暂停解析后面的 HTML 页面内容,先发起请求获取当前的这个页面内容,而后解析获取的页面内容并执行。
- 所以,<script>标签就会阻塞正常的 HTML 页面内容的解析和渲染,尤其当<script>标签导入的外部内容很大时,这种阻塞问题就更加明显,将会导致 HTML 页面加载变慢,白屏时间变长。

为了解决<script>阻塞页面解析和渲染的问题,HTML5 引入了<script>标签的 async 和 defer 属性。这两个属性都是布尔类型的属性。

1. defer 属性

当浏览器遇到设置了引入外部资源(注意只针对外部资源)<script src="xx.js" defer>的标签时,就不再会阻止解析,会另外并行去下载对应的文件,当下载完成之后也不会立刻执行,而是等到整个 HTML 页面解析完成后再执行。如果页面有多个<script src="xx.js" defer />时,会按照定义的顺序执行,这一点很重要,如示例代码 2-9-10 所示。

示例代码 2-9-10　defer 属性

```
<head>
<script type="text/javascript" src="abc.js" defer></script>
<script type="text/javascript" src="efg.js" defer></script>
</head>
```

2. async 属性

async 属性和 defer 属性很类似，都用于改变处理脚本的行为。与 defer 属性类似，async 属性只适用于外部资源，并告诉浏览器立即下载文件。但与 defer 属性不同的是，标记为 async 属性的脚本并不保证按照定义它们的先后顺序执行，如示例代码 2-9-11 所示。

示例代码 2-9-11　async 属性

```
<head>
<script type="text/javascript" src="abc.js" async></script>
<script type="text/javascript" src="efg.js" async></script>
</head>
```

在上面的代码中，如果 efg.js 文件优先于 abc.js 文件下载完成，那么 efg.js 文件会在 abc.js 文件之前执行。因此，确保两者之间互不依赖这一点非常重要。指定 async 属性的目的是不让页面等待两个脚本文件下载和执行，从而异步加载页面的其他内容。因此，建议在指定 async 属性的脚本内容中，不应该有修改 DOM 的逻辑。

同时，如果感觉这两个属性并不需要设置，或者并不需要延迟加载。最优的方法就是老老实实将外部资源的<script>放在页面底部，例如在</body>标签上面，这样就不会影响 HTML 页面的解析和渲染。

2.10　本章小结

在本章中，第一部分主要讲解了 HTML5 新引入的一些标签，这些标签包括 DOCTYPE 声明、<header>标签、<footer>标签、<section>标签、<nav>标签和<aside>标签，并使用了示例代码来演示它们的用法。

第二部分主要讲解了 HTML5 引入的一些新的标签属性，这些属性主要是和<input>配合使用，其中包括了使用最多的 type 属性、文件上传 file 属性以及一些其他的属性如：autocomplete 属性、autofocus 属性、min 和 max 属性、pattern 属性、placeholder 属性、required 属性，并使用代码来演示它们的用法。

最后，讲解了对于影响页面阻塞的<script>标签的问题，以及<script>设置 async 和 defer 属性的相关知识点。下面来检验一下读者对本章内容的掌握程度：

- 什么是 HTML 标签语义化？
- <section>标签使用的规范是什么？
- HTML5 中布尔类型属性有什么特点？

- HTML5 使用<input>标签上传多张图片如何设置？
- 为什么不建议在<head>标签内使用引入外部资源的<script>标签？

就前端技术而言，每一个新标准的诞生，都会带来许多与浏览器兼容性有关的问题，HTML5 也不例外。在日常使用 HTML5 相关的新特性时，要尤其注意浏览器的兼容性。目前 PC 端对于 HTML5 的支持度已经很好了，而且样式表现比较统一，但是在移动端，比如在 iOS 和 Android 平台上对于同一个特性，就可能有不同的表现方式，最稳妥的还是多找几个移动设备和型号来进行测试，正所谓：标签由我们定，是否真实跟进就是各大浏览器厂商的问题了。

第 3 章

HTML5 音频和视频

在 HTML5 之前，网页播放音频和视频大多是利用 Flash[1]来向用户提供媒体服务，这对于用户来说，就必须在自己使用的计算机上安装 Flash 浏览器插件，但是 HTML5 提供了新的<audio>标签和<video>标签，通过这两个标签来设置想要播放的媒体，能够方便地将媒体嵌入到 HTML 文件中。

更加方便地是移动端的设备对这两个标签的支持度也很不错。所以，在没有客户端应用支持的情况下，使用浏览器原生的<audio>和<video>来播放音频和视频，对于移动端设备而言就是一个很重要的音视频解决方案。本章就来揭开它们的神秘面纱。

3.1 <audio>标签与音频

在网页中常用的音乐格式有 WAV、MP3 和 OGG（Vorbis 编码）等，使用最多的是 MP3 格式的音频。我们可以采用<audio>标签来导入音频文件。

3.1.1 <audio>标签元素的使用

先来简单地创建一个<audio>标签，如示例代码 3-1-1 所示。

示例代码 3-1-1 <audio>标签的使用

```
<audio src="./test.mp3" controls autoplay>亲 您的浏览器不支持 HTML5 的 audio 标签
</audio>
```

<audio>标签里面的内容"亲 您的浏览器不支持 HTML5 的 audio 标签"表示，当浏览器不支持<audio>标签时所要显示的内容。使用<audio>标签的大部分程序逻辑就是设置标签属性，这些标签属性的含义如下：

---

[1] Flash 是由 Adobe 公司提供的采用插件形式的网页视频播放解决方案，在早期的浏览器中被广泛使用，Adobe 公司于 2017 宣布将会逐渐停止对 Flash 播放器插件的维护。

- **src:** 设置音频文件的路径和文件名。
- **autoplay:** 是否自动播放，设置 autoplay 属性表示自动播放，但是是否生效取决于浏览器的设置。
- **controls:** 是否显示播放控件或面板，设置 controls 则表示显示出播放控件和面板。
- **loop:** 是否循环播放，设置 loop 属性则表示要循环播放。
- **preload:** 是否预先加载（有些地方翻译成缓冲），减少用户等待的时间。属性值有 auto、metadata 和 auto 共 3 种。
  - ◇ auto：一旦页面加载，则开始加载音频。
  - ◇ metadata：当页面加载后仅加载音频的元数据。元数据是指音频的作者、时长等等信息。
  - ◇ none：当页面加载之后并不预先加载音频。

可以用\<source\>标签来指定多个文件，为不同浏览器提供可支持的编码格式，如示例代码 3-1-2 所示。

```
示例代码 3-1-2    <audio>使用<source>

<audio controls autoplay>
    <source src="./test.mp3" type="audio/mp3">
    <source src="./test.ogg" type="audio/ogg">
    您的浏览器不支持 HTML5 的 audio 标签
</audio>
```

在上面的代码中，当浏览器不支持第一个\<source\>指定的 OGG 格式的音频或者找不到对应的资源文件时，就会使用第二个\<source\>指定的 MP3 格式的音频。

在 PC 端的 Chrome 浏览器中看到的效果如图 3-1 所示。

图 3-1　PC 端的 Chrome 浏览器中看到使用\<audio\>标签的效果

在 iOS 的 Safari 下显示的效果如图 3-2 所示。

图 3-2　Safari 浏览器中看到的使用\<audio\>标签的效果

3.1.2　使用 JavaScript 操作 audio 对象

在 HTML5 中，\<audio\>不仅仅是个标签，它也是 Windows 下的一个对象，可以通过 document.getDocumentById()获取到这个节点的 DOM 对象，对应的对象是 HTMLAudioElement 的一个实例，有对象就有对应的属性和方法，下面就来看看使用 JavaScript 可以操作 audio 对象的哪些属性和方法，如示例代码 3-1-3 所示。

示例代码 3-1-3　使用 JavaScript 操作 audio

```
<audio controls autoplay src="./test.mp3" id="audio">
    您的浏览器不支持 HTML5 的 audio 标签
</audio>
<script type="text/javascript">
    var audio = document.getElementById('audio');

    console.log(audio.currentTime)  //打印出当前播放的时间
    console.log(audio.volume)       //打印出当前的音量
    console.log(audio.duration)     //打印出音频的长度（以秒计）
    console.log(audio.buffered) //打印出表示音频已缓冲部分的 TimeRanges 对象
    console.log(audio.played)   //打印出表示音频已播放部分的 TimeRanges 对象
    audio.muted = true;     //设置是否静音
    audio.volume = 1;       //设置或返回音频的音量

    audio.canPlayType('audio/ogg');//检查浏览器是否能够播放指定的音频类型
    audio.load();      //重新加载音频元素
    audio.play();      //开始播放音频，返回一个 Promise 对象
    audio.pause();   //暂停当前播放的音频
</script>
```

　　在上面的代码中列举了一些常用的 audio 对象的属性和方法，其中一些属性值或方法的调用必须等到 audio 所导入的文件加载完成后才可以正常使用，例如可以通过监听 canplay 事件来获取加载完成这个时间点。下面就来介绍一下 audio 相关的事件。

3.1.3　audio 对象的事件

　　<audio>标签这类音频播放组件给开发者提供的相关事件和方法还是比较充分的，在音频播放的整个流程中或者状态改变时，都有对应的 JavaScript 的 API 可供开发者用于编写自己的业务逻辑，例如可以使用 addEventListener() 方法来监听对应的事件，如示例代码 3-1-4 所示。

示例代码 3-1-4　audio 的事件

```
<script type="text/javascript">
    // 首先获取 DOM 对象
    var audio = document.getElementById('audio');

    audio.addEventListener("canplay", function () {
    // 在 canplay 事件中，可以获取音频的时长
console.log(audio.duration)
    });
    audio.addEventListener("loadstart", function () {
        console.log("事件 loadstart: " + (new Date()).getTime());
    });
```

```
audio.addEventListener("durationchange", function () {
    console.log("事件 durationchange: " + (new Date()).getTime());
});
audio.addEventListener("loadedmetadata", function () {
    console.log("事件 loadedmetadata: " + (new Date()).getTime());
});
audio.addEventListener("progress", function () {
    console.log("事件 progress: " + (new Date()).getTime());
});
audio.addEventListener("suspend", function () {
    console.log("事件 suspend: " + (new Date()).getTime());
});
audio.addEventListener("loadeddata", function () {
    console.log("事件 loadeddata: " + (new Date()).getTime());
});
audio.addEventListener("canplaythrough", function () {
    console.log("事件 canplaythrough: " + (new Date()).getTime());
});
audio.addEventListener("play", function () {
    console.log("事件 play: " + (new Date()).getTime());
});
audio.addEventListener("timeupdate", function () {
    console.log("事件 timeupdate: " + (new Date()).getTime());
});
audio.addEventListener("pause", function () {
    console.log("事件 pause: " + (new Date()).getTime());
});
audio.addEventListener("ended", function () {
    console.log("事件 ended: " + (new Date()).getTime());
});
audio.addEventListener("volumechange", function () {
    console.log("事件 volumechange: " + (new Date()).getTime());
});
</script>
```

建议读者运行上面的代码，自己体验一下每个事件的触发时机和顺序，这些事件类型的含义解释如下：

- **canplay:** 当浏览器可以开始播放指定的音频时，触发 canplay 事件。
- **loadstart:** 当浏览器开始寻找指定的音频时，触发 loadstart 事件，即加载过程开始。
- **durationchange:** 当指定音频的时长数据发生变化时，触发 durationchange 事件。
- **loadedmetadata:** 当指定音频的元数据已加载时，触发 loadedmetadata 事件。
- **progress:** 当浏览器正在下载指定的音频时，触发 progress 事件。
- **suspend:** 当媒体数据被阻止加载时触发 suspend 事件，可以在完成加载后触发，或者在被暂停时触发。

- **loadeddata:** 在当前帧的数据已加载，但没有足够的数据来播放指定音频的下一帧时，触发 loadeddata 事件。
- **canplaythrough:** 当浏览器预计能够在不停下来进行缓冲的情况下持续播放完指定的音频时，触发 canplaythrough 事件。
- **play:** 当开始播放时触发 play 事件。
- **timeupdate:** 当播放时间改变时触发 timeupdate 事件，会在播放的过程中一直触发这个事件，触发频率取决于系统。
- **pause:** 当暂停时会触发 pause 事件，当播放完一个音频时也会触发这个事件。
- **ended:** 当播放完一个音频时会触发 ended 事件。
- **volumechange:** 当音量改变时触发 volumechange 事件。

在日常项目的开发中，上面列举的众多事件可能不会都用到，不过还是需要注意其中的一些问题。对于一些依赖元数据的属性，例如获取音频播放时长的 duration 属性或者当前播放时间的 currentTime 属性，这些属性的值必须等到音频的加载完成事件触发之后才可以获取到。例如可以在 loadedmetadata 或 canplay 这些事件触发回调函数中来获取这些属性的值。

另外，一个使用比较多的事件是 timeupdate 事件，由于这个事件会在音频播放时一直触发，但是触发的频率并不确定，取决于当前的浏览器或者系统。所以，当我们想以一个固定频率来获得这个事件的触发时机时，可以调用 setInterval 方法来不停地轮询 currentTime 属性，代码如下：

```
setInterval(function () {
    console.log(audio.currentTime); // 1 秒触发一次，获取音频的播放进度
}, 1000);
```

另外需要注意的是，在一些浏览器中，尤其是移动端的浏览器，系统不允许代码直接调用 audio.play()方法来播放音频，原因是避免一些网站在未经用户允许的情况下自动播放声音，例如有时设置的 autoplay 属性并不会生效。解决这个问题的方法是通过一个按钮 button 来绑定 click 事件，在事件的回调函数中调用 audio.play()方法，这样就说明是用户主动播放的。代码如下：

```
button.addEventListener('click',function () {
    audio.play();
});
```

3.2　<video>标签与视频

在网页中，播放视频的最常用方案就是采用<video>标签，相对于<audio>标签，<video>标签在各个浏览器上的表现和兼容性要复杂得多，尤其是在移动端的 iOS 或者 Android 平台上，即便是同一特性都可能有不同的表现。在一些定制的 WebView 组件中，例如微信 App 内置的 WebView，都会对<video>播放视频进行定制化的设计。所以，在移动端使用<video>标签时，要充分做好不同移动设备及其机型的验证工作。

3.2.1 <video>标签元素的使用

在 HTML 页面中，使用<video>标签来导入并播放一个视频资源，如示例代码 3-2-1 所示。

示例代码 3-2-1 <video>标签的使用

```
<video controls src="./movie.mp4" width="300" id="video">
      您的浏览器不支持 HTML5 的 video 标签
</video>
```

<video>标签在使用上和<audio>很类似，主要是通过 src 属性来设置资源地址。当前的主流浏览器一共支持 3 种视频格式：Ogg、MPEG4 和 WebM。不过，这 3 种视频格式在浏览器中的兼容性却不同，如表 3-1 所示。

表3-1 <video>在不同浏览器中支持的视频格式

格式	IE	Firefox	Opera	Chrome	Safari
Ogg	No	3.5+	10.5+	5.0+	No
MPEG4	9.0+	No	No	5.0+	3.0+
WebM	No	4.0+	10.6+	6.0+	No

其中，这些视频格式所代表的文件类型如下：

- **Ogg:** 带有 Theora 视频编码和 Vorbis 音频编码的 Ogg 文件。
- **MPEG4:** 带有 H.264 视频编码和 AAC 音频编码的 MP4 文件。
- **WebM:** 带有 VP8 视频编码和 Vorbis 音频编码的 WebM 文件。

无论是在 PC 端还是在移动端，MP4 格式视频文件都是支持度最好的。所以，对于大多数的应用产品或服务网站来说，都会支持 MP4 格式的视频文件。

<video>标签目前使用较多的属性如下：

- **autoplay:** 设置视频准备完毕后是否自动播放。
- **controls:** 设置显示包含"播放""进度条""全屏"等操作组件的播放控件。
- **loop:** 设置是否循环播放视频。
- **muted:** 设置是否静音播放视频。
- **poster:** 设置视频显示的图像，即视频播放前或下载时显示的预览图像。这个属性在移动端支持度并不好。
- **preload:** 视频在页面加载时进行加载（缓冲），并预备播放。如果使用"autoplay"，则忽略该属性。
  - ✧ auto: 一旦页面加载，则开始加载视频。
  - ✧ metadata: 当页面加载后仅加载视频的元数据（包括 poster 设置的图片）。
  - ✧ none: 当页面加载完，但不预先加载视频。

视频在缓冲过程中，如果 poster 设置了视频的显示图像，包括播放前显示的图像和下载时显示的图像，则显示图像；如果未设置此属性，一般情况下播放前视频区是黑色的。

另外，也可以在<video>标签内使用<source>标签来指定多个播放文件，来为不同的浏览器提供其可支持的视频格式。代码如下：

```
<video controls id="videoSource">
  <source src="./movie.ogg" type="video/ogg">
  <source src="./movie.mp4" type="video/mp4">
  <p>您的浏览器不支持 HTML5 的 video 标签</p>
</video>
```

<video>标签在 PC 端的 Chrome 浏览器中显示的效果，带有 controls 控制器，如图 3-3 所示。

图 3-3　<video>标签在 PC 端的 Chrome 浏览器中显示的效果

在 iOS 的 Safari 浏览器中<video>标签显示的效果如图 3-4 所示。

图 3-4　<video>标签在 Safari 浏览器中显示的效果

在 iOS 的 Safari 浏览器中使用<video>标签播放视频时，默认情况下是无法直接在本网页的页面内播放的，也就是说当视频播放时，会自动弹出一个全屏的视频播放器，这个视频播放器是由系统提供的，会覆盖在 HTML 页面之上。如果想要解决这个问题，则需要添加 playsinline 属性，如示例代码 3-2-2 所示。

示例代码 3-2-2　设置 playsinline 属性

```
<video controls src="./movie.mp4" id="video" width="300" playsinline>
    您的浏览器不支持 HTML5 的 video 标签
</video>
```

如果是在 iOS 自定义的 WebView 内使用，需要设置 WebView 组件的 allowsInlineMediaPlayback 属性，即 webview.allowsInlineMediaPlayback = YES[1]，只有这样设置之后，其内部的网页才能识别 playsinline 这个属性，令视频以内联方式播放，即在网页内播放而不是单独开启一个视频窗口进行播放。

3.2.2　使用 JavaScript 操作 video 对象

在 HTML5 中，<video>不仅仅是个标签，它也是 Window 下的一个对象，可以通过 document.getDocumentById()获取到这个 DOM 节点对象，对应的对象是 HTMLVideoElement 的一个实例，有对象就有对应的属性和方法。下面就来看看使用 JavaScript 操作 video 对象都有哪些属性和方法，如示例代码 3-2-3 所示。

示例代码 3-2-3　使用 JavaScript 操作 video

```
<video controls src="./movie.mp4" id="video" width="300">
    您的浏览器不支持 HTML5 的 video 标签
</video>
<script type="text/javascript">
    var video = document.getElementById('video');

    console.log(video.currentTime)      //打印出当前播放的时间
    console.log(video.volume)           //打印出当前的音量
    console.log(video.duration)         //打印出视频的长度（以秒计）
    console.log(video.buffered)         //打印出表示视频已缓冲部分的 TimeRanges 对象
    console.log(video.played)           //打印出表示视频已播放部分的 TimeRanges 对象
    video.muted = true;                 //设置是否静音
    video.volume = 1;                   //设置或返回音频的音量
    video.poster = './poster.png';      //设置或返回 poster 图
    video.width = 200;                  //设置或返回视频的 width 属性的值
    video.height = 200;                 //设置或返回视频的 height 属性的值


    video.canPlayType('video/mp4');     //检查浏览器是否能够播放指定的音频类型
    video.load();       //重新加载视频元素
    video.play();       //开始播放视频，返回一个 Promise 对象
    video.pause();      //暂停当前播放的视频
</script>
```

video 对象相关的 JavaScript 的 API 和之前讲解的 audio 对象相关的 JavaScript 的 API 十分相似，区别主要在于 video 对象可以设置相对于用户界面（UI）的宽度和高度，而 audio 则不可以。

3.2.3　video 对象的事件

<video>标签这类视频播放组件为开发者提供的相关事件和方法还是比较充分的，在视频播放

---

[1] 该段代码为 Object-c 语言设置 iOS 的 UIWebView 组件，使其允许在网页内播放。

的整个流程中或者状态改变时，都有对应的 JavaScript 的 API 可供开发者用于编写自己的业务逻辑，可以使用 addEventListener()方法来监听对应的事件。Video 对象的大部分事件和 audio 对象基本一致，如示例代码 3-2-4 所示。

示例代码 3-2-4　video 对象事件

```javascript
<script type="text/javascript">
    var video = document.getElementById('video');
    video.addEventListener("loadstart", function () {
        console.log("event loadstart: " + (new Date()).getTime());
    });
    video.addEventListener("durationchange", function () {
        console.log("event durationchange: " + (new Date()).getTime());
    });
    video.addEventListener("loadedmetadata", function () {
        console.log("event loadedmetadata: " + (new Date()).getTime());
    });
    video.addEventListener("progress", function () {
        console.log("event progress: " + (new Date()).getTime());
    });
    video.addEventListener("suspend", function () {
        console.log("event suspend: " + (new Date()).getTime());
    });
    video.addEventListener("loadeddata", function () {
        console.log("event loadeddata: " + (new Date()).getTime());
    });
    video.addEventListener("canplay", function () {
        console.log(video.duration)
    });
    video.addEventListener("canplaythrough", function () {
        console.log("event canplaythrough: " + (new Date()).getTime());
    });
    video.addEventListener("play", function () {
        console.log("event play: " + (new Date()).getTime());
    });
    video.addEventListener("timeupdate", function () {
        console.log("event timeupdate: " + (new Date()).getTime());
    });
    video.addEventListener("pause", function () {
        console.log("event pause: " + (new Date()).getTime());
    });
    video.addEventListener("ended", function () {
        console.log("event ended: " + (new Date()).getTime());
    });
    video.addEventListener("volumechange", function () {
        console.log("event volumechange: " + (new Date()).getTime());
```

```
    });

</script>
```

在上面的代码中使用的事件，其含义如下：

- **canplay：** 当浏览器可以开始播放指定的视频时，触发 canplay 事件。
- **loadstart：** 当浏览器开始寻找指定的视频时，会触发 loadstart 事件，即在加载过程开始时。
- **durationchange：** 当指定视频的时长数据发生变化时，触发 durationchange 事件。
- **loadedmetadata：** 当指定的视频的元数据已加载时，会触发 loadedmetadata 事件。
- **progress：** 当浏览器正在下载指定的视频时，会触发 progress 事件。
- **suspend：** 当媒体数据被阻止加载时触发 suspend 事件，这个事件可以在完成加载后触发，或者在被暂停时触发。
- **loadeddata：** 在当前帧的数据已加载，但没有足够的数据来播放指定视频的下一帧时，会触发 loadeddata 事件。
- **canplaythrough：** 当浏览器预计能够在不停下来进行缓冲的情况下持续播放指定的视频时，会触发 canplaythrough 事件。
- **play：** 当开始播放时触发 play 事件。
- **timeupdate：** 当播放时间改变时触发 timeupdate 事件，这个事件会在播放的过程中一直触发，触发频率取决于系统。
- **pause：** 当暂停时会触发 pause 事件，当播放完一个视频时也会触发这个事件。
- **ended：** 当播放完一个视频时触发 ended 事件。
- **volumechange：** 当音量改变时触发 volumechange 事件。

可以看出 video 对象的事件含义基本上和 audio 对象的事件含义是一致的。

需要说明的是，在采用<video>标签来播放视频时，使用比较多的事件是 timeupdate 事件，由于这个事件会在视频播放时一直触发，但是触发的频率并不确定，取决于当前的浏览器或者计算机系统。所以，当我们想以一个固定频率来获得这个事件触发的时机时，可以调用 setInterval 方法，不停地轮询 currentTime 属性，代码如下：

```
setInterval(function () {
    console.log(video.currentTime); // 1秒触发一次，来获取视频的播放进度
}, 1000);
```

另外需要注意的是，在一些浏览器，尤其是在移动端的浏览器中，系统不允许代码直接调用 video.play()方法，这个和 audio 对象是一样的，原因是避免一些网站在未经用户允许的情况下自动播放视频，例如，我们设置的 autoplay 属性并不会生效。解决这个问题的方法是通过一个按钮 button 来绑定 click 事件以触发 video.play()方法，这样就说明是用户主动播放的，代码如下：

```
button.addEventListener('click',function () {
    video.play();
});
```

3.2.4　videojs 视频播放器的使用

videojs 是一款开源的免费 Web 视频播放器组件，简单易用，并且在移动 Web 端有着良好的兼容性和适配性，已经成为现在视频播放业务中最优秀的解决方案之一。

videojs 可以帮助我们解决如下问题：

- 对于 Web 端视频来说，不仅仅是指一个静态的资源，例如一个 mp4 文件。对于实时视频，例如 m3u8 格式的视频，类似这种实时直播的视频也是一种视频，videojs 内置了 HTML5 和 Flash 两种模式，可以同时兼容这些视频。
- 对于移动 Web 端，各式各样的操作系统自带浏览器定制的 <video> 标签所渲染出的界面风格不统一，直接编写原生的 JavaScript 来控制视频则兼容性较差，video.js 内置的视频播放组件将这些不统一的问题解决了，并统一封装成相同的接口供开发者使用，从而大大减少了解决兼容性所花的时间。

导入 videojs 需要导入对应的 JavaScript 文件和 CSS 文件，如示例代码 3-2-5 所示。

示例代码 3-2-5　导入 video.js

```
<!DOCTYPE html>
<html lang="zh-CN">
<head>
  <link href="https://unpkg.com/videojs/dist/video-js.min.css"
rel="stylesheet">
  <script src="https://unpkg.com/videojs/dist/video.min.js"></script>
  <!-- 如果需要支持 IE8，就导入下面的文件 -->
  <!--<script
src="https://vjs.zencdn.net/ie8/1.1.2/videojs-ie8.min.js"></script>-->
</head>
<body>
</body>
</html>
```

导入之后，需要之前的 <video> 标签播放视频的代码，但并不需要改动很多地方，可以使用 JavaScript 将视频初始化，将下面代码添加到 <body></body> 之中，如示例代码 3-2-6 所示。

示例代码 3-2-6　video.js 示例

```
<video id="video" class="video-js">
    <source src="./movie.mp4" type="video/mp4">
    您的浏览器不支持 HTML5 的 video 标签
</video>
<script type="text/javascript">

    var options = {
        width: 300,      //设置宽度
        height: 300,     //设置高度
        controls: true,  //设置是否显示视频控制器
```

```
        preload: "auto",//设置是否缓冲
    }

    // 初始化 videojs，第一个参数为<video>标签的 ID，第二个参数是 videojs 接收的参数，
第三个是 videojs 初始化成功后执行的方法
    var player = videojs("video", options, function() {
        console.log("初始化成功")
    })
</script>
```

通过调用 new videojs("video")方法，将<video>标签的 id 传入，就可以初始化一个视频播放器，其中第二个参数可以设置一些选项，第三个参数是初始化成功的回调函数，需要将<video>标签的 class 值设置成 video-js（可以应用 videojs 播放器默认的样式），效果如图 3-5 所示。

图 3-5　videojs 视频播放器的效果

同时，videojs 也支持直接在<video>标签的属性上来设置初始化参数，代码如下：

```
<video
    id="my-player"
    class="video-js"
    controls
    preload="auto"
    poster="//vjs.zencdn.net/v/oceans.png"
    data-setup='{}'>
    ...
</video>
```

在上面的代码中，可以直接将初始化需要的选项设置在<video>标签的属性中，data-setup 表示上面通过 JavaScript 初始化时的 options 项。不过，笔者并不推荐这样做，会影响 HTML 结构的清晰性，如果设置项复杂，整个代码会显得比较臃肿，所以还是建议采用 JavaScript 的方式来初始化 videojs。

在示例代码 3-2-6 中，我们只使用了一部分的 videojs 的设置项，对于 height 和 width 属性，如果设置的不是视频原有的比例，那么多余出来的区域会被黑色背景所代替，如图 3-6 所示。

图 3-6　不是视频原有比例的播放效果

关于 options 的其他一些设置项和含义如下：

```
Player
    Poster                              //设置默认封面
    TextTrackDisplay                    //设置字幕显示
    LoadingSpinner                      //设置加载中 loading 样式
    BigPlayButton                       //设置大播放按钮
    ControlBar                          //设置控制条
        PlayToggle                      //设置播放暂停
        FullscreenToggle                //设置全屏
        CurrentTimeDisplay              //设置当前播放时间
        TimeDivider                     //设置时间分割器
        DurationDisplay                 //设置总时长
        RemainingTimeDisplay            //设置剩余播放时间
        ProgressControl                 //设置进度时间轴
            SeekBar                     //设置拖动按钮
            LoadProgressBar             //设置加载进度状态
            PlayProgressBar             //设置播放进度状态
            SeekHandle                  //设置拖动回调函数
        VolumeControl                   //设置音量
            VolumeBar                   //设置音量按钮
            VolumeLevel                 //设置音量等级
            VolumeHandle                //设置音量处理回调函数
        PlaybackRateMenuButton          //设置播放速率按钮
```

其中设置项的命名方式采用"驼峰"命名方式。上面列举的是一些比较常用的设置项，关于 videojs 更多的参考资料，可以访问 videojs 的官方网站 https://docs.videojs.com。

3.3　本章小结

在本章中，讲解了 HTML5 中处理音频和视频的相关知识。第一部分讲解了 HTML5 中<video>标签的使用，以及结合 JavaScript 来操作 audio 对象，并使用代码演示了它们的用法。第二部分讲解了 HTML5 中<video>标签的使用，作为视频这个庞大的功能，掌握好相关的知识很重要，同时也讲解了结合 JavaScript 来操作 video 对象，实现对播放流程的控制，并使用代码演示它们的用法。最后，讲解了如何使用 videojs 实现一个视频播放器。

下面来检验一下读者对本章内容的掌握程度：

● 　<audio>和<video>分别支持什么格式的文件？
● 　在移动端，什么情况下调用 audio.play()方法会不起作用？
● 　canplay 事件和 canplaythrough 事件有什么区别？
● 　如何按照固定频率监听播放事件？
● 　videojs 初始化的方法是什么？

在 HTML5 中，音频和视频是比较重要的功能，在日常业务中会经常用到，并且现在的互联网产品已经从最原始的文字发展到文字+图片，再发展到声音和视频，例如现在非常火爆的短视频类 App 产品，都离不开音频和视频相关的知识。所以，掌握好音频和视频处理的相关知识就非常重要。还需要再强调一下，对于移动 Web 端来讲，不同的移动设备及其机型对音频和视频的表现是有所不同的，所以一定要做好兼容性的验证。如果达不到最佳体验，那么使用原生应用开发一个供 Web 端调用的原生音频和视频控件，也是一种不错的方案。

第4章

HTML5 Canvas 基础

<canvas>是 HTML5 新增的一个可以使用 JavaScript 脚本在其中绘制图像的 HTML 标签元素。<canvas>标签也可以称作 Canvas，它是一个非常强大的技术栈。Canvas 甚至可以从前端开发中单独剥离出来，独立成为一门学科。

Canvas 翻译过来叫作画布，顾名思义就是当我们使用 HTML 和 CSS 去实现一些非标准的页面元素时，例如画一个椭圆或是画一条折线，当发现采用标准的 HTML 和 CSS 很难去实现时，Canvas 就成为可供开发者选择的另外一种自由绘制的方案。对于浏览器而言，其本身就是一个大的画布，可以这么来理解，提供给开发者绘制页面的 API，大部分是以 HTML 标签和 CSS 规则来实现，但同时为了满足一些底层的需求，又在 HTML5 中开放了 Canvas 供开发者使用。因此，对于 Canvas 来说，它可以有自己独特的使用场景：

- **数据可视化**：在数据可视化领域，需要前端在网页中展示很多的图表，例如柱状图、折线图和饼图等，这些网页元素采用 HTML 和 CSS 开发是非常困难的，所以大部分的前端数据可视化库都是基于 Canvas 来实现的，例如 ECharts 等。
- **游戏**：目前，随着网页游戏的兴起，HTML5 的 Canvas 为游戏开发开辟了一条新思路，基本上所有的网页游戏都是由 Canvas 技术栈来开发的，包括 PC 网页端和移动 Web 端看到的游戏，都是由一个<canvas>标签来承载，它们的内部都会用到游戏引擎，而基本上 HTML5 的游戏引擎（基于 2D）都是基于 Canvas 来实现的，例如 Egret 的 2D 版本和 cocos2d-js 等。
- **WebGL**：简单来说，WebGL 可以把它看成是 3D 版的 Canvas，是基于 OpenGL 的 Web 3D 图形规范，它有一套完整的 JavaScript API。使用 WebGL 可以在网页中实现 3D 效果，同样可以实现基于 3D 的游戏，常用的 WebGL 库如 three.js 等。
- **图像处理**：Canvas 的另外一个功能就是图像处理，利用 Canvas 的 getImageData()和 putImageData()方法可以获取和设置图像中每个像素的信息，利用这些信息可以对图像进行像素级别的处理，同时像素数据也是后续利用机器学习相关算法识别图像的重要前置信息。

由此可见，Canvas 的功能非常强大，不过再强大我们也要从最基本的 API 学起。当然，由于本书的篇幅有限，因此在本书中只会涉及 HTML5 的 Canvas 的一些基本用法和使用。

4.1 一个简单的 Canvas

在 HTML 页面中导入<canvas>标签，如示例代码 4-1-1 所示。

示例代码 4-1-1　<canvas>标签使用

```
<!DOCTYPE html>
<html lang="zh-CN">
<head>
  <meta charset="UTF-8">
  <meta name="viewport" content="width=device-width, initial-scale=1.0,
maximum-scale=1.0, user-scalable=no" />
  <title>canvas 标签的使用</title>
</head>
<body>
<canvas id="canvas" width="600" height="600">
    你的浏览器居然不支持 Canvas
</canvas>
</body>
</html>
```

<canvas>标签使用起来和<audio>标签或者<video>标签很像，区别是不需要设置 src 属性，如果当前浏览器不支持 Canvas，将替换的内容编写在<canvas>标签内部即可。<canvas>和<video>的相同之处是都支持把 width 和 height 直接设置在标签属性上，也像大多数其他标签一样，可以通过 CSS 规则来定义布局和属性，例如可以给它加一个黑色的边框，代码如下：

```
<style type="text/css">
#canvas {
  border: 1px solid black;
}
</style>
```

当在浏览器中运行这段代码时，会看到一片空白，这是因为并没有在画布上编写任何东西。要想使用 Canvas，必须调用对应的 API。

要使用 Canvas 对应的 API，必须先获取 Canvas 的上下文对象（可以理解成画布的画笔），如示例代码 4-1-2 所示。

示例代码 4-1-2　获取 Canvas 上下文对象

```
<canvas id="canvas" width="600" height="600">
    您的浏览器居然不支持 Canvas
</canvas>
```

```
<script type="text/javascript">

    // 获取对应的 DOM 对象（元素）
    var canvas = document.getElementById("canvas");

    //通过 DOM 元素获取上下文对象
    var context = canvas.getContext("2d");

</script>
```

在上面的代码中，通过 document.getElementById("canvas")可以获取<canvas>对应的 DOM 对象，一个 HTMLCanvasElement 的实例，通过调用 canvas.getContext("2d")获取上下文对象，注意这里获取的是 2D 的上下文，如果需要使用 3D 功能，可以调用 canvas.getContext("webgl")。

在此基础上绘制一个简单的矩形来看一下效果，如示例代码 4-1-3 所示。

示例代码 4-1-3　绘制一个矩形

```
<script type="text/javascript">

    // 获取对应的 DOM 对象（元素）
    var canvas = document.getElementById("canvas");

    //通过 DOM 对象获取上下文对象
    var context = canvas.getContext("2d");

    //绘制矩形
    context.fillRect(10, 10, 55, 50);

    //设置填充颜色
    context.fillStyle = "rgb(200,0,0)";

</script>
```

在浏览器中运行这段代码，效果如图 4-1 所示。

图 4-1　绘制一个矩形

在上面的代码中，在调用相关的 API 来绘制图形时，会传递一些坐标值。在 Canvas 元素中，默认被网格所覆盖。通常来说，网格中的一个单元相当于 Canvas 元素中的一个像素，网格的原点为左上角（坐标为（0,0）），所有元素的位置都相对于原点来定位。如图 4-2 中蓝色正方形左上角的坐标为距离左边（Y 轴）x 像素，距离上边（X 轴）y 像素（坐标为（x,y））。

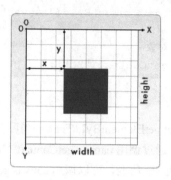

图 4-2　Canvas 坐标系统

理解 Canvas 的坐标系统是后续使用 Canvas 相关 API 进行绘图的基础，接下来就来讲解 Canvas 中 API 的使用。

4.2　使用 Canvas 绘制路径

在 Canvas 中，把从绘制起点到绘制终点所经过的这些点称为路径。有点像用一支笔在纸上画画，通过不停地调整落笔的位置，从而画出各种各样的线条来勾勒出画的框架，再用各种颜色对线条描边，对封闭框架进行填充。Canvas 中的所有基本图形，包括线段、矩形、圆弧、贝塞尔曲线等，都是可以基于路径进行绘制的。

4.2.1　使用 Canvas 绘制直线

Canvas 提供了以下方法用来绘制直线。

1. beginPath()

新建一条路径，路径一旦创建成功，图形绘制命令就被指向到路径上用来生成路径。

2. moveTo(x, y)

把画笔移动到指定的坐标(x, y)，相当于设置路径的起始点坐标。此方法并不会画线，只是移动画笔。

3. lineTo(x, y)

从当前位置到坐标(x, y)画出一条直线路径。如果不存在当前位置，相当于执行 moveTo(x, y)，在崭新的路径中没有执行过任何操作的情况下，默认是不存在当前位置的，所以一般在执行 lineTo() 之前，先执行 moveTo()。

4. closePath()

创建从当前点到开始点的路径。当路径中的起始点和终止点不在同一点上时，执行 closePath() 会用一条直线将起始点和终止点相连，形成一个闭合的图形。

5. stroke()

对当前路径中的线段或曲线进行描边。描边的颜色由 strokeStyle 决定，描边的粗细由 lineWidth 决定。另外，与 stroke 相关的属性还有 lineCap、lineJoin 和 miterLimit。

- **lineWidth:** 该值决定了 Canvas 中绘制线段的屏幕像素宽度，必须是个非负数的 double 值，默认值为 1.0。
- **strokeStyle:** 指定了对路径进行描边时所用的绘制风格，可以被设置成某个颜色、渐变或者图案，目前常使用它来设置路径的颜色。
- **lineCap:** 设置如何绘制线段的端点。有 3 个值可选：butt（向线条的每个末端添加平直的边缘）、round（向线条的每个末端添加圆形线帽）和 square（向线条的每个末端添加正方形线帽）。默认为 butt。
- **lineJoin:** 指定同一个路径中相连线段的交汇处如何绘制。有 3 个值可选：bevel（斜角）、round（圆角）和 miter（尖角）。默认为 miter。
- **miterLimit:** 当 lineJoin 设置为 miter 时有效，该属性设置两条线段交汇处最大的渲染长度。如果长度超过 miterLimit 的值，边角会以 lineJoin 的"bevel"类型来显示。

这些属性都可以通过 Canvas 上下文对象 context.xxx 来设置，对应 3 种不同的 lineCap 效果，如图 4-3 所示。

图 4-3　3 种不同的 lineCap 效果

从上到下的效果依次是 butt、round 和 square，可以看到 butt 和 square 很类似，区别是 butt 没有伸出去一截，square 伸出去一截的长度为线条宽度的一半。

这 3 种不同的 lineJoin 效果，可以再对照一下图 4-4 中的情况。

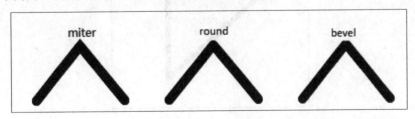

图 4-4　3 种不同 lineCap 效果在折线中的效果

下面就根据上面介绍的 API 来绘制一条线段和一个闭合的三角形，如示例代码 4-2-1 所示。

示例代码 4-2-1　Canvas 绘制路径

```javascript
<script type="text/javascript">
    // 获取到对应的 DOM 对象（元素）
    var canvas = document.getElementById("canvas");

    //通过 DOM 对象（元素）获取上下文对象
    var context = canvas.getContext("2d");

    // 绘制线段
    context.beginPath();           //新建一条路径
    context.moveTo(50, 50); //把画笔移动到指定的坐标处
    context.lineTo(200, 50);       //绘制一条从当前位置到指定坐标(200,50)的路径
    context.closePath(); //闭合路径，绘制一条从当前点到路径起始点的直线。如果当前点与
起始点重合，则什么都不做
    context.lineWidth = '4';       //设置线段的粗细值
    context.stroke();              //绘制路径

    // 绘制三角形
    context.beginPath();           //新建另一条路径
    context.moveTo(50, 70);        //把画笔移动到指定的坐标处
    context.lineTo(200, 70);       //绘制一条路径
    context.lineTo(200, 200);      //绘制一条路径
    context.closePath(); //虽然只绘制了两条线段，但是 closePath()会把起始点和终点连
接在一起形成一个三角形
    context.lineWidth = '7';           //设置线段的粗细值
    context.strokeStyle = 'blue';  //设置路径的颜色
    context.lineJoin = 'round';        //设置路径的交接处为圆角
    context.stroke(); //绘制路径，stroke 不会自动调用 closePath()关闭路径
</script>
```

在浏览器中运行这段代码来看看实际的效果，结果如图 4-5 所示。

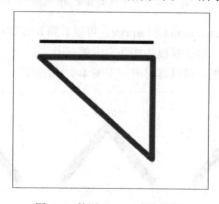

图 4-5　使用 Canvas 绘制路径

通过图 4-5 可以看出代码中设置的一些属性如粗细、圆角都体现了出来。下面总结一下 Canvas 绘制路径的步骤：

- 创建路径起始点，对应方法为 beginPath() 和 moveTo()。
- 调用绘制方法去绘制出路径，对应方法为 lineTo()。
- 把路径闭合，对应方法为 closePath()。
- 一旦路径生成，通过描边或填充路径区域来渲染图形，对应方法为 stroke() 和 fill()。

Canvas 中只能有一条路径存在，这条路径被称为"当前路径（Current Path）"。对一条路径进行描边（stroke）时，这条路径的所有线段、曲线都会被描边成指定颜色。这意味着，如果在同一路径上先画了条线，描边成红色，再画一条线，再描边成黑色时，整条路径上的线都会变成黑色，包括之前已经描成红色的直线。所以，在使用 Canvas 绘制路径时，每当完成一部分路径后，要通过调用 closePath() 来结束，开启下一部分新路径时，通过调用 beginPath() 来开始。这样，每一个部分的路径就不会互相影响。

在了解了路径绘制之后，有时需要填充路径组成的闭合区域，让路径变成实心的图形，这时就需要调用 fill() 方法。

4.2.2　使用 Canvas 路径填充

fill() 方法根据当前的填充样式，填充当前或已存在的路径。与 stroke 类似，可以使用 fillStyle 属性来设置图形填充操作中使用的颜色、渐变色或图案。

将上述 4.2.1 小节代码中的三角形进行颜色填充，如示例代码 4-2-2 所示。

示例代码 4-2-2　Canvas 填充

```
<script type="text/javascript">
    // 获取对应的 DOM 对象（元素）
    var canvas = document.getElementById("canvas");

    // 通过 DOM 对象（元素）获取上下文对象
    var context = canvas.getContext("2d");

    // 绘制三角形
    context.beginPath();              // 另外新建一条路径
    context.moveTo(50, 70);           // 把画笔移动到指定的坐标处
    context.lineTo(200, 70);          // 绘制一条路径
    context.lineTo(200, 200);         // 绘制一条路径
    context.closePath(); // 虽然我们只绘制了两条线段，但是 closePath 会把起始点和终
点连接在一起形成一个三角形
    context.fillStyle = 'blue'; // 设置填充色为蓝色
    context.fill(); // 填充颜色
</script>
```

如果绘制的路径未闭合或者是一个非闭合的区域，那么 fill() 方法会从路径结束点到开始点之间添加一条直线来闭合该路径（相当于调用了 closePath()），然后填充该路径。

通过变换画笔不同点的位置和对线条路径的组合，可以绘制出各种各样的图形，例如下面的代码绘制了一个五角星的闭合路径，如示例代码 4-2-3 所示。

示例代码 4-2-3　Canvas 绘制五角星

```javascript
<script type="text/javascript">
    // 获取对应的 DOM 对象（元素）
    var canvas = document.getElementById("canvas");

    //通过 DOM 对象（元素）获取上下文对象
    var context = canvas.getContext("2d");
    var R = 100;    // 外圈半径
    var r = 50;     // 内圈半径
    var x = 200;    // 五角星中心点的 x 坐标
    var y = 200;    // 五角星中心点的 y 坐标

    context.beginPath();

    // 在五角星的内外画两个圆，五角星有五个角，360/5=72 度
    for( var i = 0 ; i < 5 ; i ++){
        context.lineTo(Math.cos((18+72*i)/180*Math.PI) * R + x ,-
Math.sin((18+72*i)/180*Math.PI) * R + y);
        context.lineTo(Math.cos((54+72*i)/180*Math.PI) * r + x ,-
Math.sin((54+72*i)/180*Math.PI) * r + y);
    }
    context.closePath();
    context.fill();
    context.stroke();
</script>
```

在浏览器中运行这段演示代码，效果如图 4-6 所示。

图 4-6　用 Canvas 绘制五角星

4.3　使用 Canvas 绘制图形

正如前文所述，学会了使用 Canvas 路径 API 绘制相关的图形之后，就可以通过自由组合绘制出各种图形。当然，Canvas 也提供了一些图形相关的 API，可以不需要自己控制画笔的位移，直

接调用对应图形的绘制方法就可以绘制出简单的图形。本节就来学习这些相关的 API。

4.3.1 使用 Canvas 绘制矩形

Canvas 提供了 3 个与绘制矩形相关的方法，包括两个绘制方法和一个清除方法。

- strokeRect(x, y, width, height)：strokeRect 方法用于绘制一个矩形的边框。
- fillRect(x, y, width, height)：fillRect 方法用于绘制一个填充的矩形。
- clearRect(x, y, width, height)：清除指定的矩形区域，然后这块区域会变得完全透明。

这 3 个方法具有相同的参数，(x, y)指的是矩形左上角的坐标（相对于 Canvas 的坐标原点），width 和 height 分别指的是要绘制的矩形的宽和高。接下来绘制两个矩形，如示例代码 4-3-1 所示。

示例代码 4-3-1 Canvas 绘制矩形

```
<script type="text/javascript">
    // 获取对应的 DOM 对象（元素）
    var canvas = document.getElementById("canvas");

    //通过 DOM 对象（元素）获取上下文对象
    var context = canvas.getContext("2d");

    context.fillRect(10, 10, 100, 50);     // 绘制矩形，填充的默认颜色为黑色
    context.strokeRect(10, 70, 100, 50); // 绘制矩形边框
</script>
```

需要注意的是，使用绘制矩形方法时，无须设置路径相关的代码，例如 beginPath()或者 fill()及 stroke()方法，这些方法本身就已经包含了描边和填充。

clearRect()方法用来清除部分区域，就像是画布上的橡皮擦，是一个矩形的可调节大小和位置的橡皮擦，通常使用这个方法来清除整个画布的内容，代码如下：

```
context.clearRect(0, 0, canvas.width, canvas.height);
```

4.3.2 使用 Canvas 绘制圆

在 Canvas 中，圆是由若干部分的圆弧组成，圆弧本身属于路径，所以绘制一个圆需要路径加画圆弧的方法才能构成一个整圆。

1. arc()方法：arc(x, y, r, startAngle, endAngle, anticlockwise)

以(x, y)为圆心，以 r 为半径，从 startAngle 弧度开始到 endAngle 弧度结束。anticlockwise 是布尔值，true 表示逆时针画，false 表示顺时针画（默认为顺时针画）。其中 startAngle 和 endAngle 都是表示弧度的意思。一个整圆的弧度可以使用 2*Math.PI 表示，具体的开始角和结束角位置，如图 4-7 所示。

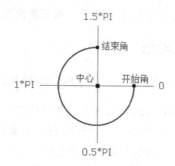

图 4-7　arc()方法的原理图

根据上面画圆的原理，我们来画一个完整的圆。圆是由圆弧组成，圆弧属于路径的一种，所以下面以路径的方式来画圆，如示例代码 4-3-2 所示。

示例代码 4-3-2　Canvas 画圆

```
<script type="text/javascript">
  // 获取对应的 DOM 对象（元素）
  var canvas = document.getElementById("canvas");

  // 通过 DOM 对象（元素）获取上下文对象
  var context = canvas.getContext("2d");

  context.beginPath();  // 开启路径
  context.arc(100,75,50,0,2*Math.PI); // 画一个整圆，圆心坐标为(100,75)
  context.closePath(); // 绘制完成后闭合路径
  context.stroke();     // 描边
</script>
```

在浏览器中运行这段代码，效果如图 4-8 所示。

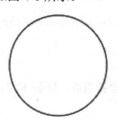

图 4-8　使用 Canvas 绘制圆

除了调用 arc()方法画圆之外，Canvas 也提供了另外一种方法来画圆，通过一种画弧的方法组成整个圆。

2. arcTo()方法：arcTo(x1, y1, x2, y2, radius)

首先从路径起点位置到坐标(x1, y1)画条辅助线，再从坐标(x1, y1)到坐标(x2, y2)画条辅助线，然后以 radius 为半径，画一条与这两条辅助线相切的曲线，以此形成圆弧，原理如图 4-9 所示。

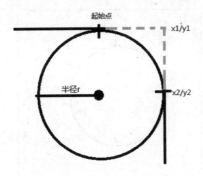

图 4-9　arcTo()方法的原理图

　　上面的方法只绘制一段弧，通过多次调用此方法绘制出多段弧，从而组成整个圆。下面调用 arcTo()方法来绘制一个整圆，如示例代码 4-3-3 所示。

示例代码 4-3-3　Canvas 绘制圆形

```javascript
<script type="text/javascript">
  // 获取对应的 DOM 对象（元素）
  var canvas = document.getElementById("canvas");

  // 通过 DOM 对象（元素）获取上下文对象
  var context = canvas.getContext("2d");

  context.beginPath(); // 开启路径

  // 标出每个辅助点的位置
  context.fillText("A", 100, 100);
  context.fillText("B", 150, 100);
  context.fillText("C", 150, 150);
  context.fillText("D", 150, 200);
  context.fillText("E", 100, 200);
  context.fillText("F", 50, 200);
  context.fillText("G", 50, 150);
  context.fillText("H", 50, 100);

  // 将圆分成 4 段圆弧，半径为 50
  context.moveTo(100, 100);
  context.arcTo(150, 100, 150, 150, 50);   // 第一段圆弧
  context.arcTo(150, 200, 100, 200, 50);   // 第二段圆弧
  context.arcTo(50, 200, 50, 150, 50);     // 第三段圆弧
  context.arcTo(50, 100, 100, 100, 50);    // 第四段圆弧
  context.stroke(); // 描边
</script>
```

　　在上面的代码中，调用 actTo()方法分别绘制了 4 段圆弧，A～H 分别是辅助点的位置，由这 4 段圆弧组成了一个整圆。在浏览器中运行这段代码，效果如图 4-10 所示。

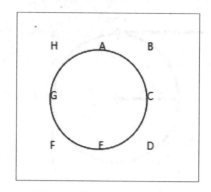

图 4-10　使用 Canvas 绘制圆形

在大多数绘制圆的场景中，使用最多的还是 arc()这个方法，它的方法比较符合真实绘制圆的思路，而 arcTo()方法可以通过调整两个辅助点(x1, y1)和(x2, y2)的位置绘制不同的圆弧，或者说是绘制不同的曲线，所以一般调用 arcTo()方法绘制曲线的场景多一些。后文会讲解使用 Canvas 绘制复杂的贝塞尔曲线。

4.3.3　使用 Canvas 绘制图形的锯齿问题

在使用 Canvas 绘制图形的时候，尤其是在移动端显示这些绘制的图形时，会出现模糊，有锯齿的问题。例如绘制一段圆弧，将 lineWidth 设置大一些，就会看到如图 4-11 所示的结果。

图 4-11　Canvas 绘制图形的锯齿问题

图 4-11 中可以看到有锯齿的痕迹，这是由于在一些高清屏幕中，例如 iOS 的 Retina 屏，在绘制 Canvas 内的图形元素时，会把两个像素强制压缩成一个像素来显示，结果显示的总像素变少了，从而导致使用 Canvas 绘制的图形出现模糊且有锯齿。

对于这个问题，当然也有解决的办法，思路就是利用缩放的方式（先放大，再缩小）。具体就是给 Canvas 本身设置宽和高（w1 和 h1）的同时，使用 CSS 样式也给<canvas>标签设置宽和高（w2 和 h2），并使得 w1 和 h1 是 w2 和 h2 的两倍。代码如下：

```
#canvas {
  width: 100px;
  height: 200px;
}
...
<canvas id="canvas" width="200" height="400"></canvas>
```

修改后图形显示的效果如图 4-12 所示。

图 4-12　解决 Canvas 锯齿问题后的图形

4.4　使用 Canvas 绘制文本

在之前调用 arcTo() 方法的代码实例中，我们其实已经用到过绘制文本的方法，在 Canvas 中，主要提供了两种方法来绘制文本（也称渲染文本）。

- fillText(text, x, y [, maxWidth]): 在指定的(x,y)坐标位置填充（实心文字）指定的文本，内容参数为 text，绘制的最大宽度 maxWidth 是可选的。
- strokeText(text, x, y [, maxWidth]): 在指定的(x,y)坐标位置绘制文本边框（空心文字），内容参数为 text，绘制的最大宽度 maxWidth 是可选的。

下面来分别绘制这两种文字，如示例代码 4-4-1 所示。

示例代码 4-4-1　Canvas 绘制文字

```html
<script type="text/javascript">
  // 获取对应的 DOM 对象（元素）
  var canvas = document.getElementById("canvas");

  // 通过 DOM 对象（元素）获取上下文对象
  var context = canvas.getContext("2d");

  context.font = '90px Arial';// 设置字体样式
  context.fillText("Hello Canvas", 10, 100);
  context.strokeText("Hello Canvas", 10, 200)
</script>
```

在浏览器中运行上述代码，可以看到绘制文本的区别，如图 4-13 所示。

Hello Canvas
Hello Canvas

图 4-13　使用 Canvas 绘制文本

当 fontSize 值设置得比较大时，这两种绘制文本的区别就可以比较明显地看出来。当然，对于文本的样式，Canvas 还有很多属性可以设置：

- **font:** 设置当前用来绘制文本的样式。可以设置一段字符串，使用与 CSS 的 font 属性相同的语法。默认的字符串是 10px sans-serif。
- **textAlign:** 设置文本对齐选项。可选的值包括：
  - ✧ start：文本在指定的位置开始。
  - ✧ end：文本在指定的位置结束。
  - ✧ left：文本的左边在指定的位置开始。
  - ✧ right：文本的右边在指定的位置结束。
  - ✧ center：文本的中心被放置在指定的位置。

start 和 left 的区别在于文本的排列方向，同理于 end 和 right。默认值是 start。

- **direction:** 设置文本的方向。可能的值包括：
  - ✧ ltr：文本方向从左向右。
  - ✧ rtl：文本方向从右向左。
  - ✧ inherit：根据情况继承<canvas>元素或者<body>。默认值是 inherit。
- **textBaseline:** 文本基线，设置文字垂直方向的对齐方式。可选的值包括：
  - ✧ top：文本基线在文本块的顶部。
  - ✧ hanging：文本基线是悬挂基线。
  - ✧ middle：文本基线在文本块的中间。
  - ✧ alphabetic：文本基线是标准的字母基线。
  - ✧ ideographic：文字基线是表意字基线，即如果字符本身超出了 alphabetic 基线，那么 ideographic 基线位置在字符本身的底部。
  - ✧ bottom：文本基线在文本块的底部。与 ideographic 基线的区别在于 ideographic 基线不需要考虑下行字母。

为了便于理解，设置 textAlign 和 textBaseline 属性产生的不同效果如图 4-14 和图 4-15 所示。

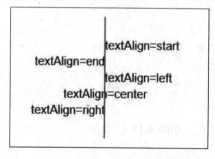

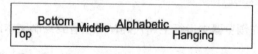

图 4-14　设置 textAlign 属性得到的文本效果　　图 4-15　设置 textBaseline 属性得到的文本效果

关于 Canvas 文本样式的这些属性，相对来说比较复杂，并且不太好理解，建议读者自己针对每种属性都亲自写代码试试，来加深印象。

4.5　使用 Canvas 绘制和压缩图片

与<img>标签一样，<canvas>标签在 HTML 页面中也可以作为一张图片的容器，Canvas 更偏向于在底层来绘制图片（也称渲染图片），可以自由地控制图片的位置和大小，并且可以对图片进行复杂的像素级的修改。通过调用 drawImage()方法传递不同的参数，就可以绘制不同的图片。

4.5.1　使用 Canvas 绘制图片

1. drawImage(img,x,y)

第一种方案可以在画布上绘制简单图片，img 表示图片对象，以图片左上角为基点，x 表示在画布上放置图片的 x 坐标位置，y 表示在画布上放置图片的 y 坐标位置。此方法会保留图片的原始大小，如果图片本身过大，而 Canvas 画布过小，那么超出部分就无法显示，如示例代码 4-5-1 所示。

示例代码 4-5-1　Canvas 绘制图片

```
<script type="text/javascript">
 // 获取对应的 DOM 对象（元素）
 var canvas = document.getElementById("canvas");

 // 通过 DOM 对象（元素）获取上下文对象
 var context = canvas.getContext("2d");

 // 创建 Image 对象
 var img = new Image();
 img.src = './time.jpg';

 // 保证图片加载完成之后再进行绘制
 img.onload = function(){
   context.drawImage(img,0,0)
 }
</script>
```

在 Canvas 中调用 drawImage()绘制图片，需要在 Image 加载成功后才可以。所以在很多场景下，Canvas 中使用到的所有 Image 都需要先加载，然后才能通过 onload 事件在回调函数中调用 drawImage()方法，否则无法正常绘制。另外，在绘制图片时导入的图片 time.jpg 必须是同一个域名的，Canvas 不允许导入第三方域名的图片。

为了避免多次调用 onload，需要判断一张图片是否已经成功加载过，可以使用 Image.complete 属性来判断。由于浏览器本身的缓存机制，对于同一张图片来说，加载成功后一般会缓存起来，避免每次请求时重新从网络上下载，代码如下：

```
if(image.complete) { // 如果图片已经成功加载过，直接调用回调函数
   context.drawImage(image,x,y);
} else {// 否则需要在 onload 方法中绘制图片
```

```
    image.onload = function(){
        context.drawImage(image,x,y);
    };
}
```

在浏览器中运行上述代码，效果如图 4-16 所示。

图 4-16   第一种 drawImage() 绘制图片的效果

2. drawImage(img,x,y,width,height)

第二种方法也是在画布上绘制图片，img 表示图片对象，以图片左上角为基点，x 表示在画布上放置图片的 x 坐标位置，y 表示在画布上放置图片的 y 坐标位置。width 表示要绘制的图片宽度，height 表示要绘制的图片高度，均以像素为单位。此方法用于在画布上绘制图片，通过指定图片的宽度和高度来改变图片的原始大小，如示例代码 4-5-2 所示。

示例代码 4-5-2   Canvas 绘制图片

```html
<script type="text/javascript">
  // 获取对应的 DOM 对象（元素）
  var canvas = document.getElementById("canvas");

  // 通过 DOM 对象（元素）获取上下文对象
  var context = canvas.getContext("2d");

  // 创建 Image 对象
  var img = new Image();
  img.src = './time.jpg';

  // 保证图片加载完成之后再进行绘制
  img.onload = function(){
    context.drawImage(img,0,0,200,150)// 设置图片大小为 200*150
  }
</script>
```

在浏览器中运行上述代码，效果如图 4-17 所示。

图 4-17　第二种 drawImage() 绘制图片的效果

当指定图片的宽度和高度时，如果没有按照原始图片的比例来设置，就会压缩或者拉伸图片。另外，借助此方法可以对一张图片的大小进行压缩，例如原本是一个 1000×1000 的 600KB 的图片，可以通过设置为 500×500 的宽和高，然后经过导出，导出的图片大小就小于 600KB 了，从而达到压缩图片的目的。

3. drawImage(img,sx,sy,swidth,sheight,x,y,width,height)

第三种方法同样是在画布上绘制图片，并添加了图片裁剪的功能。除了已有的参数和第二种方法中的参数一致之外，新增了 sx 参数表示开始剪切的 x 坐标位置，sy 参数表示开始剪切的 y 坐标位置，swidth 参数表示剪切图片的宽度，sheight 参数表示剪切图片的高度。为了便于理解，可参考裁剪的原理图 4-18。

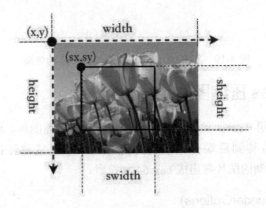

图 4-18　drawImage 方法的原理图

下面用代码演示第三种 drawImage() 方法的用法，如示例代码 4-5-3 所示。

示例代码 4-5-3　Canvas 绘制图片

```
<script type="text/javascript">
    // 获取对应的 DOM 对象（元素）
    var canvas = document.getElementById("canvas");

    // 通过 DOM 对象（元素）获取上下文对象
```

```
    var context = canvas.getContext("2d");

    // 创建 Image 对象
    var img = new Image();
    img.src = './time.jpg';

    // 保证图片加载完成之后再进行绘制
    img.onload = function(){
      context.drawImage(img,30,30,100,100,0,0,200,150)// 设置图片大小为 200×150,
并从原图中的(30,30)处开始截取 100×100 区域的图片
    }
</script>
```

这里需要注意的是, x、y、width、height 这 4 个参数始终控制的是图片的位置和大小, 而图片的内容是经过剪切的, 这个内容取决于 sx、sy、swidth、sheight 这 4 个参数, 并且这 4 个参数是基于图片原始的大小来定位的。在浏览器中运行这段代码, 效果如图 4-19 所示。

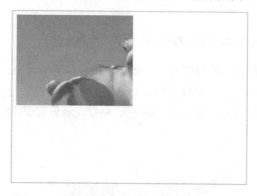

图 4-19　第三种 drawImage() 绘制图片的效果

4.5.2　使用 Canvas 压缩图片

在日常的项目中, 使用 Canvas 绘图的一个重要场景就是压缩图片, 例如用户上传了一张很大的图片, 如果直接将图片传到后端会比较耗时, 并且网络流量消耗也很大。Canvas 提供了 toDataURL() 方法可以将绘制的图片导出成 base64 字符串。

toDataURL(type, encoderOptions)

type 参数可选, 用于控制导出图片的格式, 例如 image/png、image/jpeg、image/webp 等, 默认为 image/png。encoderOptions 参数可选, 在指定图片格式为 image/jpeg 或 image/webp 时, 可以从 0 到 1 的区间内选择图片的质量, 数值越大质量越高。如果超出取值范围, 将会使用默认值 0.92, 其他参数会被忽略。

下面编写一张图片压缩的演示代码, 如示例代码 4-5-4 所示。

示例代码 4-5-4　Canvas 压缩图片

```
<canvas id="canvas" width="200" height="150">
```

```
      您的浏览器居然不支持 Canvas
</canvas>
<p>压缩后的图片：</p>
<img id="img" src="">
<script type="text/javascript">
  // 获取对应的 DOM 对象（元素）
  var canvas = document.getElementById("canvas");

  // 通过 DOM 对象（元素）获取上下文对象
  var context = canvas.getContext("2d");

  // 创建 Image 对象
  var img = new Image();
  // 原始图片
  img.src = './time.jpg';

  // 保证图片加载完成之后再进行绘制
  img.onload = function(){
    context.drawImage(img,0,0,200,150);// 设置图片大小为 200×150 像素

    var base64 = canvas.toDataURL('image/jpeg',0.3);// 转换成 base64 字符串
    document.getElementById('img').src = base64;      // 并赋值给<img>
  }
</script>
```

首先将<canvas>标签的大小改成了压缩后的大小（即 200×150），这样在调用 canvas.toDataURL() 时，导出的图片大小就是 200×150 像素，通过上面讲解的第二种 drawImage()方法，将原始图片绘制在 200×150 的区域内，同时设置质量选项，从而达到了压缩图片的效果。

4.6　使用 Canvas 绘制贝塞尔曲线

贝塞尔曲线是法国物理学家与数学家保尔·德·卡斯特里奥（Paul de Casteljau）于 1959 年发明的，在 1962 年由法国工程师皮埃尔·贝塞尔（Pierre Bézier）用于汽车的车身设计，并由此推广。贝塞尔曲线是计算机图形学中相当重要的参数曲线，在一些比较成熟的图形图像处理软件中也有生成贝塞尔曲线的工具，如 PhotoShop 软件等。贝赛尔曲线为计算机矢量图形学奠定了基础，它的主要意义在于无论是直线或曲线都能在数学上予以描述。

在之前的章节中，我们讲解了简单曲线（圆弧）的绘制，对于一些复杂的曲线和不规则的曲线，就要使用贝塞尔曲线的概念来绘制了。在 Canvas 中，贝塞尔曲线是一种特殊的路径，针对这种特殊路径，单独提供了绘制贝塞尔曲线的方法。

在 Canvas 中可以绘制的贝塞尔曲线主要有三种：一次贝塞尔曲线、二次贝塞尔曲线、三次贝塞尔曲线。绘制这些曲线需要由一些辅助点及辅助点的坐标位置和一些数学公式来决定曲线的位置、形状、弯曲方向和程度，等等。其中一次贝塞尔曲线就相当于一条直线，由两个辅助点来控制，比

较简单。下面主要讲解二次贝塞尔曲线和三次贝塞尔曲线的绘制。

4.6.1 二次贝塞尔曲线的绘制

二次贝塞尔曲线是一种二次曲线，它只能向一个方向弯曲，由三个辅助点来确定：两个锚点和一个控制点。两个锚点决定位置，控制点用来控制曲线的形状。在 Canvas 中，可以调用 quadraticCurveTo()方法绘制二次贝塞尔曲线。

● quadraticCurveTo(cp1x, cp1y, x, y)

cp1x 参数表示控制点的 x 坐标，cp1y 参数表示控制点的 y 坐标，x 参数表示结束点的 x 坐标，y 参数表示结束点的 y 坐标，整个曲线路径起始点坐标由 moveTo()方法来决定。下面就来绘制一个二次贝塞尔曲线，如示例代码 4-6-1 所示。

示例代码 4-6-1 绘制二次贝塞尔曲线

```javascript
<script type="text/javascript">
  // 获取对应的 DOM 对象（元素）
  var canvas = document.getElementById("canvas");

  // 通过 DOM 对象（元素）获取上下文对象
  var context = canvas.getContext("2d");

  context.beginPath();

  var sx = 10, sy = 200;        //起始点
  var cp1x = 40, cp1y = 100;    //控制点
  var x = 200, y = 200;         //结束点

  context.moveTo(sx, sy);
  //绘制二次贝塞尔曲线
  context.quadraticCurveTo(cp1x, cp1y, x, y);
  context.stroke();

  context.fillText("A", sx, sy);
  context.fillText("B", cp1x, cp1y);
  context.fillText("C", x, y);
</script>
```

分别用 A、B、C 标识出起始点、控制点、结束点的位置。在浏览器中运行上述代码，效果如图 4-20 所示。

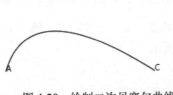

图 4-20 绘制二次贝塞尔曲线

4.6.2 三次贝塞尔曲线的绘制

由于二次贝塞尔曲线只有一个控制点，因此它只能绘制往一个方向弯曲的弧线，无法绘制 S 形曲线。要绘制 S 形曲线，需要使用三次贝塞尔曲线。三次贝塞尔曲线，顾名思义，是一种三次曲线，它由 4 个辅助点来确定：两个锚点和两个控制点。在 Canvas 中，可以调用 bezierCurveTo() 方法绘制三次贝塞尔曲线。

● bezierCurveTo(cp1x, cp1y, cp2x, cp2y, x, y)

cp1x 参数表示第一个控制点的 x 坐标，cp1y 参数表示第二个控制点的 y 坐标，cp2x 参数表示第二个控制点的 x 坐标，cp2y 参数表示第二个控制点的 y 坐标，x 参数表示结束点的 x 坐标，y 参数表示结束点的 y 坐标，整个曲线路径起始点坐标由 moveTo() 方法决定。下面就来绘制一个三次贝塞尔曲线，如示例代码 4-6-2 所示。

示例代码 4-6-2 绘制三次贝塞尔曲线

```javascript
<script type="text/javascript">
// 获取对应的 DOM 对象（元素）
var canvas = document.getElementById("canvas");

// 通过 DOM 对象（元素）获取上下文对象
var context = canvas.getContext("2d");

context.beginPath();

var sx = 40, sy = 200;          //起始点
var cp1x = 70, cp1y = 250;      //控制点 1
var cp2x = 100, cp2y = 120;     //控制点 2
var x = 200, y = 200;           // 结束点

context.moveTo(sx, sy);
//绘制三次贝塞尔曲线
context.bezierCurveTo(cp1x, cp1y,cp2x, cp2y, x, y);
context.stroke();

context.fillText("A", sx, sy);
context.fillText("B", cp1x, cp1y);
context.fillText("C", cp2x, cp2y);
```

```
context.fillText("D", x, y);
</script>
```

分别用 A、B、C、D 标识出起始点、第一个控制点、第二个控制点、结束点的位置。在浏览器中运行上述代码，效果如图 4-21 所示。

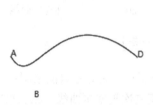

图 4-21　绘制三次贝塞尔曲线

在 Canvas 中不仅可以绘制贝塞尔曲线，还可以根据贝塞尔曲线的原理计算出一个物体按照贝塞尔路径的运动轨迹，我们会在后面章节的实例中进行讲解。

4.7　Canvas 转换

Canvas 中的转换主要是指对<canvas>内部画布的平移、旋转和缩放，在 CSS3 中也有对应的属性可以实现这些效果，但不同的是 CSS3 是改变<canvas>在整个 HTML 页面中的位置和样式，而 Canvas 中的转换主要是指对<canvas>自身内部画布坐标系统的变换。本节就来讲解这些效果的具体实现。

4.7.1　平移 translate

在本章的开始，我们曾介绍过 Canvas 的坐标系统，坐标的原点(0,0)位于<canvas>的左上角，Canvas 中平移 translate 的作用就是改变坐标的原点，而不是改变<canvas>这个 DOM 节点在 HTML 页面中的位置。

● translate(x, y)

该方法用来移动<canvas>的原点到一个新的位置。其接收两个参数：x 是左右偏移量，y 是上下偏移量，下面用代码来演示一下这个方法的平移效果，如示例代码 4-7-1 所示。

示例代码 4-7-1　Canvas 平移

```
<script type="text/javascript">
  // 获取对应的 DOM 对象（元素）
  var canvas = document.getElementById("canvas");

  // 通过 DOM 对象（元素）获取上下文对象
  var context = canvas.getContext("2d");
```

```
context.fillRect(10,10,100,50);
// 改变原点位置
context.translate(70,70);
context.strokeRect(10,10,100,50);
</script>
```

在上面的代码中，首先在位置(10,10)处绘制一个矩形，将新的原点(0,0)位置处设置为(70,70)。再次绘制新的矩形，这时新的矩形从位置(80,80)开始绘制。在浏览器中运行这段代码，效果如图 4-22 所示。

图 4-22　Canvas 平移

从图 4-22 可知，<canvas>中的平移，是平移内部原点位置而不是平移<canvas>本身。

4.7.2　旋转 rotate

● rotate(angle)

该方法表示以坐标原点为中心进行旋转，angel 表示角度，以 Math.PI 为基准，一个 Math.PI 为 180 度，正值表示顺时针旋转，负值表示逆时针旋转，例如一张图片旋转 30 度就是(1/6*Math.PI)，如示例代码 4-7-2 所示。

示例代码 4-7-2　Canvas 旋转

```
<script type="text/javascript">
    // 获取对应的 DOM 对象（元素）
    var canvas = document.getElementById("canvas");

    // 通过 DOM 对象（元素）获取上下文对象
    var context = canvas.getContext("2d");

    // 旋转 30 度
    context.rotate(30*Math.PI/180);
    context.fillRect(50,20,100,50);
</script>
```

需要注意，旋转时是基于坐标原点进行旋转，如果坐标原点不是默认左上角(0,0)，例如通过 translate 进行修改后，那么旋转时其坐标原点也会发生相应的变化。在浏览器中运行上述代码，效果如图 4-23 所示。

图 4-23　Canvas 旋转

4.7.3　缩放 scale

缩放表示在不改变比例的情况下，对物体的宽和高进行缩小或者放大，而对于 Canvas 来说，实际上就是增减图形在 Canvas 中的像素数，主要使用的是 scale()方法。

- scale(x, y)

该方法接收两个参数。x,y 分别是横轴和纵轴的缩放系数，它们都是正值（如果设置为负值时，整个 Canvas 会基于 x 轴或 y 轴反转），值比 1.0 小时则表示缩小，比 1.0 大时则表示放大，值为 1.0 时则表示不进行缩放，如示例代码 4-7-3 所示。

```
示例代码 4-7-3　Canvas 缩放

<script type="text/javascript">
  // 获取对应的 DOM 对象（元素）
  var canvas = document.getElementById("canvas");

  // 通过 DOM 对象（元素）获取上下文对象
  var context = canvas.getContext("2d");

  // 分别绘制两个矩形
  context.strokeRect(5,5,25,15);
  context.scale(2,2);
  context.strokeRect(5,5,25,15);
</script>
```

在默认情况下，Canvas 中的 1 单位就是 1 个 px（像素）。举例来说，如果设置的缩放系数是 0.5，1 个单位就变成对应的 0.5 个 px（像素），这样绘制出来的图形就是原来的一半。同理，设置为 2.0 时，1 个单位就变成对应的 2 个 px（像素），绘制的结果就是将图形放大了 2 倍。在浏览器中运行上述代码，效果如图 4-24 所示。

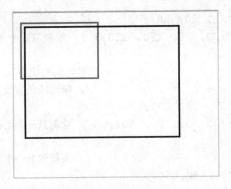

图 4-24　Canvas 缩放

正如本节开始所介绍，Canvas 中的平移、旋转、缩放都是基于<canvas>自身内部的画布坐标系统。translate()平移方法可用于修改坐标原点，那么在代码开头对 Canvas 进行平移后，后面所有绘制路径和图形的方法就都是以平移后的这个坐标原点来进行绘制，如果再次对 Canvas 进行平移，那么之后的绘制路径和图形又会以最新平移后的坐标原点来进行绘制。同理，这种场景也适用于旋转和缩放。

所以，在使用 Canvas 绘制一些复杂的路径和图形时，如果有转换的需要，就要处理好当前 Canvas 的状态，好在 Canvas 还提供了保存和恢复状态的方法。

4.8　Canvas 状态的保存和恢复

Canvas 中的上下文对象是调用 API 的主要对象，它就好像是一支画笔，需要画什么路径和图形直接调用对应的 API 即可。当我们在某一节点调整画笔的粗细和样式时，例如设置 lineWidth 或 strokeStyle 等（包括 Canvas 转换），后续的绘制都会被影响。保存了初始的状态，后面每次的绘制都会以初始状态为基准，无论怎么转换或修改样式，因为有了初始状态作为基准，它们之间就互不影响了。Canvas 提供了用于保持状态的 save()方法和用于恢复状态的 restore()方法，其使用如示例代码 4-8-1 所示。

示例代码 4-8-1　Canvas 状态

```
<script type="text/javascript">
// 获取对应的 DOM 对象（元素）
var canvas = document.getElementById("canvas");

// 通过 DOM 对象（元素）获取上下文对象
var context = canvas.getContext("2d");

context.fillText("1", 5, 5);
context.strokeRect(5, 5, 150, 150);        // 绘制第一个矩形 1
context.save();                            // 保存默认状态

context.lineWidth = 3;                      // 修改线条宽度为 3
```

```
    context.fillText("2", 20, 20);
    context.strokeRect(20, 20, 120, 120);  // 绘制第二个矩形 2

    context.save();                         // 保存当前的状态
    context.lineWidth = 6;                  // 修改线条宽度为 6
    context.fillText("3", 35, 35);
    context.strokeRect(35, 35, 90, 90);     // 绘制第三个矩形 3

    context.restore();                      // 恢复到上一个状态
    context.fillText("4", 50, 50);
    context.strokeRect(50, 50, 60, 60);     // 绘制第四个矩形 4

    context.restore();                      // 恢复到上上一个(默认)状态
    context.fillText("5", 65, 65);
    context.strokeRect(65, 65, 30, 30);     // 绘制第五个矩形 5
</script>
```

调用 fillText()方法来标识出矩形的编号。在浏览器中运行上述代码，效果如图 4-25 所示。

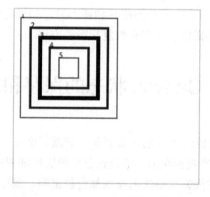

图 4-25　Canvas 状态的保存和恢复

在上述代码中，一开始先绘制了一个矩形 1，然后用 save()保存了 Canvas 最开始的状态，我们将这个状态记作状态 a，也就是没经过任何操作的状态。然后对 lineWidth 属性进行修改，这时，又接着绘制了一个矩形 2，然后用 save()又保存了当前 Canvas 的状态，记作状态 b。而后对 lingWidth 属性再次进行修改，又接着绘制了一个矩形 3。随后，调用 restore()方法来恢复 Canvas 的状态。注意，这里将会恢复到状态 b（restore 方法会恢复到最近一次保存的状态），接着绘制了矩形 4，然后再次调用 restore()方法恢复到状态 a。最后又绘制了矩形 5。

结合图 4-25 的运行结果，从外到内分别是矩形 1 到矩形 5，矩形 1 和矩形 5 的 lineWidth 是一致的，而矩形 2 和矩形 4 的 lineWidth 是一致的。

上面是以修改 lineWidth 属性来举例，其实 save()和 restore()这两个方法用得最多的还是与 Canvas 的转换相关属性结合使用。例如，如果对 Canvas 中的一个图形元素进行转换，那么就要修改整个 Canvas 的转换属性，从而影响到 Canvas 中的其他属性，这时就需要及时保存初始状态和恢复状态，以使图形元素之间互不影响。

4.9　Canvas 动画

　　动画，使用一个通俗的解释可以理解成为一组连续的静态图片，在固定的时间内按设定的顺序连续显示。图片由静态变为动态就会产生动画的效果。借鉴这个思路，Canvas 中的动画原理是：不断地绘制 Canvas 内容，再不断地擦除 Canvas 内容来构成动画。每一次绘制和擦除被称为是一个动画帧，如果可以在 1 秒内绘制和擦除 60 次（当前浏览器的刷新频率为 60FPS），就是一个比较流畅的动画了（注：FPS 是 Frame Per Second，每秒帧数）。

　　实现动画的基本步骤：

- **清空 Canvas：** 在绘制每一帧动画之前，需要清空画布。清空画布最简单的做法就是使用之前讲到的 clearRect()方法。
- **保存 Canvas 状态：** 如果在绘制的过程中会更改 Canvas 的状态（平移、旋转、缩放等），又在绘制每一帧时都是原始状态的话，则需要保存 Canvas 的状态。
- **绘制动画元素：** 这一步才是真正的绘制动画帧，包括具体实现动画的逻辑。
- **恢复 canvas 状态：** 如果前面保存了 Canvas 的状态，那么应该在绘制完成一帧之后恢复 Canvas 状态。

　　我们可以通过定时器的方式来控制 Canvas 动画，例如调用 JavaScript 中的 setInterval()方法，使用定时器就能以固定的时间间隔不断地调用绘制代码，同时在绘制之前清空 Canvas 内容。注意，这里不能使用 for 循环，因为 for 循环是在结束时显示最终的执行结果，所以无法看到动画的过程。

　　下面来实现一个简单的圆形不断变大的动画，如示例代码 4-9-1 所示。

示例代码 4-9-1　setInterval 控制动画

```
<script type="text/javascript">
  // 获取对应的 DOM 对象（元素）
  var canvas = document.getElementById("canvas");

  // 通过 DOM 对象（元素）获取上下文对象
  var context = canvas.getContext("2d");
  //半径
  var r = 4;
  function draw(r){
    context.beginPath();      // 开启路径
    context.arc(100,75,r,0,2*Math.PI); // 画一个整圆，圆心坐标为(100,75)
    context.fill();       // 填充
  }
  var timer = setInterval(function () {
    // 半径自增
    r++;
    // 清除画布
    context.clearRect(0,0,canvas.width,canvas.height)
    // 执行绘制操作
```

```
 draw(r)
 // 半径大于 40 时跳出
 if (r > 40) {
  clearInterval(timer)
 }
}, 1000 / 60);// 1 秒调用 60 次
</script>
```

这种使用定时器的方式虽然可以实现连续的动画效果，但不是最好的选择，它只是以代码本身启动运行的时间为起点来绘制 Canvas，并不一定能与浏览器的更新频率[1]同步，并且严重依赖于当前执行栈的具体情况，如果某一次执行栈里执行了复杂且大量的运算，那么我们添加的绘制代码可能就不会在我们设置的时间间隔内执行了。

当前最新的浏览器提供了 requestAnimationFrame()这个方法来执行动画更新逻辑，这个方法会在浏览器的下一次更新时执行传递给它的函数，这样就完全不必考虑浏览器的帧速率了，因而可以更加专注于动画更新的逻辑。例如把 setInterval()修改为 requestAnimationFrame()，代码如下：

```
var animate = function (){
   // 半径自增
   r++;
   // 清除画布
   context.clearRect(0,0,canvas.width,canvas.height)
   // 执行绘制操作
   draw(r)
   // 半径大于 40 时跳出
   if (r <= 40) {
    window.requestAnimationFrame(animate);
   }
};
animate();
```

需要注意的是，如果在 PC 端，需要判断 requestAnimationFrame()方法的兼容性，例如 Firefox（火狐）浏览器、Chrome 浏览器以及 IE11 浏览器有着不同的方法名。

4.10　案例：Canvas 实现点赞送心动画

在本节中，将会使用之前所学的 Canvas 相关的知识来实现一个完整的 Canvas 案例项目：一个点赞送心的动画效果。大家在使用一些手机端直播类 App 时，点击屏幕或者点击点赞按钮时，会生成一个心形的图形元素，从屏幕的底部开始往上飘，并且每个心形元素带有旋转和缩放的效果，当上升到一定程度时便会消失，这就是整个动画的流程。下面就进入具体的代码开发。本节展示的

---

[1] 大多数浏览器（底层由显示器决定）的刷新频率是 60Hz，即显示器 1 秒钟可以呈现 60 帧画面，如果通过代码强制动画执行次数超过、小于或者间隔不吻合这个频率，就会导致动画卡顿、不流畅。

代码属于案例项目的核心代码，包括核心算法、核心的程序逻辑等，完整的代码会在本节结束时提供的代码地址目录中找到。

　　首先需要明确的是，此动画的核心逻辑在于如何控制元素（在这个案例项目中是指心形元素）从底部往上不规则地移动，并伴随着旋转和缩放，这里需要用到之前讲解的贝塞尔曲线的知识点。贝塞尔曲线在 Canvas 中是一个路径，它本身也可以使用数学函数来描述，这个案例项目中采用的三次贝塞尔曲线对应的数学函数如下：

$$\mathbf{B}(t) = \mathbf{P}_0(1-t)^3 + 3\mathbf{P}_1 t(1-t)^2 + 3\mathbf{P}_2 t^2(1-t) + \mathbf{P}_3 t^3 , t \in [0,1]$$

　　其中 t 的取值范围为[0,1]，在绘制时可以把它理解成一个时间点，当 t 从 0 过渡到 1 时，这个贝塞尔曲线也就绘制完成，所以 t 的每一个时刻都对应着一个(x,y)坐标，我们需要借助此函数来动态地得到贝塞尔曲线的路径上的坐标，这样便可以让心形元素按照贝塞尔曲线的路径移动，如图4-26 所示。

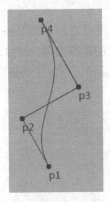

图 4-26　借助函数绘制贝塞尔曲线

将 4 个点的坐标作为参数，然后将上面的数学函数使用代码的方式编写出来，代码如下：

```
/**
 * 获得贝塞尔曲线的路径
 * 一共 4 个点
 */
function getBezierLine(heart){
    var obj = heart.bezierPoint; // 从外部传进来 4 个点的坐标对象
    var p0 = obj.p0;
    var p1 = obj.p1;
    var p2 = obj.p2;
    var p3 = obj.p3;
    var t = heart.bezierDis; // 控制上升速度的初始值

    // 下面的代码是根据图 4-26 中的方程带入数值进行计算
    var cx = 3 * (p1.x - p0.x),
    bx = 3 * (p2.x - p1.x) - cx,
    ax = p3.x - p0.x - cx - bx,
```

```
        cy = 3 * (p1.y - p0.y),
        by = 3 * (p2.y - p1.y) - cy,
        ay = p3.y - p0.y - cy - by,

        xt = ax * (t * t * t) + bx * (t * t) + cx * t + p0.x,
        yt = ay * (t * t * t) + by * (t * t) + cy * t + p0.y;

    heart.bezierDis += heart.speed; // 利用时间增长的量来控制上升速度

    // 得到指定时刻的坐标
    return {
        xt: xt,
        yt: yt
    }
}
```

在编写完心形元素上升路径的程序逻辑之后，需要添加控制心形元素左右摇摆的程序逻辑，这里采用 Canvas 的旋转方法，设置一定的旋转范围，例如从-20 度到+20 度，给定旋转范围的目的是为了防止旋转过多而影响效果的展示。同时，角度在动画过程中是不断变化的，是一个动态的值。计算旋转角度方法的代码如下：

```
/**
 * 计算心形元素左右摇摆的方法
 */
function rangeAngle(heart) {
    // 判断是否需要旋转
    if (heart.noAngel) {
        return 0;
    }
    var _angle = heart.angle;

    // 心形元素介于[start, end]之间不断地变化角度
    if(_angle >= heart.angelEnd) {
        // 角度不断变小，向左摇摆
        heart.angleLeft = false;
    } else if (_angle <= heart.angelBegin){
        // 角度不断变大，向右摇摆
        heart.angleLeft = true;
    }

    // 动态改变角度
    if (heart.angleLeft) {
        _angle = _angle + 1;
    } else {
        _angle = _angle - 1;
    }
```

```
    return _angle;
}
```

　　接着，需要添加心形元素的缩放变化，从底部刚出现时由小变大，这里有一个临界值，当心形元素上升到这个临界值时，就不再继续变大。同时，在动画过程中还有缩放，缩放系数距离临界值之前是不断变化的，也是一个动态的值。计算缩放的代码如下：

```
/**
 * 计算缩放程度的方法
 */
function getFScale(heart){
    // 判断是否需要缩放
    if (heart.noScale) {
        return 1;
    }
    var _scale = heart.scale;

    // 随着起始点的距离增加，scale 不断变大
    var dis = heart.orignY - heart.y;
    _scale = (dis / heart.scaleDis);

    // 当大于设置的临界值时变成 1
    if (dis >= heart.scaleDis) {
        _scale = 1;
    }

    return _scale;
}
```

　　最后一个控制心形元素的程序逻辑是透明度的变化，控制透明度是当心形元素上升到一定高度时，需要消失掉，但是消失是一个动态的过程，透明度从 1 开始逐渐变为 0。计算透明度的程序代码如下：

```
/**
 * 计算透明度的方法
 */
function getFAlpha(heart) {

    var _opacity = heart.opacity;
    // 距离顶部 dis 距离时，开始修改透明度
    var dis = heart.y - heart.endY;

    if (dis <= heart.opacityDis) {
        // 距离越近，透明度越低
        _opacity = Math.max((dis / heart.opacityDis), 0);

    } else {
```

```
        _opacity = 1;
    }
    return _opacity;
}
```

至此，这个动画中控制心形元素的主要程序逻辑的代码都已编写完成，接下来就要将这些代码放入 Canvas 动画代码中，Canvas 的动画代码主要是 move()方法，即不断地清空和绘制，同时需要保存和恢复状态。代码如下：

```
this.move = function (ctx) {
    // 当透明度为 0 时，表示该心形元素已经消失，触发一个外部的回调函数
    if (this.opacity === 0) {
        this.onFadeOut && this.onFadeOut(this);
    }

    // 获取运动路径的坐标
    this.y = getBezierLine(this).yt;
    this.x = getBezierLine(this).xt;

    // 旋转参数
    this.angle = rangeAngle(this);
    // 缩放参数
    this.scale = getFScale(this);
    // 透明度参数
    this.opacity = getFAlpha(this);

    //保存状态
    ctx.save();
    ctx.translate(this.x, this.y);
    ctx.rotate(this.angle*(Math.PI/180));
    ctx.scale(this.scale, this.scale);
    ctx.globalAlpha = this.opacity;
    // 绘制心形图片
    ctx.drawImage(this.IMG, -(this.IMG.width/2), -(this.IMG.height/2),
this.width, this.height);
    // 恢复状态
    ctx.restore();
};
```

如前文所述，对 Canvas 的转换操作需要保存和恢复 Canvas 的状态。我们将上面的程序逻辑封装成一个 LikeHeart 对象，所需的参数通过构造函数传递进来，代码如下：

```
var LikeHeart = function(opt) {

    /**
     * 初始化心形元素的参数
     *
     * @param {object}
```

```
* @object.x {number} 心形元素起点位置的 x 坐标
* @object.y {number} 心形元素起点位置的 y 坐标
* @object.endX {number} 心形元素结束位置的 x 坐标
* @object.endY {number} 心形元素结束位置的 y 坐标
* @object.height {number} 高
* @object.width {number} 宽
* @object.angelBegin {number} 左右摇摆的起始角度(可为负值)
* @object.angelEnd {number} 左右摇摆的结束角度
* @object.angleLeft {bool} 是否起始从左往右摇摆
* @object.noScale {bool} 是否使用缩放的心形动画
* @object.scaleDis {number} 缩放心形的临界值(默认从起始位置升高 50)
* @object.noFadeOut {bool} 是否使用 FadeOut
* @object.opacityDis {number} FadeOut 心形元素的临界值(默认距离结束位置 40)
* @object.speed {number} 上升速度
* @object.bezierPoint {obj} 贝塞尔曲线 4 个点的值
* @object.fadeOut {function} 每个心形元素 FadeOut 之后的回调函数
* @object.image {obj} 图片对象
*/


this.id = opt.id;
this.x = opt.x;
this.y = opt.y;
this.endX = opt.endX;
this.endY = opt.endY;
this.orignY = opt.y;
this.height = opt.height;
this.width = opt.width;
this.angle = 0;
this.angleLeft = opt.angleLeft;
this.angelBegin = opt.angelBegin || (-20 + rand(1,2));
this.angelEnd = opt.angelEnd || (20 + rand(1,4));
this.scale = 0;
this.scaleDis = opt.scaleDis || 50;
this.opacityDis = opt.opacityDis || 40;
this.noScale = opt.noScale;
this.noAngel = opt.noAngel;
this.opacity = 1;
this.speed = opt.speed || 0.0027;
this.bezierPoint = opt.bezierPoint;
this.bezierDis = 0;
this.IMG = opt.image;

this.move = function (ctx) {
    // ...
};
```

```
};
```

接下来，就需要准备动画开始时传递的参数，主要包括心形元素本身、起始点坐标、结束点坐标以及控制贝塞尔曲线路径的 4 个辅助点的坐标。

对于心形元素的选择，我们将采用图片，需要准备心形的图片素材，然后调用 drawImage() 方法将图片绘制在 Canvas 中，这里准备 3 张不同颜色的心形图片，在制作动画的时候随机使用其中的某一张。

对于坐标，根据 Canvas 的大小 200×400 来设置合适的坐标，原则上让运动路径刚好占满整个 Canvas 画布。

编写 createHeart() 方法来初始化这些参数，代码如下：

```
function createHeart() {
    heartCount ++;
    // 起始点和结束点
    var positionArray = [{
        x: 100,
        y: 400,
        endX: 100,
        endY: 100
    }];
    // 随机获取心形图片
    var img = new Image();
    img.src = './img/like0'+Math.ceil(Math.random()*3)+'.png';

    // 贝塞尔曲线第 2 个辅助点
    var p1 = {
        x: 100 + getRandomDis(),
        y: 300 + getRandomDis()
    };
    // 贝塞尔曲线第 3 个辅助点
    var p2 = {
        x: 100 + getRandomDis(),
        y: 200 + getRandomDis()
    };

    return new LikeHeart({
        id: heartCount,
        x: positionArray[0].x,
        y: positionArray[0].y,
        endX: positionArray[0].endX,
        endY: positionArray[0].endY,
        onFadeOut: removeItem,
        // noAngel: true,
        // noScale: true,
        width: 66,
        height: 66,
        image: img,
        bezierPoint: {
            p0: {// 贝塞尔曲线第 1 个辅助点，使用起始点
                x: positionArray[0].x,
                y: positionArray[0].y
            },
```

```
            p1: p1,
            p2: p2,
            p3: {// 贝塞尔曲线第 4 个辅助点，使用结束点
                x: positionArray[0].endX,
                y: positionArray[0].endY
            }
        }
    });
}
```

　　最后，创建一个<canvas>来承载，并需要注意解决 Canvas 中的锯齿问题，这部分代码就不再一一列出来了。

　　本案例项目的完整代码可在/HTML5Canvas/like-heart 目录下找到，代码中有充分的注释和说明供读者参考。

4.11　本章小结

　　在本章中，主要讲解了 HTML5 中 Canvas 相关的技术，正如本章开头所述，Canvas 是一个非常强大的技术栈，涉及使用浏览器来实现数据可视化、游戏、WebGL 和图像处理这些领域，它给前端开发提供了使用 HTML 和 CSS 实现页面标准元素之外的解决方案。

　　本章讲解的 Canvas 知识较为基础，其中包括：使用 Canvas 绘制路径，使用 Canvas 绘制图形，使用 Canvas 绘制文本，使用 Canvas 绘制图片，使用 Canvas 绘制贝塞尔曲线，Canvas 转换，Canvas 状态的保存和恢复，Canvas 动画。最后，讲解了一个点赞送心动画的案例项目来将这些知识进行串联，加深读者对 Canvas 的理解。如果读者可以完全理解最后一个案例项目，那么这一章的内容就基本掌握了。

　　下面来检验一下读者对本章内容的掌握程度：

● Canvas 中绘制路径的 moveTo()方法和 lineTo()方法有何区别？
● Canvas 中调用 fill()方法填充颜色时，如果路径不是一条闭合的路径，会出现什么效果？
● 如何解决 Canvas 绘制时，在移动端的高清屏下出现的锯齿问题？
● Canvas 中绘制图片的 drawImage()方法有几种用法，它们的区别是什么？
● 如何利用 Canvas 实现图片压缩？
● Canvas 中保存和恢复状态的意义是什么？
● 控制 Canvas 动画时，setInterval()和 requestAnimationFrame()的区别是什么？

　　当然，在理解本章内容的基础上，不仅可以提升自己对前端页面所能呈现效果的理解，也能提升在遇到一些无法使用标准的 HTML 元素实现时解决问题的能力，最终可以提升自己的技术广度，例如使用 Canvas 来实现一些特定的动画效果。最后，对于 Canvas 的一些更深入、更发散的用法，本章就不再展开了，各位读者可以自行深入学习。

第 5 章

HTML5 网页存储

当我们在制作页面时会希望记录一些信息，例如用户的登录状态信息、一些偏好设置信息和代码逻辑的标志位等，这些信息的结构一般比较简单，没有必要存储到后端数据库中，这时就需要利用网页存储（下面称为 Web Storage）将这些信息存储在浏览器中。

另外，利用 Web Storage 也可以实现缓存，例如缓存一些数据和静态资源来减少页面的网络请求，以加速页面的响应速度，提升页面的性能。总之，利用 Web Storage 可以做很多事情，前提是掌握好其用法。

5.1 初识 Web Storage

Web Storage 是一种将数据存储在浏览器（客户端）的技术，一般只存储少量记录，不宜存储大量数据。同时，只要支持 Web Storage 的浏览器，都可以使用 JavaScript 的 API 来操作 Web Storage。

5.1.1 Web Storage 的概念

在 HTML5 之前，其实已经有在客户端浏览器中存储少量数据的方案，称为 Cookie，它和 Web Storage 既有相似之处，又有不同的地方：

● **存储大小不同**：Cookie 只允许每个域名在浏览器中存储 4KB 以内的数据，而 HTML5 中的 Web Storage 根据各个浏览器兼容性的差异，通常是 PC 端浏览器可以存储 10MB 左右的数据（LocalStorage 和 SessionStorage 各 5MB），移动端的浏览器大概只能存储 6MB 左右的数据。

● **安全性不同**：Cookie 每次处理网页请求都会连带发送 Cookie 的内容到服务端（只针对同一个域名的情况），使得安全性降低，并且影响请求的大小。而 Web Storage 只存在于浏览器端，并且不同域名之间是相互独立的，安全性高一些。

● **都是以"键-值对"的形式存储**：Cookie 是以一组"键-值对"（Key-Value Pair）的形式存储的，而 Web Storage 也是如此。

Web Storage 主要提供两种方式来存储数据，一种是 LocalStorage；另一种是 SessionStorage。两者的主要差异在于生命周期和有效范围，如表 5-1 所示。

表5-1　Web Storage两种存储数据的类型差异

Web Storage 类型	生命周期	有效范围
LocalStorage	没有过期时间，直到调用删除 API	同一个域名下，不区分窗口
SessionStorage	关闭当前窗口即过期	同一个域名下，同一个窗口

5.1.2　同源策略

之前所指的同一个域名，严格意义上来说就是 JavaScript 的"同源策略"（Same Origin Policy），这种策略是指限制只有来自相同网站的页面之间才能相互调用。Web Storage 相关的 API 都是基于 JavaScript 来调用的，同样只有相同来源的页面才能获取同一个 Web Storage 对象。

那么，什么叫作相同网站的页面呢？所谓相同是指协议，域名（Domain 和 IP）和端口（Port）都必须相同，缺一不可。举例来说，下面 4 种情况都视为不同来源：

● http://www.abc.com 与 http://www.efg.com（域名不同）
● http://www.abc.com 与 http://app.abc.com（域名不同）
● http://www.abc.com 与 https://www.abc.com（协议不同）
● http://www.abc.com:8080 与 http://www.abc.com:8888（端口不同）

在使用 Web Storage 时，一定要注意"同源策略"。

5.1.3　Web Storage 的浏览器兼容性

为了避免浏览器不支持 Web Storage 功能，在操作之前，最好先检测一下当前浏览器是否支持这个功能。和之前讲解的<video>、<audio>及<canvas>不同的是，Web Storage 主要是由 JavaScript 相关 API 来使用的，所以需要使用 JavaScript 代码来检测，代码如下：

```
if (typeof(Storage) !== "undefined") {
  // 支持 Web Storage，可以使用 LocalStorage 和 SessionStorage 相关的 API
} else {
  // 不支持 Web Storage
}
```

Web Storage 对应的 JavaScript 对象是 Storage，需要判断是否存在这个对象。就目前 PC 端的浏览器而言，IE8 以上版本、Firefox 和 Chrome 都支持 Web Storage，而目前的移动端浏览器也基本上全部支持 Web Storage。

5.2 LocalStorage 和 SessionStorage

由于 LocalStorage 和 SessionStorage 除了 5.1 节中介绍的区别之外，在代码使用层面上没有区别，因此后文就以 LocalStorage 为例来讲解。

LocalStorage 的有效范围和 Cookie 很类似，但是有效周期却不同，存储的数据是否清除由开发者自行决定，并不会随着网页的关闭而消失，适用于数据需要跨页面共享的场景。目前大多数的 HTML5 移动端应用都会用到 LocalStorage，主要场景是用来存储一些用户的信息以及标志位，还有一些项目需要在多个页面共享一些数据，等等。

5.2.1 LocalStorage 的增删改查

使用 LocalStorage 可以通过 window.localStorage 获取对象，其本身存储的格式可以理解成一个由"键-值对"（Key-Value Pair）组成的对象。若要存储一些数据，则需要调用 setItem()方法。

1. setItem(key, value)

在该方法中，key 参数和 value 参数都是字符串形式，其中在传入 key 和 value 值时，如果之前已经有相同的 key 和 value 值，则会覆盖之前的内容，这时就相当于对数据进行更新了。

若要获取数据，则可以调用 getItem()方法。

2. getItem(key)

在该方法中，key 参数是字符串，表示要获取键为 key 的数据，返回的数据也是字符串格式。如果需要删除某个数据，可以调用 removeItem()方法。

3. removeItem(key)

在该方法中，key 参数是字符串，表示要删除键为 key 的数据，如果键为 key 对应的数据不存在，则返回 undefined。

4. clear()

该方法表示清空该域名下 LocalStorage 中的所有数据。

结合以上方法，使用代码来演示一下它们的具体用法，如示例代码 5-2-1 所示。

示例代码 5-2-1　LocalStorage 使用

```html
<!DOCTYPE html>
<html lang="zh-CN">
<head>
  <meta charset="UTF-8">
  <meta name="viewport" content="width=device-width, initial-scale=1.0,
maximum-scale=1.0, user-scalable=no" />
  <title>localStorage 使用</title>
</head>
```

```
<body>
<script type="text/javascript">
    // 存储 2 个数据
    localStorage.setItem('hello','hello something');
    localStorage.setItem('hi','hi something');
    // 获取 key 为 hello 对应的数据
    console.log(localStorage.getItem('hello'));
    // 删除 key 为 hi 的数据
    localStorage.removeItem('hi');
    console.log(localStorage.getItem('hi')); // null
    localStorage.clear();
</script>
</body>
</html>
```

    由于 LocalStorage 属于网页窗口下的对象，因此可以直接使用。在浏览器中运行这段代码，可以看到 Chrome 浏览器中"开发者工具"的 Console 控制台打印出"hello something"和"null"，表示获取和删除数据都已生效。

    在调用 setItem()方法存储数据时，简单的字符串大多数无法满足实际业务的需求，我们也可以存储复杂的 JavaScript 数据类型，通过调用 JSON.stringify()方法将数据序列化成字符串，然后进行存储，在调用 getItem()方法获取数据时，通过调用 JSON.parse()方法转换成 JavaScript 的数据类型。如示例代码 5-2-2 所示。

示例代码 5-2-2　LocalStorage 存储复杂数据

```
<script type="text/javascript">
    // 定义一个复杂类型
    var data = {
        a:'test',
        b:['Jack','Tom','John'],
        c:[{
            name:'Tick'
        }]
    }
    // 需要使用 try/catch 来处理转换时报错的异常情况
    try {
        localStorage.setItem('data',JSON.stringify(data));

        var result = localStorage.getItem('data');

        console.log(JSON.parse(result))
    }catch(e){
        console.error(e)
    }
</script>
```

    在浏览器中运行这段代码之后，可以看到 Chrome 浏览器中"开发者工具"的 Console 控制台打印出转换后的数据对象。

在 PC 端的 Chrome 浏览器中，可以通过"开发者工具"中 Application 里的 Storage 模块快速查看 LocalStorage 中存储的具体数据，如图 5-1 所示。

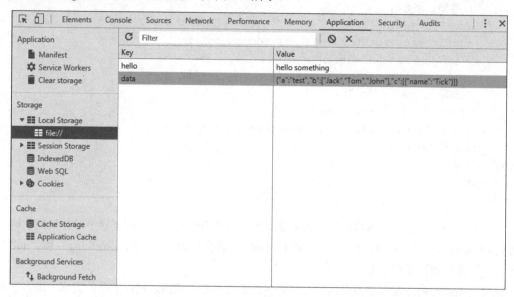

图 5-1　在 Chrome 浏览器的"开发者工具"的控制面板里查看 LocalStorage 中存储的数据

5.2.2　LocalStorage 容量的限制

在本章开始介绍了 LocalStorage 大约有 5MB 左右的存储量，这就表示不能无限制地使用 setItem() 方法去存储数据，当 LocalStorage 达到存储容量的上限时，调用 setItem() 方法会抛出一个 "QUOTA_EXCEEDED_ERR"或者"NS_ERROR_DOM_QUOTA_REACHED"的错误信息，因此需要拦截这些错误信息并添加对应的异常处理逻辑，如示例代码 5-2-3 所示。

示例代码 5-2-3　LocalStorage 容量的限制

```
<script type="text/javascript">

    try {
        localStorage.setItem('hi', 'hello');
    } catch (e) {
        // 表示到达了 LocalStorage 存储的上限
        if (e.name === 'QUOTA_EXCEEDED_ERR' || e.name ===
'NS_ERROR_DOM_QUOTA_REACHED') {
            // 这里可以尝试调用 removeItem() 删除一些数据或者是采用其他存储方案
        }
    }
</script>
```

LocalStorage 可以帮助我们存储数据，极大好方便了前端程序逻辑的实现，不过也不能滥用，需要遵循以下原则：

● 对有意义的数据进行存储，切勿滥用 LocalStorage。

- 在遇到页面之间需要共享数据时，可以在一个页面将数据存入，在另外一个页面将数据取出。
- 在使用时要设计 try/catch 代码段，以处理存储容量超出上限的情况以及在调用 JSON.parse()方法与 JSON.stringify()方法转换数据时出错的情况。
- 操作 LocalStorage 是一个同步的过程，在执行过程中，浏览器会锁死，所以不建议在一段代码中连续多次操作 LocalStorage，存储或读取大量数据，这样会影响后续代码的正常运行。

5.3 浏览器存储的其他方案

对于浏览器的存储而言，Web Storage 方案是使用最多、最为广泛的一种。除了这种存储方案之外，还有一些其他的解决方案。下面对其他的一些方案做以简单介绍。

5.3.1 IndexedDB

Web Storage 的存储容量大概在 10MB 左右，并且不提供搜索功能。对于存储来说，功能最完善的方案莫过于数据库，除了后端的数据库之外，浏览器端也提供了类似数据库的解决方案，这个方案就是 IndexedDB。

IndexedDB 可以储存大量的数据，并且提供了查找接口，还能建立索引，这些能力都是 LocalStorage 所不具备的。就数据库类型而言，IndexedDB 和常用的 MySQL 不太一样，不属于关系型数据库（不支持 SQL 查询语句），而更接近 NoSQL 数据库。

IndexedDB 具有以下特点：

- **"键-值对"存储**：IndexedDB 内部采用对象仓库（Object Store）来存储数据。所有类型的数据都可以直接存入，包括 JavaScript 对象。在对象仓库中，数据以"键-值对"（Key-Value Pair）的形式保存，每一个数据记录都有对应的主键，主键是独一无二的，不能有重复，否则会抛出异常。
- **异步**：IndexedDB 操作时不会锁死浏览器，用户依然可以进行其他操作，这与 LocalStorage 不同，后者的操作是同步的。异步设计是为了防止大量数据的读写而拖慢网页。
- **支持事务**：IndexedDB 支持事务（Transaction），这意味着在一系列操作步骤中，只要有一步失败，整个事务就会被取消，数据库回滚到事务发生之前的状态，不存在只改写了一部分数据的情况。
- **同源限制**：和 LocalStorage 一样，IndexedDB 受到同源限制，每一个数据库对应创建它的域名。网页只能访问自身域名下的数据库，而不能访问跨域的数据库。
- **存储空间大**：IndexedDB 的存储空间比 LocalStorage 大得多，一般来说不少于 250MB。
- **支持二进制存储**：IndexedDB 不仅可以存储字符串，还可以存储二进制数据（ArrayBuffer 对象和 Blob 对象）。

5.3.2 Service Worker

Service Worker 属于网页 PWA（Progressing Web App）技术中核心的特性，是在 Web Worker 的基础上增加了持久离线缓存和网络代理功能，并提供了使用 JavaScript 结合 Cache API 来操作浏览器缓存的能力。Service Worker 不仅可以结合 PWA 技术来使用，也可以独立使用，例如优化页面的离线功能和打开速度等。

Service Worker 具有以下特点：

- 一个独立的执行线程，单独的作用域，单独的运行环境，有自己独立的上下文（Context）。
- 一旦安装，就永远存在，除非手动注销掉（Unregister），即使 Chrome 浏览器关闭了也会在后台运行，利用这个特性可以实现离线消息的推送功能。
- 出于安全性的考虑，必须在 HTTPS 环境下才能工作。当然在本地调试时，使用 localhost 则不受 HTTPS 的限制。
- 提供拦截浏览器请求的接口，可以控制并打开作用域下所有的页面请求。需要注意的是，一旦请求被 Service Worker 接管，就意味着任何请求都由你来控制，一定要实现异常处理机制，保证页面的正常运行。
- 由于是独立线程，Service Worker 不能直接操作页面 DOM，但可以通过事件机制来操作页面 DOM。例如使用 postMessage。

在本书后面的章节中会单独讲解 PWA 相关的技术，其中包括对 Service Worker 的讲解，因此这里不再赘述。

5.4 本章小结

在本章中，主要讲解了网页存储 Web Storage 相关的知识，其中包括：Web Storage 概述、SessionStorage 和 LocalStorage 的使用，以及浏览器存储其他方案的简单介绍。本章内容的重点在于 LocalStorage 使用方法及技巧。

下面来检验一下读者对本章节内容的掌握程度：

- 什么是同源策略，LocalStorage 和同源策略的关系是什么？
- LocalStorage 对一般的 PC 端浏览器和移动端浏览器来说，最大的存储容量是多少？
- 如何判断当前 LocalStorage 已经达到数据存储容量的上限？

使用 CSS3 可以为一个 DOM 元素的 CSS 属性设置样式，选择器会选中想要修改的 HTML 元素。在 CSS 中，有很多种选择器，最常用的选择器有 ID 选择器、类（Class）选择器、标签（Tag）选择器等。

第6章

CSS3 选择器

在学习了 HTML5 中的新特性之后，本章开始学习 HTML5 技术栈中的另一个重要部分：CSS3 新特性。这些新的特性主要包括：新的 CSS3 选择器、CSS3 背景、CSS3 转换、过渡和动画。这些新的 CSS3 特性不仅在 PC 端，在移动 Web 端也会经常用到，重要性不言而喻。

CSS3 在 CSS 中有一套用于描述其语言的术语，例如下面这种样式：

```
div {
  color: red;
}
```

上面这段代码被称为一条规则（Rule）。这条规则以选择器 div 开始，它选择要在 DOM 中哪些元素上使用这条规则。花括号中的部分称为声明（Declaration），关键字 color 是一个属性，red 是其对应的值。同一个声明中的属性和值组成一个"键-值对"（Key-Value Pair），多个"键-值对"之间用分号分隔开。

上面的这一小段代码就是 CSS 中的选择器。在 CSS3 之前，使用的选择器包括 ID 选择器、类（Class）选择器、标签（Tag）选择器等，它们被称为基础选择器，本书对这些类型的选择器就不深入介绍了。那么，除了原有的选择器之外，在 CSS3 中引入了一些新的选择器，可以帮助我们更加便捷地选择各类元素，提升开发效率。

6.1 CSS3 属性选择器

在 CSS3 之前，属性选择器的代码如下：

```
div[name="John"] {
    color: red;
}
```

上面这段代码是一个标准的 CSS2 属性选择器，表示选择出标签是<div>且含有 name=John 属性的元素，然后套用 color:red 的样式。当然，CSS2 中还有一些其他的属性选择器，这里就不再赘述。在 CSS3 中，对属性选择器进行了升级，新增了一些属性的选择器，如表 6-1 所示。

表6-1　CSS3新增的属性选择器

选择器	规则
E[attr^="val"]	含有属性 attr 的值且以"val"字符串开头的元素
E[attr$="val"]	含有属性 attr 的值且以"val"字符串结尾的元素
E[attr*="val"]	含有属性 attr 的值且包含"val"字符串的元素

下面使用代码来演示上述选择器的用法，如示例代码 6-1-1 所示。

示例代码 6-1-1　CSS3 新增的属性选择器

```html
<!DOCTYPE html>
<html lang="zh-CN">
<head>
  <meta charset="UTF-8">
  <meta name="viewport" content="width=device-width, initial-scale=1.0,
maximum-scale=1.0, user-scalable=no" />
  <title>CSS3 属性选择器</title>
  <style type="text/css">
    /* 选择 id 属性并且属性值以"page"开头的 div 元素 */
    div[id^="page"] {
      height: 20px;
      background-color: red;
      margin-bottom: 10px;
    }
    /* 选择 id 属性并且属性值以"Content"结尾的 div 元素 */
    div[id$="Content"] {
      height: 30px;
      background-color: black;
      margin-bottom: 10px;
    }
    /* 选择data-text 属性并且属性值包含"eL"的含有 class 是 info 的元素，i 表示字母大小写 */
    .info[data-text*="eL" i] {
      height: 40px;
      background-color: blue;
    }
  </style>
</head>
<body>
  <div id="page1"></div>
  <div id="page2"></div>
  <div id="infoContent"></div>
  <div id="textContent"></div>
```

```
    <p class="info" data-text="hello"></div>
</body>
</html>
```

在上面的代码中，分别使用了 3 种选择器，需要注意的是，属性选择器可以与任意的基础选择器，包括 ID 选择器、类（Class）选择器、标签（Tag）选择器等结合使用，属性选择器会在这些原有选择器的基础上再次进行筛选，从而选择出符合要求的元素。

6.2　CSS3 伪类选择器

6.2.1　伪类和伪元素

在讲解伪类选择器之前，首先需要了解什么是伪类，而提到伪类就需要了解伪元素。伪类和伪元素都是用来修饰 HTML 文件树中的某些部分，例如一句话中的第一个字母，或者是列表中的第一个元素，等等。

关于伪类和伪元素的定义如下：

● **伪类**：用于在已有元素处于某个状态时，为其添加对应的样式，这个状态是根据用户行为而动态变化的。例如，当用户悬停在指定的元素时，可以通过:hover 来描述这个元素的状态。虽然它和普通的 CSS 类相似，可以为其添加样式，但是它只有处于 DOM 树无法描述的状态下才能为元素添加样式，所以将其称为伪类。

● **伪元素**：用于创建一些不在文件树中的元素，并为其添加样式。例如，可以通过:before在一个元素前增加一些文本，并为这些文本添加样式。虽然用户可以看到这些文本，但是这些文本实际上不在文件树中。

例如下面这段代码：

```
<div>
    <p>我是第一个</p>
    <p>我是第二个</p>
</div>
```

若想给第一个<p>元素添加样式时，可以给其添加一个 class="first"，然后通过.first 来获取：

```
.first {...}

<div>
    <p class="first">我是第一个</p>
    <p>我是第二个</p>
</div>
```

当然也可以通过后面讲解的伪类:first-child 选择器来实现。如果想在<div>元素的结尾添加元素并赋予其样式，可以在后面添加一个新的元素来实现：

```
span {...}
```

```
<div>
    <p>我是第一个</p>
    <p>我是第二个</p>
    <span>结尾的某个元素</span>
</div>
```

但是，如果不想添加标签，则可以通过伪元素::after 来实现。

这里需要说明的是，伪类的效果可以通过添加一个实际的类来达到，而伪元素的效果则需要通过添加一个实际的元素才能达到，这也是为什么它们一个被称为伪类，另一个被称为伪元素的原因。

伪元素和伪类之所以这么容易混淆，是因为它们的效果类似而且写法相仿，在 CSS3 中为了区分两者，已经明确规定了伪类用一个冒号来表示，而伪元素则用两个冒号来表示。

```
:first-child
::after
```

就目前而言，PC 端和移动端的浏览器同时兼容这两种写法。但是，抛开兼容性的问题来说，笔者建议应尽可能养成良好习惯以区分两者。对于后面讲解的选择器，我们把它们统称为伪类选择器。

6.2.2 子元素伪类选择器

子元素伪类选择器，主要是针对一个父元素内部有多个相同条件的子元素，然后选择出指定条件的子元素。主要的子元素伪类选择器如表 6-2 所示。

表6-2 CSS3新增的子元素伪类选择器

选择器	规则
E:first-child	匹配父元素的第一个子元素
E:last-child	匹配父元素的最后一个子元素
E:nth-child(n)	匹配父元素的第 n 个子元素
E:nth-last-child(n)	匹配父元素的倒数第 n 个子元素
E:only-child	匹配的父元素中仅有一个子元素，而且是一个唯一的子元素

需要注意的是，子元素伪类选择器是选择满足条件的子元素，而不是选择父元素。下面用代码来演示说明，如示例代码 6-2-1 所示。

示例代码 6-2-1 子元素伪类选择器

```
<style type="text/css">
    body div:first-child {
        font-size: 20px;
    }
    body div:last-child {
        font-size: 24px;
    }
    body div:nth-child(4) {
```

```
      font-size: 28px;
    }
    body div:nth-last-child(2) {
      font-size: 32px;
    }
    .only span:only-child {
      font-size: 36px;
    }
</style>
<body>
  <div>我是第 1 个</div>
  <div>我是第 2 个</div>
  <div>我是第 3 个</div>
  <div>我是第 4 个</div>
  <div>我是第 5 个</div>
  <div>我是最后 1 个</div>
  <div class="only">
    <span>我是唯一的</span>
  </div>
</body>
```

在上面的代码中，<div>是属于<body>的子元素，所以我们在编写样式时，把 body 放在了 div 前面，然后对 div 分别应用不同的子元素伪类选择器，这样比较规范。在使用子元素伪类选择器时，如果只写了子元素，就不易看出属于哪个父元素。子元素伪类选择器帮助我们免去了指定子元素辨别 class 或者 id 的步骤，让我们可以直接选择到指定的子元素，但是需要注意子元素顺序的改变会影响选择的结果。

6.2.3　类型子元素伪类选择器

类型子元素伪类选择器和子元素伪类选择器很相似，它们都是选择符合条件的子元素，但是不同的是前者（类型子元素伪类选择器）只会筛选出符合条件类型的元素，它适用于一个父元素下有很多不同类型的子元素的应用场合，例如一个<div>下有<p>元素、<span>元素、<a>元素等多种类型的子元素，而后者（子元素伪类选择器）适用于单一类型的子元素。主要的类型子元素伪类选择器如表 6-3 所示。

表6-3　CSS3新增的类型子元素伪类选择器

选择器	规则
E:first-of-type	匹配父元素的第一个类型是 E 的子元素
E:last-of-type	匹配父元素的最后一个类型是 E 的子元素
E:nth-of-type(n)	匹配父元素的第 n 个类型是 E 的子元素
E:nth-last-of-type(n)	匹配父元素的倒数第 n 个类型是 E 的子元素
E:only-of-type	匹配的父元素中仅有一个子元素，而且是一个唯一类型为 E 的子元素

需要注意的是，子元素的类型不仅可以有相同的标签（Tag），也可以含有相同的类（Class）。

下面用代码来演示说明，如示例代码 6-2-2 所示。

示例代码 6-2-2 类型子元素伪类选择器

```
<style type="text/css">
  body .div:first-of-type {
    font-size: 20px;
  }
  body p:last-of-type {
    font-size: 24px;
  }
  body .div:nth-of-type(2) {
    font-size: 28px;
  }
  body p:nth-last-of-type(2) {
    font-size: 32px;
  }
  .only span:only-of-type {
    font-size: 36px;
  }
</style>
<body>
  <div class="div">我是第 1 个 div</div>
  <p>我是第 1 个 p</p>
  <div class="div">我是第 2 个 div</div>
  <p>我是第 2 个 p</p>
  <div class="div">我是第 3 个 div</div>
  <p>我是第 3 个 p</p>
  <div class="div">我是最后一个 div</div>
  <p>我是最后一个 p</p>
  <div class="only">
    <span>我是唯一的</span>
  </div>
</body>
```

在上面的代码中，对于<div>元素，采用.div 使用类名相同的方式来选择，对于<p>元素，采用标签相同的方式来选择，同样可以达到相同的效果。

6.2.4 条件伪类选择器

条件伪类选择器，主要是指某些元素在特定条件下规则的应用，例如非值、空值等条件。主要的条件伪类选择器如表 6-4 所示。

表6-4 CSS3新增的条件伪类选择器

选 择 器	规　　则
E:not(s)	匹配不含有 s 选择符的元素 E
E:empty	匹配没有任何子元素（包括文本节点）的元素 E
E:target	匹配 E 元素被<a>标签的 href 锚点指向时的元素

其中，使用最多的 E:not(s)中的 s 可以是 CSS 的其他基础选择器，而 E:target 大多数情况下要配合<a>标签元素来使用。下面用代码来演示条件伪类选择器的使用，如示例代码 6-2-3 所示。

示例代码 6-2-3　条件伪类选择器

```html
<style type="text/css">
  /* :not 选择器*/
  p:not(.content) {
    font-size: 30px;
  }
  /* :empty 选择器*/
  span:empty {
    display: block;
    height: 100px;
    width: 100px;
    background-color: #000;
  }
  /* :target 选择器*/
  div {
    display: none;
    color:#fff;
    height: 100px;
    width: 100px;
  }
  #tab1:target {
    display: block;
    background-color: #000;
  }
  #tab2:target {
    display: block;
    background-color: #000;
  }
</style>
<body>
  <p>p1</p>
  <p>p2</p>
  <p class="content">p3</p>

  <span></span>
  <span>name</span>
  <br/>
  <a href="#tab1">单击 tab1</a>
  <a href="#tab2">单击 tab2</a>
  <div id="tab1">我是 tab1</div>
  <div id="tab2">我是 tab2</div>
</body>
```

在上面的代码中，使用:target 选择器实现了一个通过单击切换页签的功能，当单击<a>标签时，会对应切换到指定的 div，在浏览器中运行这段代码才能体会到真实的效果。

6.2.5 元素状态伪类选择器

在 CSS3 之前，也用过元素状态伪类选择器，使用最多的是:hover 伪类，例如:hover 伪类的条件表示在鼠标移入元素状态时触发，代码如下：

```css
div {
  height: 100px;
  width: 100px;
  background-color: #000;
}
div:hover{
  background-color: red;
}
```

在 CSS3 中，新增了一些在元素处于某些状态下的伪类，如表 6-5 所示。

表6-5　CSS3新增的元素状态伪类选择器

选 择 器	规 则
E:disable	匹配表单元素 E 且处于被禁用状态
E:enabled	匹配表单元素 E 且处于启用状态
E:checked	匹配表单元素 E（单选框和复选框）且处于被选中状态
E:before	在被选元素 E 的内容前面插入内容
E:after	在被选元素 E 的内容后面插入内容

在上面列举的选择器中，前 3 种都是 HTML5 表单新增的一些选择器，当这些表单元素处于某些特定状态时会被匹配上。而:before 和:after 与其说是选择器不如说是在选定元素的内部增加内容。下面用代码来演示元素状态伪类选择器的使用，如示例代码 6-2-4 所示。

示例代码 6-2-4　元素状态伪类选择器

```html
<style type="text/css">
  input[type="text"]:disabled {
    background-color: #ccc;
  }
  input[type="text"]:enabled {
    background-color: #fff;
  }
  input[type="radio"]:checked {
    height: 50px;
    width: 50px;
  }
</style>
<body>
  <input type="text" disabled>
  <input type="text">
  <input type="radio" checked="checked" value="male" name="gender">男<br>
  <input type="radio" value="female" name="gender">女<br>
```

```
</body>
```

:before 和:after 的作用就是在指定的元素内容（而不是元素本身）之前或者之后插入一个包含 content 属性指定内容的行内元素，最基本的用法如示例代码 6-2-5 所示。

```html
<style type="text/css">
  .p-before:before {
    content: "Info: ";
    color: red;
    font-weight: bold;
  }
  .p-after:after {
    content: " World";
    color: red;
    font-weight: bold;
  }
  .other {
    width: 100px;
    position: relative;
  }
  .other:after {
    content: " ";
    display: block;
    position: absolute;
    right: 0;
    top: 0;
    width: 20px;
    height: 20px;
    border-radius: 50%;
    background-color: #000;
  }
</style>
<body>
  <p class="p-before">这是一段描述性文字</p>
  <p class="p-after">Hello</p>
  <p class="other">结尾的圆点</p>
</body>
```

:before 和:after 是在项目中使用比较多的伪类，我们会在后面的实战项目中多次用它来代替 <img>，作为图片 icon 的承载元素。

6.3　本章小结

在本章中，主要讲解了 CSS3 中新增的一些选择器，内容包括属性选择器和伪类选择器。

伪类选择器是本章的重点，讲述的内容包括：伪类和伪元素、子元素伪类选择器、类型子元素伪类选择器、条件伪类选择器、元素状态伪类选择器。需要注意的是，伪类选择器的分类没有一个固定的标准，在本章中是按照使用时的特点来分类的。

这些新增的选择器功能很强大，给我们日常前端开发带来了很多便利：

● **网页代码更简洁、结构更加清晰**：合理使用这些选择器，可以使 CSS 代码阅读起来更加清晰，减少冗余样式，提升页面性能。

● **减少烦琐的起名烦恼**：可通过各种伪类来减少新增元素或者新增 class 的工作。

下面来检验一下读者对本章内容的掌握程度：

● 属性选择器 E[attr*="val"]的匹配规则是什么？

● 伪类和伪元素分别是指什么，有什么区别？

● 伪类选择器 E:first-child 和 E:first-of-type 的区别是什么？

第7章

CSS3 背景

一个功能完善的网页不能只有文字信息，肯定少不了各种图片或图像来衬托（本书中的图片和图像可以互换使用，不特别说明就表示相同的含义）。网页元素中除了使用<img>标签来承载图片之外，还有一个使用比较多的 background-image（背景图片或背景图像）方案，代码如下：

```
div {
    width:100px;
    height:100px;
    background-image: url('image.jpg');
}
```

通过给一个 HTML 元素添加背景图像的方式来显示背景图像，在 CSS3 之前，对背景图像的处理比较单一，功能也比较少，但是随着 CSS3 的到来，引入了一些新的属性，让我们可以更加便捷地使用元素的背景图像属性来呈现功能多样化的图片或图像，本章就来逐一介绍指定背景图像的这些属性及其用法大小。

7.1 background-size 属性

background-size 用于指定背景图像的大小，取代了之前背景图像的大小只能由实际大小决定的限制。其使用格式为：

background-size:length|percentage|cover|contain

背景图像的大小可以是像素或百分比，共有 4 种格式的属性可以设置，含义如下：

● **length:** 设置背景图像的高度和宽度，用空格隔开。第一个值设置宽度，第二个值设置高度。如果只设置一个值，则第二个值会被设置为"auto"。

● **percentage:** 以父元素的百分比来设置背景图像的宽度和高度，用空格隔开。第一个值设置宽度，第二个值设置高度。如果只设置一个值，则第二个值会被设置为"auto"。

- **cover:** 在保持图像长宽比的前提下，以铺满整个容器的效果来显示背景图像，将图像缩放成可以完全覆盖背景定位区域的最小大小。优点是背景图像全部覆盖所属元素区域，缺点是图像超出的部分会被隐藏。

- **contain:** 与 cover 相反，在保持图像长宽比的情况下，以铺满整个容器的效果来显示背景图像，并将图像缩放成适合背景定位区域的最大大小。优点是图像不会出现变形，同时背景图像被完全呈现出来，缺点是当所属元素的长宽比与背景图像的长宽比不同时，会出现背景留白。

上面的文字解释相对来说还是比较抽象的，下面用代码来演示这些属性的用法和区别。首先准备一个图像，它的原始大小是 400×300 像素，使用一个<div>标签元素来设置背景图像，如示例代码 7-1-1 所示。

示例代码 7-1-1　background-size 属性的使用

```html
<!DOCTYPE html>
<html lang="zh-CN">
<head>
  <meta charset="UTF-8">
  <meta name="viewport" content="width=device-width, initial-scale=1.0,
maximum-scale=1.0, user-scalable=no" />
  <title>CSS3 背景 background-size 之 length</title>
  <style type="text/css">
   div {
     width: 400px;
     height: 300px;
     background-image: url('timg.jpg');
     background-repeat: no-repeat;
     border: 1px solid #ddd;
     margin: 5px;
   }
   .div1 {
     background-size: 70% 70%;
   }
   .div2 {
     background-size: 200px 140px;
   }
  </style>
</head>
<body>
  <div class="div1"></div>
  <div class="div2"></div>
</body>
</html>
```

在上面的代码中，分别对 background-size 设置了固定值和百分比，需要注意的是设置不同的数值可能会改变图像原有的长宽比，会使图像压缩变形。在浏览器中运行上述代码，效果如图 7-1 所示。

图 7-1　使用 background-size 属性得到的效果比较之一

固定值和百分比很好理解，剩下的两种 cover 和 contain，它们之间的区别同样可以用代码来演示。如示例代码 7-1-2 所示。

示例代码 7-1-2　background-size 属性的使用

```css
<style type="text/css">
  div {
    width: 200px;
    height: 200px;
    background-image: url('timg.jpg');
    background-repeat: no-repeat;
    border: 1px solid #ddd;
    margin: 5px;
  }
  .div1 {
    background-size: cover;
  }
  .div2 {
    background-size: contain;
  }
</style>
<body>
  <div class="div1"></div>
  <div class="div2"></div>
</body>
```

在上面的代码中，分别对<div>元素的 background-size 属性设置了 cover 和 contain。当<div>的宽高和图像原始的宽高一样时，这两个属性值是没有区别的；当<div>的宽高和图片原始的宽高不一样时，它们的区别则是明显的，如图 7-2 所示。

图 7-2 使用 background-size 属性得到的效果比较之二

在图 7-2 中，上图是设置 cover 属性值的效果，下图是设置 contain 属性值的效果，可以很明显地看出在设置 cover 属性值时，当图像大于<div>的尺寸时背景是不会留白的，而是尽可能地将图像按照原始比例撑满<div>，多余的部分则隐藏起来。而在相同的情况下，在设置 contain 属性值时会缩小图像以保证图像完整呈现出来，但并不保证撑满<div>。同理，在图像小于<div>的尺寸时，cover 属性值会将原始图像等比例拉伸放大，而 contain 属性值则是直接显示出图像，可以从显示效果上来理解它们的区别，如图 7-3 所示。

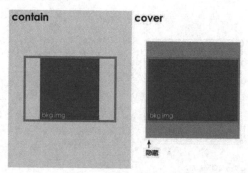

图 7-3 background-size 属性值 cover 和 contain 的区别

在日常的项目中，使用 cover 属性值的场合要多于 contain 属性值，例如我们熟悉的朋友圈九宫格图片，或者是新闻类 App 的列表图片都可以采用 cover 来实现，如图 7-4 所示。

图 7-4 使用属性值 cover 的实际例子

7.2 background-origin 属性

background-origin，字面上理解是背景图像起点，它规定了 background-position 属性是相对于什么位置来定位的。其使用格式是：

```
background-origin:border-box|padding-box|cotent-box
```

该属性有以下三种取值：

- **border-box:** 背景图像从盒模型的 border-box 左上角开始绘制，即背景图像是相对于边框来定位的。
- **padding-box:** 背景图像从盒模型的 padding-box 左上角开始绘制，即背景图像是相对于内边距来定位的。该值为默认值。
- **content-box:** 背景图像从盒模型的 content-box 左上角开始绘制，即背景图像是相对于内容框来定位的。

什么是边框、内边距、内容框，它们之间是怎么界定的，可以参照图 7-5 来理解。

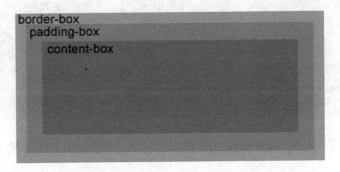

图 7-5　边框、内边距和内容框的区别

background-origin 的使用需要结合<div>的 border、padding 或者 margin 才能看出效果，将这些值设置稍大一些，区别就更为明显。如示例代码 7-2-1 所示。

示例代码 7-2-1　background-origin 属性

```
<style type="text/css">
  div {
    width: 180px;
    height: 180px;
    background-image: url('timg.jpg');
    background-repeat: no-repeat;
    border: 10px solid #ddd;
    margin: 10px;
    padding: 10px;
  }
  .div1 {
```

```
    background-origin: border-box;
  }
  .div2 {
    background-origin: padding-box;
  }
  .div3 {
    background-origin: content-box;
  }
</style>
<body>
  <div class="div1"></div>
  <div class="div2"></div>
  <div class="div3"></div>
</body>
```

在上面的代码中，对 background-origin 分别设置了 3 种不同的属性值，自上而下分别为 border-box、padding-box 和 content-box。在浏览器中运行上述代码，效果如图 7-6 所示。

图 7-6 给 background-origin 属性设置 3 种不同属性值的效果比较

7.3 background-clip 属性

background-clip 与 background-origin 的用法很类似，它们的功能大致相同，就连可设置的属性参数都相同。但是两者还是存在一些差别的，从概念上说，background-origin 定义的是背景位置（background-position）的起始点，而 background-clip 是对背景（图像和背景色）的切割。

从表现上来说细微的差别有两个：一是当它们的值都为 border-box 时，虽然都是从盒模型的边框左上角开始绘制背景图像，但是 background-clip 绘制出来的背景图像不会覆盖左方和上方的边框，而 background-origin 绘制出来的背景图像则会覆盖左方和上方的边框；二是当它们的值都为 content-box 时，background-clip 绘制出来的背景图像不会超出内容框本身，而 background-origin 绘制出来的背景图像则没有这个限制。下面使用代码来演示，如示例代码 7-3-1 所示。

示例代码 7-3-1 background-clip 属性的使用

```
<style type="text/css">
  div {
```

```
    width: 180px;
    height: 180px;
    background-image: url('timg.jpg');
    background-repeat: no-repeat;
    border: 10px solid #ddd;
    margin: 10px;
    padding: 10px;
  }
  .div1 {
    background-clip: border-box;
  }
  .div2 {
    background-clip: padding-box;
  }
  .div3 {
    background-clip: content-box;
  }
</style>
<body>
  <div class="div1"></div>
  <div class="div2"></div>
  <div class="div3"></div>
</body>
```

在浏览器中运行这段代码，效果如图 7-7 所示。

图 7-7 给 background-clip 属性设置三种不同属性值的效果比较

7.4 背景渐变

　　背景渐变（Gradients），顾名思义，就是给一个元素设置背景颜色，但并不是单一的颜色，而是由若干个颜色组成的渐变色。使用过 PhotoShop 软件的人对渐变色应该不陌生，渐变是两种或多种颜色之间不同方向的平滑过渡，在创建渐变的过程中，可以指定多个中间颜色值，这个值称为色标。每个色标包含一种颜色和一个位置，浏览器从每个色标的颜色淡出到下一个，以实现平滑的渐变。

对于 CSS3 来说，渐变可以应用于任何设置背景的地方，但并不是使用 background-color 来设置，而是使用 background-image 来设置。CSS3 中定义了两种类型的渐变：

● **线性渐变（Linear Gradients）**：渐变方向包括向下、向上、向左、向右、对角。
● **径向渐变（Radial Gradients）**：渐变方向由它们的中心定义。

7.4.1 线性渐变

设置线性渐变的 background-image 属性的格式是：

```
background-image: linear-gradient(direction, color-stop1, color-stop2, ...)
```

direction 参数可以设置为 to bottom、to top、to right、to left、to bottom right，等等，to 是关键字，后面的方向可以自由组合，表示渐变的方向。同时也可以设置角度值从 0deg 到 360deg，顺时针为正，逆时针为负。

color-stopX 参数表示色标，可以单独设置若干个颜色，也可以在颜色后面加百分比，表示该颜色占整个宽度的百分之多少（相当于设置色标的位置）。

下面通过代码来演示线性渐变的用法和效果，如示例代码 7-4-1 所示。

示例代码 7-4-1　线性渐变的运用

```
<style type="text/css">
  div {
    width: 300px;
    height: 300px;
    margin: 15px;
    float: left;
  }
  /*垂直方向*/
  .div1 {
    background: linear-gradient(to bottom,#ff69b4, #00008b);
  }
  /*用百分比来设置*/
  .div2 {
    background: linear-gradient(to bottom,#ff69b4 10%, #00008b 50%);
  }
  /*水平方向*/
  .div3 {
    background: linear-gradient(to right,#ff69b4, #00008b);
  }
  /*对角方向*/
   .div4 {
    background: linear-gradient(to left bottom,#ff69b4, #00008b);
  }
  /*用角度来设置*/
  .div5 {
    background: linear-gradient(180deg,#ff69b4, #00008b);
```

```
  }
</style>
<body>
  <div class="div1"></div>
  <div class="div2"></div>
  <div class="div3"></div>
  <div class="div4"></div>
  <div class="div5"></div>
</body>
```

在浏览器中运行上述代码，效果如图 7-8 所示。

图 7-8　线性渐变的效果

使用渐变色可以配置多个色标，利用这些色标可以实现一些非常特殊的效果，例如一道七色的彩虹，如示例代码 7-4-2 所示。

示例代码 7-4-2　多色标线性渐变

```
<style type="text/css">
div {
  height: 30px;
  width: 700px;
  background: linear-gradient(to right, red, orange, yellow, green, blue,
indigo, violet);/* 色标从左往右依次是：红，橙，黄，绿，蓝，靛，紫 */
  }
</style>
<body>
<div>rainbow</div>
</body>
```

在浏览器中运行这段代码，效果如图 7-9 所示。

rainbow

图 7-9　多色标彩虹效果

7.4.2　径向渐变

设置径向渐变的 background-image 属性的格式是：

```
background-image: radial-gradient(shape size at position, start-color, ...,
last-color)
```

径向渐变由它的中心定义，可以理解成从渐变的中心点向四周渐变。首先需要定义两个颜色节点：start-color 和 last-color，颜色节点表示想要呈现平稳过渡的颜色。同时，shape size at position 表示可以指定渐变的中心、形状（圆或椭圆）和大小。在默认情况下，渐变的中心是 center（表示在中心点），渐变的形状是 ellipse（表示椭圆），渐变的大小是 farthest-corner（表示到最远的角落）。下面代码演示了两种基本的径向渐变，如示例代码 7-4-3 所示。

示例代码 7-4-3　基本径向渐变

```css
<style type="text/css">
  div {
    width: 300px;
    height: 300px;
    margin: 15px;
    float: left;
  }
  /*颜色节点均匀分布的径向渐变*/
  .div1 {
    background-image: radial-gradient(red, yellow, green);
  }
  /*颜色节点不均匀分布的径向渐变*/
  .div2 {
    background-image: radial-gradient(red 5%, yellow 15%, green 60%);
  }
</style>
<body>
  <div class="div1"></div>
  <div class="div2"></div>
<body>
```

在浏览器中运行这段代码，效果如图 7-10 所示。

图 7-10　基本径向渐变的效果

从图 7-9 可以看出，对于基本的径向渐变，渐变的中心点在 div 的中心，根据颜色值来向四周扩散渐变。除了基本的径向渐变，还可以对渐变的形状进行自定义设置，shape 参数定义了形状，它可以是值 circle 或 ellipse。其中，circle 表示圆、ellipse 表示椭圆。如示例代码 7-4-4 所示。

示例代码 7-4-4 定义形状径向渐变

```css
<style type="text/css">
  div {
    width: 300px;
    height: 200px;
    margin: 15px;
    float: left;
  }
  /*渐变中心点为椭圆*/
  .div1 {
    background-image: radial-gradient(ellipse, red, yellow, green);
  }
  /*渐变中心点为圆*/
  .div2 {
    background-image: radial-gradient(circle, red, yellow, green);
  }
</style>
<body>
  <div class="div1"></div>
  <div class="div2"></div>
<body>
```

注意，需要将 div 设置成长方形（width 和 height 不相等），这样可以明显地区分出不同效果。在浏览器中运行上述代码，如图 7-11 所示。

图 7-11 定义形状的径向渐变的效果图

不仅可以对渐变的形状进行设置，还可以对渐变的大小进行设置，使用 size 属性，它的取值和含义如表 7-1 所示。

表7-1 径向渐变的大小

属 性 值	含 义
closet-side	指定径向渐变的半径长度为从圆心到离圆心最近的边
closest-corner	指定径向渐变的半径长度为从圆心到离圆心最近的角
farthest-side	指定径向渐变的半径长度为从圆心到离圆心最远的边
farthest-corner	指定径向渐变的半径长度为从圆心到离圆心最远的角

表 7-1 中的设置看起来还是比较抽象，下面用代码来演示它们之间的具体区别，如示例代码 7-4-5 所示。

示例代码 7-4-5 定义径向渐变的大小

```css
<style type="text/css">
  div {
    width: 300px;
    height: 200px;
    margin: 15px;
    float: left;
    color: #fff;
  }
  .div1 {
    background-image: radial-gradient(closest-side at 60% 55%, red, yellow,
black);
  }
  .div2 {
    background-image: radial-gradient(farthest-side at 60% 55%, red, yellow,
black);
  }
  .div3 {
    background-image: radial-gradient(closest-corner at 60% 55%, red, yellow,
black);
  }
  .div4 {
    background-image: radial-gradient(farthest-corner at 60% 55%, red, yellow,
black);
  }
</style>
<body>
  <div class="div1">closest-side</div>
  <div class="div2">farthest-side</div>
  <div class="div3">closest-corner</div>
  <div class="div4">farthest-corner</div>
<body>
```

在浏览器中运行上述代码，效果如图 7-12 所示。

   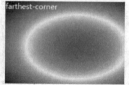

图 7-12 定义径向渐变大小的效果图

7.5　本章小结

在本章中，主要讲解了 CSS3 中与背景相关的知识，分为两个部分：第一部分讲解了 CSS3 为控制背景图像新增的属性，此部分的重点是有关 background-size 的使用；第二部分讲解了 CSS3 中背景渐变色的用法。对于本章的相关知识，期望读者可以尝试运行本章中的各个演示代码，以便加深对这些知识的印象。

下面来检验一下读者对本章内容的掌握程度：

- 对于 background-size 属性，属性值 cover 和 contain 的有什么区别？
- 如何实现两种颜色的水平方向的线性渐变？
- 如何定义径向渐变的渐变形状？

第 8 章

CSS3 转换、过渡与动画

在本章中，我们将讲解 CSS3 中一个非常重要的知识：转换、过渡和动画。区别于 CSS3 之前的版本，这部分新的特性为网页中的元素注入了新的灵魂，让元素有了更多种"动效"的样式属性设置，丰富了元素的呈现方式，让网页真正"动"了起来。这部分内容也是实战项目中使用比较多的技术，掌握好是非常必要的。

在 CSS3 中，这些属性分别是：转换（transform）、过渡（transition）和动画（animation）。下面来逐一讲解。

8.1　CSS3 转换（transform）

transform，字面上的意思是转换、变换、改变的意思，在之前的 Canvas 相关内容的讲解中，我们介绍过与转换相关的内容，Canvas 中的转换主要是指对<canvas>内部画布坐标系统的变换，而 CSS3 中的转换则是改变元素在整个 HTML 页面中的位置和样式。

在 CSS3 中的转换包括：移动 translate、旋转 rotate、扭曲 skew、缩放 scale 以及矩阵变形 matrix。CSS3 中包括 2D 转换和 3D 转换，2D 转换是使用比较多也是比较好理解的转换。2D 转换使用 transform 属性来实现，其格式为：

```
transform: none|<transform-functions>
```

对于 transform 属性的取值，none 表示不进行转换（用于函数或操作时，也可称为变换），<transform-functions>表示一个或多个变换函数，以空格分开，可以实现同时对一个元素进行 transform 的多种属性操作，例如一个变换函数可以是 translate、rotate、scale、skew、matrix 中的一种或多种，需要注意的是，以往我们叠加效果都是用","隔开，但 transform 中使用多个属性时却需要用"空格"隔开。

8.1.1 translate（位移）

translate 的含义就是将元素进行位移，分为三种情况：

- **translateX(x)：** 仅水平方向（x 轴）移动 x 值的量。
- **translateY(y)：** 仅垂直方向（y 轴）移动 y 值的量。
- **translate(x,y)：** 水平方向和垂直方向同时移动（也就是 x 轴和 y 轴同时移动）。

其中，位移量的单位可以是 px，也可以是其他的长度单位，下面用代码来演示位移 translate 的具体用法，如示例代码 8-1-1 所示。

示例代码 8-1-1　translate（位移）的使用

```
<!DOCTYPE html>
<html lang="zh-CN">
<head>
  <meta charset="UTF-8">
  <meta name="viewport" content="width=device-width, initial-scale=1.0,
maximum-scale=1.0, user-scalable=no" />
  <title>CSS3 移动</title>
  <style type="text/css">
    div {
      width: 100px;
      height: 100px;
      position: absolute;
      top: 100px;
      left: 100px;
      color: red;
    }
    .div1 {
      border: 1px solid #ccc;
    }
    .div2 {
      transform: translate(50px,50px);
      background-color: #000;
    }
  </style>
</head>
<body>
  <div class="div1">div1</div>
  <div class="div2">div2</div>
</body>
</html>
```

在上面的代码中，.div1 是原始位置，.div2 是位移后的位置，代码中对.div2 进行了 x 轴和 y 轴两个方向的位移，同时需要注意位移转换不影响绝对定位，可以理解成元素根据自己的样式进行定位，然后在此位置的基础上再进行位移转换。在浏览器中运行上述代码，效果如图 8-1 所示。

图 8-1　translate（位移）转换效果图

8.1.2　scale（缩放）

scale 和 translate 极其相似，scale 表示对元素进行放大或缩小，有三种情况：

- **scaleX(x):** 仅水平方向（x 轴）缩放 x 值的量。
- **scaleY(y):** 仅垂直方向（y 轴）缩放 y 值的量。
- **scale(x,y):** 水平方向和垂直方向同时缩放（也就是 x 轴和 y 轴同时缩放）。

其中，x，y 参数是缩放的基数值，缩放基数为 1，如果值大于 1，元素就放大，反之元素就缩小。缩放的中心点默认是元素的中心位置，缩放的中心点可以改变，在后续章节会讲解改变中心点的方法。下面用代码来演示 scale 的具体用法，如示例代码 8-1-2 所示。

示例代码 8-1-2　scale（缩放）的使用

```css
<style type="text/css">
  div {
    width: 100px;
    height: 100px;
    position: absolute;
    top: 100px;
    left: 100px;
    color: red;
  }
  .div1 {
    border: 1px dashed #ccc;
  }
  .div2 {
    transform: scale(2,2);
    border: 1px solid #ccc;
  }
</style>
<body>
  <div class="div1">div1</div>
  <div class="div2">div2</div>
<body>
```

在上面的代码中，.div1 是原始大小，.div2 是缩放后的结果，代码中对.div2 进行了 x 轴和 y 轴两个方向的放大。在浏览器中运行上述代码，效果如图 8-2 所示。

图 8-2　scale（转换）的效果图

8.1.3　rotate（旋转）

对于元素的旋转，使用 rotate(deg)，其中 deg 是指旋转的角度，通过指定的角度参数对原元素产生一个旋转效果。如果设置的值为正数，则表示顺时针旋转；如果设置的值为负数，则表示逆时针旋转。旋转的中心点默认为元素中心，旋转的中心点同样可以自定义，后文会讲解。

- **rotate(deg)：** deg 为角度（360 度为圆的一周）。如果设置的值为正数，则表示顺时针旋转；如果设置的值为负数，则表示逆时针旋转。

下面用代码来演示 rotate 的具体用法，如示例代码 8-1-3 所示。

示例代码 8-1-3　rotate（旋转）的用法

```
<style type="text/css">
  div {
    width: 100px;
    height: 100px;
    position: absolute;
    top: 100px;
    left: 100px;
    color: red;
    border: 1px solid #ccc;
  }
  .div1 {
    border: 1px dashed #ccc;
  }
  .div2 {
    transform: rotate(70deg);
  }
</style>
<body>
  <div class="div1">div1</div>
  <div class="div2">div2</div>
<body>
```

在上面的代码中，.div1 为旋转前的元素，.div2 是顺时针旋转 70deg 后的效果。需要注意的是，一旦元素进行了旋转，那么它的所有子元素也会跟着旋转。在浏览器中运行上述代码，效果如图 8-3 所示。

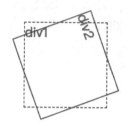

图 8-3 rotate 旋转的效果图

8.1.4 skew（扭曲）

skew（书中有些地方会使用斜切）表示将一个元素以倾斜方式呈现，它和 translate、scale 转换一样同样具有三种情况，因为 skew 确实产生了形变，所以也可以称为扭曲变形：

- **skewX(x):** 仅使元素在水平方向扭曲变形（x 轴扭曲变形）。
- **skewY(y):** 仅使元素在垂直方向扭曲变形（y 轴扭曲变形）。
- **skew(x,y):** 使元素在水平和垂直方向同时扭曲变形（x 轴和 y 轴同时按一定的角度值进行扭曲变形）。

其中 x，y 分别表示扭曲的角度，正负值分别表示扭曲的方向，例如可以通过扭曲将一个正方形 div 扭曲成一个平行四边形。下面用代码来演示 skew 的具体用法，如示例代码 8-1-4 所示。

示例代码 8-1-4 skew（扭曲）的用法

```
<style type="text/css">
  div {
    width: 100px;
    height: 100px;
    color: red;
    background-color: #ccc;
    float: left;
  }

  .div2 {
    transform: skewX(30deg);
    margin-left: 50px;
  }
</style>
<body>
  <div class="div1">div1</div>
  <div class="div2">div2</div>
<body>
```

在上面的代码中，.div1 是扭曲前的元素，.div2 是扭曲 30deg 后的效果。需要注意的是，一旦元素进行了扭曲，那么它的所有子元素也会跟着扭曲。在浏览器中运行上述代码，效果如图 8-4 所示。

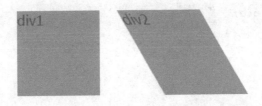

图 8-4　skew 扭曲变形的效果

8.1.5　matrix（矩阵）

作为 CSS3 转换中最后一个属性 matrix 是一个比较复杂的属性，从名字就可以看出，相比之前的属性、更难懂一些。实际上 matrix 可以代替位移（translate）、缩放（scale）、扭曲（skew）、旋转（rotate）4 大功能，任意一个经 matrix 样式改变而来的形状也都能通过以上四个功能来实现，它们是互通的。

matrix 的语法是 matrix(a,b,c,d,e,f)，一共有 6 个参数可以设置，数据结构是一个 3×3 的矩阵，矩阵变换可以理解成参数矩阵×原始坐标矩阵得到目的坐标矩阵，对应到线性代数中就是两个矩阵相乘，如图 8-5 所示。

$$\begin{bmatrix} a & c & e \\ b & d & f \\ 0 & 0 & 1 \end{bmatrix} \cdot \begin{bmatrix} x \\ y \\ 1 \end{bmatrix} = \begin{bmatrix} ax + cy + e \\ bx + dy + f \\ 0 + 0 + 1 \end{bmatrix}$$

图 8-5　矩阵相乘

矩阵通过变换中的每个参数可以控制位移（translate）、缩放（scale）、扭曲（skew）、旋转（rotate）效果，它们的含义如下：

- **e 和 f:** 可以控制位移偏移量（translate），分别对应 x 轴和 y 轴。
- **a 和 d:** 可以控制缩放比例（scale），分别对应 x 轴和 y 轴。
- **b 和 c:** 可以控制扭曲（skew），具体参数和角度对应关系为 b 对应 $\tan\theta$（即 y 轴），c 对应 $\tan\theta$（即 x 轴）。
- **abcd:** 其中的 ad 代表缩放（scale），bc 代表扭曲（skew）。abcd 四个参数共同控制着旋转。

矩阵变换的每种效果都有对应的规则，下面用代码来演示 matrix 的使用，如示例代码 8-1-5 所示。

示例代码 8-1-5　matrix（矩阵）的使用

```
<style type="text/css">
  div {
    width: 100px;
    height: 100px;
    color: red;
    border: 1px dashed #000;
```

```
         position: absolute;
         left: 200px;
         top: 200px;
      }
      .div1 {
         border: none;
         background-color:#ccc;
      }
      .div2 {
         /*e,f参数控制位移, 相当于 translate(50px,50px)*/
         transform: matrix(1, 0, 0, 1, 50, 50);
      }
      .div3 {
         /*a,d参数控制缩放, 相当于 scale(2,2)*/
         transform: matrix(2, 0, 0, 2, 0, 0);
      }
      .div4 {
         /*b,c参数控制扭曲, 相当于 skewX(30deg), "0.5773502691896257" 即 Math.tan(30 *
Math.PI / 180);*/
         transform: matrix(1, 0.5773502691896257, 0, 1, 0, 0);
      }
      .div5 {
         /*a,b,c,d参数控制旋转, 相当于 rotate(45deg),即 matrix(cosθ,sinθ,-sinθ,cos
θ,0,0), θ为45*/
         transform: matrix(0.7071067811865476, 0.7071067811865475,
-0.7071067811865475, 0.7071067811865476, 0, 0);
      }
   </style>
   <body>
      <div class="div1">div1</div>
      <div class="div2">div2</div>
   <body>
```

在上面的代码中，灰色 div 为原始效果，分别使用矩阵 matrix 计算出了位移、缩放、扭曲、旋转对应的参数值，在代码注释中说明了计算规则。在浏览器中运行这段代码，效果如图 8-6 所示。

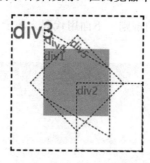

图 8-6　矩阵 matrix 转换

由上面的代码可知，旋转转换占用的参数和缩放转换以及扭曲转换占用的参数是有冲突的，如果需要同时实现这些效果，需要先旋转算出 abcd 的值，再算出扭曲对应的 bc，缩放对应的 ad，最后相加（正加、负减）在一起就可以同时实现矩阵的多个变换了。

8.1.6　transform-origin（转换原点）

在之前的讲解中，曾多次提到转换原点的概念，修改转换原点可以使用 transform-origin 属性，这个属性用于设置在对元素进行转换时围绕哪个点进行转换操作。可以把转换想象成在一个坐标轴上的变换，原点就是坐标轴上的某一点。在默认情况下，转换的原点在元素的中心点，即元素的 x 轴和 y 轴的 50%处，如图 8-7 所示。

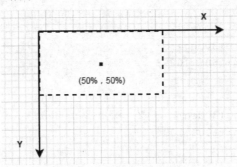

图 8-7　元素默认的中心点

transform-origin 属性的语法是 transform-origin: x-axis y-axis z-axis，其中：

- **x-axis:** 表示位置，支持（left、center、right）、百分数、数值或者 x 轴的基点坐标。
- **y-axis:** 表示位置，支持（top、center、bottom）、百分数、数值或者 y 轴的基点坐标。
- **z-axis:** 表示数值 z 轴的基点坐标（3D 变形中生效）。

这个属性支持设置一个值或两个值，若设置一个值，则表示 x 轴方向和 y 轴方向同时采用同一个设置值；若设置两个值，则表示 x 轴和 y 轴各自应用自己对应的值。top 和 left 相当于 0，center 相当于 50%，right 和 bottom 相当于 100%。

下面以 rotate()为例，演示通过设置不同的 transform-origin 值得到不同的旋转效果，如示例代码 8-1-6 所示。

示例代码 8-1-6　转换原点 transform-origin 的运用

```
<style type="text/css">
  /*原始位置*/
  .wrap {
    border: 1px solid #000;
    margin: 30px;
    float: left;
  }
  /*旋转后的位置*/
  .inner {
    width: 100px;
```

```
    height: 100px;
    color: red;
    border: 1px dashed #ccc;
  }
  .div1 {
    transform: rotate(30deg);
    transform-origin: center;
  }
  .div2 {
    transform: rotate(30deg);
    transform-origin: top center;
  }
  .div3 {
    transform: rotate(30deg);
    transform-origin: 50% 100%;
  }
  .div4 {
    transform: rotate(30deg);
    transform-origin: 100% 100%;
  }
  .div5 {
    transform: rotate(30deg);
    transform-origin: -30px 55px;
  }
</style>
<body>
  <div class="wrap">
    <div class="inner div1">div1</div>
  </div>
  <div class="wrap">
    <div class="inner div2">div2</div>
  </div>
  <div class="wrap">
    <div class="inner div3">div3</div>
  </div>
  <div class="wrap">
    <div class="inner div4">div4</div>
  </div>
  <div class="wrap">
    <div class="inner div5">div5</div>
  </div>
</body>
```

其中的.wrap 为父元素，用来标识出原始的位置和效果。在浏览器中运行上述代码，效果如图 8-8 所示。

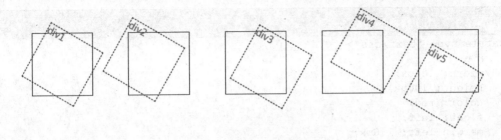

图 8-8　转换原点 transform-origin

transform-origin 属性是 CSS3 中进行转换的重要属性，通过自定义的原点位置，可以丰富位移（translate）、缩放（scale）、扭曲（skew）和旋转（rotate）的效果。另外，不仅可以设置 2D 转换的原点，还可以设置 3D 转换的原点。在下一节，我们就来介绍 3D 转换。

8.1.7　3D 转换

3D 就是在前面 2D 的平面上多了一个 z 轴，可以想象成 x 轴水平，向右为正方向；y 轴垂直，向下为正方向；z 轴垂直于整个屏幕平面，向外为正方向，就是屏幕光线射向我们眼睛的方向，分别以三根轴为基准进行变换，实现立体的效果，如图 8-9 所示。

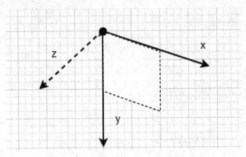

图 8-9　3D 的三个轴，空间坐标系

3D 转换中的方法和 2D 转换中的方法很类似，主要有以下几种：

● **translate3d(x,y,z):** 结合上面的空间坐标系，三个参数 x、y、z 分别对应元素在三个坐标轴方向的平移量，同时包含三个子方法 translateX(x)、translateY(y) 和 translateZ(z)。

● **rotate3d(x,y,z,deg):** 其中三个参数 x、y、z 为空间坐标系的一个坐标位置，然后由原点(0, 0, 0)指向这个点形成一个有方向的新轴，数学中称为矢量或向量，最后一个参数就是元素围绕刚才所形成的新轴旋转的度数，同时也包含三个子方法 rotateX(deg)、rotateY(deg) 和 rotateZ(deg)。

● **scale3d(x,y,z):** 其中三个参数 x, y, z 表示元素分别在 x 轴、y 轴、z 轴的缩放系数，正常情况下，缩放 z 轴会使物体变厚。但是 CSS 内呈现的平面元素并没有厚度，这里的缩放 z 轴其实是缩放元素在 z 轴的坐标，所以若要有效果就必须指定 translateZ 的值。

下面通过代码来具体演示 3D 转换几种方法的运用用法，如示例代码 8-1-7 所示。

示例代码 8-1-7 3D 转换的运用

```css
<style type="text/css">
  .wrap {
    width: 100px;
    height: 100px;
    color: red;
    float: left;
    margin-left: 140px;
    margin-top: 40px;
    border: 1px solid #ddd;
  }
  .wrap > div {
    width: 100px;
    height: 100px;
    background-color: #ccc;
  }
  .div1 {
    transform: translate3d(50px, 60px, 70px);
  }
  .div2 {
    transform: rotate3d(0, 20, 0, 50deg);
  }
  .div3 {
    transform: scale3d(1, 1, 2);
  }
</style>
<body>
  <div class="wrap">
    <div class="div1">div1</div>
  </div>
  <div class="wrap">
    <div class="div2">div2</div>
  </div>
  <div class="wrap">
    <div class="div3">div3</div>
  </div>
</body>
```

其中的.wrap 为父元素，用来标识出原始的位置和效果。在浏览器中运行上述代码，效果如图 8-10 所示。

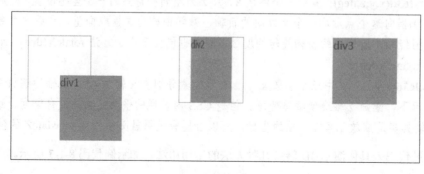

图 8-10 3D 转换

从图 8-10 的效果中，有关 z 轴的平移和缩放，特别是 3D 的旋转，在通常情况下是看不出效果的，这里就需要引入一个新的属性叫作 perspective（透视），美术或设计中会出现这个词汇。可以想象一下 2D 和 3D 的区别就是平面和空间的区别，把平面想象成空间就需要有一个平面之外的"视点"来观察平面，这个"视点"的距离变化就是实现物体近大远小的效果，perspective 的数值就是用来设置这个视点距离平面的元素有多远。

perspective 属性可以设置在应用了透视效果元素的父元素的样式中，也可以设置在元素自身上，一般 300~600 的值就能呈现出很好的透视效果，而值越小，元素透视变形就越严重。如示例代码 8-1-8 所示。

示例代码 8-1-8　perspective 属性的运用

```html
<style type="text/css">
  .wrap {
    width: 100px;
    height: 100px;
    color: red;
    float: left;
    margin-left: 140px;
    margin-top: 40px;
    border: 1px solid #ddd;
    -webkit-perspective: 500; /*此属性需要添加浏览器前缀*/
  }
  .wrap > div {
    width: 100px;
    height: 100px;
    background-color: #ccc;
  }
  .div1 {
    transform: translate3d(50px, 60px, 70px);
  }
  .div2 {
    transform: rotate3d(0, 20, 0, 50deg);
  }
  .div3 {
    transform: translateZ(50px) scale3d(1, 1, 2); /*scale3d 需要结合 translateZ
才能看出放大效果*/
  }
</style>
```

在浏览器中运行上述代码，效果如图 8-11 所示。

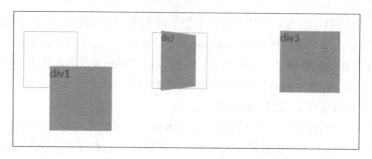

图 8-11　perspective 属性的效果

从图 8-11 可以看出，中间的 div2 和图 8-10 中的 div2 有着明显的区别。

除了 perspective 属性之外，与 3D 相关的属性还有以下几个：

● perspective-origin: <position>|<length>属性

该属性设置透视点处于和元素所在平面平行平面的位置，默认在平行平面的几何中心。结合 perspective 一起使用，可以从图 8-12 中看出它们的具体含义。

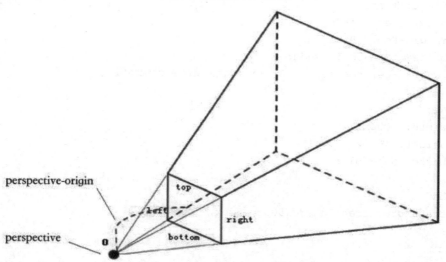

图 8-12　perspective-origin 属性的效果

perspective-origin 属性可用于设置指定的位置，也可用于设置长度，代码如下所示：

```
.wrap {
    /* 默认中心 */
    perspective-origin: center center;
    /* 左上角 */
    perspective-origin: left top;
    /* 右边中心 */
    perspective-origin: right center;
    /* 底部中心 */
    perspective-origin: bottom center;
    /* 也可以是长度 */
```

```
    perspective-origin: 30px 40px;
}
```

● backface-visibility: visible|hidden 属性

backface-visibility 属性表示背面是否可见，可以设置 visible 和 hidden，默认为可见。比如元素正面有文字，设置背面可见，则当元素基于 y 轴旋转 180deg 后元素内的文字就变成可见的镜像效果，否则就无法看到背面的文字。下面用代码来演示这个属性的用法，如示例代码 8-1-9 所示。

示例代码 8-1-9 backface-visibility 属性的用法

```html
<style type="text/css">
  div {
    width: 100px;
    height: 100px;
    color: red;
    float: left;
    margin-left: 140px;
    background-color: #ccc;
    -webkit-perspective: 500;
    font-size: 20px;
    text-align: center;
  }
  .div2 {
    backface-visibility: hidden;/*设置为隐藏后，当绕 y 轴旋转 180deg 后就不可见了*/
    transform: rotateY(180deg);
  }
  .div3 {
    backface-visibility: visible;
    transform: rotateY(180deg);
  }
</style>
<body>
  <div class="div1">div1</div>
  <div class="div2">div2</div>
  <div class="div3">div3</div>
</body>
```

在浏览器中运行上述代码，效果如图 8-13 所示。

图 8-13 backface-visibility 属性的效果

- transform-style: flat|preserve-3d 属性

transform-style 属性表示元素如何在 3D 空间呈现内部嵌套的元素，可设置 flat 或 preserve-3d，默认为 flat。当对一个元素执行转换时，都是以屏幕所在平面的坐标系为基准进行变换，但是元素如果存在子元素的话，transform-style 就用于确定在 3D 变换时子元素是位于 3D 空间中还是位于平面内。flat 表示仍然以屏幕坐标系为基准，preserve-3d 表示以变换后的父元素所在平面的坐标系为基准。

8.1.8　浏览器前缀

对于前面章节所讲述的 CSS3 转换相关的属性，以及后面章节将要讲解的过渡和动画相关的属性，就规范使用而言，都需要添加浏览器前缀，由 "-前缀-属性名" 组成，代码如下：

```
div {
    -ms-transform: rotate(30deg);/* IE 系列 */
    -webkit-transform: rotate(30deg);/* Safari and Chrome */
    -o-transform: rotate(30deg);/* Opera */
    -moz-transform: rotate(30deg);/* Firefox */
    transform: rotate(30deg);
}
```

对于移动端的浏览器来说，大部分都是 WebKit 内核，所以只需要添加 "-webkit-" 前缀即可。然而，如果每次都采用手动的方式给这些属性添加浏览器前缀，是一件很烦琐的事情，好在现在有了很多工具可以帮助我们从这件琐事中解脱出来，在后面的实战项目中，我们会采用 postcss 的 Autoprefixer 插件来解决这个问题。

8.2　CSS3 过渡（transition）

CSS3 过渡（transition）是 CSS3 中具有颠覆性的特征之一，它的含义是指元素从一种样式逐渐改变成为另一种样式的效果，这种变化的体现是一个可见的过程。要实现这一点，必须指定两个要素：首先对要添加效果的 CSS 属性设置起始属性和结束属性；其次是指定效果的持续时间。

CSS3 使用过渡效果采用的是 transition 属性：

```
transition:
<transition-property>|<transition-duration>|<transition-timing-function>|<tran
sition-delay>
```

transition 属性支持同时定义上面的全部 4 个参数表示的过渡效果，也可以支持分开设置这 4 个参数，这 4 个参数的含义是：

- **<transition-property>:** 定义用于过渡的属性。
- **<transition-duration>:** 定义过渡过程需要的时间。

- **\<transition-timing-function\>:** 定义过渡时间函数，用于定义元素过渡属性随时间变化的效果。
- **\<transition-delay\>:** 定义开始过渡的延迟时间。

下面来实现一个简单的过渡效果，如示例代码 8-2-1 所示。

示例代码 8-2-1　过渡效果的演示

```html
<!DOCTYPE html>
<html lang="zh-CN">
<head>
  <meta charset="UTF-8">
  <meta name="viewport" content="width=device-width, initial-scale=1.0,
maximum-scale=1.0, user-scalable=no" />
  <title>CSS3 过渡</title>
  <style type="text/css">
    div {
      height:100px;
      width:100px;
      background-color: #ccc;
      transition-duration: 1s;                 /*过渡时间为 3 秒*/
      transition-property: all;                /*过渡属性 all*/
      transition-timing-function: ease;        /*过渡时间函数 ease*/
      transition-delay: 0s;                    /*过渡延迟时间 0*/
      /*相当于如下写法
      transition:all 1s ease 0s;
      */
    }
    div:hover{
      width:300px;
    }
  </style>
</head>
<body>
  <div></div>
</body>
</html>
```

在上面的代码中，实现了当鼠标悬浮（hover）在 div 上时，div 的宽度在 1 秒内从 100px 变成 300px 的动画效果，这就是典型的过渡，它包括样式的起始值、结束值以及持续时间。下面就来逐一讲解这些属性。

8.2.1　transition-property 属性

使用格式如下：

```
transition-property:none|all|[property,*]
```

transition-property 属性指定 CSS 使用哪个属性来进行过渡（过渡时将会启动指定的 CSS 属性的变化）。

- **all:** 所有属性都将获得过渡效果，默认为 all。
- **none:** 没有属性会获得过渡效果。
- **property:** 定义应用过渡效果的 CSS 属性名称列表，列表以逗号分隔。

大部分的 CSS 属性都是可以有过渡效果的，但是需要注意的是，并不是所有的 CSS 属性对应的样式值都可以过渡，只有具有中间值的属性才具备过渡效果。例如与颜色、位置、长度等相关的属性都可以设置过渡效果，但是像 display 这个属性就无法设置过渡效果。下面通过代码同时修改 width 和 background-color 属性来演示过渡效果，如示例代码 8-2-2 所示。

示例代码 8-2-2　transition-property 属性的运用

```css
<style type="text/css">
 div {
   height:100px;
   width:100px;
   background-color: #ccc;
   transition-duration: 1s;
   transition-property: width,background-color;
 }
 div:hover{
   width:300px;
   background-color: #000;
 }
</style>
<body>
 <div></div>
</body>
```

8.2.2　transition-duration 属性

使用格式如下：

```
transition-duration:[<time>,*]
```

transition-duration 属性表示过渡的持续时间，单位是秒（s）或毫秒（ms），值为正数并且单位不能省略。当设置多个值时，用逗号隔开，分别按照顺序对应到过渡属性。例如分别设置 width 和 background-color 的过渡时间为 1s 和 500ms，如示例代码 8-2-3 所示。

示例代码 8-2-3　transition-duration 属性的运用

```css
<style type="text/css">
 div {
   height:100px;
   width:100px;
   background-color: #ccc;
   transition-duration: 1s,500ms;
   transition-property: width,background-color;
 }
```

```
div:hover {
  width:300px;
  background-color: #000;
}
</style>
<body>
  <div></div>
</body>
```

8.2.3　transition-timing-function 属性

使用格式如下：

```
transition-timing-function:[<timing-function>,*]
```

transition-timing-function 属性表示过渡时间函数，用于定义元素过渡属性随时间推移过渡速度的变化效果。相对于其他属性，该属性的值较为复杂一些，其中的时间函数共有三种取值，分别是 cubic-bezier 函数（贝塞尔曲线函数，规定动画的速度曲线）、关键字和 steps 函数。

1. cubic-bezier(x1, y1, x2, y2)

cubic-bezier 为三次贝塞尔曲线的绘制方法，可以回顾一下之前讲解 Canvas 中的贝塞尔曲线的绘制原理。这个贝塞尔曲线函数共有 4 个控制点，P0~P3，其中 P0、P3 是默认的点，对应[0,0]和[1,1]，而剩下的 P1 和 P2 两点则是通过 cubic-bezier()自定义的，即为 cubic-bezier(x1, y1, x2, y2)，x1,x2,y1,y2 的取值范围为[0, 1]，如图 8-14 所示。

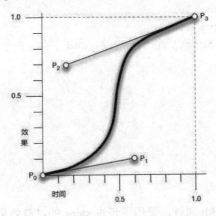

图 8-14　三次贝塞尔函数绘制的原理

需要注意的是，贝塞尔曲线函数规定的是过渡效果执行的速度曲线，是随着时间和效果变化的，并不是要沿着贝塞尔曲线轨迹运动。

2. 关键字

关键字主要包括下面几个：

● linear：规定以相同速度从开始到结束的过渡效果。等价于 cubic-bezier(0,0,1,1)。

- ease：规定慢速开始，再变快，然后慢速结束的过渡效果。等价于 cubic-bezier(0.25,0.1,0.25,1)。
- ease-in：规定以慢速开始的过渡效果，等价于 cubic-bezier(0.42,0,1,1)。
- ease-out：规定以慢速结束的过渡效果，等价于 cubic-bezier(0,0,0.58,1)。
- ease-in-out：规定以慢速开始和结束的过渡效果，等价于 cubic-bezier(0.42,0,0.58,1)。
- step-start：直接位于结束处，等价于 steps(1,start)。
- step-start：始于开始处，经过时间间隔后结束。等价于 steps(1,end)。

3. steps 函数

步进函数，将过渡时间划分成大小相等的时间间隔来运行。使用格式如下：

```
steps(<integer>[start | end])
```

integer 参数用来指定间隔个数（该值只能是正整数），表示把过渡分成了多少段。第二个参数可选，默认是 end，表示开始值保持一次，若参数为 start，表示开始值不保持。理解起来还是比较抽象的，下面用代码来演示一下，如示例代码 8-2-4 所示。

示例代码 8-2-4　steps 函数的运用

```
<style type="text/css">
  div {
    height:100px;
    width:100px;
    background-color: #ccc;
    transition-duration: 1s;
    transition-property: width;
    transition-timing-function: steps(4,end);
  }
  div:hover {
    width:200px;
  }
</style>
<body>
  <div></div>
</body>
```

在上面的代码中，针对 width 属性，采用了步进 steps 的过渡效果，在浏览器中运行上述代码后，可以发现，动画并不是连续的，而是一段一段的。宽度从 100px 变为 200px，总共分成了 4 段，每段变化时间是 1/4s（秒），那么算下来就是 1s（秒）内变化了 100px。

上面的代码很好地解释了 integer 的含义，而 start 和 end 就比较难理解一些，可以把动画按照时间点分成 4 段，如图 8-15 所示。

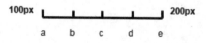

图 8-15　将动画按时间点分成 4 段

动画从宽度 100px 过渡到宽度 200px，共有 a，b，c，d，e 五个时间点，当设置 start 时，宽度变化的时间点位于 a，b，c，d 这四个时间点；当设置 end 时，宽度变化的时间点位于 b，c，d，e 这四个时间点，这里正好和含义是相同的，start 是开始，end 是结束。可以把 transition-duration 持续时间设置大一些，就更容易看出效果来。

8.2.4　transition-timing-delay 属性

使用格式如下：

```
transition-delay:<time>
```

transition-delay 属性很好理解，time 规定了在过渡效果开始之前需要等待的时间，单位是秒（s）或毫秒（ms）。这个参数不是过渡效果必须的，默认为 0s（即 0 秒）。

8.2.5　过渡效果的特点和局限性

过渡（transition）效果需要通过用户的行为来改变过渡属性的值而触发，通常为鼠标单击、聚焦、鼠标移入移出等操作或是由 JavaScript 逻辑操作来触发。过渡（transition）的优点在于简单易用，但是有几个局限性：

● 需要事件触发，所以没法在网页加载时自动发生。
● 过渡效果是一次性的，不能重复发生，除非再次触发。
● 过渡效果只能定义开始状态和结束状态，不能定义中间状态，也就是说只有两个状态。

为了解决这些局限性，CSS3 引入了 animation 来提供复杂动画的解决方案。

8.3　CSS3 动画（animation）

animation 是 CSS3 新增的特性，它定义了网页中的元素在指定的时间内产生若干个属性变化状态的动画效果。与 transition 相比，animation 的一大特点是可以指定多个属性的多个状态节点，这些节点被称为关键帧（keyframes）。

在计算机动画术语中，帧（Frame）表示动画中最小单位的单幅影像画面，相当于电影胶片上的每一格镜头，关键帧表示角色或者物体运动或变化中的关键动作所处的那一帧，对于 CSS3 动画来说，关键帧意味着随时间推移对属性所做的每一次关键动画处理，并且可以通过指定它们的持续时间、重复次数以及如何重复来控制动画最终的呈现效果。总之，它是一个很强大的 CSS3 动画实现方案。与传统的 JavaScript 脚本实现的动画技术相比，使用 CSS3 更加简便，并且能够结合浏览器的刷新频率，使动画更加流畅，还可以使用硬件加速（GPU）优化性能和动画效果。

8.3.1　keyframes（关键帧）

keyframes（关键帧）包含了每个节点对应的 CSS 样式，当动画执行时，就会按照 keyframes 中定义的内容依次应用这些样式。在 CSS3 中，创建关键帧由 "@keyframes" 开头，后面紧跟这个

"动画的名称"加上一对花括号"{}",括号中对应 CSS 样式。代码如下：

```
@keyframes animation-name {
  from {
    /* 开始 */
    width: 100px;
    background-color:red;
  }
  to  {
   /* 结束 */
    width: 200px;
    background-color:black;
  }
}
```

animation-name 表示关键帧动画的名称，from 和 to 代表开始和结束的状态，当然也可以通过 0%～100%中间的数值来指定多个状态（其中 0%相当于 from，100%相当于 to），分别在每一个百分比中给需要具有动画效果的元素加上不同的属性，从而让元素达到一种不断变化的效果，例如移动、改变元素的颜色、位置、大小、形状等，代码如下：

```
@keyframes animation-name {
  0% {
    /* 开始 */
    width: 100px;
    background-color:red;
  }
  30%  {
   /* 中间状态 */
    width: 130px;
    background-color:yellow;
  }
  60%  {
   /* 中间状态 */
    width: 270px;
    background-color:blue;
  }
  100%  {
   /* 结束 */
    width: 200px;
    background-color:black;
  }
}
```

当然，关键帧的定义只是动画的一部分，还需要指定哪些元素套用这组关键帧，如何用，怎么设置，这就需要借助 CSS3 的 animation 属性。

8.3.2　animation（动画）属性

animation 属性和 transition 属性的设置很类似，但是多了一些参数，支持同时定义全部动画效果，也可以支持分开设置动画效果。其使用格式如下：

```
animation: <animation-name>|
<animation-duration>|<animation-timing-function>
|<animation-delay>|<animation-delay>|<animation-iteration-count>|
<animation-direction>|<animation-fill-mode>|<animation-play-state>
```

参数的含义说明如下：

- **animation-name:** 指定动画名称，就是在 @keyframes 后设置的动画名称。
- **animation-duration:** 指定动画持续时间，单位是秒（s）或者毫秒（ms）。
- **animation-timing-function:** 指定动画效果的速度和时间函数，这里和 transition-timing-function 的设置是一样的，不再赘述。
- **animation-delay:** 指定动画在启动前的延迟时间。
- **animation-iteration-count:** 指定动画的播放次数。
- **animation-direction:** 指定是否应该轮流反向播放动画。
- **animation-fill-mode:** 指定当动画完成时，是否停留在最后一帧的样式。
- **animation-play-state:** 控制动画播放和暂停。

下面先来实现一个简单的动画效果，如示例代码 8-3-1 所示。

示例代码 8-3-1　animation（动画）的运用

```html
<!DOCTYPE html>
<html lang="zh-CN">
<head>
  <meta charset="UTF-8">
  <meta name="viewport" content="width=device-width, initial-scale=1.0,
maximum-scale=1.0, user-scalable=no" />
  <title>CSS3 动画</title>
  <style type="text/css">
    @keyframes bounce {
      from { transform: translateY(0);      }
      to   { transform: translateY(200px); }
    }

    .ball {
      width: 100px;
      height: 100px;
      border-radius: 50%;
      background-color: #ccc;
      animation-name: bounce;      /*指定应用的动画名称*/
      animation-duration: 0.5s;/*指定动画持续的时间*/
      animation-direction: alternate;/*指定动画反向播放*/
```

```
        animation-timing-function: cubic-bezier(.5,0.05,1,.5);/*指定动画速度的函
数*/
        animation-iteration-count: infinite;/*指定动画执行无限次*/
    }
  </style>
</head>
<body>
  <div class="ball"></div>
</body>
</html>
```

在上面的代码中，演示了一个不断跳动小球的动画。读者可以在浏览器中运行这段代码，实际体验一下效果。

代码注释中大致解释了一下其中用到的属性的含义，下一节会具体讲解这些属性的用法。与 transition 类似的属性设置就不再赘述了，重点讲解不同的属性，其中包括：animation-name、animation-iteration-count、animation-direction、animation-fill-mode、animation -play-state。

8.3.3　animation-name 属性

使用格式如下：

```
animation-name:none|[keyframes-name,*]
```

animation-name 属性用于设置元素套用的一系列动画的名称，每个名称由各自的@keyframes 定义的名称指定，可设置多个动画的名称，用逗号隔开。动画的名称必须是字符串，由字母 a-z（区分大小写）、数字 0-9、下画线 "_"、斜杠 "/" 或连字符 "-" 所组成。第一个非连字符必须是字母，数字不能在字母前面，更不允许两个连字符出现在开始的位置。none 值表示无关键帧的动画，在动画播放时修改此项可以立即结束动画。使用方法如下：

```
animation-name: none;
animation-name: test_05;
animation-name: -specific;
animation-name: test1, animation4; /*配置多个动画*/
```

当给 animation-name 属性设置了多个以逗号分隔的值时，后续的 animation-*设置值都应该与之按序对应，避免不一致而出现问题。

8.3.4　animation-iteration-count 属性

使用格式如下：

```
animation-iteration-count:<count>|infinite
```

animation-iteration-count 属性用于设置动画在结束前的播放次数，可以是 1 次也可以是无限循环 infinite。count 表示动画播放的次数，默认值为 1。当使用小数时，表示播放整个动画的一部分，例如，0.5 表示将整个动画播放到一半，这个值不能为负值。示例代码如下：

```
/* 值为关键字 */
animation-iteration-count: infinite;

/* 值为数字 */
animation-iteration-count: 3;
animation-iteration-count: 2.4;

/* 指定多个值 */
animation-iteration-count: 2, 0, infinite;
```

8.3.5　animation-direction 属性

使用格式如下：

```
animation-direction:normal|alternate|reverse|alternate-reverse
```

动画的播放次数大于 1 时，在默认情况下，每次播放完都是从结束状态跳回到起始状态，再从头开始播放。animation-direction 属性可用于改变这种行为，其值的含义为：

● **normal：** 表示按正常时间轴顺序循环播放。

● **reverse：** 表示按正常时间轴反向播放，与 normal 相反。

● **alternate：** 表示轮流进行，即动画在奇数次（1、3、5、……）正向播放，在偶数次（2、4、6、……）反向播放。

● **alternate-reverse：** 与 alternate 相反。

例如前面那个小球跳动的动画，当第一次动画结束之后，即 translateY 从 0~200px 时，那么第二次动画开始时就从 200px 到 0，然后第三次再从 0 到 200px，以此类推，最终形成一个小球不断跳动的动画效果，采用 animation-direction:alternate 正好符合这种要求。

8.3.6　animation-fill-mode 属性

使用格式如下：

```
animation-fill-mode:none|forwards|backwards|both
```

animation-fill-mode 属性用于设置当动画不播放时（动画开始之前和结束之后），要套用的元素样式，其值含义为：

● **none：** 默认值，表示动画将按预期开始和结束，在动画完成其最后一帧时，元素的样式将设置为初始状态。

● **forwards：** 表示动画结束时元素的样式将设置为动画最后一帧的样式。

● **backwards：** 表示动画开始时元素的样式将设置为动画第一帧的样式，并在 animation-delay 期间保留此值。

● **both：** 动画将同时具有 forwards 和 backwards 的效果。

下面用代码演示 animation-fill-mode 属性的效果，如示例代码 8-3-2 所示。

示例代码 8-3-2　animation--fill-mode 属性的使用

```
<style type="text/css">
  /*关键帧动画的名称为bounce*/
  @keyframes bounce {
    from { transform: translateY(40px);  }
    to   { transform: translateY(200px); }
  }
  .ball {
    width: 100px;
    height: 100px;
    border-radius: 50%;
    background-color: #ccc;
    animation-name: bounce; /*指定套用的动画名称*/
    animation-delay: 500ms; /*指定动画延迟开始500ms*/
    animation-duration: 1s; /*指定动画持续的时间*/
    animation-fill-mode:forwards; /*分别替换成backwards|both, 再观察动画效果*/
  }
</style>
<body>
  <div class="ball"></div>
</body>
</html>
```

在上面的代码中，特意将 from 设置为 translateY(40px)，以区分原始位置，同时添加 animation-delay 来让动画延迟开始。当把 animation-fill-mode 修改为 forwards 时将会停留在最后一帧 translateY(200px)，当把 animation-fill-mode 修改为 backwards 时，动画等待阶段将会套用第一帧 translateY(40px)的样式。

8.3.7　animation-fill-mode 属性

使用格式如下：

```
animation-play-state:paused|running
```

animation-play-state 属性表示动画是否正在运行或已暂停。paused 表示暂停，running 表示运行，此属性一般不会直接设置在 CSS 中，大部分是通过 JavaScript 来设置，可以直接结束一段动画，代码如下：

```
document.element.style.animationPlayState="paused"
```

8.3.8　will-change 属性

CSS3 的 will-change 是一个较为奇特的属性，它的作用是通知浏览器该属性的元素会有哪些变化，这样浏览器就可以在元素属性真正发生变化之前提前做好相应的准备工作。例如，在实现 3D 变换的动画时，提前通知浏览器准备好 GPU 环境，这种提前的方案可以让复杂的计算工作有条不紊地运行，使页面的反应更为快速、灵敏。该属性的使用格式如下：

```
will-change:auto|<animateable-feature>:
```

will-change 属性有两种取值，其中 auto 是默认值，表示不启用相关的准备，animateable-feature 是指对特定即将变化的属性添加准备的效果，可设置的值和含义如下所示：

```
will-change: scroll-position;   /* 通知浏览器，即将开始滚动，需要准备 */
will-change: contents;          /* 通知浏览器，元素内容即将变化，需要准备 */
will-change: transform;         /* 通知浏览器，元素的 transform 即将变化，需要准备 */
will-change: opacity;           /* 通知浏览器，元素的 opacity 即将变化，需要准备 */
will-change: left, top;         /* 通知浏览器，元素的 left、top 即将变化，需要准备 */
```

will-change 是一个很有用的属性，但是频繁地使用也会消耗一定的系统资源，有节制地使用才能让页面性能更好，因而需要注意以下几点：

● **不要将 will-change 应用到太多元素上。** 浏览器已经尽力尝试去优化一切可以优化的东西了。有一些更强力的优化，如果与 will-change 结合在一起的话，有可能会消耗很多系统资源，如果给过多的元素添加该属性，则可能导致页面响应缓慢或者卡死。

● **有节制地使用。** 通常，当元素恢复到初始状态时，浏览器会丢弃掉之前做的优化工作。但是，如果直接在样式表中显式地声明了 will-change 属性，则表示目标元素可能会经常变化，浏览器会将优化工作保存得比之前更久。所以最佳实践是，在元素变化之前和之后通过 JavaScript 脚本来切换 will-change 的值。

● **不要过早应用 will-change 优化。** 如果网页的页面在性能方面没有什么问题，则不要添加 will-change 属性来"榨取"一丁点的速度。will-change 的设计初衷是作为最后的优化手段，用来尝试解决现有的性能问题，它不应该被用来预防性能问题。过度使用 will-change 会导致大量的内存被占用，也会导致更复杂的页面渲染过程，因为浏览器会试图准备可能存在的变化过程，从而引发更严重的性能问题。

8.4　案例：CSS3 实现旋转 3D 立方体

在本案例中，我们将使用本章所讲解的 CSS3 相关知识来实现一个 CSS3 旋转立方体，这个案例分为两个步骤：一是实现一个 3D 立方体；二是为这个立方体添加旋转动画的效果。

8.4.1　3D 立方体

首先，需要有一个最外层的.wrap 触发 3D 效果，.cube 保留父元素的 3D 空间同时包裹正方体的 6 个面，这 6 个面分别用 div 来表示，并且给每个面设置对应的 class 属性值。HTML 代码如下：

```
<body>
  <div class="wrap">
    <div class="cube">
      <div class="front">前 e</div>
      <div class="back">后</div>
      <div class="top">上</div>
```

```
        <div class="bottom">下</div>
        <div class="left">左</div>
        <div class="right">右</div>
    </div>
  </div>
</body>
```

.wrap 父容器采用 perspective 属性来添加透视的效果,同时设置透视点为中心的位置,然后给.cube 设置宽和高,同时设置 preserve-3d 来让其子元素按照 3D 系统来显示。CSS 代码如下:

```
.cube {
  margin: auto;
  position: relative;
  height: 200px;
  width: 200px;
  transform-style: preserve-3d;
}
```

对 6 个面的 div,需要采用绝对定位,宽和高都要撑满,同时设置 1px 的边框,把背景颜色设置为灰色,CSS 代码如下:

```
.cube > div {
  position: absolute;
  height: 100%;
  width: 100%;
  opacity: 0.7;
  background-color: #ccc;
  box-sizing: border-box;
  border: solid 1px #eeeeee;
  color: red;
  text-align: center;
  line-height: 200px;
}
```

设置 box-sizing: border-box 是为了让边框在元素内部绘制不占据长宽的长度,opacity: 0.7 是为了让立方体看起来更具有 3D 透明的效果,在不单独设置每个面转换样式的情况下,看起来就像是 6 个面重叠在一起,如图 8-16 所示。

图 8-16 看起来像 6 个面重叠在一起

接下来给每个面添加转换样式,分别标记前、后、左、右、上、下。首先对前后两个页面进行 translateZ 和 rotateY 转换，同时给.cube 设置一个旋转角度（可自定义角度值），以便于观察，代码如下：

```
.cube {
  transform: rotateX(30deg) rotateY(30deg);
}
.front {
  transform: translateZ(100px);
}
.back {
  transform: translateZ(-100px) rotateY(180deg);
}
```

其中 100px 是立方体的棱长，从 3D 角度来看，"前面"和"后面"分别向屏幕"外"和屏幕"内"移动了 100px，然后又旋转 360/2（即 180deg 的角度），效果如图 8-17 所示。

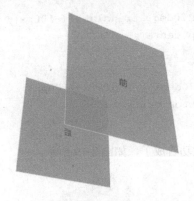

图 8-17　旋转 180deg 的角度后的效果

接着，给左右两面添加转换的效果，代码如下：

```
.right {
  transform: rotateY(-270deg) translateX(100px);
  transform-origin: top right;
}
.left {
  transform: rotateY(270deg) translateX(-100px);
  transform-origin: center left;
}
```

实现思路和上面类似，这里需要变化透视点的位置 transform-origin 来实现 3D 效果，否则左右两面的边界无法无缝连接到前后两个面，rotateY 旋转 270deg 的角度，算法是 360/4*3，效果如图 8-18 所示。

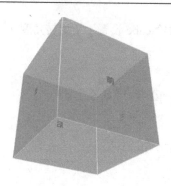

图 8-18 变化透视点后的效果

最后，将剩余的上、下两个面进行转换，用 translateY 在 y 轴的上、下进行平移，同时需要用 rotateX 实现旋转，代码如下：

```
.top {
  transform: rotateX(-270deg) translateY(-100px);
  transform-origin: top center;
}
.bottom {
  transform: rotateX(270deg) translateY(100px);
  transform-origin: bottom center;
}
```

至此， CSS 3D 立方体就大功告成了，如图 8-19 所示。

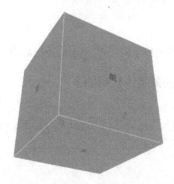

图 8-19 完成的 CSS 3D 立方体

8.4.2 旋转 3D 立方体

编写完 3D 立方体静态部分的代码，接下来就需要让立方体动起来。在 8.4.1 小节的代码中，其实已经让立方体旋转了一定的角度了，就是开始设置.cube 的旋转角度，剩下来需要做的就是结合 CSS 中的 animation，把旋转变成一个可持续的动画效果。添加一个关键帧动画名为 rotate，修改 rotateX 和 rotateY 从 0～360deg，代码如下：

```
@keyframes rotate {
  from {
    transform: rotateX(0deg) rotateY(0deg);
```

```
  }

  to {
    transform: rotateX(360deg) rotateY(360deg);
  }
}
```

最后，将该动画套用到.cube，设置动画的速度函数和动画执行的次数，代码如下：

```
.cube {
  transform: rotateX(30deg) rotateY(30deg);
  animation: rotate 10s infinite linear;
}
```

至此，就实现了一个完整的 3D 立方体不断旋转的动画。该案例的重点在于使用 CSS3 转换相关的 API 实现一个立方体，在立方体完成后，添加动画效果就比较简单了。完整的示例代码如 8-4-1 所示。

示例代码 8-4-1　3D 旋转立方体动画

```html
<!DOCTYPE html>
<html lang="zh-CN">
<head>
  <meta charset="UTF-8">
  <meta name="viewport" content="width=device-width, initial-scale=1.0,
maximum-scale=1.0, user-scalable=no" />
  <title>CSS3 过渡</title>
  <style type="text/css">
    /*父元素设置透视属性，体现 3D 效果*/
    .wrap {
      margin-top: 150px;
      perspective: 600px;
      perspective-origin: 50% 50%;
    }
    /*preserve-3d 保证其子元素应用 3D 的场景*/
    .cube {
      margin: auto;
      position: relative;
      height: 200px;
      width: 200px;
      transform-style: preserve-3d;
    }
    /*每个面的 div 是绝对定位的，里面的文字居中显示*/
    .cube > div {
      position: absolute;
      height: 100%;
      width: 100%;
      opacity: 0.7;
```

```css
      background-color: #ccc;
      box-sizing: border-box;
      border: solid 1px #eeeeee;
      color: red;
      text-align: center;
      line-height: 200px;
      will-change: transform;
    }
    .cube {
      animation: rotate 10s infinite linear;
    }
    .front {
      transform: translateZ(100px);
    }
    .back {
      transform: translateZ(-100px) rotateY(180deg);
    }
   .right {
      transform: rotateY(-270deg) translateX(100px);
      transform-origin: top right;
    }
    .left {
      transform: rotateY(270deg) translateX(-100px);
      transform-origin: center left;
    }
    .top {
      transform: rotateX(-270deg) translateY(-100px);
      transform-origin: top center;
    }
    .bottom {
      transform: rotateX(270deg) translateY(100px);
      transform-origin: bottom center;
    }
    /*关键帧动画从旋转 0deg 到 360deg 循环播放*/
    @keyframes rotate {
      from {
        transform: rotateX(0deg) rotateY(0deg);
      }
      to {
        transform: rotateX(360deg) rotateY(360deg);
      }
    }
  </style>
</head>
<body>
  <div class="wrap">
```

```
    <div class="cube">
     <div class="front">前</div>
     <div class="back">后</div>
     <div class="left">左</div>
     <div class="right">右</div>
     <div class="top">上</div>
     <div class="bottom">下</div>
    </div>
  </div>
</body>
</html>
```

读者可以在浏览器中运行上述代码，体验一下实际的动画效果。

8.5　本章小结

在本章中，主要讲解了 CSS3 中非常重要的知识：转换、过渡和动画。这部分内容是日常项目中会经常用到的知识，其中转换包括位移（translate）、旋转（rotate）、扭曲（skew）、缩放（scale）、矩阵变换（matrix）以及对应的 3D 转换效果；过渡包括过渡的原理、过渡属性、过渡时间速度函数、过渡延迟；最后是动画效果，包括动画的原理、动画名称、动画播放时间、动画效果的速度和时间的函数、动画延迟时间、动画播放次数以及动画播放和结束的形式。本章的内容相对比较多，并且实践性较强，读者可以在浏览器中运行本章提供的代码，以便加深对本章知识的理解。

下面来检验一下读者对本章内容的掌握程度：

● CSS3 转换中矩阵变换 matrix 的数学含义是什么？
● 转换原点 transform-origin 和转换的关系是什么？
● CSS3 过渡和动画的区别及其优缺点是什么？
● 时间速度函数中 steps() 的含义是什么？

第9章

移动 Web 开发和调试

在之前的章节中，讲解的大都是 HTML5 和 CSS3 相关的新技术，如果这些技术应用在 PC 端的浏览器上，大多数可以保证与浏览器的兼容性，不过对于低版本的 IE（IE8，IE9）来说，则不能使用这些新技术。而对于移动端的浏览器而言，90%以上的浏览器都是可以使用这些新技术。所以，在大多数场合下，开发移动端的页面都会用到 HTML5 和 CSS3 这些技术，笔者在这里向读者再一次明确这个观点：Mobile First（移动优先），而本书的侧重点也是放在移动端的 Web 页面这部分。

在移动端上开发 Web 页面，与传统的 PC 端相比，还是有很多不同之处的。本章将从最基础的开发和调试方式上来讲解：如何在移动端方便、快捷地开发和调试 Web 页面，以及如何提升效率。主要包括最常用的两种开发和调试 Web 页面的方法：Chrome 模拟器调试和 spy-debugger 调试。

9.1　Chrome 模拟器调试

在大多数的场景下，前端开发人员在开发页面时，最基本的步骤还是需要基于 PC 端的 Chrome 浏览器进行开发，在 PC 端的 Chrome 浏览器中模拟手机端的执行效果，需要使用 Chrome 中的开发者工具 DevTools 中的 Device Mode 功能，用以模拟不同的 Android 和 iOS 机型，运行于不同的网络环境等，这是一个非常方便的调试移动端页面的方法。但是，需要注意的是，Device Mode 上的执行效果和在实体机上的执行效果也不是 100%一样，所以当我们开发的页面在 Device Mode 测试完成时，别忘了在实体机上实际运行，以确保万无一失。

9.1.1　启用 Device Mode 功能

打开 Chrome 浏览器，首先需要启动 Chrome 开发者工具 DevTools，可以使用快捷键"F12"或"Ctrl+Shift+I"来启动这个工具，还可以通过右上角的菜单依次选择"更多工具→开发者工具"来启动，如图 9-1 所示。

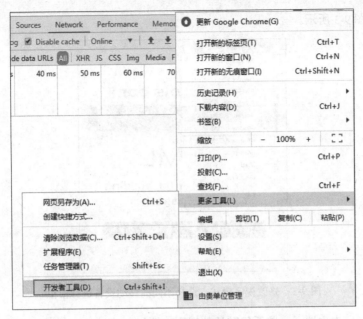

图 9-1 启动 Chrome 浏览器的开发者工具 (DevTools)

启动开发者工具 DevTools 之后，还需要启用 Device Mode 模式，可以通过快捷键 "Ctrl+Shift+M"，或者用鼠标单击 Chrome DevTools 面板中左上角的图标来启用，如图 9-2 所示。

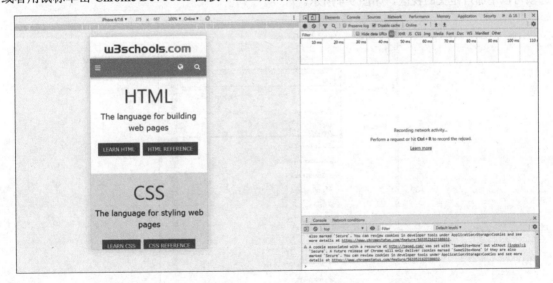

图 9-2 Device Mode 模式

如需关闭 Device Mode，则再次单击该图标，或者通过快捷键关闭。

9.1.2 移动设备视区模式

Device Mode 模拟移动端手机环境的一个重要功能就是可以调节视区，通过设置不同 User Agent 可以模拟不同机型的 Android 和 iOS 设备。要模拟特定移动设备的尺寸，可以从 Device 列表中选择设备，如图 9-3 所示。

图 9-3　修改视区模式，选择不同的移动设备进行模拟

在 Device Mode 中内置了一些系统默认的视区，例如 Galaxy S5、iPhone X 等，切换这些视区会改变当前窗口的大小，使得窗口的尺寸和真实手机机型屏幕的尺寸一样大，每种视区都有不同的 User Agent。当然，也可以自定义视区，包括设置尺寸和 User Agent 等，用鼠标单击图 9-3 中的"Edit"选项可以增加自定义的视区，如图 9-4 所示。

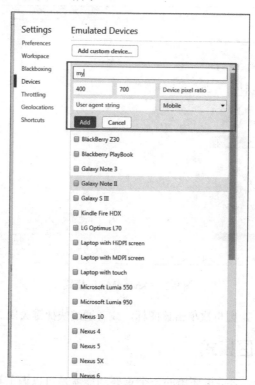

图 9-4　自定义视区模式

每次切换视区时，如果需要立刻生效，可以刷新一下浏览器。当需要模拟特定设备时，也可以切换模拟设备的横屏显示或竖屏显示，单击图 9-5 中用方框标示的按钮。

图 9-5　切换横屏和竖屏显示

有时需要测试分辨率大于浏览器窗口中实际可用的设备，这种情况下，可以自定义缩放的比例，或者选择缩放至合适比例的选项，如图 9-6 所示。

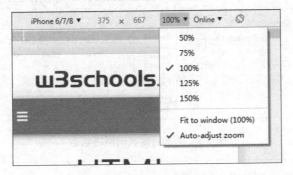

图 9-6　缩放视区的大小

选项 "Fit to window" 表示自动把缩放级别设置为最大可用空间，而选项 "Auto-adjust zoom" 表示根据浏览器的缩放比例进行显示。

9.1.3　模拟网络状态

在移动端和 PC 端浏览页面时，比较大的区别就是网络状态，移动端的网络状态更加复杂，并且具有不稳定性，Device Mode 同时提供了模拟网络状态的功能，可以体验在不同网络场景下页面的表现，如 2G、3G、4G、WiFi 等。在 Chrome61 版本之后，不同的网络状态还搭配了模拟不同的 CPU 性能，如图 9-7 所示。

图 9-7　模拟网络状态

在图 9-7 中，不同的选项代表不同的状态：Online 表示正常的状态，Mid-tier mobile 表示模拟 Fast 3G 的网络状态及 4 倍的 CPU 降速，Low-end mobile 表示模拟 Slow 3G 的网络状态及 6 倍的 CPU 降速，Offline 表示模拟离线状态，当把网络状态设置为非 Online 时，可以在右侧的 Network 面板和 Performance 面板中看到一个黄色的叹号，如图 9-8 所示。

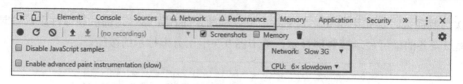

图 9-8　设置模拟的网络状态

如果这些内置状态不能满足需求，还可以自定义状态，单击右侧的 Network 面板中网络状态的下拉菜单，从下拉列表中选择 "Add"（见图 9-9），就可以创建一个自定义的网络状态，包括设置网速限速值，等等，如图 9-10 所示。

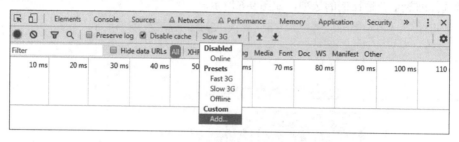

图 9-9　添加自定义的网络状态

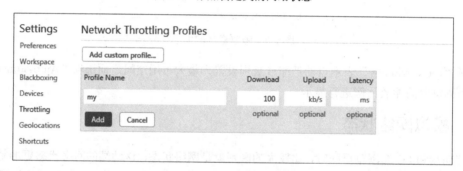

图 9-10　设置自定义的网络状态

在大多数的场景中，可以使用 Chrome 浏览器来辅助开发和调试移动 Web 页面，上面讲解的一些功能是使用最多的。当然，Chrome 浏览器中的 "开发者工具"（DevTools）的功能是非常强大的，除了 Device Mode 功能之外，还有一些其他的功能，例如查看 Console 控制台，查看 Network 请求数据包等，读者可以多动手试试，在这里就不再讲解了。作为一个前端开发者，有必要掌握这些基础的开发和调试技能。

9.2　spy-debugger 调试

如果说采用 Chrome 浏览器的 "开发者工具" 来调试移动 Web 页面只能算初级技巧的话，那么 spy-debugger 调试就是高级的技能了，它可以采用真实的手机来远程运行需要调试的页面，并且支持抓取网络请求数据包，笔者认为它是使用起来最简单且功能最完善的移动 Web 调试方案。spy-debugger 的主要特性如下：

- 支持页面调试和抓取网络请求数据包。
- 操作简单，无须通过 USB 来连接设备，只需保持在同一个局域网内即可。
- 同时支持 HTTP/HTTPS。
- 自动忽略原生应用发起的网络请求，只拦截 WebView（如微信内置的 WebView，Hybrid App 的 WebView 组件等）发起的网络请求。
- 可以配合其他代理工具一起使用，例如 Fiddler 等。

spy-debugger 是一个 Node.js 的模块，安装起来非常简单。首先需要在计算机中安装 Node.js，在本书的开头已经介绍过如何安装 Node.js，这里就不再赘述，下面主要介绍一下 Node.js 的包管理工具 npm。

9.2.1 Node.js 和 npm

在安装了 Node.js 的同时也会安装 npm 工具，那么 npm 是什么呢？npm 其实是 Node.js 的包管理工具（Node Package Manager），它的主要功能就是管理 Node.js 包，包括安装、卸载、更新、查看、搜索、发布等。所有的 Node.js 包都会存储在云端，通过本地安装的 npm 客户端，就可以更加方便地和全球的前端工程师来共享代码。

npm 通过命令行（CMD）控制台的一些命令来实现包的安装、卸载、更新、搜索和创建，并且每个 npm 项目在当前路径下的目录都会有一个 package.json 文件，这个文件主要用来记录当前所安装的包的名称和版本，同时可以配置构建相关的脚本，等等。npm 主要的命令和含义说明如下。

1. npm install <Module Name>命令

这个命令表示使用 npm 安装 Node.js 包，Module Name 表示要安装的包的名称，例如用 npm 来安装 vue，命令如下：

```
npm install vue
```

安装好之后，vue 包就会存放在当前执行命令的工程目录下的 node_modules 目录中，因此在代码中只需要通过 require("vue")的方式就可以导入安装的包，而无需指定第三方包所存放的路径，代码如下：

```
var vue = require("vue")
```

npm 的包安装分为本地安装（Local）和全局安装（Global）两种，从执行的命令来看，差别只是有没有参数-g 而已，如下所示：

```
npm install vue          # 本地安装
npm install vue -g       # 全局安装
```

其中参数-g 的含义是安装到全局环境中，它的全称是-global，本地安装和全局安装的含义和区别如下。

本地安装：

- 将所安装的相关包存放在运行 npm 命令时所在目录的 node_modules 文件夹中，如果当前路径没有 node_modules 目录，就会在当前执行 npm 命令的目录下自动创建 node_modules 目录。

● 在安装命令后增加参数--save-dev，例如 npm install vue --save-dev，其含义是把此安装包的信息写入当前的 package.json 文件中。

● 可以通过 require()来导入本地安装的包。

全局安装：

● 将所安装的相关包存放在 Node.js 的安装目录下的 node_modules 文件夹中，一般在\Users\用户名\AppData\Roaming\目录下，可以使用 npm root -g 查看全局安装目录。

● 可以直接在命令行里使用。例如全局安装 vue-cli 3 后就可以直接在命令行执行 vue create hello-world。

2. npm uninstall <Module Name>命令

该命令可以用来卸载已安装的 Node.js 包模块，卸载完成之后，对应的./node_modules 目录下的文件夹也会被删除，命令如下：

```
npm uninstall vue
```

3. npm update <Module Name>命令

该命令可以用来更新已安装的 Node.js 包模块，当 Module Name 省略时表示更新全部的包模块，即从一个较旧的版本升级到一个最新版本，命令如下：

```
npm update        # 全部更新
npm update vue   # 单个更新
```

4. npm search <keyword>命令

该命令可以用来搜索含有 keyword 关键字的 Node.js 包模块，命令如下：

```
npm search vue
```

搜索结果如图 9-11 所示。

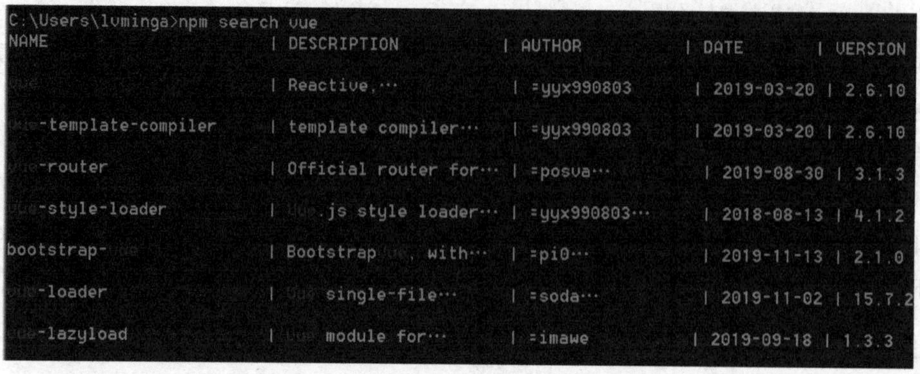

图 9-11　npm 搜索命令的执行结果

有关创建一个 npm 项目的命令，我们在后面的实战项目章节中再进行介绍。

9.2.2 安装和使用 spy-debugger

在 9.2.2 小节中提到了与 Node.js 包相关的安装和使用，spy-debugger 其实也是一个以全局方式安装的 Node.js 包，可以使用下面的命令来安装 spy-debugger：

```
npm install spy-debugger -g
```

安装完成之后会显示如图 9-12 所示的信息。

spy-debugger 安装成功后，把需要调试的手机和开发代码所在的计算机连接到同一个网络环境下（最简单的方案就是手机网络和计算机网络连接到同一个 WiFi 环境中），然后执行 spy-debugger 命令，此时会显示出如图 9-13 所示的信息。

图 9-12　安装完成 spy-debugger 之后显示的信息 　　　图 9-13　执行 spy-debugger 命令之后显示的信息

从图 9-13 中显示的信息表明 spy-debugger 已经成功启动，并且会自动启动浏览器，然后打开地址 http://127.0.0.1:55142（某些情况下由于驱动问题可能无法自动启动浏览器，这时读者可以自行启动 Chrome 浏览器，然后访问这个网址），之后就可以看到 spy-debugger 的主功能界面了，如图 9-14 所示。

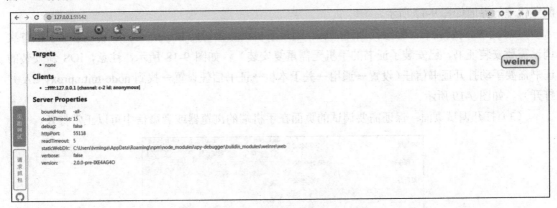

图 9-14　spy-debugger 的主功能界面

图 9-14 所展示的主要功能就是 spy-debugger 的页面调试功能，包括查看 Web 页面的 DOM 结构、CSS 样式、页面中的控制台 Console 日志等，类似 Chrome 浏览器的"开发者工具"的简易版本。除了页面调试功能之外，另外一个重要功能就是抓取网络请求数据包，可以用鼠标单击图 9-14 中左侧的"请求抓包"来进行切换，如图 9-15 所示。

图 9-15　切换到"请求抓包"

　　当然，在没有远程手机连接的情况下，spy-debugger 是没法捕获到任何页面或者页面请求的。如果要连接手机，则先需要对手机端进行相关的设置，具体步骤如下：

　　（1）配置 HTTP 代理：一般通过"手机设置→网络连接 WiFi→进入当前连接 WiFi 设置界面→找到 HTTP 代理并设置手动→最后填入 spy-debugger 启动时显示的 IP 和端口"。例如上面的 IP 地址 10.69.4.233 和端口 9888，其中 iOS 和 Android 设置的步骤可能不同，但是最终都要进入设置界面并填入对应的 IP 地址和端口号，在 iOS 平台配置代理的界面如图 9-16 所示，在 Android 平台配置代理的界面如图 9-17 所示。

　　（2）手机安装证书：配置代理完成后，通过手机浏览器访问 http://s.xxx 安装证书（手机首次调试需要安装证书，已安装了证书的手机无需重复安装），如图 9-18 所示，注意，iOS 新安装的证书需要手动打开证书信任（设置→通用→关于本机→证书信任设置→找到 node-mitmproxy CA 并打开），如图 9-19 所示。

　　（3）打开调试页面：保证需要调试的页面在手机端的浏览器或者微信中可以正常打开。

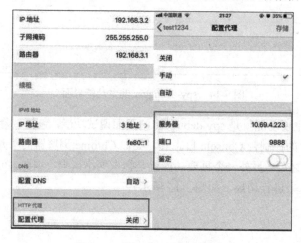

图 9-16　在 iOS 平台配置代理

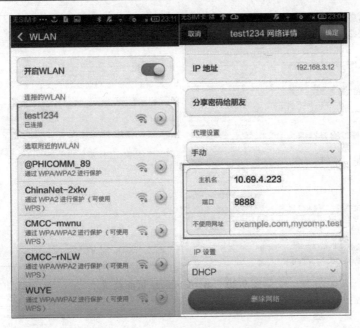

图 9-17 在 Android 平台配置代理

图 9-18 下载并安装证书

图 9-19 iOS 证书信任设置

手机端设置就绪后，可以访问调试页面，再次回到 spy-debugger 的功能界面，就可以看到对应的调试信息和数据了，如图 9-20 和图 9-21 所示。

图 9-20 spy-debugger 页面调试

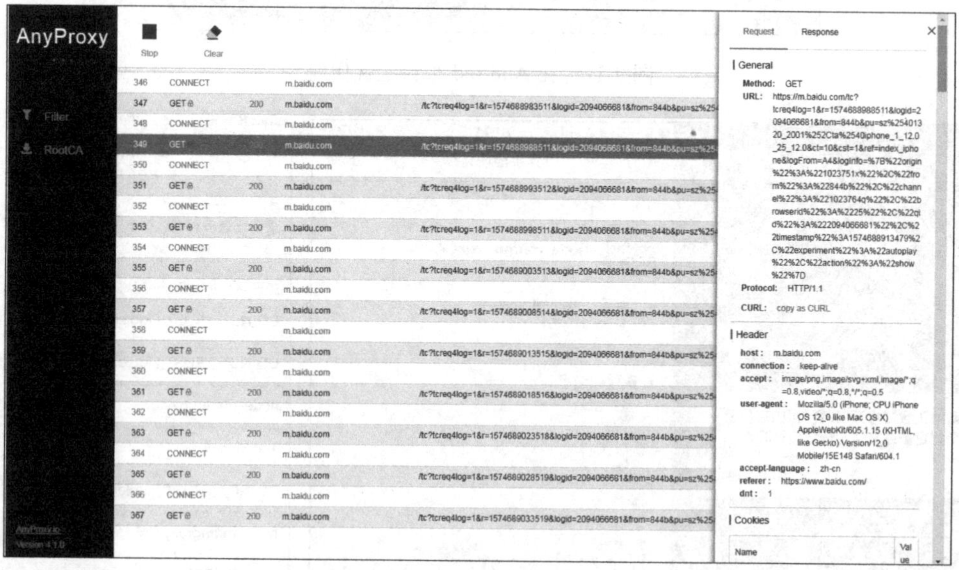

图 9-21 spy-debugger 请求抓包

9.3 本章小结

在本章中，主要讲解了移动 Web 中常见的页面调试方法和一些 Node.js 及 npm 的相关内容，包括 Chrome 模拟器调试和 spy-debugger 调试两种方案，其中 Chrome 模拟器调试更偏重在开发过程中快速体验代码运行的效果，方便在 PC 端及时验证修改的效果，而 spy-debugger 调试更加偏重于实体机的体验效果。所以，各位读者在进行实际应用开发时，可以首先采用 Chrome 模拟器来开发整体页面，到最终体验测试时一定要采用 spy-debugger 调试，确保在实体机上运行一下页面的效果，如果遇到一些只有在实体机上出现的问题时，也可以借助于 spy-debugger 调试方案来排查。在使用移动 Web 调试时要保证一个原则，即任何问题都要以实体机的运行效果为标准。

移动 Web 调试方案除了上述两种之外，还有一些如在 PC 端安装 Android 虚拟机进行调试，在 MAC 中使用 Safari 调试 iOS 的 WebView，或者是采用 Fiddler 与 Charles 来实现请求抓包等，这些方案都可以达到调试的目的，但是笔者认为在使用效果和效率上都不如本章中介绍的这两种方案，当然各位读者也可以去了解一下。

下面来检验一下读者对本章内容的掌握程度：

- 如何启用 Chrome 浏览器中"开发者工具"的 Device Mode 功能？
- 使用 spy-debugger 调试实体机的效果时，如何给实体机配置 HTTP 代理？
- npm 工具是什么？

第 10 章

移动 Web 屏幕适配

屏幕适配，一直是前端开发无法逃避的问题，这类问题可以追溯到起初 PC 端浏览器面临的不同分辨率，之后再到移动端不同的屏幕尺寸，时至今日依然是前端工程师日常页面开发的工作之一。所谓屏幕适配，可以理解为一个网页元素或者网页布局，在不同尺寸、分辨率等应用场景下，如何呈现出最佳的显示效果。

从最早的 PC 端屏幕来说，大部分的屏幕适配采取的是：

- 页面框架最外层元素宽度固定，并且居中，高度随内容自适应，比较常见的是宽度为 960px ~ 1080px。
- 页面内部的元素大多数使用盒子模型构建，采用固定宽和高，当内容超出时，会出现滚动条。
- 对于一些需要根据屏幕不同而显示不同大小的元素，则可以给元素设置百分比的单位。

随着 HTML5 和 CSS3 的到来，逐渐出现了弹性布局（flex 布局）、媒体查询 Media Query 和响应式页面的概念，这些特性都可以应用在 PC 端以及移动端屏幕适配的解决方案中。除此之外，还有 rem 和 vw 方案更加有针对性地解决移动 Web 页面的屏幕适配问题。

本章将着重讲解与移动 Web 页面的屏幕适配问题相关的知识。

10.1　Viewport 视区

在之前章节的演示代码中，HTML 代码的\<head\>标签中都有一行设置\<meta\>的代码，如下所示：

```
<meta name="viewport" content="width=device-width, initial-scale=1.0,
maximum-scale=1.0, user-scalable=no" />
```

　　这行代码的作用就是设置浏览器的视区（Viewport）大小，具体的含义在后文再介绍，在讲解视区之前，首先需要了解一下什么是物理像素和 CSS 像素（注：Viewport 也被称为视口、视窗或视图区，本书统一称为视区）。

10.1.1　物理像素和 CSS 像素

　　像素，也就是 px，是英文单词 pixel 的缩写，它是图像显示的基本单元，每个像素可以有颜色数值和位置信息，每幅图像是由若干个像素组成，比如一幅标有 1024×768 像素的图像，就表明这幅图像的长边有 1024 个像素，宽边有 768 个像素，共由 1024×768=786432 个像素组成。但是，从概念上来说，像素既不是一个确定的物理量，也不是一个点或者小方块，而是一个抽象的概念。像素所代表的具体含义要从其处于的上下文环境来具体分析。物理像素和 CSS 像素就具有不同的上下文环境。

● **物理像素**：设备屏幕实际拥有的像素主要和渲染硬件相关。比如，iPhone 6 的屏幕在宽边有 750 个像素，长边有 1334 个像素，所以 iPhone 6 总共有 750×1334 个物理像素。
● **CSS 像素**：也叫逻辑像素，是软件程序系统中使用的像素，每种程序可以有自己的逻辑像素，在 Web 前端页面就是对应的 CSS 像素，逻辑像素在最终渲染到屏幕上时由相关系统转换为物理像素。
● **设备像素比**：一个设备的物理像素与逻辑像素之比，可以在 JavaScript 中使用 window.devicePixelRatio 获取该值。

　　对于早期 PC 端 Web 页面来说，在 CSS 中写个 1px，在屏幕上就会渲染成 1 个实际的像素，此时的设备像素比是 1，这时物理像素和 CSS 像素是一样的。但是，对于一些高清屏幕，例如苹果的 Retina 屏幕，这种屏幕使用 2 个或者 3 个物理像素来渲染 1 个 CSS 像素，所以这种屏幕的显示要清晰很多。图 10-1 中的 a 代表物理像素，b 代表 CSS 像素，它们之间的关系也在图中显示出。

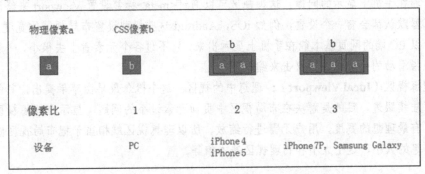

图 10-1　物理像素和 CSS 像素的关系

　　想象一下，一个传统的 PC 端 Web 页面，如果想要完全放在手机端浏览（可以想象成把 PC 端显示器替换成手机屏幕），那么显示的内容一定放不下，这时就需要对页面进行缩放，而对页面进行放大和缩小，其实就是改变像素比，在图 10-2 中，有 4 个 CSS 像素和 4 个物理像素来模拟放大和缩小。

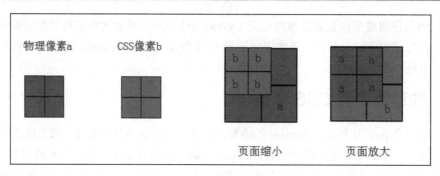

图 10-2 像素和页面缩放的关系

在页面处于正常状态时，4 个物理像素的区域需要 4 个 CSS 像素就刚好显示完；当页面缩小时，原本 4 个物理像素的区域需要 4 个以上的 CSS 像素才能显示完；当页面放大时，原本 4 个物理像素的区域需要不到 4 个 CSS 像素就可以显示完，或者说是 4 个 CSS 像素能够放下超过 4 个物理像素的区域，这就是页面缩放的实现方式。对于 HTML 而言，控制放大和缩小的就是视区（Viewport）。

10.1.2 视区（Viewport）

在了解了物理像素和 CSS 像素的概念之后，还需要引入下一个概念，即移动设备中的视区（Viewport），视区就是浏览器显示页面内容的屏幕区域，有 3 种不同的类别：

- 可视**视区（Visual Viewport）**：表示物理屏幕的可视区域，屏幕显示器的物理像素，也就是长宽边上有多少个像素。同样尺寸的屏幕，像素越多，像素密度越大，它的硬件像素会更多。可以理解成物理视区的大小就是屏幕的大小。
- **布局视区（Layout Viewport）**：是由浏览器厂商提出的一种虚拟的布局视区，用来解决页面在手机上显示的问题。这种视区可以通过<meta>标签设置 Viewport 来修改。每个浏览器默认都会有一个设置，例如 iOS，Android 这些机型设置布局视区的宽度为 980px，所以 PC 端的网页基本能在手机上显示出来，只不过各个元素看上去很小，一般可以通过双指滑动的手势或手指双击来缩放网页。
- **理想视区（Ideal Viewport）**：理想中的视区。这个概念最早由苹果提出，其他浏览器厂商陆续跟进，目的是解决在布局视区中页面元素过小的问题，显示在理想视区中的页面具有最理想的宽度，用户无需进行缩放。所以理想视区就相当于把布局视区修改成一个理想的大小，这个大小和物理视区基本相等。

图 10-3 给出了物理视区和布局视区的关系，底部的网页大小相当于布局视区，而半透明灰色区域表示物理视区的大小，看起来就像一个手机屏幕的大小。

图 10-3 可视视区和布局视区

若想要在可视视区里完全展示布局视区里的内容，肯定要将页面缩小，那么缩小到多少合适呢？就需要有理想视区，如图 10-4 所示。

图 10-4 理想视区

10.1.3 设置视区

对于移动端 Web 页面而言，可以采用<meta>标签对视区的大小和缩放等进行设置，也就是之前提到的在<head>标签内设置的<meta>的代码，如下所示：

```
<meta name="viewport" content="width=device-width, initial-scale=1.0,
maximum-scale=1.0, user-scalable=no" />
```

其中，可以设置的属性如下：

- **width：** 该属性被用来控制视区的宽度，可以将 width 设置为如 320 这样确切的像素数，也可以设置为 device-width 这样的关键字，表示设备的实际宽度，一般为了自适应布局，普遍的做法是将 width 设置为 device-width。
- **height：** 该属性被用来控制视区的高度，可以将 height 设置为如 640 这样确切的像素数，也可以设置为 device-height 这样的关键字，表示设备的实际高度，一般不会设置视区的高度，这样内容超出的话，会采用滚动方式进行浏览。

- **initial-scale:** 该属性用于指定页面的初始缩放比例，可以设置为 0.0～10 之间的数值，当 initial-scale=1 时表示不进行缩放，视区刚好等于理想视区；当大于 1 时表示将视区进行放大；小于 1 时表示将视区缩小。这里只表示初始视区的缩放值，用户也可以自己进行缩放，例如以双指滑动的手势进行缩放或者用手指双击进行放大。
- **maximum-scale:** 该属性表示用户能够手动放大的最大比例，可以设置 0.0～10 之间的数值。
- **minimum-scale:** 该属性类似 maximum-scale，用来指定页面缩小的最小比例。在通常情况下，不会定义该属性的值，页面太小将难以浏览其上的内容。
- **user-scalable:** 该属性表示是否允许用户手动进行缩放，可设置为 no 或者 yes。当设置为 no 时，用户将不能通过手势操作的方式对页面进行缩放。

在使用<meta>标签设置视区时有几点需要注意：首先视区只对移动端浏览器有效，对 PC 端浏览器是无效的；其次对于移动端浏览器，某些属性也并不是完全支持，例如 iOS 的 Safari 浏览器，从 10.0 版本开始将不再支持 user-scalable=no，所以即使设置了 user-scalable=no，用户依然可以对页面进行手势操作来进行页面的缩放。如果需要禁用，可以参考如下代码：

```
window.onload = function () {
  document.addEventListener('touchstart', function(event) {
    // 当两个手指操作
    if (event.touches.length > 1) {
      // 阻止浏览器的默认事件
      event.preventDefault();
    }
  });

  var lastTouchEnd = 0;
  document.addEventListener('touchend', function(event) {
    var now = (new Date()).getTime();
    // 判断是否是双击操作，即两次单击的间隔小于 300ms
    if (now - lastTouchEnd <= 300) {
      // 阻止浏览器的默认事件
      event.preventDefault();
    }
    lastTouchEnd = now;
  }, false);
}
```

通过手势来进行缩放属于浏览器的默认功能，上面代码的原理就是调用 event.preventDefault() 方法来禁用浏览器的默认事件，这样就不能触发这个默认的缩放功能。读者可以将上面这段代码运行一下，看看实际的效果。

视区的相关知识是了解移动 Web 适配的基础，通过动态地设置视区可以实现不同屏幕下的页面适配，例如在设备像素比不为 1 的机型上进行缩放，若要强制让物理像素和 CSS 像素相等，代码如下：

```
(function(){
    var scale = 1/window.devicePixelRatio;
    var meta = document.createElement("meta");
    meta.name = "viewport";
    meta.content =
"width=device-width,initial-scale="+scale+",minimum-scale="+scale+",maximum-sc
ale="+scale;
    document.head.appendChild(meta);
})();
```

这种方法有时候不准确，比如 devicePixelRatio 不为整数时，会出现除不尽的情况，那么缩放的倍数就会出现很长的小数，再去算物理像素时就会有误差，所以现在大部分移动 Web 页面采用更加完善的 rem 或者 vw 加 flex 的方案来进行适配，在讲解这些方案前，先来介绍响应式页面。

10.2　响应式布局

响应式布局（Responsive Layout）也称为响应式页面，是 Ethan Marcotte[1]在 2010 年 5 月提出的一个概念，在响应式布局这个概念提出之前，人们要对不同的浏览设备分别设计相应的网站进行管理，当然那时候智能手机还没有如今这么流行，大多数上网的应用主要还是集中在 PC 端。但是，大家很快就发现一个难题，即使是同一种设备，屏幕也有上百种不同型号，难道企业要对各种不同尺寸的屏幕都独立设计一个网站来分别管理吗？这显然很不现实不，响应式布局就是在这种情况下诞生的。

响应式布局的思想就是一个网站能够兼容多个终端——而不是为每个终端都独立做一个特定的版本，这个概念是为解决移动互联网的页面浏览而诞生的。

响应式布局的核心实现主要由视区（Viewport）和媒体查询（Media Query）所组成，在之前介绍过，通过<meta>标签来设置视区可以实现移动端页面的浏览，而媒体查询根据条件告诉浏览器如何为符合条件的规则套用对应的样式。

10.2.1　媒体查询（Media Query）

媒体查询（Media Query），就是页面在运行时可以根据设备屏幕的特性（如视区宽度、屏幕比例、设备方向：横屏或竖屏）套用指定的 CSS 样式。例如，可以设置当屏幕处于大于 320px 的设置时对应的 CSS 样式，或者当屏幕处于小于 320px 的设置时对应的样式。

媒体查询可以写在 CSS 样式中，并且以@media 开头，然后指定媒体类型（也可以称为设备类型），随后是指定媒体特性（也可以称为设备特性）。媒体类型和媒体特性的设置使用"and"相连接，最后大括号里的内容写具体的 CSS 样式。

当符合媒体类型和媒体特性的条件时，媒体查询就会生效，同时套用对应的 CSS 样式，多个

---

[1] Ethan Marcotte 是一名知名的网页平面设计师，于 2010 年在其博客中提出响应式页面设计的概念。

媒体类型和媒体特性可以成组出现，使用逗号分隔开。

完整的媒体查询语法如下：

```
@media 媒体类型 and (媒体特性) {
    CSS 样式
}
@media 媒体类型 and (媒体特性),媒体类型 and (媒体特性) {
    CSS 样式
}
```

媒体查询也可以直接定义在<link>标签中，并设置在 media 属性上，语法如下：

```
<link rel="stylesheet" media="媒体类型 and (媒体特性)" href="example.css" />
```

当媒体查询的条件成立时，其对应的样式表或样式规则就会遵循正常的 CSS 规则进行套用。即使媒体查询的条件不成立，<link>标签指向的 CSS 样式也会被下载，但是它不会被套用。

1. 媒体类型

媒体类型是指定页面文件可以在不同媒体上显示出来。例如能以不同的方式显示在屏幕上，在纸张上、设置听觉浏览器上等，媒体类型主要取决于页面运行时的环境。例如我们声明了一个将页面显示在屏幕上的媒体类型，也声明了一个将页面打印出来的媒体类型，并对不同的媒体类型采用不同的 CSS 样式。代码如下：

```
<link rel="stylesheet" type="text/css" href="site.css" media="screen" />
<link rel="stylesheet" type="text/css" href="print.css" media="print" />

<style type="text/css">
  @media screen
  {
    p {
      font-family:arial,sans-serif;
      font-size:14px;
    }
  }
  @media print
  {
    p {
      font-family:times,sans-serif;
      font-size:10px;
    }
  }
</style>

<body>
  <p>Hello World</p>
</body>
```

从上面的代码可知，当页面在屏幕上显示时，会套用大小 14px 和 Arial 字体的样式。但是，如果页面被打印出来，将会套用大小 10px 和 times 字体的样式。其中 screen 和 print 就属于媒体类型，CSS 中的可用媒体类型和含义如下：

- **all:** 用于所有设备。
- **aural:** 用于语音和声音合成器。
- **braille:** 用于盲文触摸式反馈设备。
- **embossed:** 用于打印的盲人印刷设备。
- **handheld:** 用于掌上设备或更小的设备，如 PDA 和小型电话（已废弃）。
- **print:** 用于打印机和打印预览。
- **projection:** 用于投影设备。
- **screen:** 用于电脑屏幕、平板电脑、智能手机等。
- **speech:** 用于屏幕阅读器等发声设备。
- **tty:** 用于固定的字符网格：如电报、终端设备和对字符有限制的便携设备。
- **tv:** 用于电视和网络电视。

在上面列举的媒体类型中，screen 是使用最多的媒体类型，也是和响应式页面设计关系最为密切的。

2. 逻辑运算符

逻辑运算符包括 not、and 和 only，可以用来构建复杂的媒体查询。and 运算符用来把多个媒体属性组合成一条媒体查询，只有当每个组合条件都成立时，媒体查询的结果才成立。not 运算符用来对一条媒体查询条件的结果进行取反，用来排除某种指定的媒体类型。only 运算符用来指定某种特定的媒体类型，可以用来排除不支持媒体查询的浏览器。若使用了 not 或 only 运算符，则必须明确指定一个媒体类型。

and 表示"逻辑与"，当所有的条件都满足时才会返回 true，注意这里的逻辑运算符 and 与连接媒体类型和媒体属性之间的 and 并不等同，使用方法如下：

```
/*一个基本的媒体查询，即一个媒体属性和默认指定的 all 媒体类型*/
@media (min-width:700px){}

/*如果仅应用于屏幕显示，并且满足宽度和横屏*/
@media screen (min-width:700px) and (orientation:landscape){}

/*如果仅应用于电视媒体，并且满足宽度和横屏*/
@media tv and (min-width:700px) and (orientation:landscape){}
```

not 运算符可以用来排除某种指定的媒体类型，not 必须置于查询的开头，并会对整条查询串生效，除非用逗号分隔成多条，使用方法如下：

```
@media not all {}
@media not print and (min-width:700px) {}
```

only 运算符用来指定某种特定的媒体类型，可以用来排除不支持媒体查询的浏览器。对支持媒体查询的浏览器来说，是否使用 only 表现都一样。但是，如果代码运行在不支持媒体查询的浏览器中，若不添加 only 就会出现异常情况，所以需要有 only 运算符来兼容。使用方法如下：

```
@media only screen and (min-width: 401px) and (max-width: 600px) {}
/* 在支持媒体查询的浏览器中等于*/
@media screen and (min-width: 401px) and (max-width: 600px) {}
```

媒体查询中使用多个条件时，可以使用逗号来分隔，等同于"逻辑或"，即当有一个条件成立，那么这个媒体查询就会生效，使用方法如下：

```
/*如果想用于最小宽度为 700 像素或者横屏的手持设备上*/
@media screen (min-width:700px),handheld and (orientation:lanscape) {}
```

3. 媒体属性

媒体属性用来设置限制具体的媒体查询的条件数值，大多数媒体属性可以带有 min-或 max-前缀，用于表达"最低..."或者"最高..."，而不是使用小于"<"和大于">"这样的符号来判断，这样就避免了与 HTML 和 XML 中的"<"和">"字符冲突。

例如，max-width:1000px 表示应用媒体类型条件时最高宽度为 1000px，大于 1000px 则不满足条件，就不会套用该媒体属性下的样式。如果没有对媒体属性指定值，且该特性的实际值不为零，则这个条件也是成立的。常用的媒体特性和含义总结如下（按首字母排序）：

- **aspect-ratio:** 定义输出设备中页面可见区域宽度与高度的比例。
- **color:** 定义输出设备每一组彩色原件的个数。如果不是彩色设备，则值等于 0。
- **color-index:** 定义输出设备的彩色查询表中的条目数。如果没有使用彩色查询表，则值等于 0。
- **device-aspect-ratio:** 定义输出设备的屏幕可见宽度与高度的比例。
- **device-height:** 定义输出设备的屏幕可见高度。同视区 viewport 中的 device-height。
- **device-width:** 定义输出设备的屏幕可见宽度。同视区 viewport 中的 device-width。
- **grid:** 用来查询输出设备是否使用栅格或点阵。
- **height:** 定义输出设备中页面可见区域的高度。
- **max-aspect-ratio:** 定义输出设备的屏幕可见宽度与高度的最大比例。
- **max-color:** 定义输出设备每一组彩色原件的最大个数。
- **max-color-index:** 定义在输出设备的彩色查询表中的最大条目数。
- **max-device-aspect-ratio:** 定义输出设备的屏幕可见宽度与高度的最大比例。
- **max-device-height:** 定义输出设备的屏幕可见的最大高度。
- **max-device-width:** 定义输出设备的屏幕可见的最大宽度。
- **max-height:** 定义输出设备中页面可见区域的最大高度。
- **max-monochrome:** 定义在一个单色框架缓冲区中每个像素包含的单色原件的最大个数。
- **max-resolution:** 定义设备的最大分辨率。
- **max-width:** 定义输出设备中页面可见区域的最大宽度。
- **min-aspect-ratio:** 定义输出设备中页面可见区域宽度与高度的最小比例。
- **min-color:** 定义输出设备每一组彩色原件的最小个数。

- **min-color-index:** 定义在输出设备的彩色查询表中的最小条目数。
- **min-device-aspect-ratio:** 定义输出设备的屏幕可见宽度与高度的最小比例。
- **min-device-width:** 定义输出设备的屏幕可见的最小宽度。
- **min-device-height:** 定义输出设备的屏幕可见的最小高度。
- **min-height:** 定义输出设备中页面可见区域的最小高度。
- **min-monochrome:** 定义在一个单色框架缓冲区中每个像素包含的最小单色原件个数。
- **min-resolution:** 定义设备的最小分辨率。
- **min-width:** 定义输出设备中页面可见区域的最小宽度。
- **monochrome:** 定义在一个单色框架缓冲区中每个像素包含的单色原件个数。如果不是单色设备，则值等于 0。
- **orientation:** 定义输出设备中页面可见区域高度是否大于或等于宽度。portrait 表示竖屏，landscape 表示横屏。
- **resolution:** 定义设备的分辨率。如：96dpi、300dpi、118dpcm。
- **scan:** 定义电视类设备的扫描工序。
- **width:** 定义输出设备中页面可见区域的宽度。

在上面列举的媒体属性中，使用最频繁的是 device-height、device-width、max-height、max-width 以及 orientation，它们都与响应式布局关系密切。例如我们定义一个很常用的屏幕响应式布局条件，当页面在不同的屏幕浏览时，会有不同字体大小的效果，代码如下：

```
/*媒体属性*/
/*当页面大于1200px 时：大屏幕，主要是 PC 端*/
@media (min-width: 1200px) {
    /*CSS 样式*/
    body {
        font-size: 40px;
    }
}
/*像素在 992 和1199 之间的屏幕：中等屏幕，分辨率低的 PC*/
@media (min-width: 992px) and (max-width: 1199px) {
    /*CSS 样式*/
    body {
        font-size: 30px;
    }
}
/*像素在 768 和 991 之间的屏幕：小屏幕，主要是 PAD*/
@media (min-width: 768px) and (max-width: 991px) {
    /*CSS 样式*/
    body {
        font-size: 20px;
    }
}
/*像素在 480 和 767 之间的屏幕：超小屏幕，主要是手机*/
@media (min-width: 480px) and (max-width: 767px) {
```

```
    /*CSS 样式*/
    body {
        font-size: 16px;
    }
}
/*像素小于 480 的屏幕: 微小屏幕, 更低分辨率的手机*/
@media (max-width: 479px) {
    /*CSS 样式*/
    body {
        font-size: 14px;
    }
}
```

10.2.2　案例: 响应式页面

在本节中, 我们将会实现一个采用媒体查询来布局并且可以同时兼容 PC 端和移动端 Web 页面的演示代码, 主要使用 screen 媒体类型以及 max-width 和 min-width 媒体属性来实现不同屏幕条件下不同样式的页面。程序整体的交互逻辑是: 当在 PC 端时, 菜单常驻在页面顶部, 并且正文内容是横向排列。当在移动端时, 菜单默认为隐藏, 通过按钮可以调出菜单, 正文内容是纵向排列。

首先, 我们来实现页面的 HTML 代码, 如示例代码 10-2-1 所示。

示例代码 10-2-1　响应式页面的 HTML 代码

```html
<body>
  <div class="container">
    <header>
      <a class="toggle open" href="#nav">≡</a>
      <h1>头部</h1>
    </header>
    <nav id="nav">
      <a class="toggle close" href="#">×</a>
      <ul>
        <li>
          <a href="#">菜单 1</a>
        </li>
        <li>
          <a href="#">菜单 2</a>
        </li>
        <li>
          <a href="#">菜单 3</a>
        </li>
      </ul>
    </nav>
    <section class="wrap">
      <article>
        <h2>正文</h2>
        <p>HTML5 是构建 Web 内容的一种语言描述方式。HTML5 是互联网的下一代标准, 是构建
```

以及呈现互联网内容的一种语言方式。被认为是互联网的核心技术之一。HTML 产生于 1990 年，1997 年
HTML4 成为互联网标准，并广泛应用于互联网应用的开发。</p>
　　　　　<p>HTML5 是 Web 中核心语言 HTML 的规范，用户使用任何手段进行网页浏览时看到的内容
原本都是 HTML 格式的，在浏览器中通过一些技术处理将其转换成可识别的信息。HTML5 在从前 HTML4.01
的基础上进行了一定的改进，虽然技术人员在开发过程中可能不会将这些新技术投入应用，但是对于该种技
术的新特性，网站开发技术人员是必须要有所了解的。</p>
　　　　　<p>HTML5 将 Web 带入一个成熟的应用平台，在这个平台上，视频、音频、图像、动画以及
与设备的交互都进行了规范。</p>
　　　　</article>
　　　　<aside>
　　　　　　<h3>侧边栏</h3>
　　　　</aside>
　　</section>
　　<footer>
　　　　<h3>底部</h3>
　　</footer>
　</div>
</body>
```

在上面的代码中，实现了一个采用 HTML5 新标签元素组成的页面，页面布局很简单，主要有
顶部的<header>、正文<section>、侧边栏<aside>以及底部的<footer>。还包括了 3 个菜单选项，这
部分菜单内容在页面运行在移动端时默认为隐藏状态。下面重点来讲解使用媒体查询@media 来实
现不同运行环境的样式。

首先是页面的通用样式，这部分样式主要是一些颜色和背景的设置，它们会应用在 PC 端和移
动端的显示中。如示例代码 10-2-2 所示。

**示例代码 10-2-2　响应式页面的通用样式**

```css
<style type="text/css">
　　/* 通用字体、颜色、行高等 */
　　.container > * {
　　　color: #353535;
　　　font-size: 18px;
　　　line-height: 1.5;
　　　padding: 20px;
　　　border: 5px solid #fff;
　　}

　　/* 通用背景颜色 */
　　.container header,
　　.container nav,
　　.container footer,
　　.container aside,
　　.container article {
　　　background: #d0cfc5;
　　}
```
```

```
      /* 菜单栏背景色 */
      .container nav {
        background: #136fd2;
      }
      /* 正文区域样式，采用 flex 布局 */
      .wrap {
        overflow: hidden;
        padding: 0;
        display: flex;
      }
      /* 清除一些默认样式，并设置 a 标签的样式 */
      nav ul {
        list-style: none;
        margin: 0;
        padding: 0;
      }
      nav a {
        color: red
      }
      a {
        text-decoration: none;
      }
</style>
```

接下来是用于 PC 端的样式，这里我们采用 600px 为临界点，通过媒体查询来设置当屏幕宽度大于 600px 时对应的样式，注意，这部分样式只在屏幕宽度大于 600px 时才生效。如示例代码 10-2-3 所示。

示例代码 10-2-3　响应式页面的 PC 端样式

```
/* 当屏幕宽度大于 600px 时，会套用下面的样式 */
@media only screen and (min-width: 600px) {
  /* 通过 inline-block 使 div 横向排列 */
  .container article,
  .container aside {
    display: inline-block;
  }
  .container article {
    width:80%;
  }
  .container aside {
    width:20%;
    border-left: 5px solid #fff;
    box-sizing: border-box;
  }
  /* PC 端菜单横向排列 */
  nav li {
```

```
    display: inline-block;
    padding: 0 20px 0 0;
  }

  /* PC 端隐藏调起菜单按钮 */
  .toggle {
    display: none;
  }

}
```

需要注意的是，PC 端默认没有用于调出菜单的按钮，只有在移动端才会显示出这样的按钮，另外，正文内容在 PC 端是横向排列的，而在移动端会将正文的内容纵向排列，移动端的 CSS 样式如示例代码 10-2-4 所示。

示例代码 10-2-4 响应式页面的移动端样式

```
/* 当屏幕宽度小于 600px 时，会套用下面的样式 */
@media only screen and (max-width: 599px) {
    /* 菜单默认为隐藏，为调出菜单添加过渡效果 */
    #nav {
      transition: transform .3s ease-in-out;
      top: 0;
      bottom: 0;
      position: fixed;
      width: 100px;
      left: -150px;
    }
    /* 使用 target 伪类选择器，单击按钮，调出菜单 */
    #nav:target {
      transform: translateX(150px);
    }
    .open {
      font-size: 30px;
      color: #fff;
    }
    /* 移动端的内容纵向排列 */
    .container article,
    .container aside,
    .wrap {
      display:block;
    }
    /* 关闭菜单按钮样式 */
    .close {
      text-align: right;
      display: block;
      font-size: 24px;
      color: #fff;
    }
}
```

完整的代码由上面的 4 个部分所组成，在浏览器中运行上述代码，查看一下具体的效果。首先是 PC 端的显示效果，如图 10-5 所示。

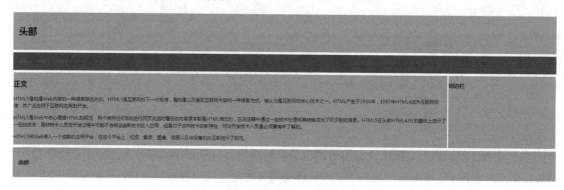

图 10-5　响应式页面在 PC 端的显示效果

在移动端的显示效果需要启动 Chrome 浏览器的"开发者工具"的 Device Mode，结果如图 10-6 所示。

图 10-6　响应式页面在移动端的显示效果（调出菜单的效果）

10.3　Flex 布局

Flex 布局是 Flexible Box 的缩写，有时也称为弹性布局或者弹性盒模型。Flex 布局是 W3C 在 2012 年提出的一种新的布局方案，它以简便、完整、响应式的理念来实现各种页面布局。它的最大特点就是无须对元素设置固定的宽和高，其位置和大小会随着父元素或者浏览器的状态而自动适应，同时还新增了水平居中和垂直居中的解决方案等。Flex 布局是实现响应式页面以及屏幕适配的利器，也是移动 Web 页面最常用的布局方式之一。

任何一个网页元素都可以指定为 Flex 布局，这个通常叫作容器元素，代码如下：

```
.box{
```

```
display: flex;
}
```

行内元素也可以使用 Flex 布局，代码如下：

```
.box{
  display: inline-flex;
}
```

注意，当一个容器元素指定为 Flex 布局以后，子元素的 float、clear 和 vertical-align 属性都将失效。

10.3.1　Flex 布局——新旧版本的兼容性

指定一个容器元素为 Flex 布局可以采用 display:flex 这种写法，也有 display:box 或者 display:-webkit-box 这种写法。其实，Flex 的写法是 2012 年的语法，也是最新的标准语法，大部分浏览器已经实现了无前缀的版本。没有前缀的 box 的写法是 2009 年的语法，是早期提出弹性盒子模型时的语法，但是并没有列入标准，现在已经过时了，因此在使用时需要加上对应的前缀（即 display: -webkit-box）。

需要注意的是，在一些系统比较旧的移动端设备上，只能用 box 这种写法，在移动端兼容性的情况如下：

● **Android 系统版本**：2.3 版本之后支持旧版本的写法 display:-webkit-box，从 4.4 版本开始支持标准版本的写法 display: flex。

● **iOS 系统版本**：6.1 版本之后支持旧版本的写法 display:-webkit-box，从 7.1 版本之后开始支持标准版本的写法 display: flex。

如果考虑到兼容性，那么在低版本的移动端系统中为了向下兼容，就需要把旧语法写最下面以使得个别不兼容的移动设备可以识别，也就是那些带 box 的写法一定要写在最下面，代码如下：

```
.box {
  display: -webkit-flex;      /* 新版本语法加前缀*/
  display: flex;              /* 新版本语法*/
  display: -webkit-box;       /* 旧版本语法 */
}
.children {
  -webkit-flex: 1;            /* 新版本语法加前缀*/
  flex: 1                     /* 新版本语法*/
  -webkit-box-flex: 1;        /* 旧版本语法 */
}
```

对于是否需要添加前缀，笔者建议统一添加"-webkit-"，因为对于无法确认页面运行环境的情况，添加前缀可以确保被更多的浏览器所兼容。

在本章中，主要是以最新标准的 Flex 写法来讲解，下面就来逐一讲解 Flex 布局具体使用的属性和含义。

10.3.2 Flex 容器属性

对于某个容器元素只要声明了 display: flex，那么这个元素就成为弹性容器（即具有 flex 弹性布局的特性）。弹性容器的特征如图 10-7 所示。

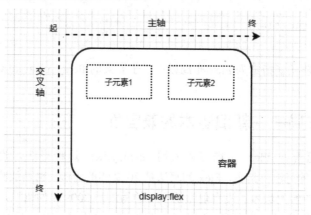

图 10-7 弹性容器

一个具备弹性容器的元素有如下特性：

- 每个弹性容器都有两根轴：主轴和交叉轴，两轴之间成 90 度。在默认情况下，水平方向为主轴，垂直方向为交叉轴。
- 每根轴都有起点和终点，这对于后续元素的对齐属性非常重要。
- 弹性容器中的所有子元素称为弹性元素，弹性元素永远沿主轴排列。
- 弹性元素也可以通过设置 display:flex 成为另一个弹性容器，形成嵌套关系。因此一个元素既可以是弹性容器也可以是弹性元素。

一个具备弹性容器的元素有如下 CSS 属性可以设置，它们的含义是：

- **flex-direction:** 该属性决定主轴的方向。
- **flex-wrap:** 该属性决定如果一条轴线排列时内容超出，那么该如何换行。
- **flex-flow:** 该属性是 flex-direction 和 flex-wrap 的缩写，即一个属性可以实现设置两个属性的功能。
- **justify-content:** 该属性决定了主轴方向子元素的对齐和分布方式。
- **align-items:** 该属性决定了交叉轴方向子元素的对齐和分布方式。
- **align-content:** 该属性决定了多根轴线的对齐方式。如果容器只有一根轴线，那么该属性不起作用。

下面对这些属性的用法和效果进行详细讲解。

1. flex-direction:row|row-reverse|column|column-reverse 属性

可以在弹性容器上通过 flex-direction 属性修改主轴的方向，共有 4 个取值，它们的含义分别是：

- **row：** 表示设置主轴为水平方向，从左到右，该值为默认值。
- **row-reverse：** 表示设置主轴为水平方向，从右到左。
- **column：** 表示设置主轴为垂直方向，从上到下。
- **column-reverse：** 表示设置主轴为垂直方向，从下到上。

如果主轴方向修改了，那么交叉轴就会相应地旋转 90 度，弹性元素的排列方式也会发生改变，因为弹性元素永远沿主轴排列。下面用代码来演示它们的区别，如示例代码 10-3-1 所示（本代码为完整代码，因为本书篇幅的原因，后续 Flex 相关属性的演示只会贴出核心的代码，完整的代码可从本书提供的下载文件中查看）。

示例代码 10-3-1　flex-direction 属性的运用

```html
<!DOCTYPE html>
<html lang="zh-CN">
<head>
  <meta charset="UTF-8">
  <meta name="viewport" content="width=device-width, initial-scale=1.0,
maximum-scale=1.0, user-scalable=no" />
  <title>flex-direction属性</title>
  <style type="text/css">
    .container {
      display: flex;
      float: left;
      width: 100px;               /*设置固定的宽*/
      height: 100px;              /*设置固定的高*/
      border: 1px solid #000;     /*设置边框区容器元素*/
      margin: 3px;
    }
    .container > div {
      margin: 3px;                /*设置margin增加间距*/
      border: 1px dashed #000;    /*设置边框区容器元素*/
    }
    .container-1 {
      flex-direction: row;
    }
    .container-2 {
      flex-direction: row-reverse;
    }
    .container-3 {
      flex-direction: column;
    }
    .container-4 {
      flex-direction: column-reverse;
    }
  </style>
</head>
```

```
<body>
  <div class="container container-1">
    <div>1</div>
    <div>2</div>
    <div>3</div>
  </div>
  <div class="container container-2">
    <div>1</div>
    <div>2</div>
    <div>3</div>
  </div>
  <div class="container container-3">
    <div>1</div>
    <div>2</div>
    <div>3</div>
  </div>
  <div class="container container-4">
    <div>1</div>
    <div>2</div>
    <div>3</div>
  </div>
</body>
</html>
```

在浏览器中运行这段代码，每个属性的效果如图 10-8 所示。

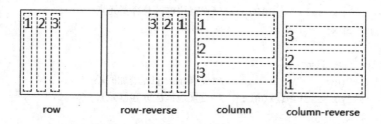

图 10-8　flex-direction 属性运用的效果

2. flex-wrap:nowrap|wrap|wrap-reverse 属性

flex-wrap 属性用来控制子元素整体是单行显示还是换行显示，如果换行，则指定下面一行是否反方向显示，这个属性共有 3 种取值，它们的含义分别是：

- **nowrap:** 表示单行显示，不换行，该值为默认值。
- **wrap:** 表示内容超出容器宽度时换行显示，第一行在上方。
- **wrap-reverse:** 表示内容超出容器宽度时换行显示，但是从下往上开始，也就是第一行在最下方，最后一行在最上方。

总结一下，通过设置 flex-wrap 属性可使主轴上的子元素不换行、换行或反向换行。需要注意的是，当元素内容超出容器宽度时，设置 nowrap 后，子元素的宽度会自适应缩小，并不会直接溢出容器，后面会讲解其他属性来改变这种行为。下面用代码来演示它们的区别，如示例代码 10-3-2 所示。

示例代码 10-3-2　flex-wrap 属性

```html
<style type="text/css">
  .container {
    display: flex;
    float: left;
    width: 100px;              /*设置固定的宽*/
    height: 100px;             /*设置固定的高*/
    border: 1px solid #000;    /*设置边框区分容器元素*/
    margin: 3px;
    flex-direction: row;       /*以水平方向为主轴方向*/
  }
  .container > div {
    margin: 3px;               /*设置 margin 增加间距*/
    border: 1px dashed #000;   /*设置边框区分容器元素*/
    width: 50px;               /*设置子元素的宽度来使其超出容器的宽度*/
    height: 20px;
  }
  .container-1 {
    flex-wrap: nowrap;
  }
  .container-2 {
    flex-wrap: wrap;
  }
  .container-3 {
    flex-wrap: wrap-reverse;
  }
</style>
```

在浏览器中运行这段代码，每个属性的效果如图 10-9 所示。

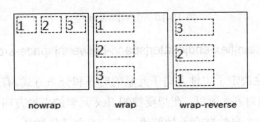

图 10-9　flex-wrap 属性运用的效果

3. flex-flow:<flex-direction> <flex-wrap>属性

flex-flow 是一个复合属性，由 flex-direction 和 flex-wrap 共同组成，用空格分隔开，相当于规定了 flex 布局的"工作流"（Flow），笔者不建议使用这个属性，分开设置更为清晰，下面用代码来演示这个属性的用法，如示例代码 10-3-3 所示。

示例代码 10-3-3　flex-flow 属性的运用

```css
<style type="text/css">
  .container {
    display: flex;
    float: left;
    width: 100px;             /*设置固定的宽*/
    height: 100px;            /*设置固定的高*/
    border: 1px solid #000;   /*设置边框区分容器元素*/
    margin: 3px;
  }
  .container > div {
    margin: 3px;              /*设置 margin 增加间距*/
    border: 1px dashed #000;  /*设置边框区分容器元素*/
    width: 50px;              /*设置子元素的宽度来使其超出容器的宽度*/
    height: 20px;
  }
  .container-1 {
    flex-flow: row nowrap;
  }
  .container-2 {
    flex-flow: column nowrap;
  }
</style>
```

在浏览器中运行这段代码，每个属性的效果如图 10-10 所示。

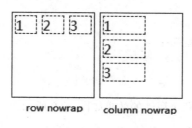

图 10-10　flex-flow 属性

4. justify-content:flex-start|flex-end|center|space-between|space-around|space-evenly 属性

justify-content 这个属性决定了主轴方向子元素的对齐和分布方式。有点类似于 text-align 属性，text-align:justify 可实现两端对齐。所以，在想要控制 flex 元素的主轴方向的对齐方式时，就可用到 justify-content 这个属性。这个属性共有 5 种取值，它们的含义分别是：

- **flex-start：** 表示主轴方向左对齐，该值为默认值。
- **flex-end：** 表示主轴方向右对齐。
- **center：** 表示主轴方向居中对齐。
- **space-between：** 表示主轴方向两端对齐，子元素之间的间隔都相等，多余的空白间距只在子元素中间区域分配。

● **space-around**: 表示主轴方向距容器两侧的间隔相等。主轴起点位置的子元素和终点位置的子元素距离容器边框间距相等，并且子元素两侧的间隔相等，所以在最终效果上，容器边缘两侧的空白只有中间空白宽度的一半。

下面用代码来演示一下它们的区别，如示例代码 10-3-4 所示。

示例代码 10-3-4　justify-content 属性的运用

```
<style type="text/css">
  .container {
    display: flex;
    float: left;
    width: 100px;              /*设置固定的宽*/
    height: 70px;              /*设置固定的高*/
    border: 1px solid #000;    /*设置边框区分容器元素*/
    margin: 3px;
    flex-direction: row;
  }
  .container > div {
    margin: 3px;               /*设置 margin 增加间距*/
    border: 1px dashed #000;   /*设置边框区分容器元素*/
  }
  .container-1 {
    justify-content: flex-start;
  }
  .container-2 {
    justify-content: flex-end;
  }
  .container-3 {
    justify-content: center;
  }
  .container-4 {
    justify-content: space-between;
  }
  .container-5 {
    justify-content: space-around;
  }
</style>
```

在浏览器中运行上述代码，每个属性的效果如图 10-11 所示。

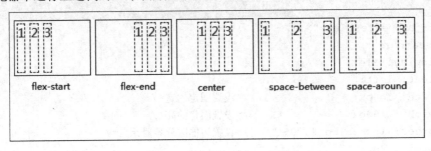

图 10-11　justify-content 属性

space-between 和 space-around 的效果理解起来比较抽象，可以看图 10-12 所示的效果来理解子元素的间隔到底是怎么分配的。

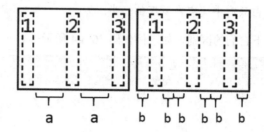

图 10-12　space-between 和 space-around 属性

如图 10-12 所示，左边是 space-between 属性的效果，其中 a 表示子元素之间的间隔，并且每个子元素之间的间隔相等且都为 a，右边是 space-around 属性的效果，其中每个子元素两边的间隔都相等且都为 b，所以 1、3 号子元素和容器边框的间隔为它们之间间隔的 1/2。

5. align-items:stretch|flex-start|flex-end|center|baseline 属性

align-items 这个属性中的 items 指的就是弹性容器内的子元素，因此 align-items 主要用来设置弹性子元素相对于弹性容器在交叉轴方向上的对齐方式，例如顶部对齐、底部对齐等。这个属性共有 5 种取值，它们的含义分别是：

- **flex-start:** 表示子元素在容器交叉轴方向顶部对齐。
- **flex-end:** 表示子元素在容器交叉轴方向底部对齐。
- **center:** 表示子元素在容器交叉轴方向居中对齐。
- **baseline:** 表示所有子元素都相对其第一行文字的基线（字母 x 的下边缘）对齐。
- **stretch:** 表示子元素拉伸，如果主轴是水平方向，且该子元素若未设置高度或者把高度设置为 auto，那么子元素将会占满整个容器的高度；如果主轴是垂直方向，且该子元素若未设置宽度或者把宽度设置为 auto，那么子元素将会占满整个容器的宽度；如果设置了高度和宽度，则按照其设置值显示子元素。该值为默认值。

需要注意的是，当 align-items 不为 stretch 时，此时除了对齐方式会改变之外，子元素在交叉轴方向上的尺寸将由内容或自身尺寸（宽和高）决定。下面用代码来演示它们的区别，如示例代码 10-3-5 所示。

示例代码 10-3-5　align-items 属性的运用

```
<style type="text/css">
  .container {
    display: flex;
    float: left;
    width: 150px;            /*设置固定的宽*/
    height: 100px;           /*设置固定的高*/
    border: 1px solid #000;  /*设置边框区分容器元素*/
    margin: 3px;
    flex-direction: row;
```

```
  }
  .container > div {
    margin: 3px;                    /*设置 margin 增加间距*/
    border: 1px dashed #000;        /*设置边框区分容器元素*/
  }
  .container div:first-child {
    font-size: 20px;                /*设置不同的字体大小以区别 baseline 效果*/
  }
  .container div:nth-of-type(2) {
    font-size: 12px;                /*设置不同的字体大小以区别 baseline 效果*/
  }
  .container-1 {
    align-items: flex-start;
  }
  .container-2 {
    align-items: flex-end;
  }
  .container-3 {
    align-items: center;
  }
  .container-4 {
    align-items: baseline;
  }
  .container-5 {
    align-items: stretch;
  }
</style>
```

为了区别 baseline 效果，我们将字符串换成了不同基线的"ajax"和不同的字体大小。在浏览器中运行上述代码，每个属性的效果如图 10-13 所示。

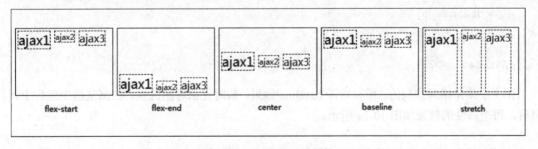

图 10-13　align-items 属性

为了体现出 align-items 属性主要对交叉轴上的影响，我们改变一下主轴和交叉轴方向 flex-direction:column，然后再来看一下效果，如示例代码 10-3-6 所示。

示例代码 10-3-6　align-items 属性的运用

```
<style type="text/css">
  .container {
```

```
    display: flex;
    float: left;
    width: 150px;                    /*设置固定的宽*/
    height: 100px;                   /*设置固定的高*/
    border: 1px solid #000;          /*设置边框区容器元素*/
    margin: 3px;
    flex-direction: column;          /*修改主轴交叉轴方向*/
}
.container > div {
    margin: 3px;                     /*设置 margin 增加间距*/
    border: 1px dashed #000;         /*设置边框区容器元素*/
}
.container div:first-child {
    font-size: 20px;                 /*设置不同的字体大小以区别 baseline 效果*/
}
.container div:nth-of-type(2) {
    font-size: 12px;                 /*设置不同的字体大小以区别 baseline 效果*/
}
.container-1 {
    align-items: flex-start;
}
.container-2 {
    align-items: flex-end;
}
.container-3 {
    align-items: center;
}
.container-4 {
    align-items: baseline;
}
.container-5 {
    align-items: stretch;
}
</style>
```

由于字体是横向排列的，所以对于 baseline 效果，暂时无法看出区别，在浏览器中运行上述代码后，每个属性的效果如图 10-14 所示。

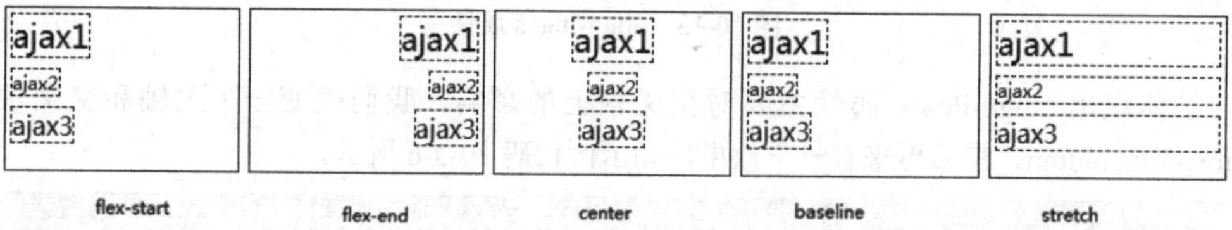

图 10-14　align-items 属性

6. align-content:stretch|flex-start|flex-end|center|space-between|space-around 属性

align-content 属性与 align-items 属性类似，同时也比较容易搞混。align-content 属性主要用于控制在多行场合下交叉轴方向的对齐方式，多行场合需要设置 flex-wrap: wrap 以使得元素在一行放不下时进行换行。所以 align-content 只对多行元素有效，会以多行作为整体进行对齐，容器必须启用换行功能。这个属性的取值及含义如下：

- **flex-start:** 表示子元素在容器交叉轴方向顶部对齐。
- **flex-end:** 表示子元素在容器交叉轴方向底部对齐。
- **center:** 表示子元素在容器交叉轴方向整体居中对齐。
- **space-between:** 表示子元素在容器交叉轴方向两端对齐，剩下每一行子元素等分剩余的空间。
- **space-around:** 表示子元素在容器交叉轴方向上两侧的间隔都相等，且位于起点和终点的元素距离容器边框间隔为两侧间隔的 1/2。
- **stretch:** 表示每一行子元素都拉伸，如果主轴是水平方向，且该子元素若未设置高度或者高度设置为 auto，那么该子元素将会占满整个容器的高度；如果主轴是垂直方向，且该子元素若未设置宽度或者宽度设置为 auto，那么该子元素将会占满整个容器的宽度；在未设置高度的情况下，如果共有两行子元素，则每一行拉伸高度是 50%。该值为默认值。

为了形象地体现出多行子元素扎堆的效果，加深对 align-content 控制多行效果的印象。下面用代码来演示一下它们的区别，如示例代码 10-3-7 所示。

示例代码 10-3-7   align-content 属性的运用

```
<style type="text/css">
  .container {
    display: flex;
    float: left;
    width: 130px;              /*设置固定的宽*/
    height: 140px;             /*设置固定的高*/
    border: 1px solid #000;    /*设置边框区分容器元素*/
    margin: 3px;
    flex-direction: row;
    flex-wrap: wrap;           /*设置换行*/
  }
  .container > div {
    margin: 3px;               /*设置 margin 增加间距*/
    border: 1px dashed #000;   /*设置边框区分容器元素*/
    width: 30px;               /*设置宽度来使其撑满容器并换行*/
  }
  .container-1 {
    align-content: flex-start;
  }
  .container-2 {
    align-content: flex-end;
```

```
  }
  .container-3 {
    align-content: center;
  }
  .container-4 {
    align-content: space-between;
  }
  .container-5 {
    align-content: space-around;
  }
  .container-6 {
    align-content: stretch;
  }
</style>
```

对于 align-content 属性中的 space-between 和 space-around，有点类似属性 justify-content 对应值的效果，而 stretch 则和 align-items 属性中的 stretch 效果差不多。在浏览器中运行上述代码，每个属性的效果如图 10-15 所示。

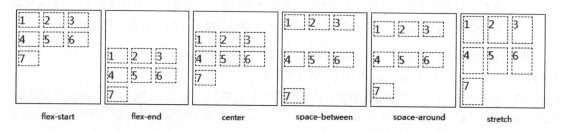

图 10-15　align-content 属性

10.3.3　Flex 子元素属性

弹性元素的容器主要用来控制其子元素的排列和分布，但是作为子元素也有自己的属性，可以决定自己的排列和分布，下面介绍子元素的属性。

首先，子元素可设置的 CSS 属性具有以下 6 种：

- **order:** 该属性决定子元素的排列顺序。
- **flex-grow:** 该属性决定该子元素的放大比例。
- **flex-shrink:** 该属性决定该子元素的缩小比例。
- **flex-basis:** 该属性决定了在分配多余空间之前，该子元素占据的主轴空间的大小。
- **flex:** 该属性是复合属性，由 flex-grow、flex-shrink 和 flex-basis 组成。
- **align-self:** 该属性决定了该子元素与其他子元素不一样的排列和对齐方式。

下面对这些属性的用法和效果进行详细讲解。

1. order: <integer>属性

order 属性可以用来改变某一个子元素的排序位置，参数 integer 是一个整数，所有子元素 order

属性值默认为 0。因此，当修改 order 值后，子元素 order 值越小排列越靠前，反之越大就越靠后。下面用代码来演示它们的区别，如示例代码 10-3-8 所示。

示例代码 10-3-8　order 属性的使用

```
<style type="text/css">
  .container {
    display: flex;
    float: left;
    width: 100px;              /*设置固定的宽*/
    height: 70px;              /*设置固定的高*/
    border: 1px solid #000;    /*设置边框区分容器元素*/
    margin: 3px;
    flex-direction: row;
  }
  .container > div {
    margin: 3px;               /*设置 margin 增加间距*/
    border: 1px dashed #000;   /*设置边框区分容器元素*/
  }
  .container div:nth-of-type(1) {
    order:3;
  }
  .container div:nth-of-type(2) {
    order:1;
  }
  .container div:nth-of-type(3) {
    order:2;
  }
</style>
```

需要注意的是，如果设置了多个相同的 order 值，那么表现和默认值 0 一样，以 DOM 中元素排列为准。在浏览器中运行这段代码，每个属性的效果如图 10-16 所示。

图 10-16　order 属性

2. flex-grow:<number>属性

flex-grow 属性中的 grow 是拉伸的意思，拉伸就是子元素所占据的空间，一般在子元素没有撑满容器且容器有剩余空间的情况下进行分配。参数 number 默认值是 0，表示不拉伸，大于 0 时就会发生拉伸，只支持正数，可以设置为小数（但不经常使用），大部分为整数，当所有子元素的值为 1 时，它们将等分剩余空间。如果一个子元素的这个值为 2，其他子元素的这个值都为 1 时，则前者占据的剩余空间将比其他子元素多一倍。下面用代码来演示它们的区别，如示例代码 10-3-9

所示。

示例代码 10-3-9　flex-grow 属性的运用

```css
<style type="text/css">
  .container {
    display: flex;
    float: left;
    width: 130px;                          /*设置固定的宽*/
    height: 70px;                          /*设置固定的高*/
    border: 1px solid #000;                /*设置边框区分容器元素*/
    margin: 3px;
    flex-direction: row;
  }
  .container > div {
    margin: 3px;                           /*设置 margin 增加间距*/
    border: 1px dashed #000;               /*设置边框区分容器元素*/
  }
  .container-1 div:nth-of-type(1) {
    flex-grow:1;
  }
  .container-1 div:nth-of-type(2) {
    flex-grow:1;
  }
  .container-1 div:nth-of-type(3) {
    flex-grow:2;
  }
  .container-2 div {
    flex-grow:1;
  }
</style>
```

在上面的代码中，每 3 个子元素为一组，值分别为"1，1，2"布局和三个 1 布局，可以看到三个 1 布局是等分了容器元素（元素编号为 1，2，3，见图 10-17 的右边），而"1，1，2"布局则是最后一个编号 3 的子元素是前两个编号为 1 和 2 元素所占空间的 2 倍（见图 10-17 的左边）。在浏览器中运行这段代码。

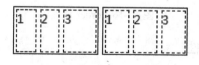

图 10-17　flex-grow 属性

3. flex-shrink: <number>属性

flex-shrink 属性中的 shrink 是收缩的意思，正好和 flex-grow 属性相反，一般在子元素撑满容器并且子元素不发生换行，容器元素空间不足的情况下进行分配。

　　参数 number 默认值是 1，也就是默认所有的子元素都会收缩。如果设置成 0，则代表当前项不收缩。可以设置为小数（但不经常使用），如果设置成具体值时，并且所有子元素的 flex-shrink 值之和大于 1 时，则每个元素收缩尺寸的比例和其 flex-shrink 值的比例一样，值越大，收缩越多。下面用代码来演示它们的区别，如示例代码 10-3-10 所示。

示例代码 10-3-10　flex-shrink 属性的运用

```css
<style type="text/css">
  .container {
    display: flex;
    float: left;
    width: 130px;               /*设置固定的宽*/
    height: 70px;               /*设置固定的高*/
    border: 1px solid #000;     /*设置边框区分容器元素*/
    margin: 3px;
    flex-direction: row;
    flex-wrap: nowrap;          /*设置不换行*/
  }
  .container > div {
    margin: 3px;                /*设置 margin 增加间距*/
    border: 1px dashed #000;    /*设置边框区分容器元素*/
    width: 60px;                /*设置宽度来使其撑满容器并换行*/
  }
  .container-1 div:nth-of-type(1) {
    flex-shrink:1;
  }
  .container-1 div:nth-of-type(2) {
    flex-shrink:1;
  }
  .container-1 div:nth-of-type(3) {
    flex-shrink:3;
  }
  .container-2 div {
    flex-shrink:1;
  }
</style>
```

　　在上面的代码中，每 3 个子元素为一组，每个子元素宽度为 60px，达到了超出容器宽度的情况，flex-shrink 值分别为 1，1，3 布局和三个 1 布局，可以看到三个 1 布局是每个子元素都进行了收缩（其实际宽度并未达到 60px），而 1，1，3 布局则是最后一个编号为 3 的子元素收缩比例最大。在浏览器中运行这段代码，效果如图 10-18 所示。

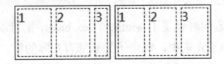

图 10-18　flex-shrink 属性

4. flex-basis:<length>|auto 属性

flex-basis 属性定义了在分配剩余空间之前，子元素占据的主轴空间的大小。浏览器根据这个属性来计算主轴是否有多余空间，它的默认值为 auto，即子元素本身的大小，也可以设置具体的值，当设置了具体值时则按具体值计算空间，没有设置就按内容实际大小来处理。该值和 width 或者 height 属性有着相同的效果，都表示子元素占据空间的大小，如果同时设置这两个属性的值，就渲染表现来看，会忽略 width 或者 height。下面用代码来演示它们的区别，如示例代码 10-3-11 所示。

示例代码 10-3-11 flex-basis 属性的运用

```
<style type="text/css">
 .container {
   display: flex;
   float: left;
   width: 130px;              /*设置固定的宽*/
   height: 70px;             /*设置固定的高*/
   border: 1px solid #000;    /*设置边框区分容器元素*/
   margin: 3px;
   flex-direction: row;
   flex-wrap: nowrap;        /*设置不换行*/
 }
 .container > div {
   margin: 3px;               /*设置 margin 增加间距*/
   border: 1px dashed #000;   /*设置边框区分容器元素*/
   width: 60px;               /*设置宽度 width*/
 }
 .container-1 div:nth-of-type(1) {
   flex-basis:20px;
 }
 .container-1 div:nth-of-type(2) {
   flex-basis:30px;
 }
 .container-1 div:nth-of-type(3) {
   flex-basis:40px;
 }
 .container-2 div {
   flex-basis:30px;
   flex-grow:1;              /*有剩余空间时，三个子元素等分容器空间*/
 }
</style>
```

在上面的代码中，对子元素同时设置了 width 和 flex-basis，则可以看出 flex-basis 会忽略 width 设置的值，例如.container-1 的子元素中，每个子元素都有实际的值，也体现出弹性元素的宽度主要由 flex-basis 决定；并且 flex-basis 结合 flex-grow 使用，当有剩余空间时，例如.container-2 的子元素，会按比例拉伸。在浏览器中运行这段代码，效果如图 10-19 所示。

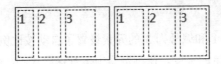

图 10-19　flex-basis 属性

5. flex:none|auto|<flex-grow> <flex-shrink> <flex-basis>属性

flex 是一个复合属性，由 flex-grow、flex-shrink 和 flex-basis 组成，其中第 2 个参数和第 3 个参数（flex-shrink 和 flex-basis）是可选的。其中 none 相当于设置为 "0 0 auto"，auto 相当于设置为 "1 1 auto"，默认值为 "0 1 auto"。建议优先使用这个属性，而不是单独写三个分离的属性，因为浏览器会推算相关值。一些常用的简写含义说明如下：

- flex:1 相当于 flex:1 1 0 相当于 flex-grow:1,flex-shrink:1,flex-basis:0。
- flex:2 相当于 flex:2 1 0 相当于 flex-grow:2,flex-shrink:1,flex-basis:0。

在复合属性 flex 中，最后一个值 flex-basis 是指定初始尺寸，当设置为 0 时（绝对弹性元素），此时相当于告诉 flex-grow 和 flex-shrink 在伸缩时不需要考虑这个初始的尺寸；相反当设置为 auto 时（相对弹性元素），则需要在伸缩时将元素的尺寸纳入考虑。对于这个复合属性，下面用代码来演示一下，如示例代码 10-3-12 所示。

示例代码 10-3-12　flex 属性的运用

```
<style type="text/css">
  .container {
    display: flex;
    float: left;
    width: 130px;          /*设置固定的高*/
    height: 70px;          /*设置固定的高*/
    border: 1px solid #000;  /*设置边框区分容器元素*/
    margin: 3px;
    flex-direction: row;
    flex-wrap: nowrap;     /*设置不换行*/
  }
  .container > div {
    margin: 3px;           /*设置 margin 增加间距*/
    border: 1px dashed #000;  /*设置边框区分容器元素*/
  }
  .container-1 div:nth-of-type(1) {
    flex:1;
  }
  .container-1 div:nth-of-type(2) {
    flex:0 1 20px;
  }
  .container-1 div:nth-of-type(3) {
    flex:1;
  }
```

```
</style>
```

在上面的代码中，编号为 1 和编号为 3 的元素设置了自动按比例拉伸，而编号为 2 的元素设置了禁止拉伸，并且采用了固定的宽度。在浏览器中运行这段代码，效果如图 10-20 所示。

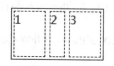

图 10-20　flex 属性

无论是单独使用 flex-basis 还是复合属性 flex，不建议给子元素设置具体的指定其空间大小的数值，这违背了弹性元素的初衷，设置了固定数值会让弹性元素变得不那么有"弹性"，所以大多数场合下只需要设置拉伸或者收缩比例，来达到弹性布局的效果。

6. align-self:auto|flex-start|flex-end|center|baseline|stretch 属性

align-self 属性决定单个子元素在交叉轴方向的对齐和分布方式。这里是 self，表示单独一个个体，子元素可以通过设置此属性来改变其在交叉轴方向的对齐和分布方式。该属性和 align-items 效果很类似，唯一的区别就是 align-self 多了个 auto（默认值），表示继承自容器的 align-items 属性值，其他属性值含义一模一样。下面用代码来演示一下它的具体用法，如示例代码 10-3-13 所示。

示例代码 10-3-13　align-self 属性的运用

```
<style type="text/css">
  .container {
    display: flex;
    float: left;
    width: 130px;              /*设置固定的宽*/
    height: 70px;              /*设置固定的高*/
    border: 1px solid #000;    /*设置边框区分容器元素*/
    box-sizing: border-box;
    flex-direction: row;
    flex-wrap: nowrap;         /*设置不换行*/
    align-items: flex-start;

  }
  .container > div {
    margin: 3px;               /*设置 margin 增加间距*/
    border: 1px dashed #000;   /*设置边框区分容器元素*/
    flex: 1;
  }
  .container-1 div:nth-of-type(1) {
    align-self: flex-end;
  }
  .container-1 div:nth-of-type(3) {
    align-self: center;
```

```
    }
</style>
```

当容器元素设置了 align-items，同时子元素设置了 align-self 时，则 align-self 会覆盖 align-items 的效果，这就是前文提到的子元素可改变父元素为其设置的布局和排列方式。在上面的代码中，父元素设置了 align-items 为交叉轴向顶部对齐，编号为 1 和编号为 3 的子元素各自设置了 align-self，分别为底部对齐和居中对齐，编号为 2 的子元素没有设置 align-self，则继承了父元素为其设置的效果。在浏览器中运行这段代码，效果如图 10-21 所示。

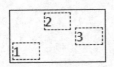

图 10-21　align-items 属性

Flex 布局是实现响应式布局以及屏幕适配的利器，也是移动 Web 页面最常用的布局方式之一。所以掌握好 Flex 布局知识非常重要，希望读者可以在学习理论知识的同时，跟着演示代码学习，尝试修改这些演示代码并运行，这样可以提高学习的效果。

10.4　rem 适配

rem 适配方案是当下流行并且兼容性最好的移动端适配解决方案，它支持大部分的移动端系统和机型。rem 实际上是一个字体单位（即 font size of the root element），它是指相对于根元素的字体大小的单位，简单来说，它就是一个相对单位。看到 rem，大家一定会想起 em 单位，em（font size of the element）是指相对于父元素的字体大小的单位。它们之间其实很相似，只不过一个计算的规则是依赖根元素，另一个则是依赖父元素来计算。

rem 适配方案的原理是：将 px 单位换成 rem 单位，然后根据屏幕大小动态设置根元素<html>的 font-size，那么只要根元素的 font-size 改变，对应的元素的大小就会改变，从而达到在不同屏幕下适配的目的。

10.4.1　动态设置根元素 font-size

使用浏览器浏览网页时，网页中的字体大小由根元素<html>来决定，而<html>的字体大小由浏览器来决定，在不修改浏览器默认字体的情况下是 16px，即默认情况下 1rem＝16px，但是如果采用 rem 的适配方案就需要动态设置<html>的 font-size。一般情况下是根据屏幕的宽度来动态设置，即采用屏幕宽度来识别不同的机型，以达到适配不同机型。具体有两种设置方案，第一种是采用媒体查询（Media Query），代码如下：

```
@media screen and (min-width:461px){
    html{
        font-size:18px;
    }
```

```
}
@media screen and (max-width:460px) and (min-width:401px){
    html{
        font-size:22px;
    }
}

@media screen and (max-width:400px){
    html{
        font-size:30px;
    }
}
```

在上面的代码中，使用 screen 媒体特性定义了 3 组屏幕的宽度区间：小于 400px；大于 401px 且小于 460px；大于 461px。当屏幕宽度位于不同的区间时，则会套用对应的<html>的 font-size。

另外一种则是使用 JavaScript 动态设置<html>的 font-size，代码如下：

```
// 获取屏幕视区的宽度
let htmlWidth = document.documentElement.clientWidth ||
document.body.clientWidth; // 获取宽度最好有个兼容的方案，以便在某些情况下第一种获取不到，
则可以选择第二种
//获取 html
let htmlDom = document.getElementsByTagName('html')[0];
htmlDom.style.fontSize = htmlWidth / 10 + 'px';   //求出 font-size
```

在上面的代码中，得到屏幕宽度后，一般要除以一个系数，这里使用的系数是 10，这样得到的 font-size 值更加灵活，适配性更强，所以在实际应用中，大多数采用 JavaScript 来动态设置。如果想要实时监听屏幕大小的变化以动态修改 font-size，则可以引入 resize 事件，代码如下：

```
window.addEventListener('resize',function(){
    /*设置 font-size 的代码*/
})
```

10.4.2 计算 rem 数值

设置完 font-size 之后，就可以直接利用 rem 单位给 div 或者其他元素设置宽和高的属性。这里就有一个问题，我们一般拿到的用户界面（UI）设计稿（也称视觉设计稿）都会提供标注，这些标注一般会标识出某个元素的尺寸值，例如按钮或图片具体大小的数值，单位是 px，并且整个 UI 设计稿都会基于一个具体的移动设备，例如 iPhone 6s 等，参考图 10-22 所示。

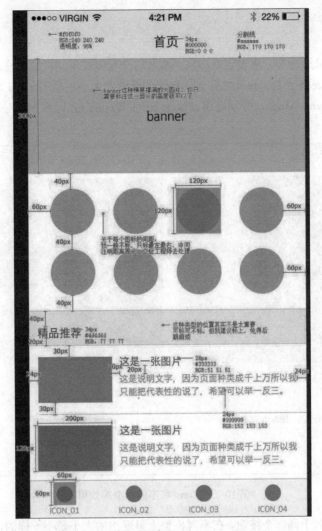

图 10-22　iPhone 6s 视觉设计稿（UI 设计稿）示例

那么，该如何根据视觉设计稿上的 px 单位值转换成对应的 rem 单位值呢？这里举一个例子，一个按钮在视觉设计稿上标注的大小是：宽 200px、高 400px，那么根据这个来进行如下计算：

- 以 iPhone 6s 视觉设计稿为例，屏幕为 375×667，单位为 px（可以使用 Chrome 浏览器上 DevTools 中的 Device Mode 得到）。
- 根据上面介绍的 JavaScript 方法设置的<html>的 font-size，得到值 37.5px（这里 37.5px 被称为 rem 的基准值，下面的计算会用）。
- 根据 1rem=37.5px，得到 200px=5.3rem，400px=10.6rem。

根据上面的方法，就可以给按钮元素设置 rem 单位了，代码如下：

```
.button {
  width: 5.3rem;
  height: 10.6rem;
font-size:0.53rem;
```

```
background-color: red;
}
```

采用 rem 单位来给一个元素设置宽和高，那么这个元素在不同机型中显示时，由于设置的根元素<html>的 font-size 不一样，rem 实际显示出来的元素的大小也就不一样，启动 Chrome 浏览器上 DevTools 中的 Device Mode，分别选用 iPhone 6s 和 iPhone 6P 运行一下，再比较一下效果，如图 10-23 所示。

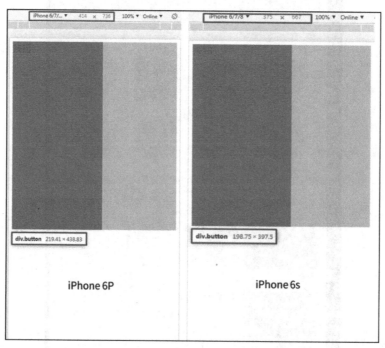

图 10-23　　rem 在不同机型的效果

图 10-23 所示，对于同一个按钮，在不同机型上呈现出的大小是不一样的，这就是 rem 带来的适配效果。

当然，采用 rem 适配，必须针对 rem 基准值来将 px 转换成对应的 rem 值，这个计算是很烦琐的，但是可以把这个工作交给 Sass[1]来完成，例如可以在 Sass 代码中定义一个公式，代码如下：

```
@function px2rem($px){
    $rem: 37.5;
    @return ($px/$rem) + rem;// $px 表示变量，+号表示拼接，rem 为字符串，相当于'rem'
}
.button {
    width: px2rem(200);
    height: px2rem(400);
    font-size: px2rem(20);
```

---

[1] Sass（Syntactically Awesome Stylesheets）是一个最初由 Hampton Catlin 设计并由 Natalie Weizenbaum 开发的一个 CSS 预处理器，采用类 CSS 语法并在最后解析成 CSS 的脚本语言。

```
    background-color: red;
}
```

当然，上面的代码已经不是一个标准的 CSS 代码了，而是一个 Sass 语言的 CSS 代码，不过没有学过 Sass 也没有关系，我们只会用到 Sass 很少的一部分知识。

在上面的代码中，定义了一个方法，方法名为 px2rem，这个方法接收一个参数——就是将要转换的 px 值，然后根据 rem 基准值来计算。在给元素设置宽和高时，调用这个方法，即 px2rem(200)，将需要转换的 px 值作为参数传递进去，这样经过编译后，最终得到的就是 rem 单位的值，即 width: px2rem(200)转换成了 width:5.3rem。

总结一下，使用 rem 适配方案需要注意以下几点：

● 首先需要有一段 JavaScript 脚本来动态设置根元素<html>的 font-size，这段脚本一般放置在<head>标签中，越早设置 font-size，适配越早生效。

● 一旦页面使用了 rem 适配，那么除特殊情况外（例如 CSS Sprite 定位 background-position 时），页面中凡是用到 px 为单位的元素都应该改为 rem 单位，这样才能做到整体适配。

● 对于宽度比高度大很多的机型，例如横屏下的 iPad 以及一些手写笔记本电脑，并不适合采用 rem 方案，因为宽度较大会导致<html>的 font-size 设置不准确。另外，就是一些看小说的移动设备，屏幕很小，如果用了 rem 单位，就会导致文字越小，使得看文章的时候特别费眼。

10.5　vw 适配

vw 其实也是一个 CSS 单位，类似的还有 vh、vmin 和 vmax，一共 4 个单位，这些单位伴随着 CSS3 而出现，不过当时移动 Web 的浪潮已经来临，并且 rem 出现的要早一些，所以很多开发人员对这些后出现的单位并不熟悉。

与 rem 适配方案相比，vw 适配方案不需要使用 JavaScript 脚本来提前设置 font-size，vw 适配方案完全基于 CSS 自身，这也是相对于 rem 适配方案的优势所在，对于横屏和竖屏切换较为频繁的页面，采用 vmin 单位会更加灵活。下面先来了解一下 vw、vh、vmin 和 vmax 这几个单位，它们含义如下：

● **vw**：1vw 等于视区宽度的 1%。

● **vh**：1vh 等于视区高度的 1%。

● **vmin**：选取 vw 和 vh 中最小的那个值，1vmin 等于视区宽度的 1%和视区高度的 1%中最小的那个值。

● **vmax**：选取 vw 和 vh 中最大的那个值，1vmax 等于视区宽度的 1%和视区高度的 1%中最大的那个值。

从上面的解释可知，vw 和 vh 这些单位也并不是一个固定的值，而是根据视区宽度或者视区高度而变。那么什么是视区呢？前面的章节已经讲解过，通过<meta>标签来设置 viewport：

```
<meta name="viewport" content="width=device-width">
```

这条语句中设置的宽度就是视区宽度，并且可以通过 JavaScript 中的 document.documentElement.clientWidth 或者 document.body.clientWidth 来获取这个值，和前面讲解 rem 适配方案时获取屏幕宽度时的用法是一样的。

有些读者会遇到用 window.innerWidth 或者 window.screen.width 来获取屏幕的宽度或者视区的宽度的情况，这种方法获取到的一般是设备的物理宽度，例如真实的分辨率或者物理像素值，这种物理宽度和视区宽度不一定相等。当用<meta>标签设置 viewport 时，如果 width=!device-width，这种情况下就是不相等的，所以大家在使用时需要注意。

计算 vw 数值

对于 vw 适配方案，同样需要计算 vw 值。同理，我们还是以 iPhone 6s 的用户界面（UI）设计稿（也称视觉设计稿）为例，例如，一个按钮在视觉设计稿上标注的大小是宽 200px、高 400px，那么根据这个来进行如下计算：

● 以 iPhone 6s 视觉设计稿来说，屏幕大小为 375×667，单位是 px（可以使用 Chrome 浏览器中 DevTools 工具内的 Device Mode 得到这个值）。

● 根据 1vw 等于视区宽度的 1%，即 1vw 等于 3.75px，得到 200px=53vw，400px=106vw（这里取整）。

根据上面的方法，就可以给按钮元素设置 vw 单位了，代码如下：

```
.button {
  width: 53vw;
  height: 106vw;
  background-color: red;
}
```

和计算 rem 值同理，也可以使用 Sass 来声明一个方法，进行 px 到 vw 的转换，代码如下：

```
@function px2vw($px) {
  $vw: 3.75;
  @return ($px/$vw)+vw; // $px 表示变量，+号表示拼接，vw 为字符串相当于'vw'
}
.button {
  width: px2vw(53);
  height: px2vw(106);
  background-color: red;
}
```

无论是转换成 rem 值还是转换成 vw 值，在后续的实战项目中，都可以通过另一种方式来进行转换。例如可以通过构建的方式，在代码中只需要写 px 值，通过配置一些插件和工具，最终在项目中生成的就是转换好的代码，这就是前端工程化带来的便利。

10.6 rem 适配和 vw 适配兼容性

根据前面章节对两种相关的适配方案讲解可知，vw 适配方案要优于 rem 适配方案，但是 vw 没有 rem 流行就在于它的兼容性问题，从 caniuse[1] 网站中可以查询到 rem 适配方案的兼容性，如图 10-24 所示，vw 适配方案的兼容性，如图 10-25 所示。

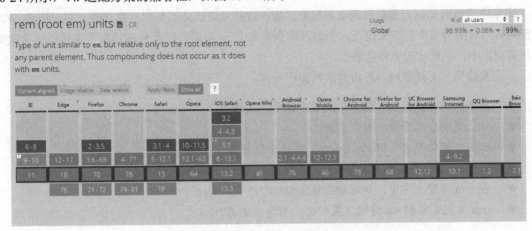

图 10-24 rem 适配方案的兼容性

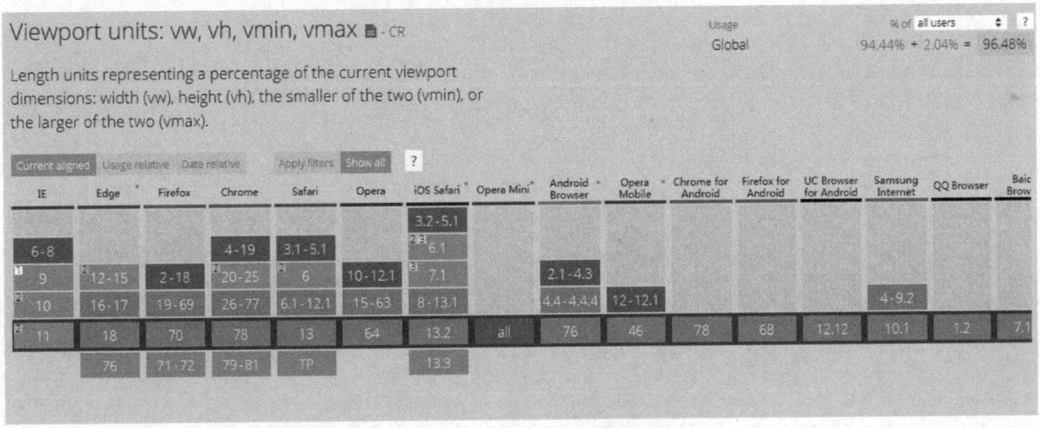

图 10-25 vw 适配方案的兼容性

rem 适配方案在主流浏览器中的整体支持度为 98.93%，而 vw 适配方案在主流浏览器中的整体支持度 94.44%，并且对于 Android 4.4 之前的机型来说不支持 vw 是硬伤，毕竟这部分机型的市场占有率还是有一部分的。因此大家在选取适配方案时，要根据自己业务的应用范围和场合来选择合适的方案，避免出现兼容性问题。

---

1 caniuse 是一个当下流行的前端技术兼容性查询网站，网址是 https://www.caniuse.com/。

10.7 本章小结

在本章中，讲解了移动 Web 的适配问题，内容从适配的原理到应用方案的讲解，包括：移动端视区、物理像素和 CSS 像素的概念、响应式布局和媒体查询（Media Query）、Flex 布局的用法、rem 适配方案和 vw 适配方案。

本章中的所有知识点都是围绕着适配来讲解，这些知识点并不是相互独立的，实现移动 Web 适配可以同时结合多个方案来进行，例如媒体查询和 Flex 布局，以及 rem 适配方案可以结合起来应用在页面中，达到比较完善的适配。

下面来检验一下读者对本章内容的掌握程度：

- 解释物理像素、CSS 像素以及设备像素比的含义。
- 什么是响应式布局，有什么特点？
- CSS 中媒体查询（Media Query）的语法是什么？
- 在 Flex 布局中，属性 align-content 和 align-items 的区别是什么？
- 在 rem 适配方案中，如何动态修改 `<html>` 的 font-size？
- rem 适配方案和 vw 适配方案相比，有哪些优劣？

第11章

移动 Web 单击事件

单击事件是任何一个前端页面中最常用的交互行为之一，在传统的 PC 端大部分是使用 click 事件来实现用户单击交互的程序逻辑，而在移动 Web 端新增了 touch 事件来实现移动端更加敏感和复杂的触摸交互行为。本章将就移动端 touch 事件的使用以及它与 PC 端的 click 事件的区别进行深入探讨。

11.1 touch 事件

在传统的 PC 端，用户的单击操作主要是由鼠标的左键或者右键来产生，它主要是指鼠标的按钮被按下，并且在很短的时间内（一般小于 300ms）又被释放开，这就被称为单击操作（或称为一次点击操作）。

而对于移动 Web 端，同样也是如此，当手指触摸到屏幕时开始计算时间，并且在 300ms 内离开屏幕，这段时间手指不能移动，这就算是移动 Web 端的单击事件，手指触摸就被称为 touch。

11.1.1 touch 事件分类

移动 Web 端的 touch 触摸事件主要由屏幕和触摸点组成，其中屏幕可以是手机、平板或者触摸板，而触摸点可以通过手指、胳膊肘或触摸笔，甚至耳朵、鼻子都行，但一般是通过手指。根据 touch 触摸的类型可分为以下 4 种事件：

- **touchstart:** 当手指与屏幕接触时触发。
- **touchmove:** 当手指在屏幕上滑动时连续地触发。
- **touchend:** 当手指从屏幕上离开时触发。
- **touchcancel:** 当 touch 事件被迫终止，例如电话接入或者弹出信息时会触发，或者当触摸点太多，超过了支持的上限（自动取消早先的触摸点）时触发，一般不常用。

相比 PC 端，以上 4 种事件将用户的 touch 行为划分得更细，并且通过这些细化的事件可以实现移动 Web 端独有的用户交互行为，例如拖动 swipe、长按 longtap、双指缩放 pinch，等等。

其中的 touchstart、touchmove 和 touchend 是最常用的 3 个事件，其中 touchstart 最先触发，touchend 结束时触发，而 touchmove 是否触发取决于手指是否在触摸屏上移动。下面用代码来感受一下这 3 种事件的触发顺序，如示例代码 11-1-1 所示。

示例代码 11-1-1　touch 事件的运用

```html
<!DOCTYPE html>
<html lang="zh-CN">
<head>
  <meta charset="UTF-8">
  <meta name="viewport" content="width=device-width, initial-scale=1.0,
maximum-scale=1.0, user-scalable=no" />
  <title>touch 事件</title>
  <script type="text/javascript">
    document.addEventListener("touchstart",function () {
        console.log("开始触摸");
    });

    document.addEventListener("touchmove",function () {
        console.log("移动手指");
    });

    document.addEventListener("touchend",function () {
        console.log("结束触摸")
    });
  </script>
</head>
<body>
</body>
</html>
```

在浏览器中运行这段代码，同时注意要启用 Chrome 中 DevTools 工具中的 Device Mode 功能，并使用鼠标模拟手指在屏幕上触发触摸事件，随后就会在 Console 控制台看到打印出对应的日志，从中可以看到一个简单的触摸操作是如何完成的。

11.1.2　touch 事件对象

对于 touch 事件，每一次触发都可以得到一个事件对象，在 JavaScript 中这个对象叫作 TouchEvent，利用 TouchEvent 可以获取 touch 事件触发时的坐标、元素以及到底有几个手指触发等，下面就来了解一下 TouchEvent 事件对象。

可以在 Console 控制台打印出当前触发 touch 时的 TouchEvent 对象，代码如下所示：

```javascript
document.addEventListener("touchstart",function (e) {
    console.log(e);
});
```

打印的内容如图 11-1 所示。

```
TouchEvent {isTrusted: true, touches: TouchList, targetTouches: TouchList, change
ches: TouchList, altKey: false, …}
    altKey: false
    bubbles: true
    cancelBubble: false
    cancelable: true
  ▶ changedTouches: TouchList {0: Touch, length: 1}
    composed: true
    ctrlKey: false
    currentTarget: null
    defaultPrevented: false
    detail: 0
    eventPhase: 0
    isTrusted: true
    metaKey: false
  ▶ path: (5) [div, body, html, document, Window]
    returnValue: true
    shiftKey: false
  ▶ sourceCapabilities: InputDeviceCapabilities {firesTouchEvents: true}
  ▶ srcElement: div
  ▶ target: div
  ▶ targetTouches: TouchList {0: Touch, length: 1}
    timeStamp: 4285.624999996799
  ▶ touches: TouchList {0: Touch, length: 1}
    type: "touchstart"
  ▶ view: Window {parent: Window, postMessage: f, blur: f, focus: f, close: f, …}
    which: 0
  ▶ __proto__: TouchEvent
```

图 11-1　TouchEvent 对象

在上面的 TouchEvent 的属性中，经常使用的就是 touches、targetTouches 和 changedTouches，它们的含义分别是：

- **touches：** 当前页面（屏幕）上所有的触摸点。
- **targetTouches：** 当前绑定事件的元素上的触摸点。
- **changedTouches：** 当前屏幕上刚刚接触的手指或者离开的手指的触摸点。

这 3 个属性返回的是 TouchList 对象，代表的是一个 touch 的集合数组，也就是说每一次 touch 触发，都会兼顾到多指触摸的场景，下面就分别以单指触摸的场景和多指触摸的场景来讲解这 3 个属性的区别。

首先是单指触摸的场景，我们来模拟用户一个手指触摸，如图 11-2 所示。

在图 11-2 中，外层的线框代表页面，里面的一个\<div\>元素绑定了 touch 事件，1 号手指触摸了该\<div\>元素，这时 touches、targetTouches 以及 changedTouches 里面的触摸点都是指 1 号手指这个触摸点，应该很好理解。

对于多指触摸的场景，条件是手指触摸屏幕之后暂不离开，如图 11-3 所示。

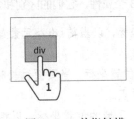

图 11-2　单指触摸

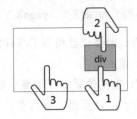

图 11-3　多指触摸

在图 11-3 中，外层的线框代表页面，里面的一个<div>元素绑定了 touch 事件，首先 1 号手指第一个触摸了该<div>元素，然后 2 号手指第二个也触摸了该<div>元素，最后 3 号手指第三个触摸了 div 外面的区域，这时 touches 涵盖的触摸点的集合数组包括 1 号、2 号、3 号手指，而 targetTouches 涵盖的触摸点的集合数组包括 1 号和 2 号手指，而 changedTouches 涵盖的触摸点的集合数组包括 2 号和 3 号手指。当手指都离开屏幕之后，touches 和 targetTouches 中将不会再有值，changedTouches 还会有一个值，此值为最后一个离开屏幕的手指的接触点。这就是 touches、targetTouches 和 changedTouches 这 3 个属性对于单指触摸的场景和多指触摸的场景下的区别，总结如下：

- 单指触摸的场景：
  - ✧ touches：1 号手指
  - ✧ targetTouches：1 号手指
  - ✧ changedTouches：1 号手指
- 多指触摸的场景：
  - ✧ touches：1，2，3 号手指
  - ✧ targetTouches：1，2 号手指
  - ✧ changedTouches：2，3 号手指

对于单指触摸的场景来说，它们并无区别，主要区别在于多指触摸的场景，所以在使用时可以根据具体的程序逻辑来选择使用合适的属性。

对于涵盖触摸点的集合数组 TouchList 而言，里面每个元素都是一个 touch 对象，通过这个对象可以获取当前触摸的位置，如图 11-4 所示。

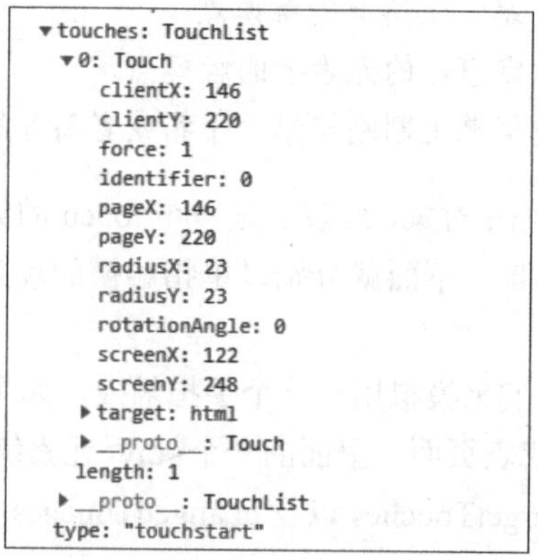

```
▼touches: TouchList
  ▼0: Touch
     clientX: 146
     clientY: 220
     force: 1
     identifier: 0
     pageX: 146
     pageY: 220
     radiusX: 23
     radiusY: 23
     rotationAngle: 0
     screenX: 122
     screenY: 248
   ▶target: html
   ▶__proto__: Touch
  length: 1
  ▶__proto__: TouchList
type: "touchstart"
```

图 11-4 TouchList 对象

其中，主要用到了 offsetX/Y、pageX/Y 和 clientX/Y 这 3 个属性，它们的区别和含义分别是：

- **offsetX/Y：** 触摸位置相当于事件源元素的位置坐标，以当前<div>元素盒子模型的内容区域的左上角为原点。
- **pageX/Y：** 触摸位置相当于整个页面内容区域的位置坐标，当页面过长时，包括滚动隐藏的部分内容，以页面完整内容区域的左上角为原点。
- **clientX/Y：** 触摸位置相当于浏览器视区（屏幕）区域的位置坐标，以相对于页面的可见部分内容区域的左上角为原点。

　　具体的位置和距离可以参考图 11-5，外层表示页面的所有内容，中间框表示浏览器的视区，其中有一个<div>元素绑定了 touch 事件，黑点表示触摸点的位置。

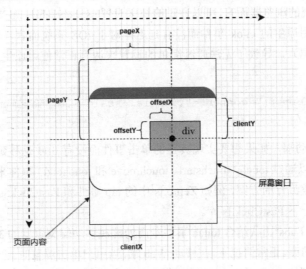

图 11-5　offsetX/Y、pageX/Y 和 clientX/Y 的区别

11.2　移动 Web 端单击事件

　　在了解了 touch 事件之后，我们知道移动 Web 端的单击事件完全可以由 touchstart、touchmove 和 touchend 来组合实现，移动 Web 端同时也提供了原生的 click 事件，它和传统的 PC 端的 click 事件一样，在用户完成一次完整的手指单击屏幕之后触发。在移动 Web 端使用 click 绑定单击事件，代码如下：

```
document.addEventListener("click",function (e) {
    console.log(e);
});
```

　　一切看似都很顺利，在需要使用单击时就用 click 事件，在需要使用 touch 时（拖动，长按等）就使用 touch 对应的事件。但是，对于移动 Web 端而言，处于 iOS 系统或 Android 系统时，采用 click 实现单击事件却有着不同的表现。

11.2.1　iOS 单击延迟

　　这要追溯至 2007 年初，苹果公司在发布首款 iPhone 前遇到了一个问题：当时的网站都是为大屏幕设备所设计的，于是提出了视区（Viewport）的概念，其中一项即是用户在浏览网页时，可以在页面的任何地方通过双击操作将页面放大（Double Tap to Zoom）。这个交互功能提升了用户浏览网页时的体验，于是 Android 和 iOS 的移动端浏览器纷纷支持了这个功能，但是对于双击这个操作而言，其实是包括了两次单击操作，当第一次单击完成后，系统需要有一段时间来监听是否有第二次单击，如果有则表明此次操作是一个双击操作，而这段时间间隔大概有 300 毫秒（ms）。

因此，哪怕是只想要单击这个事件，也都会经过双击放大这个判断逻辑，导致要等到 300 毫秒之后才能收到单击事件程序逻辑的反馈，这就是 300 毫秒的单击延迟问题。

对于 Android 系统的浏览器而言，可以通过给视区设置 user-scalable=no 来禁止用户进行缩放，随后就可以正常地使用原生的 click 事件而没有延迟；对于 iOS 系统而言，浏览器对 user-scalable 支持度存在 Bug（漏洞），导致了无法通过简单的设置来达到正常使用原生 click 事件的目的。代码如下：

```
<meta name="viewport" content=" initial-scale=1.0, maximum-scale=1.0,
user-scalable=no" />
```

所以，在 iOS 移动端，如果想要实现真正的单击事件而没有 300 毫秒延迟问题，就不能采用原生的 click 事件，可以通过 touch（touchstart、touchmove 和 touchend）事件来模拟一次单击操作。好在当前业界已有比较流行的方案，例如 Zepto.js[1]中的 tap 事件和 FastClick.js 库可用来解决这个问题，在这里主要介绍一下 FastClick.js 库。

FastClick.js 是 FT Labs[2]团队结合 touch 事件专门为解决移动端浏览器的 300 毫秒单击延迟问题所开发的一个轻量级的库。正常情况下，在移动 Web 端，当用户单击屏幕时，会依次触发 touchstart、touchmove（0 次或多次）、touchend、click（原生）这些事件。touchmove 事件只有当手指在屏幕上移动时才会触发。Touchstart、touchmove 或者 touchend 事件的任意一个调用 event.preventDefault() 方法，都会直接阻止原生 click 事件的触发。

FastClick 的实现原理是在检测到 touchend 事件触发时，把浏览器在 300 毫秒之后原生的 click 事件阻止掉，然后通过 DOM 自定义事件立即发出一个模拟的 click 事件，这样就消除了 300 毫秒的延迟，提供了一个快速响应的"单击"事件。如示例代码 11-2-1 所示演示了 FastClick 的使用。

示例代码 11-2-1 FastClick 的使用

```
<!DOCTYPE html>
<html lang="zh-CN">
<head>
  <meta charset="UTF-8">
  <meta name="viewport" content="width=device-width, initial-scale=1.0,
maximum-scale=1.0, user-scalable=no" />
  <title>FastClick.js</title>
  <script type="text/javascript" src="./fastclick.js"></script>
</head>
<body>
  <button id="click">点我</button>
  <script type="text/javascript">
    // 页面加载完成后，使用 FastClick，一般传递最外层的 body 元素即可
    document.addEventListener('DOMContentLoaded', function(){
        FastClick.attach(document.body);// 在实际的项目中，需判断在 iOS 移动端才需要
此程序逻辑
```

---

[1] Zepto.js：是一个轻量级的针对现代高级浏览器的 JavaScript 库，它与 jQuery 有着类似的 API，常用于移动 Web 端的开发。

[2] FT Labs：是英国《金融时报》的一个小开发团队，致力于解决各种疑难、细小的软件问题，网址为 https://labs.ft.com/。

```
    }, false);
    document.getElementById("click").addEventListener("click",function(){
        alert("单击触发！ ");
    },false)
  </script>
</body>
</html>
```

需要注意的是，在不修改<meta>标签中的 user-scalable 属性的情况下，300 毫秒单击延迟的问题只会出现在 iOS 系统的浏览器中，并且解决方案只需要针对 iOS 端，上文也提到了这个问题的产生是由于对 user-scalable 支持度存在 Bug，之后苹果公司也意识到了这个问题的严重性，于是在 iOS 9.3 版本时，提供了一个基于新的内核 WKWebView 的浏览器，并将其应用在 Safari 浏览器上，由此解决了这个问题（存在 300 毫秒单击延迟问题的浏览器是 UIWebView，这个内核已经不再维护了），并且后续使用 iOS 9.3 版本系统的浏览器在访问页面时，会默认使用 WKWebView 浏览器。至此，移动 Web 端的 300 毫秒单击延迟问题得到了彻底的改善。

11.2.2 "单击穿透"问题

在移动 Web 端，有一个很常见的应用场景，单击一个按钮会出现一个蒙层，此蒙层是全屏遮盖，并且有最高层级，当单击蒙层时，蒙层消失。此场景和交互操作看似并没有什么问题，但是假如页面中有一个绑定了单击事件的<div>元素被蒙层遮盖，而单击蒙层关闭时的位置刚好和该<div>元素重合，那么蒙层关闭后会同时触发该<div>元素的单击事件，对于用户来说，这个操作并不是要单击该<div>元素，这就是所谓的"单击穿透"问题，如图 11-6 所示。

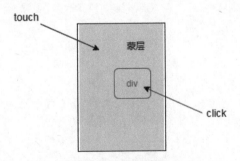

图 11-6　"单击穿透"问题

在图 11-6 中，出现"单击穿透"问题需要有个条件，即蒙层是通过绑定的 touch 事件来实现隐藏，而其遮盖的<div>元素绑定的是原生 click 事件，这样就形成了 touch 事件触发之后，蒙层隐藏了，300 毫秒后当前这个触摸点的 click 事件又触发了，就形成"单击穿透"。

移动 Web 端的"单击穿透"问题出现的原因其实和 300 毫秒单击延迟问题脱不了关系，但是"单击穿透"出现的场景比较单一，并且也比较好解决。

解决"单击穿透"问题可以从问题出现的原因上来着手，主要有以下两种解决方案：

- 不要同时混用 touch 事件和 click 事件，要么给蒙层和<div>元素同时绑定 touch 事件，要么同时绑定 click 事件，在 iOS 9.3 版本之后，只用 click 事件即可，此方案体验最好。
- 延迟蒙层消失的时间，例如在 touch 事件触发后，在 350 毫秒后再让蒙层消失，这样后面的<div>元素就不会触发 click 事件了，此方案会导致蒙层消失的响应慢、体验差，并且有时会触发两次消失逻辑，故不推荐使用。

无论是 300 毫秒单击延迟问题，还是"单击穿透"问题，这些都是移动 Web 端特有的问题，也在一定程度上反映出移动 Web 端环境的复杂性，需要注意支持度和兼容性问题的地方很多，所以大家在进行移动 Web 端开发时，要有意识地去关注这些问题。

11.3　本章小结

在本章中，讲解了移动 Web 端单击事件的相关知识，主要包括 touch 事件的含义和使用，以及移动 Web 端独有的"单击延迟"问题和"单击穿透"问题产生的原因和解决方案。本章中所讲解的知识具有较强的实践性，在实际项目中会经常遇到，因此掌握好是非常必要的。

下面来检验一下读者对本章内容的掌握程度：

● 　在 touch 事件对象中，touches、targetTouches 以及 changedTouches 的区别是什么？
● 　解决移动 Web 端的"单击延迟"问题的方案是什么？
● 　解决移动 Web 端的"单击穿透"问题的方案是什么？

第12章

Vue.js 核心基础

在学习了 HTML5 和 CSS3 相关的技术之后,基本就掌握了移动 Web 开发 50%的知识,那么接下来就要讲解本书另外一个重要部分 Vue.js。

随着互联网的兴起,传统的 Web 1.0 技术已经无法适应当前用户对产品的各项需求,包括产品体验和内容复杂的程度,前端页面变得越来越复杂,同时对代码的组织和可维护性带来了更高的要求,开发人员迫切希望用前端框架来"拯救"大量的前端代码,于是,在"盛行已久"的 jQuery 逐渐退出舞台之时,前端 MVVM 模式开始大行其道,Vue.js、React.js 和 Angular.js 这些前端 MVVM 框架逐渐形成"三分天下"。本章将就 Vue.js 的特性、组件及基本使用进行介绍。

12.1 MVVM 模式

MVVM 模式,全称是 Model-View-ViewModel 的缩写,它是一种基于前端开发的架构模式。MVVM 最早出现于 2005 年微软推出的基于 Windows 的用户界面框架 WPF,它其实是一种编程设计思想,既然是思想就不限于在什么平台或者用什么语言开发。基于 MVVM 的诸多优点,MVVM 在当今移动和前端开发中应用越来越广泛。

12.1.1 什么是 MVC

MVC 模式,全称是 Model-View-Controller 模式,如果读者了解 MVC,那么 MVVM 模式就应该更好理解。传统的 MVC 模式包括下述三部分:

- 视图(View):用户界面。
- 控制器(Controller):业务逻辑。
- 模型(Model):数据存储。

Model 代表数据模型,主要用于实现数据的持久化;View 代表用户界面(UI),主要用于实现页面的显示;Controller 代表业务逻辑,串联起 View 和 Model,主要用来实现业务的逻辑代码。

在 MVC 模式中，用户的交互行为在 View 中触发，由 View 通知 Controller 去进行对应的逻辑处理，处理完成之后通知 Model 改变状态，Model 完成状态改变后找到对应的 View 去更新用户界面的显示内容，至此完成对用户交互行为的反馈。由此可见，整个流程由 View 发起最终在 View 中做出改变，这是一个单向的过程。当年流行的 backbone.js 就是 MVC 的典型代表。

12.1.2　MVVM 模式

MVVM 是把 MVC 中的 Controller 去除了，相当于变薄了，取而代之的是 ViewModel，所谓 ViewModel，是一个同步的 View 和 Model 的对象，在前端 MVVM 中，ViewModel 最典型的作用就是操作 DOM，特点就是双向数据绑定（Data-Binding）。

在双向数据绑定中，开发者无需关注如何找到 DOM 节点和如何修改 DOM 节点，因为每一个在 View 中需要操作的 DOM 都会有一个在 Model 中对应的对象，通过改变这个对象，DOM 就会自动改变，反之，当 DOM 改变时，对应的 Model 中的对象也会改变。ViewModel 将 View 和 Model 关联起来，因此开发者只需关注业务逻辑，不需要手动操作 DOM，这就是 ViewModel 带来的优势，如图 12-1 所示。

图 12-1　MVVM 模式

MVVM 让开发者更加专注于页面视图，从视图出发来编写业务逻辑，这也符合正常的开发流程，而 Vue.js 就是一个典型的从视图（View）出发的前端 MVVM 框架。从 Vue 的英文发音/vju:/类似 View，就可以参透其中的奥秘，下面就正式开始讲解 Vue.js。

需要注意的是，我们可能会遇到 Vue.js 和 Vue 两种叫法，不要疑惑，其实 Vue 和 Vue.js 是一样的，前者只是作为一个 JavaScript 框架库，把.js 这个文件扩展名省略了而已。

12.2　Vue.js 背景知识

12.2.1　Vue.js 的由来

Vue.js 的作者是尤雨溪（Evan You），曾就职于 Google Creative Lab，当时 Angular.js[1]由 Google 公司推出不久，但 Angular.js 被人诟病过于庞大、功能复杂、上手难度高，于是，尤雨溪从 Angular.js 中提取了自己喜欢的部分，摒弃了影响性能的部分，构建出一款相当轻量的框架 Vue.js。所以，现在大家看到的 Vue.js 的一些语法和 Angular.js 1 版本的语法有不少相似之处。Vue.js 的图标如图 12-2 所示。

---

[1] Angular.js 1 也叫作 AngularJS，是由 Google 公司在 2012 年发布的一个 JavaScript 的 MVC 框架，目前还有 Angular 2、Angular 4 两个版本。

图 12-2　Vue.js 的图标

Vue.js 最早发布于 2014 年 2 月，尤雨溪在 Hacker News[1]、Echo JS[2] 与 Reddit[3] 的/r/javascript 版块发布了最早的版本，在一天之内，Vue.js 就登上了这 3 个网站的首页。之后 Vue.js 成为 GitHub 上最受欢迎的开源项目之一。

同时，在 JavaScript 框架→函数库中，Vue.js 所获得的星标数已超过 React，并高于 Backbone.js、Angular 2、jQuery 等项目。

Vue.js 是一套构建用户界面的渐进式框架。与其他重量级框架不同的是，Vue.js 采用自底向上增量开发的设计。Vue.js 所关注的核心是 MVVM 模式中的视图层，同时，它也能方便地获取数据更新，并通过组件内部特定的方法实现视图与模型的交互，如图 12-3 所示。

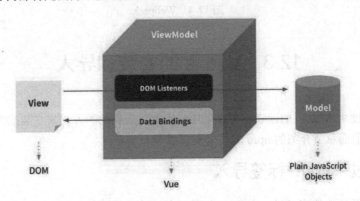

图 12-3　Vue.js 中的 MVVM

12.2.2　Vue.js 和 Webpack

随着前端工程化的不断流行，越来越多的前端框架需要结合模块打包工具一起使用，Vue.js 也不例外，目前和 Vue.js 结合使用最多的模块打包工具非 Webpack 莫属了。

Webpack 的主要功能是将前端工程所需要的静态资源文件，例如 CSS、JavaScript、图片等打

---

[1] Hacker News 是一家关于计算机黑客和创业公司的社会化新闻网站，由保罗·格雷厄姆的创业孵化器 Y Combinator 创建，网站内容主要由来自用户提交的外链构成，是国外比较流行的技术信息交流网站之一。网址是 https://news.ycombinator.com/。

[2] Echo JS 是一个由国外社区驱动的信息交流网站，网站内容主要由来自用户提交的外链构成，完全专注于 JavaScript 开发、HTML5 和前端信息。网址是 https://www.echojs.com/。

[3] Reddit 是一个国外娱乐、社交及新闻网站，包含众多模块，注册用户可以将文字或链接提交到该网站上发布，使它基本上成为了一个电子布告栏系统。网址是 https://www.reddit.com/。

包成一个或者若干个 JavaScript 文件或 CSS 文件，如图 12-4 所示。同时提供了模块化方案来解决 Vue 组件之间的导入问题。本书后续的实战项目章节中会用到它，但是由于内容有限，本书并不会对 Webpack 进行详细的讲解，读者如果想了解更多有关 Webpack 的内容，可以到官网上去查阅，网址为 https://webpack.js.org/。

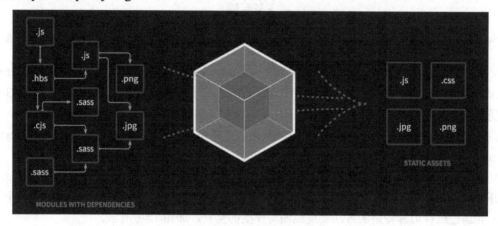

图 12-4　Webpack

12.3　Vue.js 的安装和导入

对于刚开始使用 Vue.js 的读者，可以采用最简单、最原始的方式来安装或者导入 Vue.js。当然，也可以通过前面章节介绍的 npm 工具来安装或导入 Vue.js。

12.3.1　通过<script>标签导入

与大多数的前端框架库一样，在 HTML 页面中，通过<script>标签的方式导入 Vue.js，如示例代码 12-3-1 所示。

示例代码 12-3-1　导入 Vue.js

```
<script src="https://cdn.jsdelivr.net/npm/vue/dist/vue.js"></script>
```

当然，可以将这个链接指向的 JavaScript 文件下载到本地计算机中，再从本地计算机导入。需要说明的是，Vue.js 有许多个版本，同时也在不断更新中，对于 Vue1.x 和 Vue2.x 这两个大版本，它们更新的内容比较多，而同一个大版本中的子版本，例如 2.1、2.2 等，更新的内容则比较少。本书中与 Vue.js 相关的内容都基于 2.6 版本。

12.3.2　通过 NPM 导入

在使用 Vue.js 开发大型项目时，推荐使用 npm 工具来安装 Vue.js。npm 可以很好地和诸如 Webpack 或 Browserify[1]模块打包器配合使用。如示例代码 12-3-2 所示。

示例代码 12-3-2　使用 NPM 安装 Vue.js

```
npm install vue
```

安装和导入 Vue.js 之后，就可以开始开发 Vue.js 相关的代码了，建议读者创建一个演示（Demo）项目，通过动手编写代码来熟悉 Vue.js 中的各个知识，同时本章也会针对每个知识点，用代码进行相应地演示。

12.4　Vue.js 实例

在使用 Vue 开发的每个 Web 应用中，大多数是一个单页应用（Single Page Application，SPA），就是只有一个 Web 页面的应用，它加载单个 HTML 页面，并在用户与应用程序交互时动态地更新该页面的 DOM 内容。下面只讨论单页应用的场合。

每一个单页 Vue 应用都需要从一个 Vue 实例开始。每一个 Vue 应用都由若干个 Vue 实例或组件组成。

12.4.1　创建 Vue.js 实例

首先新建 index.html，并通过<script>的方式来导入 Vue.js，然后创建一个 Vue 实例，如示例代码 12-4-1 所示。

示例代码 12-4-1　创建 Vue.js 实例

```
<!DOCTYPE html>
<html lang="en">
<head>
  <meta charset="utf-8">
  <meta name="viewport" content="width=device-width, initial-scale=1.0,
maximum-scale=1.0, user-scalable=no" />
  <title>Vue 实例</title>
  <script src="https://cdn.jsdelivr.net/npm/vue/dist/vue.js"></script>
</head>
<body>
<div id="app">
  {{msg}}
</div>

<script type="text/javascript">
  var vm = new Vue({
    el: '#app',
```

---

[1] Browserify 是一个开源的前端模块打包工具，功能上和 Webpack 类似，但是名气不如 Webpack。

```
        data: {
            msg: "hello world",
        }
    })
  </script>

</body>

</html>
```

通过 new Vue()方法可以创建一个 Vue 实例，一个 Vue 实例若想和页面上的 DOM 渲染进行关联，就需要 el 这个属性，el 属性其后一般跟一个 id 选择器，关联之后这个 id 选择器对应的 DOM 会被 Vue 实例接管，当然也可以用 class 选择器。需要注意，如果是通过 class 选择器找到多个 DOM 元素，则只会选取第一个。

data 属性表示数据，用于接收一个对象。也就是说，如果 Vue 实例需要操作页面 DOM 里的数据，可以通过 data 来控制，需要在 HTML 代码中写差值表达式{{}}，然后获取 data 中的数据（如{{msg}}会显示成 hello world）。也可以在 Vue 实例中通过 this.xxx 使用 data 中定义的值。下面启动 http-server，在浏览器中打开 index.html 来查看，效果如图 12-5 所示。

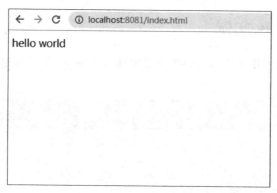

图 12-5 Vue.js 实例，显示出 hello world

当然，一个 Vue 实例还有很多其他的属性和方法，在后续章节中会讲到。至此，就完成了一个 Vue 的根实例的创建。如前文所述，一个 Vue 应用由若干个实例组成，准确地说是一个根实例和若干个子实例（也叫子组件）所组成。如果把一个 Vue 应用看作一棵大树，那么称根节点为 Vue 根实例，子节点为 Vue 子组件。

12.4.2 用 Vue.component()方法注册组件

首先，Vue 中的组件是可复用的 Vue 实例，并且每个组件都可以定义自己的名字。下面就新建一个自定义组件，将其放在 Vue 根实例中使用，可使用 Vue.component()方法新建一个组件，如示例代码 12-4-2 所示。

示例代码 12-4-2 Vue.component()注册组件

```
// 定义一个名为 button-component 的新组件
```

```
Vue.component('button-component', {
  data: function () {
    return {
      str: 'btn'
    }
  },
  template: '<button>I am a {{str}}</button>'
})
```

Vue.component()方法的第一个参数是标识这个组件的名字，名为 button-component，第二个参数是一个对象，这里的 data 必须是一个函数 function，这个函数返回一个对象。template 定义了一个模板，表示这个组件将会使用这部分 HTML 代码作为其内容。如示例代码 12-4-3 所示。下面我们来看看刚定义的 button-component 组件的使用。

示例代码 12-4-3　组件 button-component 的使用

```
<div id="app">
    <button-component></button-component>
    {{msg}}
</div>
```

<button-component>表示用了一个自定义标签来使用组件，其内容保持和组件名一样，这是 Vue 中特有的使用组件的写法。

此外，也可以多次使用<button-component>组件，以达到简单的组件复用的效果，如示例代码 12-4-4 所示。

示例代码 12-4-4　组件复用

```
<div id="app">
    <button-component></button-component>
<button-component></button-component>
    {{msg}}
</div>
```

再次运行 index.html，效果如图 12-6 所示。

图 12-6　组件的复用

12.4.3　Vue 组件和实例的区别

在一般情况下，我们使用 new Vue()创建一个实例，而使用 Vue.component()创建一个组件，概念上它们的区别并不大。一个 Vue 应用由一个根实例和多个子组件组成，不同的是：

- 创建 Vue 实例需要指定 el 属性，即挂载的 DOM。
- 创建 Vue 组件需要指定组件的名称，不需要指定 el 属性，第二个对象参数和创建 Vue 实例时基本一致。
- Vue 实例的 data 属性是一个对象，Vue 组件的 data 属性是一个函数 function，后者返回一个对象。
- 组件是可复用的 Vue 实例。一个组件被创建好之后，就可以被用在任何地方。所以 Vue 组件的 data 属性需要一个 function，以保证组件无论被复用了多少次，组件中的 data 数据都是相互隔离，互不影响的。

如果一个 Vue 实例没有指定 el 属性，那么就叫作 "游离组件"，这种组件可以通过 new Vue().$mount() 的方式被挂载到页面上。请看示例代码 12-4-5 所示。

示例代码 12-4-5　游离组件的挂载

```
...
<div id="mount">
  {{msg}}
</div>
...

// 游离组件
var vmMount = new Vue({
    data: {
        msg: "vmMount",
    }
})

vmMount.$mount('#mount')
```

12.4.4　全局组件和局部组件

在 Vue 中，组件又可以分成全局组件和局部组件。之前在代码中使用 Vue.component() 创建的组件为全局组件，全局组件无须特意指定挂载到哪个实例上，可在需要时直接在实例中使用，但是组件必须编写在将要使用的根实例之前才能生效，就像在上一小节的代码中，要写在 new Vue() 之前，否则无法找到这个组件。

全局组件可以在任意的 Vue 实例中使用，也就意味着只要注册了全局组件，无论是否被使用，它在整个代码逻辑中都可见。而局部组件则表示指定它被某个实例所使用，或者说局部组件只在当前注册的这个实例中使用。创建局部组件如示例代码 12-4-6 所示。

示例代码 12-4-6　局部组件的创建

```
// 局部组件
var vmInner = new Vue({
    el: '#inner',
    data: {
        msg: "hello inner",
```

```
    },
    components: {  // 可设置多个
      'my-component': {
        template: '<h2>inner component</h2>'
      }
    }
  })
```

在 Vue 实例中可以通过 components 将局部组件挂载进去，注意这里是 components（复数）而不是 component，因为可能有多个局部组件。当然，在这段代码中只简单定义了一个含有 template 的局部组件，这个局部组件只能被 vmInner 使用。为了组件复用的效果，也可以将组件单独抽离出来，如示例代码 12-4-7 所示。

示例代码 12-4-7　把局部组件单独抽离出来

```
var myComponenta = {
    template: '<h2>{{str}}</h2>',
    data:function(){
        return {
          str: 'inner a'
        }
    }
}
var myComponentb = {
    template: '<h2>{{str}}</h2>',
    data:function(){
        return {
          str: 'inner b'
        }
    }
}
// 局部组件
var vmInner = new Vue({
    el: '#inner',
    data: {
        msg: 'hello inner',
    },
    components: {
      'my-component-a': myComponenta,
      'my-component-b': myComponentb
    }
})
```

在上面的代码中定义了两个对象 myComponenta 和 myComponentb，对象的属性和使用 Vue.component()定义组件时的第二个参数是一致的，随后将这两个局部组件挂载到了 vmInner 上以达到复用的效果。

12.4.5　组件方法和事件的交互操作

在 Vue 中可以使用 methods 为每个组件或者实例添加方法，然后可以通过 this.xxx()来调用，下面通过一个单击事件的交互操作来演示如何使用 methods，如示例代码 12-4-8 所示。

```
示例代码 12-4-8   组件方法 methods 的使用
...
<div id="app">
  <h2 @click="clickCallback">{{msg}}</h2>
</div>

...
var vm = new Vue({
    el: '#app',
    data: {
        msg: 'hello inner',
    },
    methods:{
      clickCallback: function(){
        alert('click')
      }
    }

})
```

在组件或者实例中，methods 接收一个对象，对象内部可以设置方法，并且可以设置多个。在上面代码段中的 clickCallback 是方法名。

在模板中通过设置@click="clickCallback"表示为<h2>绑定了一个 click 事件，回调方法是 clickCallback，当单击发生时，会自动从 methods 中寻找 clickCallback 这个方法，并且触发它。

同理，可以设置另外一个方法，同时在 clickCallback 中使用 this.xxx()去调用，如示例代码 12-4-9 所示。

```
示例代码 12-4-9   调用 methods 中的方法
var vm = new Vue({
    el: '#app',
    data: {
        msg: 'hello inner',
    },
    methods:{
      clickCallback: function(){
        alert('click')
        this.foo()
      },
      foo: function(){
        alert('foo')
      }
    }

})
```

在了解了组件方法 methods 的用法之后，下面借助 methods 通过一个计数器的例子来演示 Vue 中的事件和 DOM 交互操作的用法。如示例代码 12-4-10 所示。

```
示例代码 12-4-10   DOM 交互操作
...
<div id="counter">
  <my-component></my-component>
```

```
</div>
...

var myComponent = {
    template: '<h2 @click="clickCallback">点击{{num}}</h2>',
    data:function(){
        return {
          num: 0
        }
    },
    methods: {
      clickCallback: function(){
        this.num++
      }
    }
}
var vmCounter = new Vue({
    el: '#counter',
    components:{
      myComponent: myComponent
    }
})
```

　　在这段代码中使用了局部组件进行演示，当单击<h2>时，会触发 clickCallback 回调方法，在回调方法内对当前 data 中的 num 值进行了加 1 自增，num 通过插值表达式{{num}}会在页面中显示出来。我们会发现，每单击一次，页面上的 num 就增加 1，这就是 Vue 中 data 动态改变页面 DOM 显示的方式，这也是 Vue 中双向绑定时 Model 影响 DOM 的具体体现。在后续的章节中会讲解 DOM 影响 Model 的情况。

　　在本小节中，讲解了 Vue 中组件和实例的基本用法，使用了 el、data、template、methods 等属性，这些基础内容对我们后续的学习有很大帮助，当然 Vue 相关的属性还有很多，例如声明周期，后面也会陆续讲解。

12.4.6　单文件组件

　　Vue.js 的组件化是指每个组件控制一块用户界面（UI）的显示和用户的交互操作，每个组件都有自己的职能，代码在自己的模块内互相不影响，这是使用 Vue.js 的一大优势。

　　假如在一个有很多组件的项目中，使用 Vue.component 来定义全局组件，紧接着用 new Vue({ el: '#container '})在每个页面内指定一个容器实例元素。这种方式在很多中小规模的项目中运作得很好，在这些项目中 JavaScript 只被用来加强特定的视图。但是，在更复杂的项目中或者前端完全由 JavaScript 实现组件化时，就会非常明显地表现出下面一些缺点：

● **全局定义（Global definitions）**：强制要求每个 component 中的命名不得重复。
● **字符串模板（String templates）**：缺乏语法高亮显示功能，在 HTML 有多行时，需要用到丑陋的"\"或者"+"来拼接字符串。
● **不支持 CSS（No CSS support）**：意味着当 HTML 和 JavaScript 组件化时，CSS 只能写在一个文件里，没法突出组件化的优点。

● **没有构建步骤（No build step）**：在当前比较流行的前端工程化中，如果一个项目没有构建步骤，开发起来将会变得异常麻烦，简单地使用 Vue.component 来定义组件是无法集成构建功能的。

文件扩展名为.vue 的 Single File Components（单文件组件）为以上所有问题提供了解决方法，并且还可以使用 Webpack 或 Browserify 等模块打包工具。该特性带来的好处是，对于项目所需要的众多组件进行文件化管理，再通过压缩工具和基本的封装工具处理之后，最终得到的可能只有一个文件，这极大地减少了对于网络请求多个文件带来的文件缓存或延时问题。

下面是一个单文件组件 index.vue 的例子，如示例代码 12-4-11 所示。

示例代码 12-4-11　单文件组件的使用

```
<template>
  <div class="box">
    {{msg}}
  </div>
</template>

<script>
module.exports = {
  name: 'single',

  data () {
    return {
      msg: 'Single File Components'
    }
  }
}
</script>

<style scoped>
  .box {
    color: #000;
  }
</style>
```

在上面的代码中，组件的模板代码被抽离到一起，使用<template>标签包裹；组件的脚本代码被抽离到一起，使用<script>标签包裹；组件的样式代码被抽离到一起，使用<style>标签进行包裹。这使得组件 UI 样式和交互操作的代码可以写在一个文件内，方便了维护和管理。

当然，这个文件是无法被浏览器直接解析的，因而需要通过构建步骤把这些文件编译并打包成浏览器可以识别的 JavaScript 和 CSS，例如 Webpack 的 vue-loader，有了构建步骤，就能集成更多功能，这也体现出前端工程化的特性，目前大部分 Vue.js 项目都会采用单文件组件。

12.5　Vue.js 组件的生命周期

在 Vue 中，每个组件都有自己的生命周期，所谓生命周期，指的是组件自身的一些方法（或者叫作钩子函数），这些函数在特殊的时间点或遇到一些特殊的框架事件时会被自动触发。Vue 组件的生命周期如图 12-7 所示。

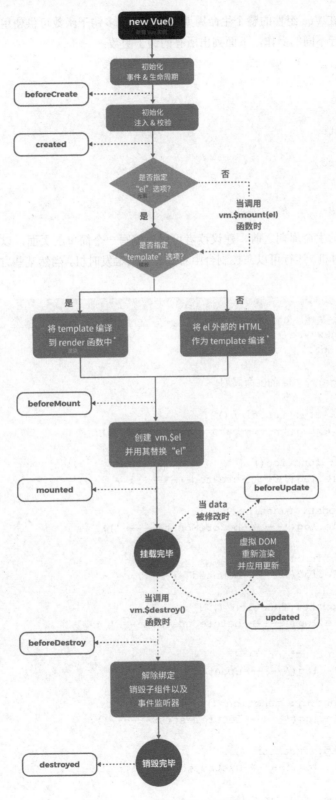

图 12-7　Vue 组件的生命周期

可以看到，在 Vue 组件的整个生命周期中，会有很多钩子函数可供使用，在 Vue 生命周期不同的时刻可以执行不同的操作，下面列出所有的钩子函数：

```
beforeCreate
created
beforeMount
mounted
beforeUpdate
updated
beforeDestroy
destroyed
activated
deactivated
```

在学习组件的生命周期之前，建议读者可以先编写一个简单的页面，以实际体验每个钩子函数的触发顺序和时机。运行可以在控制台中看到具体的触发时机，当然某些方法在特定的场景才会触发。

示例代码 12-5-1　Vue 生命周期钩子函数的使用

```
var vm = new Vue({
  el: '#app',
  data: {
    message: 'Vue 的生命周期'
  },
  beforeCreate: function() {
    console.log('------beforeCreate------');
  },
  created: function() {
    console.log('------created------');
  },
  beforeMount: function() {
    console.log('------beforeMount------');
  },
  mounted: function() {
    console.log('------mounted------');
  },
  beforeUpdate: function () {
    console.log('------beforeUpdate------');
  },
  updated: function () {
    console.log('------updated------');
  },
  beforeDestroy: function () {
    console.log('------beforeDestroy------');
  },
  destroyed: function () {
    console.log('------destroyed------');
  },
  activated: function () {
```

```
    console.log('------activated------');
  },
  deactivated: function () {
    console.log('------deactivated------');
  }
})
```

下面将介绍组件的生命周期,对这部分内容的讲解笔者会穿插介绍一些 Vue.js 源码中的思路,以便加深读者对这部分整体设计思想的理解,感兴趣的读者也可以查阅 Vue.js 源码。

12.5.1 beforeCreate 和 created

1. beforeCreate 方法

这个阶段主要是完成 Vue 中相关数据的观测及事件的一些初始化工作,在这之前 Vue 会执行一个 mergeOptions 函数,得到 $options 选项,并把它放在 vm 对象中。

需要注意的是,这个阶段无法获取到 Vue 组件中 data 里定义的数据,官方也不推荐在这里操作 data,如果确实需要获取 data,可以从 this.$options.data 获取。

可以查看 Vue.js 中的源码,看看在 beforeCreate 时到底执行了什么,如示例代码 12-5-2 所示。

示例代码 12-5-2　beforeCreate 方法的源码

```
// src/core/instance/init.js
Vue.prototype._init = function (options?: Object) {
  ....
  initLifecycle(vm)      // 初始化生命周期
  initEvents(vm)         // 初始化事件
  initRender(vm)         // 初始化渲染
  callHook(vm, 'beforeCreate')
  ....
}
```

当然,上面的代码只是源码中的一部分,目的是为了让大家更加了解原理,options 就是上面提到的经过处理后的 $options 对象,callHook 方法表示触发钩子函数(即 beforeCreate 方法)。vm 是当前组件的上下文对象。从源码中可知,在 beforeCreate 方法中,主要执行一些初始化事件和初始化渲染的操作。

2. created 方法

在 beforeCreate 执行完成之后,Vue 会执行一些初始化数据的工作,将数据和 data 属性进行绑定以及对 props、methods、watch 等进行初始化,另外还要初始化一些 inject 和 provide。

同样可以查看 Vue.js 中的源码,看看 created 到底做了什么,如示例代码 12-5-3 所示。

示例代码 12-5-3　created 方法的源码

```
// src/core/instance/init.js
Vue.prototype._init = function (options?: Object) {
  ....
  initInjections(vm)    // 初始化 Inject
```

```
initState(vm)              // 初始化 props、methods、data、computed 与 watch
initProvide(vm)            // 初始化 Provide
callHook(vm, 'created')    // 调用 created 钩子函数并且触发 created 钩子事件
....
if (vm.$options.el) {
  vm.$mount(vm.$options.el)  // 如果有 el 属性，那么将内容挂载到 el 中
}
}
```

在 created 方法执行时，会判断当前实例是否设置了 el（即是否设置了模板）。如果设置了，就继续向下编译；如果没有，则停止编译，也就意味着停止了生命周期，直到在该 Vue 组件上调用 vm.$mount(el)。

另外，在 created 方法执行时，template 也是一个关键设置，如果当前 Vue 组件设置了 template 属性，则将其作为模板编译成 render 函数，即 template 中的 HTML 内容会渲染到 el 这个节点内部。如果当前 Vue 组件没有设置 template 属性，则将当前 el 节点所在的 HTML 元素（即 el.outerHTML）作为模板进行编译。因此，如果组件没有设置 template，就相当于设置了内容是 el 节点的"template"。需要注意的是，这个阶段并没有真正地把 template 或者 el 渲染到页面上，只是先将内容准备好（即把 render 函数准备好）。

在使用 created 钩子函数时，通常执行一些组件的初始化操作或者定义一些变量，如果是一个表格组件，那么在 created 时就可以调用 API 接口，开始发送请求来获取表格数据等。

可以从图 12-8 来了解 beforeCreate 方法和 created 方法的主要流程与执行逻辑。

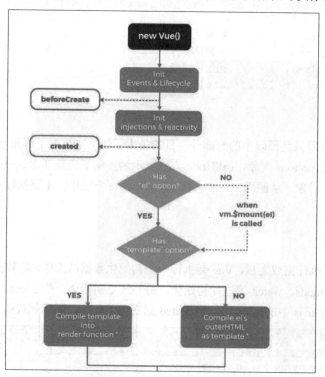

图 12-8　beforeCreate 和 created 的主要流程与执行逻辑

12.5.2　beforeMount 和 mounted

1. beforeMount 方法

前文提到了 el 和 template 属性以及 render 函数，render 函数用于给当前 Vue 实例挂载 DOM（Vue 组件渲染 HTML 内容），这里的 beforeMount 就是渲染前要执行的程序逻辑。

2. mounted 方法

这个阶段就开始真正地执行 render 方法执行渲染，之前设置的 el 会被 render 函数执行的结果所替换，也就是说将结果真正渲染到当前 Vue 实例的 el 节点上，这时就会调用 mounted 方法。

mounted 这个钩子函数的使用频率非常高，当触发这个函数时，就代表组件的用户界面（UI）已经渲染完成，可以在 DOM 中获取这个节点。通常用这个方法执行一些用户界面节点获取的操作，例如，在 Vue 中使用一个 jQuery 插件，在这个方法中就可以获得插件所依赖的 DOM，从而进行初始化。

有关 beforeMount 和 mounted 在源码中的执行逻辑，可以看下面的这段代码，如示例代码 12-5-4 所示。

示例代码 12-5-4　beforeMount 和 mounted 方法的源码

```
// src/core/instance/lifecycle.js
// 挂载组件的方法
export function mountComponent (
  vm: Component,
  el: ?Element,
  hydrating?: boolean
): Component {
  ....
  vm.$el = el
  if (!vm.$options.render) {
    vm.$options.render = createEmptyVNode
  }
  callHook(vm, 'beforeMount')// 触发钩子函数
  ....
  let updateComponent
  updateComponent = () => {
    vm._update(vm._render(), hydrating)
  }

  vm._watcher = new Watcher(vm, updateComponent, noop)
  hydrating = false
  ....
  if (vm.$vnode == null) {
    vm._isMounted = true
    callHook(vm, 'mounted')// 触发钩子函数
  }
```

```
      return vm
   }
```

从图 12-9 可以看到 beforeMount 和 mounted 的主要流程与执行逻辑。

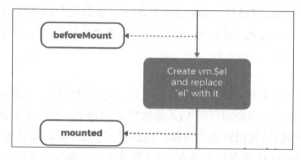

图 12-9   beforeMount 和 mounted 的主要流程与执行逻辑

12.5.3   beforeUpdate 和 updated

上面讲解的生命周期函数，调用 new Vue() 时就会触发，我们可以把它们归类为实例初始化时自动调用的钩子函数，而 beforeUpdate 和 updated 这两个函数若要触发，则需要特定的场景。

1. beforeUpdate 方法

当 Vue 实例 data 中的数据发生了改变，就会触发对应组件的重新渲染，这是双向绑定的特性之一，所以数据改变就会触发 beforeUpdate 方法。可以在源码中找到这部分程序逻辑，如示例代码 12-5-5 所示。

示例代码 12-5-5   beforeUpdate 方法的源码

```
// src/core/instance/lifecycle.js
//更新节点
Vue.prototype._update = function (vnode: VNode, hydrating?: boolean) {
   const vm: Component = this
   //如果该组件已经挂载过了，则代表这个步骤是一个更新的过程，于是触发 beforeUpdate 钩子
函数
   if (vm._isMounted) {
     callHook(vm, 'beforeUpdate')
   }
   ......

}
```

在源码中可以看到，执行 _update 方法时，如果该组件已经完成了 DOM 挂载，则调用 beforeUpdate 方法，也就是触发 beforeUpdate 钩子函数。

2. updated 方法

当执行完 beforeUpdate 方法后，会触发当前组件挂载 DOM 内容的修改，当前 DOM 修改完成

后，便会触发 updated 方法，在 updated 方法中可以获取到更新之后的 DOM。

下面用代码的方式来模拟 beforeUpdate 和 updated 的触发时机，如示例代码 12-5-6 所示。

示例代码 12-5-6　beforeUpdate 和 updated 的触发时机

```
var vm = new Vue({
  el: '#app',
  data: {
    message: 'I am Tom'
  },
  beforeCreate: function() {
    console.log('------beforeCreate------');
  },
  created: function() {
    console.log('------created------');
  },
  beforeMount: function() {
    console.log('------beforeMount------');
  },
  mounted: function() {
    console.log('------mounted------');
  },
  beforeUpdate: function () {
    console.log('------beforeUpdate------');
  },
  updated: function () {
    console.log('------updated------');
  },
  methods:{
    clickCallback: function(){
      this.message = 'I am Jack'
    }
  }
})

  <div id="app">
    {{message}}
    <button @click="clickCallback">点击</button>
  </div>
```

运行这段代码后，会依次看到 beforeCreate、created、beforeMount 和 mounted 的方法打印在 Chrome 浏览器的控制台上；单击按钮，会看到文字由 "I am Tom" 变成了 "I am Jack"；然后在控制台上可以看到依次打印了 beforeUpdate 和 updated，如图 12-10 所示。

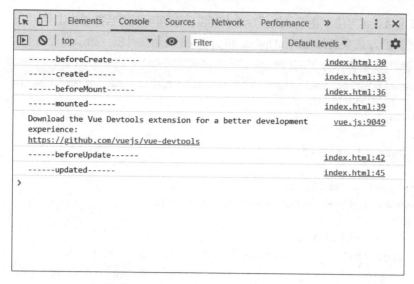

图 12-10　beforeUpdate 和 updated 的触发时机

由此可知，这两个方法是可以触发或者执行多次的，所以在 Vue 的组件生命周期中，每当 data 中的值被修改，都会执行这两个方法。执行流程如图 12-11 所示。

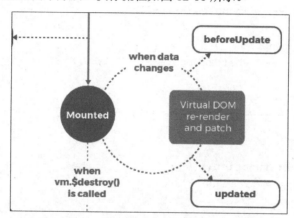

图 12-11　beforeUpdate 和 updated 的执行流程

在之前有关组件方法和事件绑定的章节中，讲解了双向绑定中 Model 影响 DOM 的具体体现，在 MVVM 模式的 Model 也就是 Vue 中 data 的值发生改变时，会触发 beforeUpdate 和 updated 这两个方法，下面就来演示双向绑定中 DOM 影响 Model 的具体体现，同样也会触发这两个方法。如示例代码 12-5-7 所示。

示例代码 12-5-7　双向绑定 DOM 影响 Model

```
<div id="app">
  <input type="text" v-model="message">
</div>
var vm = new Vue({
  el: '#app',
```

```
data: {
  message: 'I am Tom'
},

beforeUpdate: function () {
  console.log(this.message)
  console.log('------beforeUpdate------');
},
updated: function () {
  console.log(this.message)
  console.log('------updated------');
}
}))
```

在上面的代码中，使用了<input>标签，并给<input>设置了 v-model 指令，表示与 data 中的 message 进行关联，这时修改<input>中的内容就是修改了 DOM 的内容，可以在控制台中看到会触发 beforeUpdate 和 updated 这两个方法，同时 message 的值也在实时变动，这就是双向绑定中 DOM 影响 Model 的具体体现。Chrome 浏览器的控制台如图 12-12 所示。

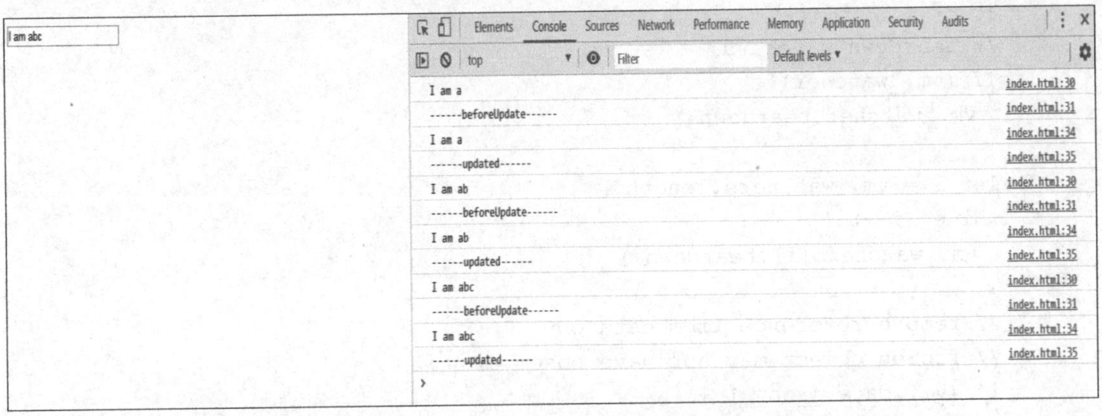

图 12-12　双向绑定中 beforeUpdate 和 updated 的触发时机

12.5.4　beforeDestroy 和 destroyed

正如万物有生有灭一样，既然组件有创建，也就必然有消亡。如果频繁调用创建的代码，但是一直没有清除就会造成内存飙升，而且一直不会释放，就有可能会导致"内存泄漏"问题，这也是销毁组件的意义。

1. beforeDestroy

beforeDestroy 钩子函数在实例销毁之前调用。在这一步，实例仍然完全可用。

2. destroyed

destroyed 钩子函数在 Vue 实例销毁后调用。调用后，Vue 实例指示的所有东西都会解除绑定，所有的事件监听器会被移除，所有的当前实例的子组件也会被销毁。

可以查看 Vue.js 的源代码，看看这两个方法到底执行了什么，如示例代码 12-5-8 所示。

示例代码 12-5-8　beforeDestroy 和 destroyed 的源码

```
// src/core/instance/lifecycle.js
// 销毁方法
Vue.prototype.$destroy = function () {
  const vm: Component = this
  if (vm._isBeingDestroyed) {
    // 已经被销毁
    return
  }
  callHook(vm, 'beforeDestroy')
  vm._isBeingDestroyed = true
  // 销毁过程
  // remove self from parent
  const parent = vm.$parent
  if (parent && !parent._isBeingDestroyed && !vm.$options.abstract) {
    remove(parent.$children, vm)
  }
  // teardown watchers
  if (vm._watcher) {
    vm._watcher.teardown()
  }
  let i = vm._watchers.length
  while (i--) {
    vm._watchers[i].teardown()
  }
  // remove reference from data ob
  // frozen object may not have observer.
  if (vm._data.__ob__) {
    vm._data.__ob__.vmCount--
  }
  // call the last hook...
  vm._isDestroyed = true
  // invoke destroy hooks on current rendered tree
  vm.__patch__(vm._vnode, null)
  // 触发 destroyed 钩子
  callHook(vm, 'destroyed')
  // turn off all instance listeners.
  vm.$off()
  // remove __vue__ reference
  if (vm.$el) {
    vm.$el.__vue__ = null
  }
}
```

在触发销毁操作之后，首先会将当前组件从其父组件中清除，然后清除当前组件的事件监听和数据绑定，清除一个 Vue 组件可以简单理解为将 Vue 对象关联的一些数据类型的变量清空或者置为 null。执行流程如图 12-13 所示。

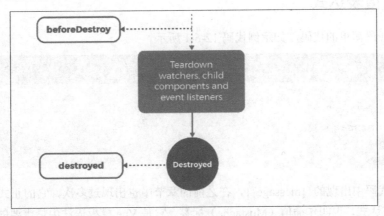

图 12-13　beforeDestroy 和 destroyed 的触发时机

想要主动触发对一个组件的销毁，可以调用 vm.$destroy()，调用之后就会清理与其他实例的联系，解绑它的全部指令及事件监听器。然后触发 beforeDestroy 和 destroyed 的钩子函数。

12.5.5　activated 和 deactivated

这两个方法并不是标准的 Vue 组件的生命周期方法，它们的触发时机需要结合 vue-router 及其属性 keep-alive 来使用。

在这里先简单讲解一下。activated 表示当 vue-router 的页面被打开时，会触发这个钩子函数。deactivated 表示当 vue-router 的页面被关闭时，会触发这个钩子函数。

至此，与 Vue 组件的生命周期相关的内容都介绍完了，通过本节的学习，希望读者对生命周期有一个比较清楚地认识知道每个生命周期钩子函数触发的时机，并且知道使用这些钩子函数可以执行哪些操作。总之，掌握好这些知识是学习 Vue 相关技能的基础。

12.6　Vue.js 模板语法

在之前的章节中涉及过部分模板语法，v-model 就是其中之一，模板语法是逻辑和视图之间沟通的桥梁，使用模板语法编写的 HTML 会响应 Vue 实例中的各种变化。简单来说，Vue 实例中可以随心所欲地将相关内容渲染在页面上，模板语法功不可没。有了模板语法，可以让用户界面渲染的内容和用户交互操作的代码更具有逻辑性。

Vue 模板语法是 Vue 中常用的技术之一，它的具体功能就是让与用户界面渲染和用户交互操作的代码经过一系列的编译，生成 HTML 代码，最终输出到页面上。但是，在底层的实现上，Vue 将模板编译成 DOM 渲染函数。结合响应系统，Vue 能够智能地计算出最少需要重新渲染多少组件，并把 DOM 操作次数减到最少。

Vue.js 使用了基于 HTML 的模板语法，允许以声明方式将 DOM 绑定至底层 Vue 实例的数据。所有 Vue.js 的模板都是合法的 HTML，因此可以被遵循规范的浏览器和 HTML 解析器所解析。

12.6.1　插值表达式

下面来看一段简单的代码，如示例代码 12-6-1 所示。

示例代码 12-6-1　插值表达式的示例

```
<template>
    <div id="app">
        {{ message }}
    </div>
</template>
```

上面实例代码中出现的{{message}}，在之前的章节中也出现过多次，它的正式名称叫作插值（Mustache）表达式，也叫作插值（Mustache）标签。它是 Vue 模板语法中最重要的，也是最常用的，使用两个大括号"{{}}"来包裹，在渲染时，会自动将里面的内容进行解析。Vue 模板中插值常见的使用方法主要有：文本、原始 HTML、属性、JavaScript 表达式、指令和修饰符等。

1. 文本插值

所谓文本插值，就是一对大括号中的数据经过编译和渲染出来是一个普通的字符串文本。同时，message 在这里也形成了一个数据绑定，无论何时，绑定的数据对象上 message 属性发生了改变，插值处的内容都会实时更新。文本插值表达式的使用如示例代码 12-6-2 所示。

示例代码 12-6-2　文本插值表达式的使用

```
<div id="app">
    {{ message }}
</div>
```

<div>中的内容会被替换成 message 的内容，同时实时更新体现了双向绑定的作用。但是，也可以通过设置 v-once 指令，当数据改变时，插值处的内容不会更新。不过，请注意这会影响到该节点上所有的数据绑定。

在 Vue 中给 DOM 元素添加 v-*** 形式的属性的写法叫作指令，例如之前用到的 v-model，还有这里的 v-once，会在后文进行讲解。下面设置了 v-once 写法，如示例代码 12-6-3 所示。

示例代码 12-6-3　v-once 指令的运用

```
<div id="app" v-once>
    这个将不会改变:{{ message }}
</div>
```

2. 原始 HTML 插值

一对大括号会将数据解析为普通文本，而不是 HTML 代码。为了输出真正的 HTML 代码，需要使用 v-html 指令，如示例代码 12-6-4 所示。

示例代码 12-6-4　v-html 指令

```
vm.message = "<span>hello</span>"
<div id="app" v-html="message">
</div>
```

上面的代码中，在 message 不含有任何 HTML 标签的情况下等价于直接使用插值表达式 {{message}}的写法，<div>中的内容会被替换成 message 中的内容。但是，如果 message 是一段 HTML 代码，则会作为一段 HTML 代码插入到当前这个<div>中。如果 message 中还含有一些插值表达式或者指令，那么 v-html 会忽略解析属性值中的数据绑定。例如这样设置：

```
vm.message = "<span>{{abc}}</span>"
```

需要注意的是，网页中动态渲染任意的 HTML 可能非常危险，很容易导致 XSS 攻击，请只对可信内容使用 v-html 指令，绝不要对用户输入的内容使用这个指令。

3. 属性插值

插值语法不能作用在 HTML 的属性上，遇到这种情况应该使用 v-bind 指令，例如，若想给 HTML 的 style 属性动态绑定数据，如果用插值，可以这样写，如示例代码 12-6-5 所示。

示例代码 12-6-5　插值和 HTML 属性 1

```
vm.str= "#000000";
<div id="app" style="color:{{str}}">
</div>
```

这样写的插值是无法生效的，也就是 Vue 无法识别写在 HTML 属性上的插值表达式，那么遇到这种情况，可以采用 v-bind 指令，如示例代码 12-6-6 所示。

示例代码 12-6-6　插值和 HTML 属性 2

```
vm.str= "color:#000000";
<div id="app" v-bind:style="str">
</div>
```

对于布尔属性（它们只要存在就意味着值为 true），v-bind 工作起来略有不同，在这个例子中为：

```
<button v-bind:disabled="isButtonDisabled">Button</button>
```

如果 isButtonDisabled 的值是 null、undefined 或 false，则 disabled 属性甚至不会出现在渲染出来的<button>元素中。

4. JavaScript 表达式插值

在之前讲解的插值表达式中，基本上都是一直只绑定简单的属性键值，例如直接将 message 的值显示出来。但是实际情况是，对于所有的数据绑定，Vue.js 都提供了完整的 JavaScript 表达式支持。如示例代码 12-6-7 所示。

```
示例代码 12-6-7  JavaScript 表达式
  // 单目运算
  {{ number + 1 }}
  // 三目运算
  {{ ok ? 'YES' : 'NO' }}
  // 字符串处理
  {{ message.split('').reverse().join('') }}
  // 拼接字符串
  <div v-bind:id="'list-' + id"></div>
```

例如，加法运算，还有三目运算表达式，字符串的拼接和常用的 split 处理等，这些表达式会在所属 Vue 实例的数据作用域下作为 JavaScript 代码被解析。

12.6.2 指令

传统意义上的指令就是指挥机器工作的指示和命令，Vue 中的指令（Directives）是指带有 v-前缀的或者说是以 v-开头的、设置在 HTML 节点上的特殊属性。

指令的作用是，当表达式的值改变时，将其产生的连带影响，以响应的方式作用在 DOM 上。之前用到的 v-bind 和 v-model 都属于指令，它们都属于 Vue 中的内置指令，与之相对应的叫作自定义指令，下面就讲解一下 Vue 中主要的内置指令。

1. v-bind

v-bind 指令可以接受参数，在 v-bind 后面加上一个冒号再跟上参数，这个参数一般是 HTML 元素的属性（Attribute），如示例代码 12-6-8 所示。

```
示例代码 12-6-8  v-bind 元素的属性

  <a v-bind:href="url">...</a>
  <img v-bind:src="url" />
```

使用 v-bind 绑定 HTML 元素的属性之后，这个属性就含有了数据绑定的效果，在 Vue 实例的 data 中定义之后，就会直接替换属性的值。

v-bind 还有一个简写的用法就是直接用冒号而省去"v-bind"，代码如下：

```
<img :src="url" />
```

使用 v-bind 和 data 结合可以很便捷地实现数据渲染，但是要注意，并不是所有的数据都需要设置到 data 中，当一些组件中的变量与显示无关或者没有相关的数据绑定逻辑时，也无须在 data 中设置，在 methods 中使用局部变量即可。这样可以减少 Vue 对数据的监听，从而提升性能。

2. v-if、v-else 和 v-else-if

这 3 个指令与编写代码时使用的 if/else 语句是一样的，一般是搭配起来使用，只有 v-if 可以单独使用，v-else 和 v-else-if 必须搭配 v-if 来使用。

　　这些指令执行的结果是根据表达式的值"真或假"条件来渲染元素。在切换时，元素及其组件与组件上的数据绑定会被销毁并重建。如示例代码 12-6-9 所示。

示例代码 12-6-9　v-if，v-else 和 v-else-if

```
<div v-if="type === 'A'">
  A
</div>
<div v-else-if="type === 'B'">
  B
</div>
<div v-else-if="type === 'C'">
  C
</div>
<div v-else>
  Not A/B/C
</div>
```

　　需要再强调一下，如果 v-if 的值是 false，那么 v-if 所在的 HTML 的 DOM 节点及其子元素都会被直接移除，这些元素上面的事件和数据绑定也会移除。

3. v-show

　　与 v-if 类似，v-show 也用于控制一个元素是否显示，但是与 v-if 不同的是，如果 v-if 的值是 false，则这个元素被销毁，不在 DOM 中。但是，v-show 的元素会始终被渲染并保存在 DOM 中，它只是被隐藏，显示和隐藏只是简单地切换 CSS 的 display 属性。如示例代码 12-6-10 所示。

示例代码 12-6-10　v-show 指令

```
<div v-show="type === 'A'">
  A
</div>
```

　　在 Vue 中，并没有 v-hide 指令，可以用 v-show="!xxx" 来代替。

　　一般来说，v-if 切换开销更高，而 v-show 的初始渲染开销更高。因此，如果需要非常频繁地切换，使用 v-show 则较好；如果在运行时条件很少改变，则使用 v-if 较好。

4. v-for

　　与代码中的 for 循环功能类似，可以用 v-for 指令通过一个数组来渲染一个列表。v-for 指令需要使用"item in items"形式的特殊语法，其中 items 是源数据数组，而 item 则是被迭代的数组元素的别名。如示例代码 12-6-11 所示。

示例代码 12-6-11　v-for 的一般用法

```
<ul id="example-1">
  <li v-for="item in items">
    {{ item.message }}
  </li>
```

```
</ul>
var example1 = new Vue({
  el: '#example-1',
  data: {
    items: [
      { message: 'Jack' },
      { message: 'Tom' }
    ]
  }
})
```

渲染结果如图 12-14 所示。

图 12-14　v-for 一般用法的演示结果

在 v-for 代码区块中，可以访问当前 Vue 实例的所有其他的属性，也就是其他设置在 data 中的值。v-for 还支持一个可选的第二个参数，即当前项的索引。如示例代码 12-6-12 所示。

示例代码 12-6-12　v-for 通过索引存取数据项

```
<ul id="example-2">
  <li v-for="(item, index) in items">
    {{ parentMessage }} - {{ index }} - {{ item.message }}
  </li>
</ul>
var example2 = new Vue({
  el: '#example-2',
  data: {
    parentMessage: 'Parent',
    items: [
      { message: 'Jack' },
      { message: 'Tom' }
    ]
  }
})
```

渲染结果如图 12-15 所示。

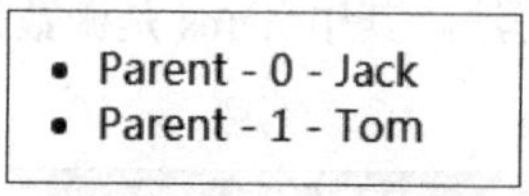

图 12-15　v-for 通过索引存取数据项的演示结果

也可以用 of 替代 in 作为分隔符，因为它更接近 JavaScript 迭代器的语法：

```
<img :src="url" />
```

v-for 指令不仅可以遍历一个数组，还可以遍历一个对象，功能就像 JavaScript 中的 for/in 和 Object.keys()一样，如示例代码 12-6-13 所示。

示例代码 12-6-13　v-for 遍历对象

```
<ul id="v-for-object" class="demo">
  <li v-for="value in object">
   {{ value }}
  </li>
</ul>
new Vue({
  el: '#v-for-object',
  data: {
   object: {
     title: 'Big Big',
     author: 'Jack ',
     time: '2019-04-10'
   }
  }
})
```

渲染结果如图 12-16 所示。

- Big Big
- Jack
- 2019-04-10

图 12-16　v-for 遍历对象的演示结果

和使用索引一样，v-for 指令提供的第二个参数为 property 名称（也就是键名），第三个参数为 index 索引。如示例代码 12-6-14 所示。

示例代码 12-6-14　v-for 显示键名索引

```
<ul id="v-for-object" class="demo">
  <li v-for="(value,name,index) in object">
   {{ index}}:{{ name }} {{ value }}
  </li>
</ul>
new Vue({
  el: '#v-for-object',
  data: {
   object: {
     title: 'Big Big',
     author: 'Jack ',
     time: '2019-04-10'
   }
  }
})
```

渲染结果如图 12-17 所示。

- 0:title Big Big
- 1:author Jack
- 2:time 2019-04-10

图 12-17　v-for 显示键名索引的演示结果

在使用 Object.keys() 遍历对象时，有时遍历出来的键（Key）的顺序并不是我们定义时的顺序，比如定义时 title 在第一个，author 在第二个，time 在第三个，但是遍历出来却不是这个顺序（这里只是举一个例子，上面代码的应用场景是按照顺序来的）。

需要注意的是，在使用 v-for 遍历对象时，顺序是按照调用 Object.keys() 的结果遍历的，所以说在某些情况下并不会按照定义对象的顺序来遍历。若想严格控制顺序，则要在定义时转换成数组来遍历。

为了让 Vue 可以跟踪每个节点，则需要为每项提供一个唯一的 key 属性。如示例代码 12-6-15 所示。

示例代码 12-6-15　v-for 用 key 属性跟踪每个节点

```
<div v-for="item in items" v-bind:key="item.id">
  <!-- 内容 -->
</div>
```

当 Vue 更新使用了 v-for 渲染的元素列表时，它会默认使用"就地更新"的策略。如果数据项的顺序被改变了，Vue 将不会移动 DOM 元素来匹配数据项的顺序，而是就地更新每个元素，并且确保它们在每个索引位置正确渲染到用户界面（UI）上。

Vue 会尽可能地对组件进行高度复用，所以增加 key 可以标识组件的唯一性，目的是为了更好地区别各个组件，key 更深层的意义是为了高效地更新虚拟 DOM。关于虚拟 DOM 的概念，可以简单理解成 Vue 在每次把数据更新到用户界面时，都会在内部事先定义好前后两个虚拟的 DOM，一般是对象的形式。通过对比前后两个虚拟 DOM 的异同来针对性地更新部分用户界面，而不是整体更新（没有改变的用户界面部分不去修改，这样可以减少 DOM 操作，提升性能）。设置 key 值有利于 Vue 更高效地查找需要更新的用户界面。

不要使用对象或数组之类的非基本类型值作为 v-for 的 key，请用字符串或数字类型的值。

5. v-on

在之前的章节中，也使用过 v-on 这个指令，这个指令主要是用来给 HTML 元素绑定事件，是 Vue 中用得最多的指令之一。v-on 的冒号后面可以跟一个参数，这个参数就是触发事件的名称，v-on 的值可以是一个方法的名字或一个内联语句。和 v-bind 一样，v-on 指令可以省略"v-on:"而用"@"来代替。如示例代码 12-6-16 所示。

示例代码 12-6-16　v-on 绑定事件

```
<div id="app">
  <button @click="clickCallback">点我</button>
```

```
    </div>
    <script>
        var app = new Vue({
            el: '#app',
            methods:{
                clickCallback:function (event) {
                    console.log('click')
                }
            }
        })
    </script>
```

在上面的代码中，将 v-on 指令应用于 click 事件上，同时给了一个方法名 clickCallback 作为事件的回调函数，当 DOM 触发 click 事件时会进入到在 methods 中定义的 clickCallback 方法中。event 参数是当前事件的 Event 对象。

如果想在事件中传递参数，可以采用内联语句，语句可以访问一个 $event 属性。如示例代码 12-6-17 所示。

```
    <div id="app">
        <button @click="clickCallback('hello',$event)">点我</button>
    </div>
    <script>
        var app = new Vue({
            el: '#app',
            methods:{
                clickCallback:function (params,event) {
                    console.log(params,event)
                }
            }
        })
    </script>
```

v-on 指令用在普通元素上时，只能监听原生 DOM 事件，例如 click 事件、touch 事件，等等。用在自定义元素组件上时，也可以监听子组件触发的自定义事件。如示例代码 12-6-18 所示。

```
    <cuscomponent @cusevent="handleThis"></cuscomponent>


    <!-- 内联语句 -->
    <cuscomponent @cusevent="handleThis(123, $event)"></cuscomponent>
```

自定义事件一般用在组件通信中，我们会在后面的章节讲解，在使用 v-on 监听原生 DOM 事件时，可以添加一些修饰符并有选择性地执行一些方法或者程序逻辑：

- **.stop:** 阻止事件继续传播。
- **.prevent:** 事件不再重载页面。
- **.capture:** 使用事件捕获模式，即元素自身触发的事件先在这里处理，然后才交由内部元素进行处理。
- **.self:** 只当 event.target 是当前元素自身时触发处理函数。
- **.once:** 事件只会触发一次。
- **.passive:** 告诉浏览器不要阻止事件的默认行为。
- **.{keyCode | keyAlias}**：只当事件是由特定按键触发时才触发回调函数。

下面举个使用.prevent 的例子，如示例代码 12-6-19 所示。

示例代码 12-6-19　v-on 使用.prevent

```
<div id="app">
    <button @click.prevent="clickCallback">点我</button>
</div>
<script>
    var app = new Vue({
        el: '#app',
        methods:{
            clickCallback:function (event) {
                // 相当于在这里调用了 event.preventDefault()方法
                console.log('click')
            }
        }
    })
</script>
```

设置了.prevent 修饰符之后，就相当于在 click 回调方法中首先调用了 event.preventDefault()这个方法。

6. v-model

最后讲解一下 v-model 指令，这个指令一般用在表单元素上，例如<input type="text" />、<input type="checkbox" />、<select>，等等，以便实现双向绑定。v-model 会忽略所有表单元素的 value、checked 和 selected 属性的初始值。因为它选择 Vue 实例中 data 设置的数据作为具体的值。如示例代码 12-6-20 所示。

示例代码 12-6-20　v-model 指令

```
<div id="app">
    <input v-model="message">
    <p>hello {{message}}</p>
</div>
<script>
    var app = new Vue({
        el: '#app',
```

```
        data: {
            message:'Jack'
        }
    })
</script>
```

在这个例子中，直接在浏览器<input>中输入别的内容，下面的<p>中的内容会跟着变化。这就是双向数据绑定。

将 v-model 应用在表单输入元素上时，Vue 内部为不同的输入元素使用不同的属性并触发不同的事件：

● text 和 textarea 元素使用 value 属性和 input 事件。
● checkbox 和 radio 使用 checked 属性和 change 事件。
● select 字段将 value 作为属性并将 change 作为事件。

下面的例子是 v-model 和 v-for 结合实现<select>的双向数据绑定。如示例代码 12-6-21 所示。

示例代码 12-6-21　v-model 和 v-for 实现<select>的双向数据绑定

```
<div id="select">
  <select v-model="selected">
    <option v-for="option in options" v-bind:value="option.value">
      {{ option.text }}
    </option>
  </select>
  <span>Selected: {{ selected }}</span>
</div>
new Vue({
  el: '#select',
  data: {
    selected: 'Jack',
    options: [
      { text: 'PersonOne', value: 'Jack' },
      { text: 'PersonTwo', value: 'Tom' },
      { text: 'PersonThree', value: 'Leo' }
    ]
  }
})
```

渲染效果如图 12-18 所示。

图 12-18　v-model 和<select>使用的演示结果

在切换 select 时，页面上的值会动态地改变。另外，在文本区域插值表达式不会生效，参考如下代码：

```
<textarea>{{text}}</textarea>
```

这时需要使用 v-model 来代替，代码如下：

```
<textarea v-model="text"></textarea>
```

若想单独给某些 input 输入元素绑定值，而不想要双向绑定的效果，则可以直接用 v-bind 指令给 value 赋值，代码如下：

```
<input v-bind:value="text"></input>
```

使用 v-model 时，可以添加一些修饰符来有选择性地执行一些方法或者程序逻辑：

- **.lazy:** 在默认情况下，v-model 会同步输入框中的值和数据。可以通过这个修饰符，转变为在 change 事件再进行同步。
- **.number:** 自动将用户的输入值转化为 number 类型。
- **.trim:** 自动过滤用户输入的首尾空格。

对于 v-model 指令，也可以绑定给自定义的 Vue 组件使用，在后文将具体讲解。

7. 指令的动态参数

在使用 v-bind 或者 v-on 指令时，冒号后面的字符串被称为指令的参数，代码如下：

```
<a v-bind:href="url">...</a>
```

这里 href 是参数，告知 v-bind 指令将该元素的 href 属性与表达式 url 的值绑定。

```
<a v-on:click="doSomething">...</a>
```

在这里 click 是参数，告知 v-on 指令绑定哪种事件。

从 JavaScript 2.6.0 开始，可以把用方括号括起来的 JavaScript 表达式作为一个 v-bind 或 v-on 指令的参数，这种参数被称为动态参数。

v-bind 指令的动态参数，代码如下：

```
<a v-bind:[attributeName]="url"> ... </a>
```

代码中的 attributeName 会被作为一个 JavaScript 表达式进行动态求值，求得的值将会作为最终的参数来使用。例如，如果 Vue 实例有一个 data 属性 attributeName，其值为 href，那么这个绑定将等价于 v-bind:href。

v-on 指令的动态参数，代码如下：

```
<button v-on:[event]="doThis"></button>
```

代码中的 event 会被作为一个 JavaScript 表达式进行动态求值，求得的值将会作为最终的参数来使用。例如，如果 Vue 实例有一个 data 属性 event，其值为 click，那么这个绑定将等价于 v-on:click。

动态参数表达式有一些语法约束，因为某些字符，例如空格和引号，放在 HTML 属性名里是无效的，所以要尽量避免使用这些字符。同样，在 DOM 中使用模板时需要回避大写键名。例如，下面的代码中在参数中添加了空格，所以是无效的：

```
<!-- 这会触发一个编译警告 -->
<a v-bind:['foo' + bar]="value"> ... </a>
```

变通的办法是使用没有空格或引号的表达式，或用计算属性替代这种复杂表达式。另外，如果在 DOM 中使用模板（直接在一个 HTML 文件中编写模板），需要注意浏览器会把属性名全部强制转为小写，如下：

```
<!-- 在 DOM 中使用模板时这段代码会被转换为 'v-bind:[someattr]' -->
<a v-bind:[someAttr]="value"> ... </a>
```

至此，与 Vue.js 模板语法有关的内容就讲解完了，模板语法是逻辑和视图之间沟通的桥梁，是 Vue 中实现页面逻辑最重要的知识，也是用得最多的知识，希望大家掌握好这部分知识，为后面 Vue 其他相关知识的学习，打下坚实的基础。

12.7　Vue.js 方法、计算属性和监听器

在 Vue.js 中，将数据渲染到页面上用得最多的方法莫过于插值表达式{{}}。插值表达式中可以使用文本或者 JavaScript 表达式来对数据进行一些处理。如示例代码 12-7-1 所示。

示例代码 12-7-1　插值表达式中使用 JavaScript 表达式

```
<div id="example">
  {{ message.split('').reverse().join('') }}
</div>
```

但是，设计它们的初衷是用于简单运算的。在插值表达式中放入太多的程序逻辑会让模板过"重"且难以维护。因此，我们可以将这部分程序逻辑单独剥离出来，并放到一个方法中，这样共同的程序逻辑既可以复用，也不会影响模板的代码结构，并且便于维护。

12.7.1　方法

这里的方法和之前讲解的使用 v-on 指令的事件绑定方法在程序逻辑上有所不同，但是在用法上是类似的，同样还是定义在 Vue 组件的 methods 对象内。如示例代码 12-7-2 所示。

示例代码 12-7-2　方法的使用

```
<div id="methods">
{{height}}
  {{personInfo()}}
</div>


var vmMethods = new Vue({
  el: '#methods',
```

```
    data: {
      name: 'Jack',
      age: 23,
      height: 175,
      country: 'China'
    },
    methods:{
      personInfo: function(){
        console.log(1);
        var isFit = false;
        // 'this' 指向当前 Vue 实例
        if (this.age > 20 && this.country === 'China') {
          isFit = true;
        }
        return this.name + '  ' + (isFit ? '符合要求' : '不符合要求');
      }
    }
})
```

首先在 methods 中定义了一个 personInfo 方法，将众多的程序逻辑写在其中，然后在模板的插值表达式中调用{{personInfo()}}，与使用 data 中的属性不同的是，在插值表达式中使用方法，需要在方法名后面加上括号 "()" 以表示调用。

使用方法也支持传参，如示例代码 12-7-3 所示。

示例代码 12-7-3　方法的传参

```
<div id="methods">
  {{personInfo('Tom')}}
</div>

...

  methods:{
    personInfo: function(params){
        console.log(params)
  }
  }
```

12.7.2　计算属性

前面一节介绍了采用方法的方案来解决在插值表达式中写入过多数据处理逻辑的问题，下面还有一种方案可以解决这类问题，那就是计算属性，如示例代码 12-7-4 所示。

示例代码 12-7-4　计算属性 computed 的使用

```
<div id="computed">
{{height}}
  {{personInfo}}
</div>
```

```
var vmComputed = new Vue({
  el: '#computed',
  data: {
    name: 'Jack',
    age: 23,
    height: 175,
    country: 'China'
  },
  computed:{
    personInfo: function(){
      // 'this' 指向当前 Vue 实例，即 vm
      var isFit = false;
      if (this.age > 20 && this.country === 'China') {
        isFit = true;
      }
      return this.name + '  ' + (isFit ? '符合要求' : '不符合要求');
    }
  }
})
```

在上面的代码中，同样实现了将数据处理逻辑剥离的效果，看似把之前的 methods 换成了 computed，以及将插值表达式的{{personInfo()}}换成了{{personInfo}}，虽然表面上的结构一样，但是内部却有着不同的机制。

首先，对于 methods 方法，可以尝试一下在 personInfo 对应的 function 中添加一个 console.log(1)，然后尝试修改一下 data 中的 name 和 height 属性，代码如下：

```
vmMethods.name = 'Pom';
```

观察控制台，显示结果如图 12-19 所示。

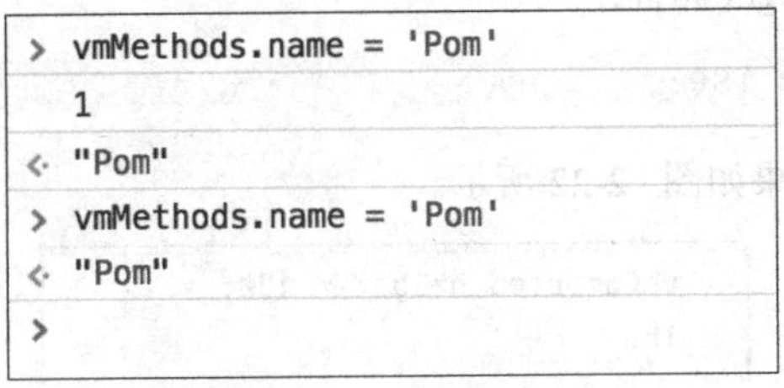

```
> vmMethods.name = 'Pom'
  1
< "Pom"
> vmMethods.name = 'Pom'
< "Pom"
>
```

图 12-19　演示结果 1

由于修改了 vmMehtods 的 name 属性，导致依赖 name 的 personInfo 所对应的 function 方法重新执行了一遍，因此可以看到 name 更新成了 pom，同时打印了一次 console.log(1)。然后，再次调用了 vmMehtods.name = 'Pom';，这次没有打印出 console.log(1)。

同理对于 computed 计算属性，尝试修改 vmComputed 的 name 属性，代码如下：

```
vmComputed.name = 'Pom';
```

观察控制台，显示结果如图 12-20 所示。

```
> vmComputed.name = 'Pom'
  1
< "Pom"
> vmComputed.name = 'Pom'
< "Pom"
>
```

图 12-20　演示结果 2

第一次调用 vmComputed.name = 'Pom';，打印出了 console.log(1)。然后又调用了一次 vmComputed.name = 'Pom';，这次没有打印出 console.log(1)。到这里看似和 methods 方法没有区别。

不过，可以分别再尝试去改变 height 属性看看，和 name 属性不同的是，height 属性写在了插值表达式{{height}}中，是直接绑定数据进行渲染的，而 name 属性依赖众多的数据处理逻辑，是单独剥离出来并放到 personInfo 所对应的 function 方法中的，并依赖于 personInfo 方法。

修改 vmMethods 的 height 属性：

```
vmMethods.height = 180;
```

观察控制台，显示的结果如图 12-21 所示。

```
> vmMethods.height = 180
  1
< 180
>
```

图 12-21　演示结果 3

可以看到打印出了 console.log(1)，说明执行了 personInfo 所对应的 function 这个方法，那么再修改一下 vmComputed 的 height 属性：

```
vmComputed.height = 180;
```

观察控制台，显示的结果如图 12-22 所示。

```
> vmComputed.height = 180;
< 180
>
```

图 12-22　演示结果 4

可以看到并没有打印出 console.log(1)，说明没有执行 personInfo 所对应的 function 这个方法，通过上面的一系列操作，可以得到如下结论：

● 　如果 personInfo 依赖的数据发生改变，即通过修改 data 中的属性改变 name、age 和 country

其中之一或多个，导致插值表达式 {{personInfo}} 或 {{personInfo()}} 更新用户界面，那么 personInfo 所对应的 function 就会重新执行。反之，如果 personInfo 依赖的数据没有改变，personInfo 所对应的 function 就不会重新执行，methods 和 computed 的表现是一致的。

- 如果 personInfo 并没有什么关联的数据发生改变，即通过修改 data 中的 height 属性，这个改变会导致插值表达式 {{height}} 更新用户界面，那么定义在 methods 中的 personInfo 所对应的方法总是会执行，而定义在 computed 中的 personInfo 对应的方法则不会执行。

这就意味着，只要 data 中的属性 name、age 和 country 没有发生改变，无论何时访问计算属性 computed，都会立即返回之前的计算结果，而不必再次执行对应的 function 函数，这说明计算属性 computed 是基于它们的响应式依赖进行缓存的，而方法 methods 却没有这种表现。总结一下它们的区别就是：

- **计算属性（computed）：** 只要依赖的数据没发生改变，就可以直接返回缓存中的数据，而不需要每次都重复执行数据操作。
- **方法（methods）：** 只要页面更新用户界面，就会发生重新渲染，methods 调用对应的方法，执行该函数，而不管是不是它所依赖的。

对于计算属性来说，上面定义的 personInfo 所对应的 function 其实只是一个 getter 方法，每一个计算属性都包含一个 getter 方法和一个 setter 方法，上面的两个示例都是计算属性的默认用法，只调用了 getter 方法来读取。

在需要时，也可以提供一个 setter 函数，当手动修改计算属性的值时，就会触发 setter 方法（或函数），执行一些自定义的操作，如示例代码 12-7-5 所示。

示例代码 12-7-5　计算属性的 getter 方法和 setter 方法

```
<div id="computed">
{{height}}
<br/>
  {{personInfo}}
</div>


var vmComputed = new Vue({
  el: '#computed',
  data: {
    name: 'Jack',
    age: 23,
    height: 175,
    country: 'China'
  },
  computed:{
    personInfo: {
      get: function(){
        console.log('get');
        return this.name + this.age + this.country;
```

```
    },
    set: function(){
      this.height = 165;
      this.name = 'Pom';
      console.log('set');
    }
  }
 }
})
```

在上面的 set 对应的 function 就代表 setter 方法，get 对应的 function 就代表 getter 方法。运行这段代码，可以在控制台上看到页面上显示的用户界面如图 12-23 所示。

```
175
Jack23China
```

图 12-23　计算属性的 getter 方法和 setter 方法的演示结果 1

并且可以看到控制台上打印了 console.log('get')，这时在控制台上运行如下代码：

```
vmComputed.personInfo = 'hello';
```

可以看到 setter 方法会被调用，同时 height 和 name 的值也被修改了，控制台上显示的结果如图 12-24 所示。

```
> vmComputed.personInfo = 'hello'
  set
  get
< "hello"
>
```

图 12-24　计算属性的 getter 方法和 setter 方法的演示结果 2

对应页面的用户界面显示如图 12-25 所示。

```
165
Pom23China
```

图 12-25　计算属性的 getter 方法和 setter 方法的演示结果 3

需要说明的是，虽然直接去修改 computed 的 personInfo 的值，但是并没有改变 personInfo 的值，这是因为如果要判断 personInfo 的值是否被改变了，首先要读取 personInfo 的值，而读取 personInfo 是由 getter 方法的 return 值控制的，所以一般使用 setter 方法的应用场合大多数是把它当作一个钩子函数来使用，并在其中执行一些业务逻辑。

由此可见，在绝大多数情况下，只会用默认的 getter 方法来读取一个计算属性，在业务中很少用到 setter 方法，因此在声明一个计算属性时，可以直接使用默认的写法，不必同时声明 getter 方法和 setter 方法。

了解了计算属性（computed）之后，可以发现，计算属性（computed）之所以叫作"计算"属性，是因为它是固定属性 data 的对应，同时多了一些对数据的计算和处理操作。

在通常情况下，如果一个值是简单的固定值，无须特殊处理，在 data 中添加之后，在插值表达式中使用即可。但是，如果一个值是不固定的，它可能随着一些固定属性的改变而改变，这时就可以把它设置在计算属性 computed 中。一般情况下，同一个属性名，设置了计算属性 computed 就无须设置固定属性 data。反之，设置了固定属性 data 就无须设置计算属性 computed。读者在编写代码时要注意这种原则。

在使用计算属性处理数据时，也是可以传递参数的，具体做法就是在定义计算属性时，用 return 返回一个函数 function。如示例代码 12-7-6 所示。

示例代码 12-7-6 计算属性的传参

```
<div id="computed">
  {{personInfo('son')}}
</div>
var vmComputed = new Vue({
  el: '#computed',
  data: {
    name: 'Jack',
  },
  computed:{
    personInfo:function() {
      return function(params){
        console.log(params);
        return this.name + params;
      }
    }
  }
})
```

采用{{personInfo('son')}}将参数传递进去，看起来就像调用一个方法。

12.7.3 监听器

通过上面对计算属性 computed 的 setter 方法的讲解，我们知道 setter 方法提供了一个钩子函数，尽管利用这个钩子函数可以监听到属性的变化，但有时还需要一个自定义的监听器，这个监听器有一个监听属性 watch。如示例代码 12-7-7 所示。

示例代码 12-7-7 监听器的定义

```
<div id="watch">
    {{name}}
</div>
```

```
var vmWatch = new Vue({
  el: '#watch',
  data: {
    name: 'Jack',
    age: 23,
    height: 175,
    country: 'China'
  },
  watch:{
    name: function(newV, OldV){
      console.log('新值:'+newV,'旧值:'+OldV)
    }
  }
})
```

在上面代码中定义了一个监听属性 watch，它所监听的是 data 中定义的 name 属性，修改一下 vmWatch 的 name 属性，代码如下：

```
vmWatch.name = 'Petter';
```

观察控制台，显示的结果如图 12-26 所示。

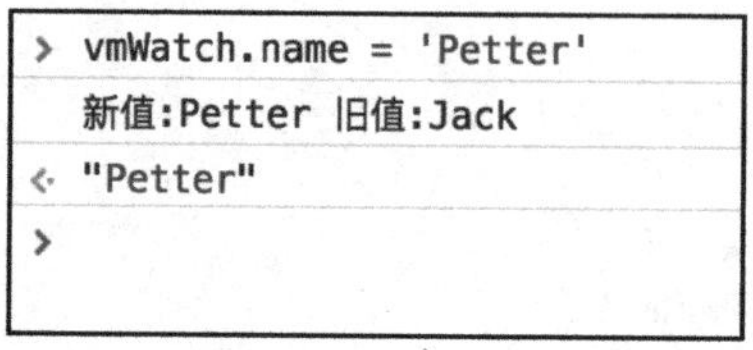

```
>  vmWatch.name = 'Petter'
   新值:Petter 旧值:Jack
<  "Petter"
>
```

图 12-26　监听器

由上可以看到，在 watch 中定义的所对应的 function 被执行了，同时打印出了 name 新旧值。

监听属性 watch 的用法很简单，在逻辑上也比较好理解。也可以使用监听器监听父子组件传值时使用 props 传递的值（在后面有关组件通信的章节中会讲解）。

这样使用 watch 时有一个特点，就是当值第一次绑定时，不会执行监听函数，只有当值发生改变才会执行。如果需要在最初绑定值的时候也执行函数，则需要用到 immediate 属性。比如当父组件向子组件动态传值时，子组件 props 首次获取到父组件传来的默认值时，也需要执行函数，此时就需要将 immediate 设为 true。如示例代码 12-7-8 所示。

示例代码 12-7-8　监听属性 immediate 的使用

```
var vmWatch = new Vue({
  el: '#watch',
  data: {
    name: 'Jack',
  },
  watch:{
```

```
    name: {
        handler: function(newName, oldName) {
            // ...
        },
        immediate: true
    }
  }
})
```

　　这里把监听的数据写成对象形式，包含 handler 方法和 immediate，之前编写的函数其实就是在编写这个 handler 方法。immediate 表示在 watch 中首次绑定时，是否执行 handler，值为 true 则表示在 watch 中声明时，就立即执行 handler 方法；若值为 false，则和一般使用 watch 一样，在数据发生变化的时候才执行 handler。

　　当需要监听一个复杂对象的改变时，普通的 watch 方法无法监听到对象内部属性的改变，例如监听一个对象，只有这个对象整体发生变化时，才能监听到，如果是对象中的某个属性发生变化或者是对象属性的属性发生变化，此时就需要 deep 属性来对对象进行深度监听。如示例代码 12-7-9 所示。

示例代码 12-7-9　监听属性——深度监听（deep 属性）

```
var vmWatch = new Vue({
  el: '#watch',
  data: {
    obj: {
      num: 1
    },
  },
  watch:{
    obj: {
      handler: function(newNum, oldNum) {
        // ...
      },
      deep: true
    }
  }
})
```

　　在上面的代码中，尝试修改 this.obj.num 的值，会发现并不会触发 watch 监听的方法，当添加 deep:true 时，watch 监听的方法便会触发。另外，这种直接监听 obj 对象的写法会给 obj 的所有属性都加上这个监听器，当对象属性较多时，每个属性值的变化都会执行 handler。如果只需要监听对象中的一个属性值，则可以进行优化，使用字符串的形式监听对象属性，代码如下：

```
watch:{
    'obj.num': {
        handler: function(newNum, oldNum) {
            // ...
```

```
      },
    }
  }
```

此时，就无须设置 deep:true 选项了。

虽然计算属性 computed 和监听属性 watch 都可以监听属性的变化，而后执行一些逻辑处理，但是它们都有各自的合适使用的场合。例如下面这个场合，需求是实时地改变 fullName，如示例代码 12-7-10 所示。

示例代码 12-7-10　实时计算 fullName——监听属性

```
<div id="demo">{{ fullName }}</div>

var vm = new Vue({
  el: '#demo',
  data: {
    firstName: 'Foo',
    lastName: 'Bar',
    fullName: 'Foo Bar'
  },
  watch: {
    firstName: function (val) {
      this.fullName = val + ' ' + this.lastName
    },
    lastName: function (val) {
      this.fullName = this.firstName + ' ' + val
    }
  }
})
```

在上面的代码中，使用插值表达式在页面上渲染 fullName 的值，并且 fullName 的值依赖于在 data 中定义的 firstName 和 lastName，想要实现的效果就是：当 firstName 的值或者是 lastName 的值中有任何一个改变时，就动态地更新 fullName 的值，于是就利用了监听属性 watch 来监听 lastName 和 firstName。

然后运行下面的代码，试一下是否生效，分别调用：

```
vm.firstName = 'Petter';
```

```
vm.lastName = 'Jackson';
```

可以看到控制台上的 fullName 动态改变了，表明监听属性 watch 可以满足要求。下面接着使用计算属性 computed 来完成这个需求。如示例代码 12-7-11 所示。

示例代码 12-7-11　实时计算 fullName——计算属性

```
<div id="demo">{{ fullName }}</div>

var vm = new Vue({
```

```
    el: '#demo',
    data: {
      firstName: 'Foo',
      lastName: 'Bar'
    },
    computed: {
      fullName: function () {
        return this.firstName + ' ' + this.lastName
      }
    }
})
```

同样在运行上面的代码之后，可以看到 fullName 也实时更新了。但是，比较这两段代码可以看到，后面的这段代码更加清晰，使用更加合理一些。

所以，对于计算属性 computed 和监听属性 watch，它们在什么场合使用，以及使用时需要注意哪些地方，应当遵循以下原则：

● 当只需要监听一个定义在 data 中的属性是否变化时，则要在 watch 中设置一个同样的属性 key 值，然后在 watch 对应的 function 方法中去执行响应逻辑。而不需要另外在 computed 中去另外定义一个值，然后让这个值依赖于在 data 中定义的这个属性，这样反倒绕了一圈，代码逻辑结构并不清晰。

● 如果需要监听一个属性的改变，并且在改变的回调方法中有一些异步的操作或者是数据量比较大的操作，这时应当使用监听属性 watch。而对于简单的同步操作，使用计算属性 computed 更加合适。

建议读者在编写相关代码时，遵循这样的原则，切勿随意使用。

12.8　Vue.js 的动态组件

Vue.js 提供了一个特殊的内置组件<component>用来动态地挂载不同的组件，主要利用 is 属性，同时可以结合 v-bind 来动态绑定。关于动态组件的使用如示例代码 12-8-1 所示。

示例代码 12-8-1　动态组件的运用

```
<div id="app">
    <component :is="name"></component>
</div>
...
new Vue({
    el: '#app',
    data:{
        name: 'one'
    },
    components: {
```

```
        one: {template: '<div>我是组件一</div>'},
        two: {template: '<div>我是组件二</div>'},
        three: {template: '<div>我是组件三</div>'}
    }
})
```

在上面的代码中，将 data 的 name 属性进行了动态绑定，当分别修改 name 的值时（one、two、three），<component>便会分别替换成对应的组件。动态组件的特点总结如下：

● 动态组件就是几个组件放在一个挂载点下，然后根据父组件的某个变量来决定显示哪个，或者都不显示。

● 在挂载点使用<component>标签，然后使用 is = "组件名"，同时可以结合 v-bind 来动态绑定，它会自动去找匹配的组件名。

在后面的章节中会讲到 Vue Router，其中的<router-view>就是动态组件的一种形式。

12.9 Vue.js 自定义组件 v-model

在之前讲解 v-model 指令的章节中，我们知道 v-model 经常和<input>结合使用，以实现输入框的双向数据绑定，其实 v-model 只是一个语法糖（精简的写法），等价于:value+@input，现在看看下面的代码：

```
<input v-model="value" />
<input v-bind:value="value" v-on:input="value= $event.target.value" />
```

这两种方法的实现效果是一样的，都是给<input>标签绑定一个值，并且在监听到 input 事件时，把输入的值替换绑定的值来实现双向绑定。其中第一种方法是第二种方法的语法糖。

在了解了 v-model 的实现原理后，同样可以将 v-model 用于自定义的组件，对于自定义组件来说，父组件通过 v-model 传递值给子组件时，会自动传递一个 value 的 props 属性，并在子组件中通过 this.$emit("input",val)自动修改父组件 v-model 绑定的值。下面是一个完整的代码示例，如示例代码 12-9-1 所示。

示例代码 12-9-1　自定义组件 v-model

```
<div id="app">
  <component-b />
</div>
<script type="text/javascript">
  // 定义一个名为 componentC 的子组件
  var componentC = {
    props:['value'],// 接收 prop 属性 value
    template: '<div>{{value}}<button
@click="changeValue">change</button></div>',
    methods:{
      changeValue: function(data){
```

```
          // 调用 this.$emit 方法
          this.$emit('input','World')
        }
    }
}
// 定义一个名为 componentB 的父组件
var componentB = {
  data: function () {
    return {
      somedata: 'Hello', // 定义 v-model 属性 somedata
    }
  },
  template: '<component-c v-model="somedata"/>',// 调用子组件时传递 v-model
  components: {
    'component-c': componentC,
  },
  methods:{
    // 父组件的 input 方法
    input: function(data){
      this.somedata = data
    }
  }
}
// 定义一个根实例
var vm = new Vue({
    el: '#app',
    components: {
      'component-b': componentB
    }
})
</script>
```

在上面的代码中，componentB 作为父组件，componentC 作为子组件，其中：

```
<component-c v-model="somedata"/>
```

相当于：

```
<component-c :value="somedata" @input="input"/>
```

如果不想使用 value 和 input 的组合来实现 v-model，也可以自定义实现形式，通过 model 选项来定义，如下代码所示：

```
// 定义一个名为 componentC 的子组件
var componentC = {
  model: {
    prop: 'checked',
    event: 'change'
  },
```

```
    props: {
      checked: Boolean
    },
    template: '<input type="checkbox" :checked="checked"
@change="changeValue($event)">',
    methods:{
      changeValue: function(event){
        this.$emit('change', event.target.checked)
      }
    }
  }
  // 定义一个名为 componentB 的父组件
  var componentB = {
    data: function () {
      return {
        somedata: true, // 定义 v-model 属性 somedata
      }
    },
    template: '<div>{{somedata}}:<component-c v-model="somedata"/></div>',//
调用子组件时传递 v-model
    components: {
      'component-c': componentC,
    },
    methods:{
      // 父组件的 input 方法
      change: function(data){
        this.somedata = data
      }
    }
  }
```

　　将 value 换成了 checked，将 input 换成了 change，通过上面的代码可知，自定义组件的 v-model 的使用场合大多数是在采用 Vue 对原生的表单元素进行二次封装，这样传递给父组件使用的还是 v-model，符合基本的表达元素和 Vue 结合使用的规范。

　　至此，与 Vue.js 核心基础知识相关的内容就讲完了。本章的内容还是对 Vue.js 相关基础的一个入门讲解，也是为后面学习更深入的知识做铺垫。

　　对于一般的初级前端工程师来说，掌握这部分内容之后，应该可以完成一个独立的 Vue.js 项目。如果还做不到这一点，那就需要重新学习一下。想要进一步了解 Vue.js 相关技术内容的高端知识，以及 Vue.js 相关的周边扩展知识，就要进入后续章节的学习。

12.10　本章小结

　　在本章中，讲解了 Vue.js 的基础知识，主要内容包括：MVVM 模式，Vue.js 背景知识，Vue.js

安装和导入，Vue.js 实例，Vue.js 组件的生命周期，Vue.js 模板语法，Vue.js 计算属性、方法、监听器，Vue.js 动态组件以及 Vue.js 自定义组件 v-model。这些内容是 Vue.js 的核心基础知识，掌握好它们非常重要，这些知识也是理解 Vue.js 高级知识的基础。

在本章中，为 Vue.js 实例、Vue.js 组件的生命周期、Vue.js 模板语法、Vue.js 计算属性、方法、监听器等这些内容提供的示例代码，建议读者自己实际运行一下，以便加深对这些知识的理解。

下面来检验一下读者对本章内容的掌握程度：

- Vue.js 中的实例和组件分别是什么，它们之间有什么区别？
- Vue.js 中的单文件组件指的是什么？
- Vue.js 中有哪些生命周期方法，它们的执行顺序是什么？
- Vue.js 中插值表达式有哪些常见的使用方法？
- Vue.js 中渲染一个列表最适合使用哪个指令？
- Vue.js 中计算属性和监听器的使用场景是什么，它们有什么区别？

第13章

Vue.js 高级技能

就像程序员有初级程序员和高级程序员之分，学习一个框架也要有一个循序渐进的过程，在学习了 Vue.js 的基础知识之后，本章开始学习 Vue.js 的高级知识。

本章的主要内容包括 Vue 组件通信、Vue 的动画实现、Vue.js 插槽，这些知识都是从日常的项目开发中总结而来希望读者认真掌握。

13.1　组件通信

在 Vue.js 基础篇的讲解中，我们知道了什么是 Vue 组件，了解了它们的功能，那么在实际的项目开发中，实现的页面是如何和组件对应起来的呢？下面举一个例子来说明这个问题。

以最常见的登录页面为例，一般由用户名输入框、密码输入框以及登录按钮所组成。在用户输入完信息后，可以单击登录按钮进行登录，注意登录按钮一开始是不可单击的。

我们可以把输入框抽离成一个组件，登录按钮也抽离成一个组件，它们共同存在于登录页面这个父组件中。这样，这些组件就有了关联，当我们在输入框中输入好登录信息之后，就可以告诉登录按钮组件去更新自己的不可单击状态，当我们单击登录按钮时，就需要拿到输入框的登录信息来进行登录。所以，我们会发现，组件之间并不是孤立的，它们之间是需要通信的，正是这种组件间的相互通信，才构成了页面上用户行为交互的过程。

13.1.1　组件通信概述

我们可以把所有页面都抽象成若干个组件，它们之间有父子关系的组件、有兄弟关系的组件，可以使用图 13-1 来表示组件之间的关系。

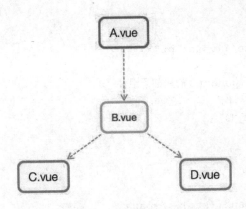

图 13-1　组件之间的关系

图 13-1 表示了所有 Vue 组件的关系：

- A 组件和 B 组件、B 组件和 C 组件、B 组件和 D 组件形成了父子关系。
- C 组件和 D 组件形成了兄弟关系。

A 组件和 C 组件、A 组件和 D 组件形成了隔代关系（其中的层级可能是多级，即隔了多代）。在明确了它们之间这种关系之后，就需要理解它们之间如何通信，或者叫作如何传值。下面就来逐一讲解。

先使用代码来实现上面的 A、B、C、D 四组组件的关系，如示例代码 13-1-1 所示。

示例代码 13-1-1　组件通信

```html
<!DOCTYPE html>
<html lang="en">

<head>
  <meta charset="utf-8">
  <meta name="viewport" content="width=device-width, initial-scale=1.0,
maximum-scale=1.0, user-scalable=no" />
  <title>组件通信</title>
  <script src="https://cdn.jsdelivr.net/npm/vue/dist/vue.js"></script>
  <style type="text/css">
    #app {
      text-align: center;
      line-height: 2;
    }
  </style>
</head>

<body>
  <!-- 根实例挂载的 DOM 对象 app -->
  <div id="app">
    {{str}}
```

```
    <component-b />
  </div>
  <script type="text/javascript">

    // 定义一个名为 componentC 的局部子组件
    var componentC = {
     data: function () {
       return {
         str: 'I am C'
       }
     },
     template: '<span>{{str}}</span>'
    }

    // 定义一个名为 componentD 的局部子组件
    var componentD = {
     data: function () {
       return {
         str: 'I am D'
       }
     },
     template: '<span>{{str}}</span>'
    }

    // 定义一个名为 componentB 的父组件，也是一个局部组件
    var componentB = {
     data: function () {
       return {
         str: 'I am B'
       }
     },
     template: '<div>'+
                 '{{str}}'+
                 '<div>'+
                   '<component-c />,'+
                   '<component-d />'+
                 '</div>'+
               '</div>',
    // 利用 components 可以将之前定义的两个 C、D 组件挂载到 B 组件上，component-c 和
component-d 是 C，D 的组件名称，对应 template 中的<component-c />和<component-d />
     components: {
       'component-c': componentC,
       'component-d': componentD
     }
    }
```

```
    // 定义一个根实例 vmA
    var vmA = new Vue({
        el: '#app',
        data: {
            str: "I am A",
        },
        // 将父组件 B 挂载到实例 A 中 component-b 对应的 #app 内的 <component-b />
        components: {
            'component-b': componentB
        }
    })

  </script>
</body>

</html>
```

为了便于理解,上面的代码为完整的 index.html 代码,读者可以直接在浏览器中运行这段代码,运行结果如图 13-2 所示。

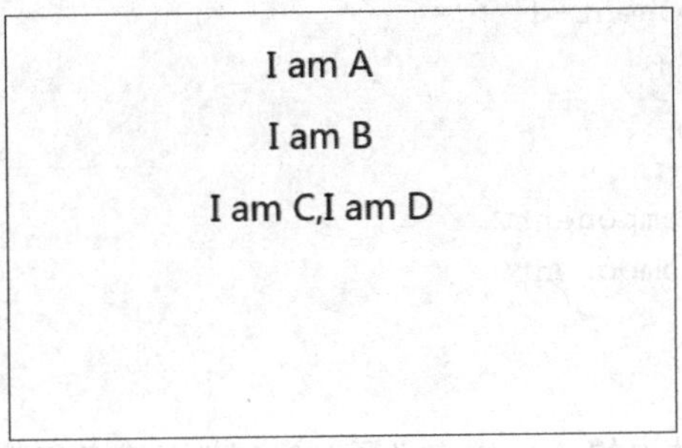

```
I am A
I am B
I am C,I am D
```

图 13-2　组件通信

13.1.2　父组件向子组件通信

父组件向子组件通信可以理解成:

● 　父组件向子组件传值。

● 　父组件调用子组件的方法。

1. props

利用 props 属性可以实现父组件向子组件传值,如示例代码 13-1-2 所示。

示例代码 13-1-2　props 传值

```
var componentC = {
  props:['info'],// 在子组件中使用 props 接收
  data: function () {
    return {
```

```
      str: 'I am C'
    }
  },
  template: '<span>{{str}} :{{info}}</span>'
}
...
// 定义一个名为 componentB 的父组件,也是一个局部组件
var componentB = {
  data: function () {
    return {
      str: 'I am B',
      // 传给子组件的值
      info: 'data from B'
    }
  },
  template: '<div>'+
              '{{str}}'+
              '<div>'+
                '<component-c :info=\'info\'/>,'+
                '<component-d />'+
              '</div>'+
            '</div>',
  components: {
    'component-c': componentC,
    'component-d': componentD
  }
}
```

在上面的代码中,B 组件内的 data 中定义了 info 属性,准备好数据,在 template 中使用 C 组件时,通过 <component-c :info=\'info\'/>将值传给 C 组件。这里采用的是 v-bind 的简写指令,等号后面的 info 就是在 data 中定义的 info,它被称为动态值。当然,props 也可以直接接收一个静态值,如下示例:

```
<component-c info='data from B' />
```

需要注意的是,如果静态值是一个字符串,则可以省去 v-bind(即可以不用冒号),但是如果是非字符串类型的值,则必须采用 v-bind 来绑定传入。

然后,在 C 组件中使用 props 接收 info,props:['info']是一个由字符串组成的数组,表示可以接收多个 props,数组中的每个值和传入时的值要对应。然后,在子组件中使用 this.info 得到这个值,无须在 data 中定义,最后就可以使用插值表达式{{info}}来显示。

props 不仅可以传字符串类型的值,像数组、对象、布尔值都可以传递,在传递时 props 也可以定义成数据校验的形式,以此来限制接收的数据类型,提升规范性,避免得到意向之外的值。如示例代码 13-1-3 所示。

示例代码 13-1-3　props 传值

```
props: {
  info: {
    type: String,  // 限制为字符串类型
    default: ''     // 默认值
  }
}
```

当 props 验证失败时，控制台将会产生一个警告。所以，要么就是用 props:['info'] 来接收，要么添加了数据格式校验，以严格的数据格式来传值。

type 可以是下列原生构造函数中的一个：

- String
- Number
- Boolean
- Array
- Object
- Date
- Function
- Symbol

另外，type 还可以是一个自定义的构造函数，并且通过 instanceof 来进行检查确认。例如，给定下列现成的构造函数，如示例代码 13-1-4 所示。

示例代码 13-1-4　自定义构造函数

```
function Person (firstName, lastName) {
  this.firstName = firstName
  this.lastName = lastName
}

// 在 props 接收时，这样设置
props: {
  author: Person
}
```

另外，需要说明的是，如果 props 传递的是一个动态值，每次父组件的 info 发生更新时，子组件中接收的 props 都将会刷新为最新的值。这意味着，我们不应该在一个子组件内部改变 props，如果这样做了，Vue 会在浏览器的控制台中发出警告。例如，在子组件的 mounted 方法中调用：

```
this.info= 'abc'
```

可以看到控制台上的警告，如图 13-3 所示。

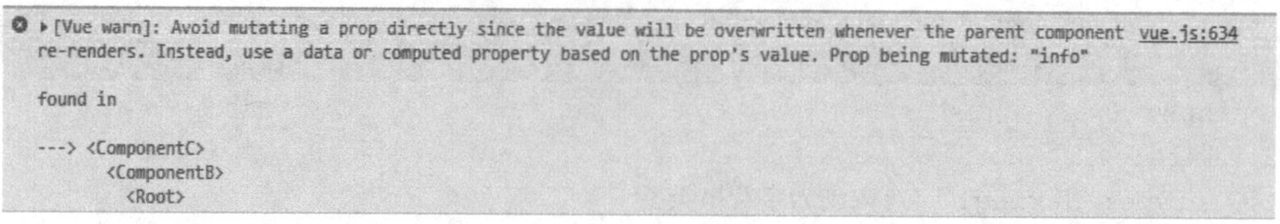

```
⊗ ▶[Vue warn]: Avoid mutating a prop directly since the value will be overwritten whenever the parent component  vue.js:634
  re-renders. Instead, use a data or computed property based on the prop's value. Prop being mutated: "info"

  found in

  ---> <ComponentC>
         <ComponentB>
           <Root>
```

图 13-3　控制台上的警告信息

Vue 中父传子的方式形成了一个单向下行绑定，叫作单向数据流。父级 props 的更新会向下流动到接收这个 props 的子组件中，触发对应的更新，但是反过来则不行。这样可以防止有多个子组件的父组件内的值被修改时，无法查找到哪个子组件修改的场景，从而导致应用中的数据流向无法清晰的追溯。

如果需要在子组件监听 props 的变化，可以直接在子组件使用监听器 watch，代码如下：

```
props: ['info'],
watch: {
  info:function(v) {
    Console.log(v)
  }
}
```

如果遇到确实需要改变 props 值的应用场合，则可以采用下面的解决办法：

● 使用 props 来传递一个初始值，该子组件接下来希望将其作为一个本地的 props 数据来使用，在这种情况下，最好定义一个本地的 data 属性，并将这个 props 用作其初始值，代码如下：

```
props: ['info'],
data: function () {
  return {
    myInfo: this.info
  }
}
```

● 使用 props 时，把它当作初始值，用的时候需要进行一下转换。在这种情况下，最好使用这个 props 的值来定义一个计算属性：

```
props: ['info'],
computed: {
  myInfo: function () {
    return this.info.trim().toLowerCase()
  }
}
```

props 机制是在 Vue 中非常常用的传值方法，所以掌握好是非常重要的，那么如何实现父组件调用子组件的方法呢？

2. $refs

利用 Vue 实例的$refs 属性可以实现父组件调用子组件的方法，如示例代码 13-1-5 所示。

示例代码 13-1-5　父组件调用子组件的方法

```
var componentD = {
  data: function () {
    return {
      str: 'I am D'
    }
  },
  template: '<span>{{str}}</span>',
  methods:{
    dFunc:function(){
      console.log('D 的方法')
    }
  }
}
...
var componentB = {
  data: function () {
    return {
      str: 'I am B',
      info: 'data from B'
    }
  },
  template: '<div>'+
              '{{str}}'+
              '<div>'+
                '<component-c :info=\'info\'/>,'+
                // 在调用 component-d 时，给其设置一个 ref 为 componentD
                '<component-d ref=\'componentD\'/>'+
              '</div>'+
            '</div>',
  components: {
    'component-c': componentC,
    'component-d': componentD
  },
  mounted:function(){
    // 通过$refs可以找到在上面设置的componentD,就可以拿到D组件的实例,然后调用dFunc()
方法
    this.$refs.componentD.dFunc()
  }
}
```

　　当运行这段代码时，若在控制台上看到 console.log('D 的方法')，就说明运行正常。当父组件想要调用子组件的方法时，首先需要给子组件绑定一个 ref 值（即 componentD），然后就可以在父组件当前的实例中通过 this.$refs.componentD 得到子组件的实例，拿到子组件的实例之后，就可以调用子组件定义在 methods 中的方法了。

需要说明的是，在 Vue 中，也可以给原生的 DOM 元素来绑定 ref 值，这样通过 this.$refs 拿到的就是原生的 DOM 对象。代码如下：

```
<button ref="btn"></button>
```

13.1.3　子组件向父组件通信

在第 13.1.2 小节的代码中，我们曾经尝试了直接修改父组件的 props，但是会报错，所以需要有一个新的机制来实现子组件向父组件通信，可以理解为下面两点：

- 子组件向父组件传值。
- 子组件调用父组件的方法。

与父组件向子组件通信不同的是，子组件调用父组件方法的同时，就可向父组件传值，使用 $emit 方法。

1. $emit

$emit 方法的主要作用是触发当前组件实例上的事件，所以子组件调用父组件方法就可以理解成子组件触发了绑定在父组件上的自定义事件。如示例代码 13-1-6 所示。

示例代码 13-1-6　子组件调用父组件方法

```
var componentC = {
  data: function () {
    return {
      str: 'I am C'
    }
  },
template: '<span>{{str}} :{{info}}</span>',
  // 在子组件的 mounted 方法中调用 this.$emit 来触发自定义事件
  mounted: function(){
    this.$emit('myFunction','hi')
  }
}

...

var componentB = {
  template: '<div>'+
            '{{str}}'+
            '<div>'+
              // 将 myFunction 方法通过 v-on 传入到子组件
              '<component-c @myFunction="myFunction" />,'+
            '</div>'+
          '</div>',

  components: {
    'component-c': componentC
  },
```

```
  methods:{
    // 定义父组件需要被子组件调用的方法
    myFunction: function(data){
      console.log('来自子组件的调用',data)
    }
  }
}
```

首先需要在父组件的 methods 中定义 myFunction 方法，然后在 template 中使用<component-c/>组件时，将 myFunction 传入子组件，这里采用的是 v-on 指令（即简写@myFunction）。在前面的章节中，我们使用 v-on 来监听原生 DOM 绑定的事件，例如@click，那么这里的@myFunction 实际上就是一个自定义事件。

然后，在子组件 C 中，通过 this.$emit('myFunction','hi')就可以通知到父组件对应的 myFunction 方法，第一个参数就是父组件中 v-on 指令的参数值（即@myFunction），第二个参数是需要传给父组件的数据。如果在控制台中看到有 console.log('来自子组件的调用','hi')，就说明调用成功了。

这样，在完成子组件调用父组件方法的同时，也向父组件传递了数据，这里使用的是$emit 方法来实现的。对于子组件调用父组件方法的方案，还可以用其他方式来实现。

2. $parent

这种方法比较直观，可以直接操作父子组件的实例，在子组件中直接通过 this.$parent 获取父组件的实例，从而调用父组件中定义的方法，有点类似于在前文介绍的通过$refs 获取子组件的实例。如示例代码 13-1-7 所示。

示例代码 13-1-7　$parent 方法的使用

```
var componentC = {
  data: function () {
    return {
      str: 'I am C'
    }
  },
  template: '<span>{{str}} :{{info}}</span>',
  mounted: function(){
    // 直接采用$parent方法进行调用
    this.$parent.myFunction('$parent方法调用')
  }
}
...
var componentB = {
  template: '<div>'+
              '{{str}}'+
              '<div>'+
                '<component-c />,'+
              '</div>'+
            '</div>',
  components: {
    'component-c': componentC,
  },
  methods:{
```

```
        myFunction: function(data){
            console.log('来自子组件的调用',data)
        }
    }
}
```

需要注意的是，采用$parent 方法调用时，在父组件的 template 中使用<component-c />时，就无须采用 v-on 方法传入 myFunction，因为 this.$parent 可以获取父组件的实例，所以其内定义的方法就都可以调用。

但是，Vue 并不推荐以这种方法来实现子组件调用父组件，由于一个父组件可能会有多个子组件，因此这种方法对父组件中的状态维护是非常不利的，当父组件的某个属性被改变时，无法以循规溯源的方式去查找到底是哪个子组件改变了这个属性。因此，请有节制地使用$parent 方法，它的主要目的是作为访问组件的应急方法。推荐使用$emit 方法实现子组件向父组件的通信。

下面使用一张图来大致总结一下父子组件通信的方式，如图 13-4 所示。

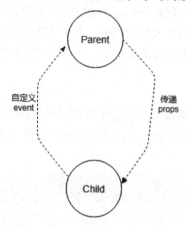

图 13-4　父子组件之间的通信

13.1.4　父子组件的双向数据绑定

在前面的章节中我们曾经讲过，父组件可以使用 props 给子组件传值，当父组件 props 更新时也会同步给子组件，但是子组件无法直接修改父组件的 props，这其实是一个单向的过程，但是在一些情况下，我们可能会需要对一个 props 进行"双向绑定"，即子组件的值更改后，父组件也进行同步进行更改。

.sync 修饰符

.sync 是一个 v-bind 的修饰符，使用.sync 修饰符可以实现子组件去修改 props，当一个子组件改变了一个带.sync 的 props 的值时，这个变化也会同步到父组件所绑定的值。其使用如示例代码 13-1-8 所示。

示例代码 13-1-8　.sync 修饰符的使用

```
var componentB = {
    data: function () {
```

```
      return {
        info: 'Jack'
      }
    },
    template: '<div>'+
              '父组件的 info:{{info}}'+
              '<div>'+
                '<component-d :info.sync="info" />'+
              '</div>'+
              '</div>',
    components: {
      'component-d': componentD
    },
  }
  ...
  var componentD = {
    props:['info'],

    template: '<span>子组件的 info:{{info}}<button @click="clickCallback">点我换
Tom</button></span>',
    methods:{
      clickCallback:function(){
        this.$emit('update:info','Tom')
      }
    }
  }
```

在父组件中的 **data** 中定义了 info 属性，并且通过 props 传给了子组件，代码如下：

```
<component-d :info.sync="info" />
```

这里使用了.sync 修饰符，在子组件中，给按钮 button 绑定了一个单击事件，在事件回调函数中，采用如下代码：

```
this.$emit('update:info','Tom')
```

这样更新就会同步到父组件的 props 中，调用$emit 方法实际上就是触发一个父组件的方法，这里的 update 是固定写法，代表更新，而:info 表示更新 info 这个 prop，第二个参数 Tom 表示更新的值。

在单击按钮之后，可以看到父组件中的 info 被更新成了 Tom，子组件的 info 也更新成了 Tom，这就完成了父子组件的"双向绑定"。

13.1.5　非父子关系组件的通信

对于父子组件之间的通信，前面介绍的两种方式是完全可以实现的，但是对于不是父子关系的两个组件，那么又该如何实现通信呢？非父子关系组件的通信分为两种方式：

● 拥有同一父组件的两个兄弟组件的通信。

● 没有任何关系的两个独立组件的通信。

1. 兄弟组件的通信

对于具有同一个父组件 B 的兄弟组件 C 和 D 而言，可以借助父组件 B 这个桥梁，实现兄弟组件的通信。如示例代码 13-1-9 所示。

示例代码 13-1-9 兄弟组件的通信

```
// 定义一个名为 componentC 的局部子组件
var componentC = {
  props:['infoFromD'],
  template: '<span>收到来自 D 的消息：{{infoFromD}}</span>',
}
...
// 定义一个名为 componentD 的局部子组件
var componentD = {

  template: '<span><button @click="clickCallback">点我换通知
C</button></span>',
  methods:{
    clickCallback:function(){
      // 先通知父元素
      this.$emit('saidToC','I am D')
    }
  }
}
...
// 定义一个名为 componentB 的父组件，也是一个局部组件
var componentB = {
  data: function () {
    return {
      infoFromD: ''
    }
  },
  template: '<div>'+
              '<div>'+
                '<component-c :infoFromD="infoFromD"/>,'+
                '<component-d @saidToC="saidToC" />'+
              '</div>'+
            '</div>',
  components: {
    'component-c': componentC,
    'component-d': componentD
  },
  methods:{
    saidToC: function(data){
      console.log('来自 D 组件的调用',data)
      // 在父元素中通过 props 的更新来更新 C 组件的数据
      this.infoFromD = data;
    }
```

```
    }
  }
```

在 D 组件中通过$emit 调用父组件的方法，同时在父组件中修改 data 中的 infoFromD，同时也影响到了作为 props 传递给 C 组件的 infoFromD，这就实现了兄弟组件的通信。

但是，这种方法总让人觉得比较绕，假如两个组件没有兄弟关系，那么又该采用什么方法来通信呢？

2. 中央事件总线 EventBus

EventBus 这种方法实际上就是将沟通的桥梁换成自己，同样需要有桥梁作为通信中继。就像是所有组件共用相同的事件中心，可以向该中心发送事件或接收事件，所有组件都可以上下平行地通知其他组件。如示例代码 13-1-10 所示。

示例代码 13-1-10　EventBus 通信

```
// 定义一个名为 componentC 的局部子组件
var componentC = {
  data: function () {
    return {
      infoFromD: ''
    }
  },
  template: '<span>收到来自 D 的消息：{{infoFromD}}</span>',
  mounted:function(){
    this.$EventBus.$on('eventBusEvent',function(data){
      this.infoFromD = data;
    }.bind(this))
  }
}
...
// 定义一个名为 componentD 的局部子组件
var componentD = {

  template: '<span><button @click="clickCallback">点我换通知
C</button></span>',
  methods:{
    clickCallback:function(){
      this.$EventBus.$emit('eventBusEvent','I am D')
    }
  }
}
...
//定义中央事件总线
var EventBus = new Vue();

// 将中央事件总线赋值给 Vue.prototype，这样所有组件都能访问到了
Vue.prototype.$EventBus = EventBus;

// 定义一个根实例 vmA
```

```
var vmA = new Vue({
    el: '#app',
    components: {
      'component-b': componentB
    }
})
```

在上面的代码中用到的 C、D 组件，它们之间没有任何关系，在 C 组件的 mounted 方法中通过 this.$EventBus.$on('eventBusEvent',function(){...})实现了事件的监听，然后在 D 组件的单击回调事件中通过 this.$EventBus.$emit('eventBusEvent')实现了事件触发，eventBusEvent 是一个全局的事件名。

接着，通过 new Vue()实例化了一个 Vue 的实例，这个实例是一个没有任何方法和属性的空实例，称其为中央事件总线 EventBus，然后将其赋值给 Vue.prototype.$EventBus，使得所有的组件都能够访问到。

$on 方法和$emit 方法其实都是 Vue 实例提供的方法，这里的关键点就是利用了一个空的 Vue 实例来作为桥梁，实现事件分发，它的工作原理是发布/订阅方法，通常称为 Pub/Sub，也就是发布和订阅的模式。

中央事件总线 EventBus 使用起来非常简单，实现任意组件和组件之间的通信，其中没有多余的业务逻辑，只需要在状态变化组件触发一个事件，随后在处理逻辑组件监听该事件即可。这种方法非常适合小型的项目，但是对于一些大型的项目，要实现复杂的组件通信和状态管理，就需要使用 Vuex 了。

13.2　Vue.js 动画

在日常的项目开发过程中，或多或少都会用到动画效果，而一个良好的动画效果，可以提升页面的用户体验，帮助用户更好地使用页面的功能。另外，对于一名前端工程师来说，能够开发出炫丽的动画效果，不仅能够体现出自己的水平，也能让项目锦上添花。

13.2.1　Vue.js 动画概述

对于前端动画而言，动画的时机大多数出现在对 DOM 节点的插入、更新或者删除过程中。在 Vue 项目中，在插入、更新或者删除 DOM 时，可以使用多种不同方式来实现动画或者过渡效果，包括以下方式：

- 在 CSS 过渡和动画中自动应用 class。
- 可以配合使用第三方 CSS 动画库，如 Animate.css。
- 在过渡钩子函数中使用 JavaScript 直接操作 DOM。
- 可以配合使用第三方 JavaScript 动画库，如 Velocity.js[1]。

---

[1] Velocity.js 是一个简单易用、高性能、功能丰富的轻量级 JavaScript 动画库，它的特点是可以和 jQuery 完美搭配使用。

在 Vue 项目中实现动画时，首先需要明白一点，作为一个前端项目来说，使用原生的 CSS3 动画，例如 transition（过渡）、animation（动画）来实现各种动画效果是完全可以的。同理，直接采用 JavaScript 来操作 DOM 实现动画也没问题，包括使用一些第三方的动画库。但是，针对动画本身，Vue 提供了一些新的 API，它能够结合传统的 CSS3 动画，并搭配一些 Vue 内置组件和指令，来帮助开发者简化动画的开发流程，更加便捷地开发出高质量的动画效果。

13.2.2 从一个简单的动画开始

下面先来看一个简单的 Vue 动画案例，如示例代码 13-2-1 所示。

示例代码 13-2-1 一个简单的 Vue 动画

```html
<!DOCTYPE html>
<html lang="en">
<head>
  <meta charset="utf-8">
  <meta name="viewport" content="width=device-width, initial-scale=1.0,
maximum-scale=1.0, user-scalable=no" />
  <title>vue 动画</title>
  <script src="https://cdn.jsdelivr.net/npm/vue/dist/vue.js"></script>
</head>
<body>
  <div id="app">
   <button @click="clickCallback">切换</button>
    <div id="box" v-if="show">Hello!</div>
  </div>
  <script type="text/javascript">
    var vm = new Vue({
      el: '#app',
      data: {
        show: true
      },
      methods:{
        clickCallback: function(){
          this.show = !this.show
        }
      }
    })
  </script>
</body>
</html>
```

上面的代码是完整的 HTML 代码，可以直接在浏览器上运行，本章也会以这段代码为基础来进行讲解。

上面的代码含有一个简单的逻辑，通过单击切换按钮来控制 id#box 这个\<div\>的显示和隐藏，其中使用了 v-if 指令来进行控制。在体验这段代码的交互操作时，\<div\>的显示和隐藏比较突兀，因此添加了一个"渐隐渐现"的过渡效果，以提升用户的体验，这个过渡效果的实现使用了 Vue 的内置动画组件 transition，如示例代码 13-2-2 所示。

示例代码 13-2-2　transition 动画组件的运用

```
<div id="app">
  <button @click="clickCallback">切换</button>
  <transition name="fade">
    <div v-if="show">Hello!</div>
  </transition>
</div>
```

用<transition>组件对<div>元素进行了包裹，同时设置了 name 属性为 fade，即表示对包裹的这个 div 采用 fade 这个动画效果。当然，这个 fade 动画效果需要使用 CSS3 来实现，继续看下面代码，在 style 中添加样式，如示例代码 13-2-3 所示。

示例代码 13-2-3　transition 和 CSS3 过渡

```
<style type="text/css">
.fade-enter {
  opacity: 0
}
.fade-enter-active {
  transition: opacity 2s
}
</style>
```

在这段代码中设置了两个 CSS 样式，分别以 fade-开头，设置透明度 opacity 属性的 CSS3 过渡效果。这时再次单击切换按钮时，会发现 Hello 的出现过程中有一个过渡的"渐现"效果。

Vue 中的动画效果主要分为两类：一类是过渡 transition；另一类是动画 animation。上面的示例是一个简单的过渡效果，那么接下来，就具体讲解一下<transition>是如何实现这两种效果。

13.2.3　transition 组件实现过渡（transition）效果

要理解过渡实现的原理，首先需要了解 transition 实现的流程，先来看一下图 13-5。

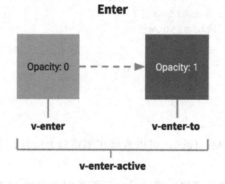

图 13-5　transition 实现的流程 1

当使用<transiton>组件来包裹内容 Vue 组件的 template 片段时，这部分内容片段所包括的元素就会形成一个可执行动画组件区域，结合上面的代码，我们来梳理一下实现一个动画的流程：

● 渐现，就是元素被插入 DOM 并逐渐显示的过程，在插入动画即将开始的一瞬间，

<transition>组件会给其包裹的<div>元素两个 class 类，分别是 v-enter 和 v-enter-active，这里的 v 代表在<transition>中设置的 name，也就是 fade。这时元素的 opacity 透明度为 0。

● 当动画的第一帧执行完毕之后，会将 v-enter 去除，还保留 v-enter-active，同时新增一个 class 类 v-enter-to，这时 opacity 就会变成初始值 1，CSS3 的 transition 就会生效，并开始一个过渡动画。

● 当动画整体执行完成之后，transition 组件会给其包裹的<div>元素去除 v-enter-active 这个 class 类，同时也去除 v-enter-to。

通过上面的流程，对于每一时刻的 class 状态，可以使用图 13-6 来总结。

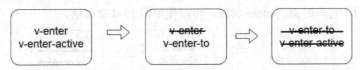

图 13-6　transition 实现的流程 2

利用这个原理，就可以针对每个阶段对应的 class 来设置动画需要的 CSS 样式，以此来实现动画效果。在实现了一个<div>元素的"渐现"效果之后，接下来将"渐隐"效果的实现完善一下，只需要新增两个 CSS 样式即可：

```css
.fade-enter {
  opacity: 0
}
.fade-enter-active {
  transition: opacity 2s
}
/*新增 2 个样式*/
.fade-leave-to {
  opacity: 0
}
.fade-leave-active {
  transition: opacity 2s
}
```

再次单击切换按钮，就会同时出现"渐隐"和"渐现"效果了，同样，使用一张图来展示"渐隐"效果实现的流程，如图 13-7 所示。

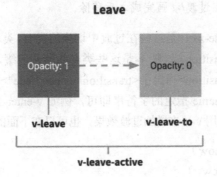

图 13-7　transition 实现的流程 3

- 渐隐，就是指组件被移除并逐渐消失的过程，在移除动画即将执行的一瞬间，transition 组件会给其包裹的<div>元素两个 class 类，分别是 v-leave 和 v-leave-active，这里的 v 代表在<transition>中设置的 name，也就是 fade。这时元素的 opacity 透明度为 1（上面渐现时结局的状态）。

- 当动画的第一帧执行完毕之后，会将 v-leave 去除，保留 v-leave-active，同时新增一个 class 类 v-leave-to，这时 opacity 就会套用上这个样式，值变成 0，这时 CSS3 的 transition 就会生效，并开始一个过渡动画。

- 当动画整体执行完成之后，会去除 v-leave-active 这个 class 类，同时也去除 v-leave-to。

上面的流程对于每一时刻的 class 状态，可以使用图 13-8 来总结。

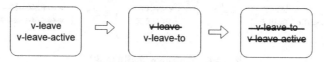

图 13-8　transition 实现的流程 4

上面的代码通过 v-if 和<transition>给一个元素添加了"渐隐渐现"的过渡效果，实现过渡动画的核心是在元素进入、离开的时刻添加动画逻辑，在这些不同时刻细分了 6 个 class 类，下面来总结一下：

- **v-enter**：定义进入过渡的开始状态。在元素被插入之前生效，在元素被插入之后的下一帧移除。

- **v-enter-active**：定义进入过渡生效时的状态。在整个进入过渡的阶段中应用，在元素被插入之前生效，在过渡/动画完成之后移除。这个类可以被用来定义进入过渡的过程、延迟和曲线函数。

- **v-enter-to**：定义进入过渡的结束状态。在元素被插入之后下一帧生效（与此同时 v-enter 被移除），在过渡/动画完成之后移除。

- **v-leave**：定义离开过渡的开始状态。在离开过渡被触发时立刻生效，下一帧被移除。

- **v-leave-active**：定义离开过渡生效时的状态。在整个离开过渡的阶段中应用，在离开过渡被触发时立刻生效，在过渡/动画完成之后移除。这个类可以被用来定义离开过渡的过程、延迟和曲线函数。

- **v-leave-to**：定义离开过渡的结束状态。在离开过渡被触发之后下一帧生效（与此同时 v-leave 被删除），在过渡/动画完成之后移除。

另外，在代码中使用的 fade-xxx，是这些在过渡中切换的类名，类名的定义要遵循一定的规则，如果使用一个没有名字的<transition>，则 v-是这些类名的默认前缀，那么只能使用默认且通用的 v-xxx 的 class 类。如果给<transition>指定了<transition name="fade">，那么 v 就可以使用 fade-xxx 的 class 类，只需要把 v 换成 name 指定的字符串即可，例如 v-enter 会替换为 fade-enter。

除了在元素插入/离开时使用 v-if 来增加过渡效果，也可以在下面的场景中使用<transition>组件：

- 条件显示（使用 v-show）
- 动态组件（<route-view>）
- 组件根节点

只要组件所渲染的内容有变化，这些时机都可以添加过渡效果，结合 vue-router 和<transition>可以在页面切换时添加我们想要的过渡效果，让我们模拟的真实 App 页面更像一个真实的 App 切换，让应用体验更好，我们会在后面实战章节中讲解。

13.2.4　transition 组件实现动画（animation）效果

在 CSS3 动画中，过渡（transition）是一个方案，CSS3 的 animation 是另外一个方案。在上面的演示代码中，讲解了如何将 transition 组件与 CSS3 的 transition 过渡结合来实现过渡效果。下面来讲解如何将 transition 组件与 CSS3 的 animation 结合来实现动画。

animation 实现动画效果在于使用@keyframes 来定义不同阶段的 CSS 样式。将上面的代码进行改造，如示例代码 13-2-4 所示。

示例代码 13-2-4　将 transition 组件与 CSS3 的 animation 结合实现动画

```
@keyframes bounce-in {
  0% {
    transform: scale(0);
  }
  50% {
    transform: scale(1.5);
  }
  100% {
    transform: scale(1);
  }
}
.bounce-enter-active {
  animation: bounce-in .5s;
}
.bounce-leave-active {
  animation: bounce-in .5s reverse;
}
```

在上面的代码中，定义了一个 bounce-in 的动画，效果就是元素在显示和隐藏时，有个"变大缩小"的效果。reverse 表示动画反向播放。同时，定义了.bounce-enter-active 和.bounce-enter-active来使用这个动画。修改一下组件的相关代码，如示例代码 13-2-5 所示。

示例代码 13-2-5　将 transition 组件与 CSS3 的 animation 结合实现动画

```
<div id="app">
  <button @click="clickCallback">切换</button>
  <transition name="bounce">
    <div v-if="show" style="text-align: center;">Hello!</div>
  </transition>
</div>
...
var vm = new Vue({
  el: '#app',
  data: {
    show: false
```

```
  },
  methods:{
    clickCallback: function(){
      this.show = !this.show
    }
  }
})
```

在这个例子中，使用 v-show 指令来实现元素的显示和隐藏，当我们单击按钮时，会看到 Hello！的动画效果，具体在什么时机应用哪些动画 class 类，可以参考之前讲解的 6 个 class 类及含义。

使用 transition 组件实现 CSS 的 animation 动画原理和 CSS 的过渡效果类似，都需要在动画的关键时机制定对应的 CSS 样式，区别是：在动画中，v-enter 类名在节点插入 DOM 后不会立即被删除，而是在 animationend 事件（动画结束时）触发时被删除。在这个代码段中定义了一个 name 是 bounce 的 transition 组件，在显示动画生效时会套用.bounce-enter-active 的样式，在隐藏动画生效时会套用.bounce-leave-active 的样式。而隐藏时，动画效果就会反着播放。

13.2.5　transition 组件同时使用过渡和动画

在了解了 transition 组件实现 CSS 过渡（transition）效果和 CSS 动画（animation）效果之后，那么能否同时使用过渡和动画呢？的确，这种应用场景确实存在，下面就来讲解一下如何给一个元素同时添加"渐隐渐现"和"变大缩小"的效果。

先来介绍一个知识点，在之前的代码中，通过给 transition 组件设置 name 属性来标识使用哪个动画或者过渡效果，除此之外，还可以通过以下特性来给<transition>设置属性来自定义过渡类名，这些属性分别是：

- enter-class
- enter-active-class
- enter-to-class
- leave-class
- leave-active-class
- leave-to-class

由于同时配置过渡效果和动画效果，采用之前的默认方式 v-xxx 方式定义动画会有冲突，所以需要自定义类名，上面的 6 个类名分别对应 transition 组件实现过渡或者动画的 6 个时刻，接下来通过自定义类名来分别指定过渡和动画，如示例代码 13-2-6 所示。

示例代码 13-2-6　同时使用过渡和动画

```
<style>
@keyframes bounce-in {
  0% {
    transform: scale(0);
  }
  50% {
    transform: scale(1.5);
  }
}
```

```
  100% {
    transform: scale(1);
  }
}
.bounce-enter-active {
  animation: bounce-in 1s ;
}
.bounce-leave-active {
  animation: bounce-in 1s reverse;
}
.fade-enter,.fade-leave-to {
  opacity: 0
}
.fade-enter-active,.fade-leave-active {
  transition: opacity 1s
}
</style>
...
  <div id="app">
    <button @click="clickCallback">切换</button>
    <transition enter-class="fade-enter"
             enter-to-class="fade-enter-to"
             leave-to-class="fade-leave-to"
             enter-active-class="bounce-enter-active fade-enter-active"
             leave-active-class="bounce-leave-active fade-leave-active">
      <div v-if="show" style="text-align: center;">Hello!</div>
    </transition>
  </div>
```

在这段代码中，导入了 animation 的 CSS 样式和 transition 的 CSS 样式，然后在自定义类名中，设置了多个 class，尤其是 enter-active-class 和 leave-active-class。这样就实现了同时套用两种过渡动画效果。

在代码中，也强制给过渡和动画设置了同样的时间，都为 1 秒（1s）。但是，在一些应用场景中，需要给同一个元素同时设置两种过渡动画效果，比如 animation 很快被触发并完成了，而 transition 效果还没结束。对于这种情况，就需要使用 type 属性并设置 animation 或 transition 来明确声明需要 Vue 监听的类型。代码如下：

```
<transition type="animation"></transition>
```

这样，<transition>就会以动画 animation 的结束时间为主。

在大多数情况下，<transition>可以根据配置的 CSS 属性自动计算出过渡/动画效果的完成时机。这个时机是根据其在过渡/动画效果的根元素的第一个 transitionend 或 animationend 事件触发的时间点计算出的。然而也可以不遵循这样的设定，例如，当有一个精心编排的一系列过渡/动画效果，其中一些嵌套的内部元素相比于整体过渡/动画效果的根元素有延迟的或更长的过渡/动画效果。那么在这种情况下，就可以使用<transition>组件上的 duration 属性定制一个显性的过渡/动画持续时间（以毫秒计），代码如下：

```
<transition :duration="1000">...</transition>
```

也可以更加细化的定制进入和移出的持续时间：

```
<transition :duration="{ enter: 500, leave: 800 }">...</transition>
```

13.2.6 transition 组件的钩子函数

除了使用 CSS 原生支持的 transitionend 事件和 animationend 事件来获取过渡/动画执行完成的时机外，在使用 transition 组件开发前端过渡/动画的同时，可以调用 transition 组件提供的 JavaScript 钩子函数来添加业务相关的逻辑，例如可以直接在钩子函数中操作 DOM 来达到动画的效果。一共有下面几种钩子函数，如示例代码 13-2-7 所示。

示例代码 13-2-7　transition 组件钩子函数的定义

```
<transition
  v-on:before-enter="beforeEnter"
  v-on:enter="enter"
  v-on:after-enter="afterEnter"
  v-on:enter-cancelled="enterCancelled"

  v-on:before-leave="beforeLeave"
  v-on:leave="leave"
  v-on:after-leave="afterLeave"
  v-on:leave-cancelled="leaveCancelled"
>
...
</transition>
```

动画执行过程中的每一个节点都可以在当前组件的 **methods** 中定义对应的钩子函数，如示例代码 13-2-8 所示。

示例代码 13-2-8　transition 组件钩子函数的使用

```
methods: {
  // 进入中
  beforeEnter: function (el) {
    // ...
  },
  enter: function (el, done) {
    // ...
    done()
  },
  afterEnter: function (el) {
    // ...
  },
  enterCancelled: function (el) {
    // ...
  },
  // 离开时
```

```
beforeLeave: function (el) {
  // ...
},
leave: function (el, done) {
  // ...
  done()
},
afterLeave: function (el) {
  // ...
},
// leaveCancelled 只用于 v-show 中
leaveCancelled: funcdion (el) {
  // ...
}
}
```

这些钩子函数可以结合 CSS3 的 transition 或 animation 来使用，也可以单独使用。其中 el 参数表示当前元素的 DOM 对象，当只用 JavaScript 过渡时，在 enter 和 leave 中必须使用 done()进行回调。如果只用 CSS3 实现，则不需要调用 done()方法。如果不按照此规则，它们将被同步调用，过渡会立即完成。

13.2.7 多个元素或组件的过渡效果

在上面的演示代码中，使用 transition 组件实现过渡/动画效果时，都是只给 transition 组件内的一个<div>元素套用了动画效果。在 Vue 中，同样支持给多个元素添加过渡/动画效果。下面还是以之前的过渡动画演示代码为例，如示例代码 13-2-9 所示。

示例代码 13-2-9　transition 组件多个元素的过渡效果

```
.fade-enter,.fade-leave-to {
  opacity: 0
}

.fade-enter-active,.fade-leave-active {
  transition: opacity 2s
}
...
<div id="app">
<button @click="clickCallback">切换</button>
<transition name="fade">
  <div v-if="show">Hello!</div>
  <div v-else>World!</div>
</transition>
</div>
```

从上面的代码可知，在 transition 组件中定义了 2 个<div>子元素，并分别使用 v-if 和 v-else 来控制显示和隐藏，同时将 fade 的过渡效果套用到这 2 个子元素中。但是，当运行代码时，并没有出现：Hello 显示、World 隐藏或者 Hello 隐藏、World 显示这些效果。这是为什么呢？

当有相同标签名的元素切换时，正如示例代码中的两个子元素都采用的是<div>，Vue 为了效率只会替换相同标签内部的内容，而不会整体替换，需要通过 key 属性设置唯一的值来标记，以让 Vue 区分它们。所以，需要给每个 div 设置一个唯一的 key 值，代码如下：

```
<transition name="fade">
  <div v-if="show" key="a">Hello!</div>
  <div v-else key="b">World!</div>
</transition>
```

再次运行这段代码时，就可以看到动画效果了，但是目前的动画效果还不是最完美的效果。在 Hello 显示、World 隐藏或者 Hello 隐藏、World 显示时，两个元素会发生重叠，也就是说一个<div>元素在执行离开过渡同时另一个<div>元素也在执行过渡，这是 transition 组件的默认行为：进入和离开同时发生，针对这个问题，transition 组件提供了过渡模式 mode 的设置项：

- **in-out:** 新元素先进行过渡，完成之后当前元素过渡离开。
- **out-in:** 当前元素先进行过渡，完成之后新元素过渡进入。

可以尝试将 mode 设置成 out-in 来看看效果，代码如下：

```
<transition name="fade" mode="out-in">...</transition>
```

通过上面的配置，再次运行动画代码，就不会再发生重叠现象。<transition>不仅可以为多个<div>等原生的 HTML 元素添加过渡/动画效果。同理，对于多个不同的自定义组件也可以使用。另外，切换组件除了使用 v-if 或者 v-show 之外，也可以使用动态组件<component>来实现不同的组件的替换，如示例代码 13-2-10 所示。

示例代码 13-2-10　transition 多个组件的过渡效果

```
.component-fade-enter-active, .component-fade-leave-active {
  transition: opacity .3s ease;
}
.component-fade-enter, .component-fade-leave-to {
  opacity: 0;
}
...
<div id="app">
  <button @click="clickCallback">切换</button>
  <transition name="component-fade" mode="out-in">
    <component v-bind:is="view"></component>
  </transition>
</div>
...
var vm = new Vue({
  el: '#app',
  data: {
    view: 'a',
    count: 0
  },
```

```
  components: {
    'a': { // 子组件 A
      template: '<div>Component A</div>'
    },
    'b': {// 子组件 B
      template: '<div>Component B</div>'
    }
  },
  methods:{
    clickCallback: function(){
      if (this.count % 2 == 1) {
        this.view = 'a'
      } else {
        this.view = 'b'
      }
      this.count++
    }
  }
})
```

上述代码中，<transition>组件中只包含一个<component>组件，但是可以通过 v-bind 指令加 is 实现不同组件的替换，并且应用了过渡效果，各位读者可以在浏览器中运行体验。

13.2.8　列表数据的过渡效果

在 Vue 实现的实际项目中，有很多采用列表数据布局的页面，可以通过 v-for 指令来渲染一个列表页面，同时也可以结合 transition 来实现在列表渲染时的过渡效果。下面先来看一个简单的例子，如示例代码 13-2-11 所示。

示例代码 13-2-11　列表数据渲染

```
<div id="app">
  <button @click="clickCallback">增加</button>
  <div v-for="(item,index) in list" :key="item.id">{{item.id}}</div>
</div>
<script type="text/javascript">
  var count = 0;
  var vm = new Vue({
    el: '#app',
    data: {
      list: []
    },
    methods:{
      clickCallback: function(){
        this.list.push({
          id: count++
        })
```

```
        }
      }
    })
</script>
```

在上面的代码中，实现了一个简单的列表数据渲染。单击"增加"按钮会不断地向列表 list 中添加数据。当然，在添加的过程中没有任何过渡或者动画效果。需要注意一下，使用 v-for 循环时，需要使用 key 属性来设置一个唯一的键值。

接下来，就来给增加元素添加一个"渐现"的过渡效果，可以采用 transition-group 组件，这个组件的用法和 transition 组件类似，设置一个 name 属性为 listFade 来标识使用哪种过渡动画。下面修改上面的部分代码，并添加相关的 CSS，如示例代码 13-2-12 所示。

示例代码 13-2-12　列表数据渲染过渡动画

```
.listFade-enter,.listFade-leave-to {
  opacity: 0;
}
.listFade-enter-to {
  opacity: 1;
}
.listFade-enter-active,.listFade-leave-active {
  transition: opacity 1s;
}
...
<transition-group name="listFade">
  <div v-for="(item,index) in list" :key="item.id">{{item.id}}</div>
</transition-group>
```

再次单击添加按钮，便可以体验到元素会有一个"渐现"的效果。在默认情况下，transition-group 组件在页面 DOM 中会以一个<span>标签的方式来包裹循环的数据，也可以设置一个 tag 属性来规定以哪种标签显示。代码如下：

```
<transition name="listFade" tag="div">...</transition>
```

使用了 transition-group 组件之后，更形象一些，可以理解成 transition-group 组件给包裹的列表元素的每一个都添加了 transition 组件，当元素被添加到页面 DOM 中时，便会套用过渡动画效果。代码如下：

```
<transition-group name="listFade">
  ...
  <transition>
    <div>1</div>
  </transition>
  <transition>
    <div>2</div>
  </transition>
  <transition>
```

```
      <div>3</div>
    </transition>
    ...
</transition-group>
```

同理，有了"渐现"效果，同样可以添加一个渐隐效果，直接操作 list 这个数组即可，如示例代码 13-2-13 所示。

示例代码 13-2-13　列表数据渐隐

```
<div id="app">
  <button @click="add">增加</button>
  <button @click="remove">减少</button>
  <transition-group name="listFade">
    <div v-for="(item,index) in list" :key="item.id">{{item.id}}</div>
  </transition-group>
</div>
<script type="text/javascript">
  var count = 1;
  var vm = new Vue({
    el: '#app',
    data: {
      list: []
    },
    methods:{
      add: function(){
        this.list.push({
          id: count++
        })
      },
      remove: function(){
        count--;
        this.list.pop()// 将数组最后一个元素剔除
      }
    }
  })
</script>
```

这样，添加和删除操作都有了对应的过渡效果，那么整个列表就好似"活"了起来。

至此，关于 Vue 实现动画相关的技术都已经讲解完毕了，这些技术有：过渡（transition）效果以及动画（animation）的实现；同时使用过渡和动画效果；多个元素的过渡动画效果以及动画的钩子函数的使用；列表数据实现过渡效果。整个内容都是比较基础的知识，当然其中有一些相对来说比较复杂的内容，例如交错过渡、排序过渡、动态过渡等，这些在项目中应用比较少，这里就不做过多讲解了，有兴趣的读者可以查阅 Vue 动画的官网去自行学习。

在后面的实战项目中，会以 Vue 动画结合 Vue Router 以及 Animate.css 来实现各种动画效果。

13.3　Vue.js 插槽

在使用 Vue.js 的过程中,有时需要在组件中预先设置一部分内容,但是这部分内容并不确定,而是依赖于父组件的设置,这种情况俗称为"占坑"。在 Vue.js 有一个专有名词 slot,或者是组件 <slot>,翻译成中文叫作"插槽"。如果用生活中的物体形容插槽,它就是一个可以提供插入插销的槽口,比如插座的插孔。如果用专用术语来理解,插槽是组件的一块 HTML 模板,这块模板显示不显示、以及怎样显示是由父组件来决定的。插槽主要分为默认插槽、具名插槽、动态插槽名、插槽后备、作用域插槽。

13.3.1　默认插槽

先来看一个简单的例子,如示例代码 13-3-1 所示。

示例代码 13-3-1　默认插槽的示例

```
<!DOCTYPE html>
<html lang="en">
<head>
<meta charset="utf-8">
<meta name="viewport" content="width=device-width, initial-scale=1.0,
maximum-scale=1.0, user-scalable=no" />
<title>vue 插槽</title>
<script src="https://cdn.jsdelivr.net/npm/vue/dist/vue.js"></script>
</head>
<body>
<div id="app">
  <children>
      <span>abc</span>
  </children>
</div>
<script>
var vm = new Vue({
    el: '#app',
    components: {
        children: {
            template:
            "<div id='children'>"+
              "<slot></slot>"+
            "</div>"
        }
    }
});
</script>
</body>
</html>
```

上面的代码是完整的 HTML 代码，可以直接在浏览器中运行，本节后面的代码都会以此为基础。下面定义一个子组件 children，children 的 template 设置了 slot 插槽，同时在根实例中使用了 children 组件，当程序运行时，#app 的 HTML 内容会被替换成：

```
<div id="app">
  <div id="children">
    <span>abc</span>
  </div>
</div>
```

插槽理解起来很简单，<slot></slot>预先占了"坑"，未被父元素导入时，并不确定这里要显示什么。当这段代码运行时，这里的内容就被替换成了abc，这就是一个简单的默认插槽。

13.3.2　具名插槽

有时需要多个插槽，需要标识出每个插槽替换哪部分内容，给每个插槽指定名字（name），这就是具名插槽，如示例代码 13-3-2 所示。

示例代码 13-3-2　具名插槽的声明

```
var vm = new Vue({
  el: '#app',
  components: {
    children: {
      template:
      "<div id='children'>"+
        "<slot name='one'></slot>"+
        "<slot name='two'></slot>"+
      "</div>"
    }
  }
});
```

在向具名插槽提供内容时，可以在一个<template>元素上使用 v-slot 指令，并以 v-slot 的参数的形式提供其名称，如示例代码 13-3-3 所示。

示例代码 13-3-3　具名插槽的使用

```
<div id="app">
  <children>
    <template v-slot:one><p>Hello One Slot!</p></template>
    <template v-slot:two><p>Hello Two Slot!</p></template>
  </children>
</div>
```

当然，具名插槽和默认插槽也可以一起使用，如果有些内容没有被包裹在带有 v-slot 的<template>中，这些内容都会被视为默认插槽的内容，如示例代码 13-3-4 所示。

示例代码 13-3-4　具名插槽和默认插槽的混合使用

```
<div id="app">
  <children>
    <template v-slot:one><p>Hello One Slot!</p></template>
    <template v-slot:two><p>Hello Two Slot!</p></template>
    <p>Hello Default Slot!</p>
  </children>
</div>
<script>
var vm = new Vue({
  el: '#app',
  components: {
    children: {
      template:
      "<div id='children'>"+
        "<slot name='one'></slot>"+
        "<slot name='two'></slot>"+
        "<slot></slot>"+
      "</div>"
    }
  }
});
</script>
```

<slot></slot>会被替换成<p>Hello Default Slot!</p>，当然也可以明确给<template>指定 default 名字来显示默认插槽。代码如下：

```
<template v-slot:default>
  <p>Hello Default Slot!</p>
</template>
```

与 v-on 和 v-bind 一样，v-slot 也有缩写，即把参数之前的所有内容（v-slot:）替换为字符"#"。例如 v-slot:one 可以被重写为#one，代码如下：

```
<template #one><p>Hello One Slot!</p></template>
<template #two><p>Hello Two Slot!</p></template>
```

这样看起来更加简单、便捷。

13.3.3　动态插槽名

在之前的章节中讲解过指令的动态参数，也就是用方括号括起来的 JavaScript 表达式作为一个 v-slot 指令的参数，因此我们可以把需要导入的插值 name 通过写在组件的 data 属性中来动态设置插槽名，如示例代码 13-3-5 所示。

示例代码 13-3-5　动态插槽名

```
<div id="app">
```

```
  <children>
    <template v-slot:[slotname]><p>Hello One Slot!</p></template>
  </children>
</div>
<script>
  var vm = new Vue({
    el: '#app',
    data:{
      slotname:'one'
    },
    components: {
      children: {
        template:
        "<div id='children'>"+
          "<slot name='one'></slot>"+
        "</div>"
      }
    }
  });
</script>
```

需要注意的是，在指定动态参数时，slotname 要保持全部小写，其中的原因在之前关于指令的动态参数章节讲解过，这里不再赘述。

13.3.4　插槽后备

有时为一个插槽设置具体的后备（也就是默认的）内容是很有用的，它只会在没有提供内容的时候被渲染。可以把后备理解成写在<slot></slot>中的内容，例如在一个自定义的 text 组件中：

```
var text = {
  template: '<p><slot></slot></p>',
}
```

若希望这个 text 组件内在绝大多数情况下都渲染文本"default content"，为了将"default content"作为后备内容，可以将它放在<slot>标签中：

```
var text = {
  template: '<p><slot>default content</slot></p>',
}
```

倘若在一个父级组件中使用 text 组件，并且不提供任何插槽内容时，后备内容"default content"将会被渲染，代码如下：

```
<text></text>

// 渲染为:
<p>
  default content
```

```
</p>
```

如果我们提供了内容，则这个提供的内容将会被渲染从而取代后备内容，代码如下：

```
<text>Hello Text! </text>

// 渲染为：
<p>
  Hello Text!
</p>
```

在大多数场合下插槽后备要结合作用域插槽来使用，下面来讲解一下作用域插槽。

13.3.5 作用域插槽

作用域插槽比之前两个插槽相对要复杂一些。虽然 Vue 官方称它为作用域插槽，实际上我们可以把它理解成"带数据的插槽"。

例如，有时让插槽能够访问当前子组件中刚刚才有的数据是很有用的。例如上面的 text 组件，我们将 person.name 作为后备，代码如下：

```
var text = {
  data:function(){
    return {
      person: {
        age: 20,
        name: 'Jack'
      }
    }
  },
  template: '<p><slot>{{person.name}}</slot></p>',
}
```

插槽在当前的 text 组件中是可以正常使用的，但是有时我们需要将 person 数据带给使用 text 组件的父元素，以便让父元素也可以使用 person，可以进行如下设置，完整的示例代码如 13-3-6 所示。

示例代码 13-3-6　作用域插槽的设置

```
<div id="app">
  <children>
    <template v-slot:default="slotProps">
      {{ slotProps.person.age }}
    </template>
  </children>
</div>
<script>
  var text = {
    data:function(){
```

```
      return {
        person: {
          age: 20,
          name: 'Jack'
        }
      }
    },
    template: '<p><slot v-bind:person="person"></slot></p>',
  }
  var vm = new Vue({
    el: '#app',
    components: {
      children: text
    }
  });
</script>
```

首先，在<slot>中使用 v-bind 来绑定 person 这个值，我们称这个值为插槽的 props，就是标识出这个插槽想要将 person 带给父元素使用。同时，在父元素上，可以给<template>设置 v-slot:default="slotProps"，其中冒号后面的是参数，因为是默认插槽，所以使用 default，而等号后面的值 slotProps 用于定义我们提供的插槽 props 的名字。在上面的代码段运行后，将会显示出 person.age 的值 20。

上面我们采用的是默认插槽，当然也可以使用多个具名插槽来设置作用域，如示例代码 13-3-7 所示。

示例代码 13-3-7 多个作用域插槽

```
<p><slot v-bind:person="person">{{person.name}}</slot></p>

<p><slot name="one" v-bind:person="person">{{person.name}}</slot></p>

<p><slot name="two" v-bind:person="person">{{person.name}}</slot></p>

...

<template v-slot:default="slotProps">
  {{ slotProps.person.age }}
</template>

<template v-slot:one="oneProps">
  {{ oneProps.person.age }}
</template>

<template v-slot:two="twoProps">
  {{ twoProps.person.age }}
</template>
```

至此，关于插槽相关的知识已经基本讲解完毕了。总结一下，就是把插槽理解成一个用来"占坑"的特殊组件，就比较容易理解了。

13.4 本章小结

在本章中，讲解了 Vue.js 更深入的知识，主要内容包括：组件通信、Vue.js 动画和 Vue.js 插槽。其中组件通信是连接 Vue.js 应用众多组件沟通的桥梁，Vue.js 动画赋予了组件实现 CSS 动画的功能，Vue.js 插槽提供了父子组件更加多样化的调用方式。这些更深入的知识能让开发者充分利用 Vue.js 的功能实现出更加复杂、用户交互更加丰富的应用。

与之前的 Vue.js 基础知识一样，建议读者自行运行一下本章提供的示例代码，以便加深对本章知识的理解。

下面来检验一下读者对本章内容的掌握程度：

- Vue.js 中父子组件如何通信？
- Vue.js 中非父子组件如何通信？
- Vue.js 中如何实现一个按钮的"渐隐渐现"效果？
- Vue.js 中 transition 组件有哪些钩子函数？
- Vue.js 中插槽有哪些类型，它们的区别和使用场景是什么？
- 请用最通俗易懂的话来解释什么是 Vue.js 插槽。

第14章

Vuex 状态管理

一个完整的 Vue 项目是由各个组件所组成的，每个组件在用户界面上的显示是由组件内部的属性和逻辑所决定的，我们把这种属性和逻辑叫作组件的状态。组件之间的相互通信可以用来改变组件的状态。

如果项目结构简单，父子组件之间的数据传递可以使用 props 或者$emit 等方式，但是对于大型应用来说，由于组件众多，状态零散地分布在许多组件和组件之间的交互操作中，复杂度也不断增长。为了解决这个问题，需要进行状态管理，Vuex 就是一个很好的 Vue 状态管理模式。使用 Vue 开发的项目，基本上都需要使用 Vuex，本章我们来介绍 Vuex 的概念及其使用。

14.1 什么是"状态管理模式"

先从一个简单的 Vue 计数应用开始，如示例代码 14-1-1 所示。

示例代码 14-1-1 状态管理模式

```
new Vue({
  // state
  data:function () {
    return {
      count: 0
    }
  },
  // view
  template: "<div>{{ count }}</div>",
  // actions
  methods: {
```

```
increment:function () {
  this.count++
  }
 }
})
```

在上面的代码中，完成了一个计数的逻辑，当 increment 方法被不断调用时，count 的值就会不断增加并显示在页面上，我们称其为"状态自管理"，其含义包含以下几个部分：

● **state**：驱动应用的数据源。对应到 Vue 实例中就是在 data 中定义的属性。
● **view**：以声明方式将 state 映射到视图。对应 Vue 实例中的 template。
● **actions**：响应在 view 上用户交互操作导致的状态变化。对应 Vue 实例中 methods 中定义的方法。

可以发现，上述过程是一个单向的过程，从 view 上触发 action 改变 state，state 的改变最终回到了 view 上，这种"单向数据流"的概念可以用图 14-1 来简单描述。

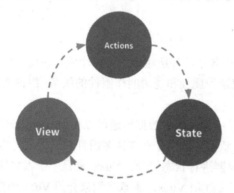

图 14-1　单向数据流

但是，当我们的应用遇到多个组件共享状态时，例如有另外 3 个 Vue 计数器实例都依赖于这个 state，并在 state 改变时做到同步的 UI 改变，这时这种单向数据流的简洁性很容易被破坏，出现下述问题：

（1）多个组件依赖于同一状态。
（2）来自不同组件的行为需要变更同一状态。

对于问题一，如果使用之前传参的方法来解决，对于多层嵌套的组件将会非常烦琐，并且对于兄弟组件之间的状态传递无能为力。对于问题二，可采用父子组件直接引用或者通过事件来变更和同步状态的多份复制的方法来解决。以上的这些方案虽然可以在一定程度上解决这些问题，但是却非常脆弱，通常会导致很多无法维护的代码出现。

为什么不把组件的共享状态抽取出来，以一个全局单例模式管理呢？在这种模式下，所有的组件通过树的方式构成了一个巨大的"视图"，不管在树的哪个位置，任何组件都能获取状态或者触发事件。通过定义状态管理中的各种概念，并通过强制规则来维持视图和状态间的独立性，让代码变得更结构化且易于维护。这就是 Vuex 的设计思想。

14.2　Vuex 概述

14.2.1　Vuex 的组成

每一个 Vuex 应用都有一个巨大的"视图"，这个视图的核心叫作 Store（仓库）。Store 基本上就是一个数据的容器，它包含着应用中大部分的状态，所有组件之间的状态改变都需要告诉 Store，再由 store 负责分发到各个组件。

抽象一点来说，Store 就像是一个全局的对象，可简单地理解成 window 对象下的一个对象，组件之间的通信和状态改变都可以通过全局对象来调用，但是 Store 和全局对象还是有一些本质区别，并且也更加复杂。下面先来看看 Store 由哪些组成，Vuex 中有默认的 5 种基本的对象：

- **state**：存储状态，是一个对象，其中的每一个 key 就是一个状态。
- **getter**：表示在数据获取之前的再次编译和处理，可以理解为 state 的计算属性。
- **mutation**：修改状态，并且是同步的。
- **action**：修改状态，可以是异步操作。
- **module**：Store 分割后的模块，为了开发大型项目，可以让每一个模块拥有自己的 state、mutation、action、getter，使得结构更加清晰，方便管理。但不是必须使用的。

上面这些对象之间的工作流程如图 14-2 所示。

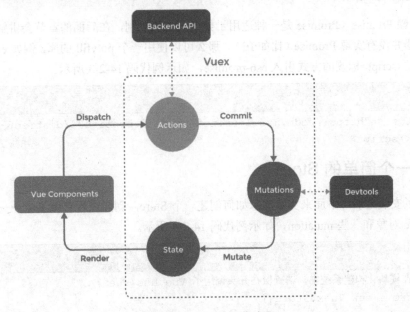

图 14-2　Vuex 的工作流程

上面的流程图中虽然没有标出 Store，但是从中可以看出，Vuex 是一个抽象的概念，而 Store 是一个表现形式，是具体的对象，在代码中真正使用的是 Store，这个对象要比一般的全局对象复杂很多，另外 Vuex 和单纯的全局对象具体有以下两个不同点：

- Vuex 的状态存储是响应式的，所谓响应式，就是说当 Vue 组件从 Store 中读取状态时，若 Store 中的状态发生变化，那么相应的组件也会相应地得到高效更新。

● 不能直接改变 Store 中的状态。改变 Store 中状态的唯一途径就是显式地提交（commit）mutation（这是 Vuex 官方推荐的用法）。这样可以方便跟踪并记录每一个状态的变化，并且能够实现一些工具帮助开发者更加全面的管理应用。

14.2.2 安装 Vuex

与使用 Vue.js 一样，可以在 HTML 页面中通过<script>标签的方式导入 Vuex，前提是必须要先导入 Vue.js，如示例代码 14-2-1 所示。

示例代码 14-2-1 导入 Vuex

```
<script src="https://cdn.jsdelivr.net/npm/vue/dist/vue.js"></script>
<script src="https://unpkg.com/vuex@3.1.1/dist/vuex.js"></script>
```

当然，可以将这个链接指向的 JavaScript 文件下载到本地计算机中，而后再从本地计算机中导入。本书中使用的 Vuex 版本为 3.1.1。

在使用 Vuex 开发大型项目时，推荐使用 npm 方式来安装 Vuex。npm 工具能很好地和诸如 Webpack 或 Browserify 模块打包器配合使用。安装方法如示例代码 14-2-2 所示。

示例代码 14-2-2 使用 npm 安装 Vuex

```
npm install vuex
```

Vuex 依赖 Promise（Promise 是一种适用于异步操作的机制，在后面的章节会讲解）。如果所使用的浏览器并没有实现 Promise（比如 IE），那么可以使用一个 polyfill 的库，例如 es6-promise。在页面上通过<script>标签的方式引入 es6-promise，如示例代码 14-2-3 所示。

示例代码 14-2-3 导入 es6-promise

```
<script src="https://cdn.jsdelivr.net/npm/es6-promise@4/dist/es6-promise
.auto.js"></script>
```

14.2.3 一个简单的 Store

在完成了安装之后，下面来实际演示如何创建一个 Store。创建过程直截了当——仅需要提供一个初始 state 对象和一些 mutation，如示例代码 14-2-4 所示。

示例代码 14-2-4 创建一个简单的 Store

```
// 如果在模块化构建系统中，请确保在开头调用了 Vue.use(Vuex)
var store = new Vuex.Store({
  state: {
    count: 0
  },
  mutations: {
    increment:function (state) {
      state.count++
    }
```

```
    }
  })
```

在上面的代码中，创建了一个简单的 Store 实例，Store 中的状态保存在 state 中，然后可以通过 store.commit('increment')来触发 state 状态的变更，注意 commit 方法的参数就是在 store 中定义的 mutations 的 key 值，打印一下 console.log(store.state.count)，就可以看到打印出了"1"。

需要注意的是，通过提交 mutation 的方式，而不是直接改变 store.state.count 创建 store，这是因为我们想要更明确地追踪到状态的变化。这个简单的约定能够让我们的意图更加明显，这样即使其他开发者在阅读代码时也能更容易地解读应用内部的状态改变。此外，这样也便于实现一些能记录每次状态改变和保存状态快照的调试工具，例如 Chrome 浏览器的 Vue DevTools[1]。有了这些工具，可以实现如"时间穿梭机"般的调试体验。

由于 Store 中的状态是响应式的，在组件中获取 Store 中的状态简单到仅需要在计算属性中返回即可。触发变化也仅仅是在组件的 methods 中提交 mutation。使用起来简单便捷，代码如下：

```
  ...
  computed: {
   info: function() {
     return this.$store.state.info
   }
  },
  methods:{
   changeInfo: function(){
      this.$store.commit('changeInfo')
   }
  }
  ...
```

下节将结合 Vue 组件来使用 store，并分别说明 state、getters、mutation、action、module 的使用方法。

14.3　State

通过前文的讲解，我们知道 state 的主要作用是保存状态，通俗来讲，状态就是由"键-值对"组成的对象，那么在 Vue 的组件中，读取状态最简单的方法就是在计算属性中返回某个状态。下面先定义一个根实例，如示例代码 14-3-1 所示。

示例代码 14-3-1　store 注册根实例

```
<!-- 根实例挂载的 DOM 对象 app -->
<div id="app">
  <counter />
```

---

[1] Vue Devtools，是一款基于 Chrome 游览器的插件，用于调试 Vue 及 Vuex 应用，更方便的管理 Store，可极大地提高调试效率。

```
</div>
// 定义一个根实例 vm
var vm = new Vue({
   el: '#app',
   store: store,
   components: {
     'counter': counter
   }
})
```

在上面的代码中，通过在根实例中注册 store 选项，该 store 实例会注入到根组件下的所有子组件中，且子组件能通过 this.$store 访问到 store 选项。然后，更新 store 和 counter 组件的实现，如示例代码 14-3-2 所示。

示例代码 14-3-2　获取 state 的值

```
var store = new Vuex.Store({
  state: {
    count: 3
  },
  mutations: {
    increment: function(state) {
      state.count++
    }
  }
})

var counter = {
  template: '<div>{{ count }}</div>',
  computed: {
    count:function () {
      return this.$store.state.count // 通过 this.$store.state 可以获取到 state
    }
  }
}
```

在上述代码中，counter 组件将 count 作为了一个计算属性，然后通过 this.$store.state 就可以获取到 store 中的 state，并得到了 state 中的 count 值，也将 count 值赋给了计算属性中的 count，这样就构成了一条响应式的链路，一旦 store 中的 state 的 count 值改变，就会触发计算属性中的 count 改变，就达到了动态的更新。

14.4　Getters

通过前面章节的学习，我们知道在 Vue 组件中，可以利用计算属性来获取 state 中定义的状态，但是如果需要对这些状态数据进行二次加工或者添加一些业务逻辑，那么这些业务逻辑就只能写在各自组件的 computed 方法中，如果各组件都需要这类逻辑，那么就需要重复多次，getters 就可以用于解决这个问题。如示例代码 14-4-1 所示。

示例代码 14-4-1　getters 的使用

```
var store = new Vuex.Store({
  state: {
    count: 3,
  },
  getters: {
    getFormatCount: function(state){
      // 对数据进行二次加工
      var str = '物料总价：' + (state.count * 10) + '元'
      return str;
    }
  }
})


var counter = {
  template: '<div>{{total}}</div>',
  computed: {
    total:function () {
      // this.$store.getters 获取
      return this.$store.getters.getFormatCount
    }
  }
}
```

参考上面的代码，我们可以把 getters 理解成 store 的计算属性，在 store 中添加 getters 设置，然后编写 getFormatCount 方法，接收一个 state 参数，就可以得到 state 的值，在该方法中对数据进行处理，最后把处理结果通过 return 返回。在 counter 组件中，通过 this.$store.getters.getFormatCount 就可以获取处理之后的值。注意，这里的 getters 在通过属性 getFormatCount 访问时，如果 state 没有改变，那么每次调用都会从缓存中获取，这和组件的计算属性（computed）类似。

getFormatCount 方法除了有 state 参数之外，也可以接收另一个参数 getters，这样就可以调用其他 getters 的方法，达到复用的效果，代码如下：

```
getters: {
  otherCount: function(){ ... },
  getFormatCount: function(state, getters) {
    return state.count + getters.otherCount
  }
}
```

当然，如果在 Vue 组件中使用 getters 时，也支持传参，需要在 store 中定义 getters 时，通过 return 返回一个函数 function，如示例代码 14-4-2 所示。

示例代码 14-4-2　getters 传参

```
var store = new Vuex.Store({
  state: {
    count: 3,
  },
  getters: {
    getFormatCount: function(state){
      // 返回一个 function
      return function(unit){
        var str = '物料总价：' + (state.count * unit) + '元'
        return str;
      }
    }
  }
})

var counter = {
  template: '<div>{{total}}</div>',
  computed: {
    total:function () {
      // this.$store.getters 调用 getFormatCount(20)传参
      return this.$store.getters.getFormatCount(20)
    }
  }
}
```

注意，getters 在通过方法访问时，每次都会去调用方法，而不是读取缓存的结果。

14.5　Mutation

通过 state 的学习，我们知道了如何在 Vue 组件中获取 state，那么如何在 Vue 组件中去修改 state呢？

如前文所述，更改 Vuex 的 store 中的状态的唯一方法是提交 mutation。Vuex 中的 mutation 非常类似于事件：每个 mutation 都有一个字符串作为事件类型（type）和一个回调函数（handler）。这个回调函数就是实际进行状态更改的地方，并且它会接收 state 作为第一个参数，如示例代码14-5-1 所示。

示例代码 14-5-1　提交 mutation

```
var store = new Vuex.Store({
  state: {
    count: 3
  },
  mutations: {
```

```
    increment: function(state, params) {
      state.count = state.count + params.num
    }
  }
})

var counter = {
  template: '<div>{{ count }}<button @click="clickCallback">增加
</button></div>',
  computed: {
    count:function () {
      return this.$store.state.count // 通过 this.$store.state 可以获取 state
    }
  },
  methods:{
    clickCallback: function(){
      // 通过 this.$store.commit 调用 mutations
      this.$store.commit('increment', {
        num: 4
      })
    }
  }
}
```

在调用 this.$store.commit 时，第一个参数是在 store 中定义的 mutations 的一个 key 值，即 'increment'；第二个参数是自定义传递的数据，然后在 store 的 mutations 方法中就可以获取该数据。

提交 mutation 的另一种方式是直接使用包含 type 属性的对象，代码如下：

```
...
this.$store.commit({
    type: 'increment',
    num: 4
})
...
```

同样会调用到 increment 这个 handler 方法，然后可以从第二个参数中获取 num 值，整个 handler 方法没有变化：

```
...
increment: function(state, params) {
    state.count = state.count + params.num
}
...
```

一条重要的原则就是要记住 mutation 必须是同步函数。如果这样编写，就会产生一个异步函数调用：

```
mutations: {
```

```
  someMutation (state) {
   setTimeout(function () {
     state.count++
   },1000)
  }
 }
```

在回调函数中触发 state.count++时，可以看到在延时了 1 秒之后，状态改变了，这看起来确实可以达到效果,但是 Vue 并不推荐这样做,是由于之前我们提到过的 Chrome 浏览器的 Vue DevTools。

可以想象一下，当我们正在使用 DevTools 工具调试一个 Vuex 应用，并且正在观察 DevTools 中的 mutation 日志时，正常情况下如果每一条 mutation 都被正常记录，则需要捕捉到前一状态和后一状态的快照。然而，在上面的例子中，mutation 中异步函数内的回调打破了这种机制，让调试工作不可能完成：因为当 mutation 触发时，回调函数还没有被调用，DevTools 不知道什么时候回调函数被调用了，实质上任何在回调函数中进行的状态改变都是不可追踪的。

在 mutation 中混合异步调用会导致程序很难调试。例如，当调用了两个包含异步回调的 mutation 来改变状态时，我们无法知道什么时候回调和哪个先回调呢？这就是为什么要区分这两个概念的原因。在 Vuex 中，mutation 都是同步事务，为了解决异步问题，需要引入 action。

14.6　Action

action 类似于 mutation，不同之处在于：

- action 提交的是 mutation，而不是直接变更状态。
- action 可以包含任意异步操作。

可以理解成，为了解决异步更改 state 的问题，需要在 mutation 前添加一层 action，我们直接操作 action，然后让 action 去操作 mutation。如示例代码 14-6-1 所示。

示例代码 14-6-1　提交 action

```
var store = new Vuex.Store({
 state: {
  count: 3,
 },
 mutations: {
  increment: function(state,params) {
   state.count = state.count + params.num
  }
 },
 actions: {
  incrementAction :function(context, params) {
   // 在 action 里面会去调用 mutations
   context.commit('increment',params)
  }
```

```
      }
    })
  var counter = {
    template: '<div>{{ count }}<button @click="clickCallback">增加
</button></div>',
    computed: {
      count:function () {
        return this.$store.state.count // 通过 this.$store.state 可以获取 state
      }
    },
    methods:{
      clickCallback: function(){
        // 通过 this.$store.dispatch 调用 action
        this.$store.dispatch('incrementAction', {
          num: 4
        })
      }
    }
  }
```

通过 this.$store.dispatch 可以在 Vue 组件中提交一个 action，同时可以传递自定义的参数，这和提交一个 mutation 很类似，乍一眼看上去感觉多此一举，直接提交 mutation 岂不是更方便？实际上并非如此，还记得 mutation 必须同步执行这个限制么？action 则不受这个约束！因此可以在action 内部执行异步操作：

```
...
incrementAction :function(context, params) {
  setTimeout(function(){
    context.commit('increment',params)
  },1000)
}
...
```

虽然不能在 mutation 执行时异步操作，但是可以把异步逻辑放在 action 中，这样对于 mutation 其实是同步的，Chrome 浏览器的 Vue DevTools 也就可以追踪到每一次的状态改变了。

同时，可以在 action 中返回一个 Promise 对象，以便准确地获取异步 action 执行完成后的时间点：

```
...
incrementAction :function(context, params) {
    return new Promise(function(resolve, reject) {
      setTimeout(function() {
        context.commit('increment',params)
        resolve()
      }, 1000)
    })
}
...
```

```
this.$store.dispatch('incrementAction').then(function(){})
```

当然，也可以在一个 action 内部，获取当前的 state 或者是触发另外一个 action：

```
...
actions: {
  incrementAction :function(context) {
    if (context.state.count > 1) {
context.dispatch('actionOther')
}
  },
  actionOther: function(){
    console.log('actionOther')
  }
}
...
```

14.7　Modules

由于使用单个状态树，应用的所有状态会集中到一个比较大的对象。当应用变得非常复杂时，Store 对象就有可能变得相当臃肿。为了解决这个问题，Vuex 允许我们将 Store 分割成模块（Module）。每个模块拥有自己的 state、mutations、actions、getters，甚至是嵌套子模块。最后在根 Store 采用 modules 这个设置项将各个模块汇集进来，如示例代码 14-7-1 所示。

示例代码 14-7-1　Modules

```
var moduleA = {
  state: { ... },
  mutations: { ... },
  actions: { ... },
  getters: { ... }
}

var moduleB = {
  state: { ... },
  mutations: { ... },
  actions: { ... }
}

var store = new Vuex.Store({
  modules: {
    a: moduleA,
    b: moduleB
  }
})
```

```
store.state.a // -> moduleA 的状态
store.state.b // -> moduleB 的状态
```

为了更好地理解，举个例子，对于大型的电商项目，可能有很多个模块，例如用户模块、购物车模块和订单模块，等等。如果将所有模块的程序逻辑都写在一个 Store 中，肯定会导致这个代码文件过于庞大而难以维护，如果将用户模块、购物车模块和订单模块单独抽离到各自的 module 中，就会使代码更加清晰易读、便于维护。

可以在各自的 module 中定义自己的 store 内容，代码如下：

```
...
var moduleA = {
  state: { count: 0 },
  mutations: {
    increment:function (state) {
      // 'state' 可以获取当前模块的 state 状态数据
      state.count++
    }
  },
  getters: {
    doubleCount:function (state) {
      return state.count * 2
    }
  },
  actions:{
    incrementAction: function(context){
      context.commit('increment')
    }
  }
}
...
```

在默认情况下，模块内部的 action、mutation 和 getters 注册在全局命名空间中，可以不受 module 限制，而 state 是在 module 内部，它们可以通过下面这种方式获取到：

```
this.$store.state.moduleA.count          // 访问 State
this.$store.getters.doubleCount          // 访问 getters
this.$store.dispatch('incrementAction')  // 提交 Action
this.$store.commit('increment')          // 提交 Mutation
```

这样使得多个模块能够对同一个 getters、mutation 或 action 做出响应。如果多个 module 有相同名字的 getters、mutation 或 action，就会依次触发，这样可能会出现不是我们想要的结果。

如果希望模块具有更高的封装度和独立性，可以通过添加 namespaced: true 的方式使其成为带命名空间的模块。当模块被注册后，它的所有 getters、action 及 mutation 都会自动根据模块注册的路径调整命名。如示例代码 14-7-2 所示。

示例代码 14-7-2　modules 的命名空间

```javascript
var moduleA = {
  namespaced: true,
  state: {
    count: 3,
  },
  mutations: {
    increment: function(state) {
      console.log('moduleA')
      state.count++
    }
  },
  getters: {
    doubleCount:function (state) {
      return state.count * 2
    }
  },
  actions: {
    incrementAction :function(context) {
      context.commit('increment')
    }
  }
}

var moduleB = {
  namespaced: true,
  state: {
    count: 3,
  },
  mutations: {
    increment: function(state) {
      console.log('moduleB')
      state.count++
    }
  },
  getters: {
    doubleCount:function (state) {
      return state.count * 2
    }
  },
  actions: {
    incrementAction :function(context) {
      context.commit('increment')
    }
  }
}
```

在上面的代码段中定义了两个带有命名空间的 module，然后将它们集成到之前的计数器组件中，如示例代码 14-7-3 所示。

示例代码 14-7-3　调用命名空间下 module 的 Action

```
var counter = {
  template: '<div>{{ count }}<button @click="clickCallback">增加
</button></div>',
  computed: {
    count:function () {
      return this.$store.state.moduleA.count
// 通过 this.$store.state.moduleA 可以获取 moduleA 的 state
    }
  },
  methods:{
    clickCallback: function(){
      // 通过 this.$store.dispatch 调用'moduleA/incrementAction'指定的 Action
      this.$store.dispatch('moduleA/incrementAction')
    }
  }
}

var store = new Vuex.Store({
  modules: {
    moduleA: moduleA,
    moduleB: moduleB
  }
})

var vm = new Vue({
  el: '#app',
  store: store,
  components: {
    'counter': counter
  }
})
```

要调用一个 module 内部的 action 时，需要使用如下代码：

```
this.$store.dispatch('moduleA/incrementAction')
```

dispatch 方法参数由"空间 key+'/'+action 名"组成，除了调用指定命名空间的 action 外。当然也可以调用指定命名空间的 mutations，或者是存取指定命名空间下的 getters，代码如下：

```
this.$store.commit('moduleA/increment')
this.$store.getters['moduleA/increment']
```

若要两个 module 之间进行交互调用，例如把 moduleA 的操作 action 或 mutation，通知到 moduleB 的 action 或 mutation 中，那么将 { root: true } 作为第三参数传给 dispatch 或 commit 即可，代码如下：

```
...
var moduleB = {
 namespaced: true,
 actions: {
   incrementAction :function(context) {
     // 在 moduleB 中提交 moduleA 相关的 mutation
     context.commit('moduleA/increment',null,{root:true})
     // or
     // 在 moduleB 中提交 moduleA 相关的 action
     context.dispatch('moduleA/incrementAction',null,{root:true})
   }
 }
}
...
```

第一个参数必须要由"空间 key+'/'+action 名（mutation 名）"组成，这样 Vuex 才可以找到对应命名空间下的 action 或者 mutation。第二个参数是自定义传递的数据，默认为空。第三个参数是 { root: true }。

如果需要在 moduleA 内部的 getters 中或者是 action 中存取全局的 state 或 getters，可以利用 rootState 和 rootGetter 作为第三个和第四个参数传入 getters，同时也会通过 context 对象的属性传入 action。如示例代码 14-7-4 所示。

示例代码 14-7-4　rootState 和 rootGetter 参数的使用

```
var moduleA = {
  namespaced: true,
  state: {
    count: 3,
  },
  getters: {
    doubleCount:function (state,getters,rootState,rootGetters) {
      console.log(getters)        // 当前 module 的 getters
      console.log(rootState)      // 全局的 state->rootCount: 3
      console.log(rootGetters)    // 全局的 getters->rootDoubleCount
      return state.count * 2
    }
  },
  actions: {
    incrementAction :function(context) {
      console.log(context.rootState)      // 全局的 state->rootCount: 3
      console.log(context.rootGetters)    // 全局的 getters->rootDoubleCount
    }
  }
}
var store = new Vuex.Store({
  state:{
```

```
    rootCount: 3
  },
  getters:{
    rootDoubleCount:function (state) {
      return state.rootCount * 2
    }
  },
  modules: {
    moduleA: moduleA,
  }
})
```

若需要在带命名空间的模块注册全局 action（虽然这种应用场景较少遇到），则可添加 root:true 将这个 action 的定义放在函数 handler 中。代码如下：

```
...
{
  actions: {
    someOtherAction:function (context) {
      context.dispatch('someAction')
    }
  },
  modules: {
    moduleC: {
      namespaced: true,
      actions: {
        someAction: {
          root: true,
          handler: function(namespace,params) { ... } // -> 'someAction'
        }
      }
    }
  }
}
...
```

可以看到 Vuex 的 module 机制非常灵活，不仅可以在各自的 module 之间相互调用，也可以在全局的 Store 中相互调用。这种机制有助于处理复杂项目的状态管理，将单个 Store 进行了"组件化"，体现了拆分和分治的原则，这种思想可以借鉴到开发大型项目的架构中，保证代码的稳定性和可维护性，从而提升开发效率。

14.8 Vuex 适用的场合

Vuex 可以帮助我们进行项目状态的管理，在大型项目中，使用 Vuex 是非常不错的选择。但是，在使用 Vuex 时，很多的逻辑操作会让我们感觉很"绕"，例如修改一个状态需要 action→mutation→state，这些步骤不免让人感到烦琐冗余。

如果应用比较简单，最好不要使用 Vuex。一个简单的 Store 模式就足够了。如果需要构建一个中大型的项目，因为要考虑在组件外部如何更好地管理状态，所以 Vuex 就是最好的选择。不要为了使用一项技术而去用这项技术，只有选择真正适合当前业务的技术才是最好的选择。

14.9 本章小结

在本章中，讲解了 Vuex 的相关知识，主要内容包括：Vuex 的概述、state、getter、mutation、action、Modules、Vuex 的适用场合。Vuex 的官方解释是一个专为 Vue.js 应用开发的状态管理模式，通俗点来解释就是一个帮助 Vue.js 应用解决复杂的组件通信方式的工具。理解并掌握 Vuex 中的 5 个基本对象以及 Vuex 的工作流程是学习本章知识的关键，Vuex 的工作流程图可以回顾本章的示意图 14-2。

对于 Vuex 的选择和使用需要根据实际情况，对于大型的 Vue 项目，一般都需要使用 Vuex，而对于小型的 Vue 应用，则不必使用 Vuex。最后建议读者自行运行一下本章提供的各个示例代码，以便加深对知识的理解和掌握。

下面来检验一下读者对本章内容的掌握程度：

- 什么是状态管理模式？
- Vuex 中 5 个基本对象是什么？
- Vuex 的 store 是什么，与 5 个基本对象的关系是什么？
- Vuex 中 state 的作用是什么？
- Vuex 中 mutation 和 action 有什么异同？
- 在项目中使用 Vuex 需要遵守什么原则？

第15章

Vue Router 路由管理

做过传统 PC 端前端页面开发的人一定都知道，如果项目中需要页面切换或者跳转，可以利用 <a></a> 标签来实现，那么对于移动 Web 应用来说，可否使用 <a></a> 标签来实现页面跳转呢？答案当然是可以的，我们可以创建多个 HTML 页面，然后让他们直接相互跳转，和 PC 端的没有多大差别。

但是，对于大多数的移动 Web 应用来说，它们大部分是单页应用（SPA），而 Vue Router 是 Vue.js 官方的路由插件，它和 Vue.js 是深度集成的，可用来实现单页面应用的路由管理。本章我们来介绍 Vue Router 的概念和应用。

15.1 什么是单页应用

单页应用（Single Page Application）是一种基于移动 Web 的应用或者网站，这种 Web 应用大多数由一个完整的 HTML 页面组成，页面之间的切换通过不断地替换 HTML 内容或者隐藏和显示所需要的内容来实现，其中包括一些页面切换的效果，这些都由 CSS 和 DOM 相关的 API 来模拟完成。与单页应用相对应的就是多页应用，多页应用由多个 HTML 页面组成，页面之间的切换通过 <a></a> 标签，每次打开的都是新的 HTML 页面。

单页应用有以下特点：

- 单页应用在页面加载时会将整个应用的资源文件都下载下来（在无"懒加载"的情况）。
- 单页应用的页面内容由前端 JavaScript 逻辑所生成，在初始化时由一个空的 <div> 占位。
- 单页应用的页面切换一般通过修改浏览器的哈希（Hash）来记录和标识。

结合上面的特点，单页应用首次打开页面时，不仅需要页面的 HTML 代码，还会加载相关的 JavaScript 和 CSS 这些静态资源文件，之后才可以进行页面渲染，因此用户看到页面内容的时间要稍长一些。另外，单页应用的 HTML 是一个空的 div，也不利于搜索引擎优化（Search Engine Optimization，SEO）。

在实现单页应用的页面切换时，要修改页面的哈希（Hash），例如：通过 http://localhost/index.html#page1 来模拟进入 page1 页面，通过 http://localhost/index.html#page2 来模拟进入 page2 页面。随着越来越多的页面需要相互跳转，而且需要相互传递参数，就需要一个数据对象可以维护和保存这些跳转逻辑，于是就引出了路由这个概念。采用 Vue.js 开发的单页应用都会推荐使用 Vue Router（下同 vue-router）来实现页面的路由管理。

15.2　Vue Router 概述

Vue Router 是 Vue.js 官方的路由管理器，它和 Vue.js 的核心深度集成，让构建单页面应用变得易如反掌。它包含的功能有：

- 嵌套的路由、视图表。
- 模块化的、基于组件的路由配置。
- 路由参数、查询、通配符。
- 基于 Vue.js 过渡系统的视图过渡效果。
- 细粒度的导航控制。
- 带有自动激活的 CSS class 的链接。
- HTML5 历史模式或哈希（Hash）模式，在 IE9 中自动降级。
- 自定义的滚动条行为。

15.2.1　安装 Vue Router

与安装 Vuex 方法相同，在 HTML 页面中，通过<script>标签的方式导入 Vue Router，前提是必须要先导入 Vue.js，如示例代码 15-2-1 所示。

示例代码 15-2-1　引入 Vue Router

```
<script src="https://cdn.jsdelivr.net/npm/vue/dist/vue.js"></script>
<script src="https://unpkg.com/vue-router@3.1.2/dist/vue-router.js"></script>
```

当然，可以将这个链接指向的 JavaScript 文件下载到本地计算机中，再从本地计算机导入即可。本书使用的 Vue Router 版本为 3.1.2。

在使用 Vue Router 开发大型项目时，推荐使用 npm 方式来安装。npm 工具可以很好地和诸如 Webpack 或 Browserify 模块打包器配合使用。安装方法如示例代码 15-2-2 所示。

示例代码 15-2-2　npm 安装 Vue Router

```
npm install vue-router
```

15.2.2　一个简单的组件路由

在 Vue 项目中使用路由的基本目的就是为了实现页面之间的切换。正如前面章节所述，在单页应用中的页面切换主要是控制一个容器<div>的内容，替换或显示和隐藏。下面就用 Vue Router

来控制一个\<div\>容器的内容切换进行演示，如示例代码 15-2-3 所示。

示例代码 15-2-3　简单的组件路由

```html
<!DOCTYPE html>
<html lang="en">
<head>
  <meta charset="utf-8">
  <meta name="viewport" content="width=device-width, initial-scale=1.0,
maximum-scale=1.0, user-scalable=no" />
  <title>vue-router</title>
  <script src="https://cdn.jsdelivr.net/npm/vue/dist/vue.js"></script>
  <script
src="https://unpkg.com/vue-router@3.1.2/dist/vue-router.js"></script>
</head>
<body>
  <div id="app">
   <p>
     <router-link to="/page1">导航 page1</router-link>
     <router-link to="/page2">导航 page2</router-link>
   </p>
   <router-view></router-view>
  </div>
  <script type="text/javascript">
    // 创建 page1 的局部组件
    var PageOne = {
     template: '<div>PageOne</div>'
    }
    // 创建 page2 的局部组件
    var PageTwo = {
     template: '<div>PageTwo</div>'
    }

    // 配置路由信息
    var router = new VueRouter({
     routes: [
       { path: '/page1', component: PageOne },
       { path: '/page2', component: PageTwo }
     ]
    })

    // 定义一个根实例 vm
    var vm = new Vue({
       el: '#app',
       router: router // 将 router 赋值给根实例
    })
```

```
    </script>
  </body>
</html>
```

上面的代码是完整的演示代码，可以直接在浏览器中打开。代码中的<router-view>组件是 vue-router 内置的组件，就相当于是一个容器<div>。<router-link>组件是 vue-router 内置的导航组件，routes 对应的数组是路由配置信息。当我们单击第一个<router-link>组件时，会动态改变浏览器的哈希（Hash），根据配置的路由信息，当哈希值为 page1 时，便命中了 path: '/page1'规则，这时 <router-view>的内容就被替换成了 PageOne 组件，以此类推，PageTwo 组件也是如此。这个代码段 的运行效果如图 15-1 所示。

图 15-1　组件路由的演示

这就是所谓的组件路由，把组件比成页面，每个页面默认是一个组件，当页面的哈希切换到 某个路径时，就会匹配到对应的组件，然后将容器的 div 内容替换成这个组件，就实现了页面的切 换，这是 vue-router 最基本的使用方法。当然，路由配置信息可以支持多种方式，如最常用的动态 路由匹配。

15.3　动态路由

15.3.1　动态路由匹配

如果需要把不同路径的路由全都映射到同一个组件。例如，有一个 User 组件，对于所有 ID 各不相同的用户，都要使用这个组件来渲染，则可以在 vue-router 的路由路径中使用"动态路径参 数"（Dynamic Segment）来达到这个效果，如示例代码 15-3-1 所示。

```
示例代码 15-3-1　动态路由匹配
<p>
  <router-link to="/user/1">用户 1</router-link>
  <router-link to="/user/2">用户 2</router-link>
</p>
<router-view></router-view>
...
var User = {
```

```
    template: '<div>用户 id: {{$route.params.id}}</div>'
}

// 配置路由信息
var router = new VueRouter({
  routes: [
    // 动态路径参数，以冒号开头
    { path: '/user/:id', component: User }
  ]
})
```

通过:id 的方式可以指定路由的路径参数，使用冒号来标识。这样 "/user/1" 和 "/user/2" 都可以匹配到 User 这个组件。在 User 组件插值表达式中使用$route.params.id 可以获取这个 id 参数。如果是在方法中使用，则可以使用 this.$route.params.id，注意是$route 而不是$router。

另外，也可以在一个路由中设置多段路径参数，对应的值都会设置到$route.params 中，如图 15-2 所示。

模式	匹配路径	$route.params
/user/:username	/user/evan	{ username: 'evan' }
/user/:username/post/:post_id	/user/evan/post/123	{ username: 'evan', post_id: '123' }

图 15-2　设置多段路径参数

使用这种路径参数的方式是在页面切换时直接传递参数，可以让 URL 地址更加简洁，也更符合 RESTful[1]风格。

如果想实现更高级的正则路径匹配，vue-router 也是支持的，例如下面的代码：

```
var router = new VueRouter({
  routes: [
    // 正则匹配，id 为数字的路径
    { path: '/user/:id(\\d+)', component: User },
    // 正则匹配，all 后面可以跟任何字符，例如/all/abc 或/all/123/a
    { path: '/all/*', component: User }
  ]
})
```

有时，同一个路径可以匹配多个路由，此时，匹配的优先级就按照路由定义的顺序：谁先定义的，谁的优先级就最高。

---

[1] RESTful 风格是指基于 REST（Resource Representational State Transfer）构建的 API 风格，用 HTTP 动词（GET,POST,DELETE,DETC）描述操作具体的接口功能。

15.3.2 响应路由变化

当使用路由来实现页面切换时，有时需要能够监听到这些切换的事件，例如从/page1 切换到 /page2 时，可以使用监听属性来获取这个事件，如示例代码 15-3-2 所示。

示例代码 15-3-2 响应路由变化

```
watch:{
  // to 表示切换之后的路由，from 表示切换之前的路由
  '$route': function(to,from){
    // 在这里处理响应
    console.log(to,from)
  }
}
```

可以使用 watch 监听属性来监听组件内部的$route 属性，当路由发生变化时，便会触发这个属性对应的方法，有两种情况需要注意一下：

● 当路由切换对应的是同一个子组件时，例如上面的 User 组件，只是参数 id 不同，那么监听方法可以写在子组件 User 中。

● 当路由切换对应的是不同的组件时，例如上面的 PageOne 和 PageTwo，那么监听方法需要写在根组件中才可以接收到变化。

如下面的代码所示：

```
var User = {
  template: '<div>用户 id: {{$route.params.id}}</div>',
  watch:{// 子组件 watch 方法
    '$route': function(to,from){ ... }
  }
}
...
var vm = new Vue({
  el: '#app',
  router: router,
  watch:{ // 根组件 watch 方法
    '$route': function(to,from){ ... }
  }
})
```

设置在根组件的 watch 方法，在上面两种情况下都会触发，所以建议统一在根组件中来设置 watch 监听路由的变化。

除了使用 watch 监听的方法来监听路由的变化，在 Vue Router 2.2 版本之后，引入了新的方案，叫作导航守卫。

15.4 导航守卫

所谓导航守卫，可以理解成拦截器或者是路由发生变化时的钩子函数。vue-router 提供的导航守卫主要用来通过跳转或取消的方式守卫导航。导航守卫可以分为多种，它们分别是：

- 全局前置守卫
- 全局解析守卫
- 全局后置钩子
- 组件内守卫
- 路由配置守卫

每当页面的路由变化时，可以把这种路由引起的路径变化称为"导航"，这里的"导航"是一个动词，"守卫"是一个名词，就是在这些"导航"有动作时来监听它们。

15.4.1 全局前置守卫

全局前置守卫需要直接注册在 router 对象上，可以使用 router.beforeEach 注册一个全局前置守卫，如示例代码 15-4-1 所示。

```
示例代码 15-4-1  全局前置守卫的注册

// 配置路由信息
var router = new VueRouter({
  routes: [
    { path: '/user/:id', component: User },
{ path: '/page/:id', component: Page},
  ]
})


router.beforeEach(function(to, from, next) {

  // 响应变化逻辑
  // ...
  next()
})
```

当一个路由发生改变时，全局前置守卫的回调方法便会执行，正因为是前置守卫，在改变之前便会进入这个方法，所以可以在这个方法中对路由相关的参数进行修改等，完成之后，必须调用 next()方法，才可以继续路由的工作。每个守卫方法接收 3 个参数：

- **to:** Route 类型，表示即将进入的目标路由对象。
- **from:** Route 类型，表示当前导航正要离开的路由对象。
- **next:** Function 类型，提供执行后续路由的参数，一定要调用该方法才能 resolve（完成）整个钩子函数。执行效果取决于 next()方法的调用参数：

◇ **next()**: 进行管道中的下一个钩子。如果全部钩子执行完毕，则导航的状态就是确认的（confirmed）。

◇ **next(false)**: 中断当前的导航。如果浏览器的 URL 改变了（可能是用户单击了浏览器的后退按钮），那么 URL 地址会重新设置到 from 路由对应的地址。

◇ **next('/')或者 next({ path: '/' })**: 跳转到一个不同的地址。当前的导航被中断，然后执行一个新的导航。例如对之前的路由进行修改，然后将新的路由对象传递给 next()方法。

◇ **next(error)**: 如果传入 next 的参数是一个 Error 实例对象，则导航会被终止且该错误会被传递给 router.onError()注册过的回调方法（或回调函数）。

确保在任何情况下都要调用 next 方法，否则守卫方法就不会被 resolved（完成），而一直处于等待状态。

15.4.2　全局解析守卫

在 router.beforeEach 之后，还有一个守卫方法 router.beforeResolve，它用来注册一个全局守卫，称为全局解析守卫。用法与 router.beforeEach 类似，区别在于调用的时机，即全局解析守卫是在导航被确认之前，且在所有组件内守卫和异步路由组件被解析之后被调用。如示例代码 15-4-2 所示。

示例代码 15-4-2　全局解析守卫的调用

```
router.beforeResolve(function(to, from, next) {

    // 响应变化逻辑
    // ...
    next()
})
```

15.4.3　全局后置钩子

在了解了全局前置守卫和全局解析守卫之后，要学习一下全局后置钩子，这里解释一下为什么不叫"守卫"，因为守卫一般可以对路由 Router 对象进行修改和重定向，并且带有 next 参数，但是后置钩子不同，相当于只是提供了一个方法，让我们可以在路由切换之后执行相应的程序逻辑。这种钩子不会接受 next 函数也不会改变导航本身，使用方法和全局前置守卫类似，如示例代码 15-4-3 所示。

示例代码 15-4-3　全局后置钩子的使用

```
router.afterEach(function(to, from) {
    // ...
})
```

15.4.4　组件内的守卫

前面讲解的都是全局相关的守卫或者钩子，将这些方法设置在根组件上，就可以很方便地获取对应的回调方法，并可在其中添加所需的处理逻辑。如果不需要在全局中设置，也可以单独给自己的组件设置一些导航守卫或者钩子，以达到监听路由变化的目的。

可以在路由组件内直接定义以下路由导航守卫：

- beforeRouteEnter
- beforeRouteUpdate
- beforeRouteLeave

这些守卫的触发时机和使用方法，如示例代码 15-4-4 所示。

示例代码 15-4-4　组件内的守卫的使用

```
var User = {
  template: '<div>用户id: {{$route.params.id}}</div>',
beforeRouteEnter:function (to, from, next) {
    // 在渲染该组件对应的路由被 confirm 前调用
    // 不能获取组件实例 'this'
    // 因为当守卫执行前，组件实例还没有被创建
    next()
  },
  beforeRouteUpdate:function (to, from, next) {
    // 在当前路由改变且该组件被复用时调用
    // 举例来说，对于一个带有动态参数的路径/user/:id，在/user/1 和/user/2 之间跳转时
    // 由于会渲染同样的 User 组件，因此组件实例会被复用。而这个钩子就会在这个情况下被调用。
    // 可以访问组件实例'this'
    next()
  },
  beforeRouteLeave:function (to, from, next) {
    // 导航离开该组件对应的路由时调用
    // 可以访问组件实例'this'
    next()
  }
}
```

总结一下，beforeRouteEnter 和 beforeRouteLeave 这两个守卫很好理解，就是当导航进入该组件和离开该组件时调用，但是如果前后的导航是同一个组件，那么这种应用场合就属于组件复用，例如只改变参数，代码如下：

```
<router-link to="/user/1">导航 user1</router-link>
<router-link to="/user/2">导航 user2</router-link>
...
var User = {
  template: '<div>用户id: {{$route.params.id}}</div>',

}
...
var router = new VueRouter({
  routes: [
    { path: '/user/:id', component: User },
```

```
  ]
})
```

在这种应用场合下，beforeRouteEnter 和 beforeRouteLeave 这两个方法并不会触发，取而代之的是 beforeRouteUpdate 这个方法会在每次导航时触发。另外，在 beforeRouteEnter 这个方法中无法获取当前组件实例 this。

因为 beforeRouteEnter 守卫在导航确认前被调用，守卫不能访问 this，所以即将登场的新组件还没创建。不过，可以通过传一个回调方法给 next() 来访问组件实例。在导航被确认时执行回调方法，并且把组件实例作为回调方法的参数。代码如下：

```
beforeRouteEnter:function(to, from, next) {
  next(function(vm){
    // 通过'vm'访问组件实例
  })
}
```

与之前讲解的全局守卫一样，确保在任何情况下都要调用 next 方法，否则守卫方法就会处于等待状态。beforeRouteLeave 离开守卫其中一个常见的应用场合是用来禁止用户在还未保存修改前突然离开，代码如下：

```
beforeRouteLeave:function(to, from , next) {
  var answer = window.confirm('尚未保存，是否离开？')
  if (answer) {
    next()
  } else {
    next(false)
  }
}
```

通过 next(false) 方法来取消用户离开该组件，进入其他导航。

15.4.5　路由配置守卫

除了一些全局守卫和组件内部的守卫，也可以在路由配置上直接定义守卫，例如 beforeEnter 守卫，如示例代码 15-4-5 所示。

示例代码 15-4-5　路由配置守卫的定义

```
var router = new VueRouter({
  routes: [
    {
      path: '/user/:id',
      component: User,
      beforeEnter:function(to,from,next){
        console.log('router beforeEnter');
        next();
      },
    },
```

```
  ]
})
```

beforeEnter 守卫的触发时机与 beforeRouteEnter 方法类似，但是它要早于 beforeRouteEnter 触发，同样要记得调用 next()方法。当需要单独给一个路由配置时，可以采用这种方法。

下面来总结一下所有守卫和钩子函数的整个触发流程：

- 导航被触发。
- 在失活的组件中调用离开守卫。
- 调用全局的 beforeEach 守卫。
- 在复用的组件中调用 beforeRouteUpdate 守卫。
- 在路由配置中调用 beforeEnter。
- 解析异步路由组件。
- 在被激活的组件中调用 beforeRouteEnter。
- 调用全局的 beforeResolve 守卫。
- 导航被确认。
- 调用全局的 afterEach 钩子。
- 触发 DOM 更新。
- 用创建好的实例调用 beforeRouteEnter 守卫中传给 next 的回调函数。

Vue Router 的导航守卫提供了丰富的接口，可以用在页面切换时添加项目的业务逻辑，对于开发大型单页面应用很有帮助。例如在渲染用户信息时，需要从服务器获取用户的数据，即可以在 User 组件的 beforeRouteEnter 方法中获取数据。如示例代码 15-4-6 所示。

示例代码 15-4-6　在 beforeRouteEnter 方法中获取数据

```
var User = {
  template: '<div>用户 id: {{$route.params.id}}</div>',
  beforeRouteEnter:function (to, from, next) {
    next(function(vm){
      // 通过'vm'访问组件实例
      vm.getUserData()
    })
  },
  methods:{
    getUserData: function(){
      //...ajax 请求逻辑
    }
  }
}
```

15.5 嵌套路由

当项目的页面逐渐变多，结构逐渐变复杂时，只有一层路由是无法满足项目的需要的。比如在某些电商类的项目中，电子类产品划分成页面作为第一层的路由，同时又可以分为手机、平板电脑、电子手表等，这些可以划分成各个子页面，又可以作为一层路由。这时，就需要用嵌套路由来满足这种复杂的关系。

下面先来创建一个一层路由，还是以上面的 User 组件为例子，如示例代码 15-5-1 所示。

示例代码 15-5-1　嵌套路由 1

```
<div id="app">
    <router-link to="/user/1">导航 page1</router-link>
    <router-link to="/user/2">导航 page2</router-link>
  <router-view></router-view>
</div>
...
var User = {
  template: '<div>User {{ $route.params.id }}</div>'
}

var router = new VueRouter({
  routes: [
    { path: '/user/:id', component: User }
  ]
})

var vm = new Vue({
    el: '#app',
    router: router,
})
```

这里的<router-view>是最顶层的出口，渲染最高级路由匹配到的组件。同样，一个被渲染组件可以包含自己的嵌套<router-view>。例如，在 User 组件的模板中添加一个<router-view>，如示例代码 15-5-2 所示。

示例代码 15-5-2　嵌套路由 2

```
var User = {
  template:
    '<div class="user">'+
      '<h2>User {{ $route.params.id }}</h2>'+
      '<router-view></router-view>'+
    '</div>'
}
```

然后需要修改配置路由信息 router，新增一个 children 选项来标识出第二层的路由需要有哪些配置，同时新建两个子组件 UserPosts 和 UserProfile。如示例代码 15-5-3 所示。

示例代码 15-5-3　嵌套路由 3

```
<router-link to="/user/1/profile">导航 user 的 profile</router-link>
<router-link to="/user/2/posts">导航 user 的 posts</router-link>
...
var UserProfile = {
  template: '<div>UserProfile</div>'
}

var UserPosts = {
  template: '<div>UserPosts</div>'
}
...
var router = new VueRouter({
  routes: [
    {
      path: '/user/:id',
      component: User,
      children: [
        {
          // 当 /user/:id/profile 匹配成功,
          // UserProfile 会被渲染在 User 的 <router-view> 中
          path: 'profile',
          component: UserProfile
        },
        {
          // 当 /user/:id/posts 匹配成功
          // UserPosts 会被渲染在 User 的 <router-view> 中
          path: 'posts',
          component: UserPosts
        }
      ]
    }
  ]
})
```

　　从上面的代码段可知，children 设置就像 routes 设置一样，都是可以设置由各个组件和路径组成的路由配置对象数组，由此可以推测出，children 中的每一个路由配置对象还可以再设置 children，达到更多层的嵌套。每一层路由的 path 向下叠加共同组成了用于访问该组件的路径，例如 /user/:id/profile 就会匹配的 UserProfile 这个组件。

　　基于上面的设置，当访问 /user/1 时，User 的出口不会渲染任何东西，必须是对应的 /user/:id/profile 或者 /user/:id/posts 才可以。这是因为没有匹配到合适的子路由，如果想要渲染点什么，可以提供一个空的子路由，如示例代码 15-5-4 所示。

示例代码 15-5-4　默认路由

```
var router = new VueRouter({
  routes: [
    {
      path: '/user/:id', component: User,
      children: [
        // 当 /user/:id 匹配成功,
        // UserHome 会被渲染在 User 的 <router-view> 中
        { path: '', component: UserHome },

        // ...其他子路由
      ]
    }
  ]
})
```

因为上面的 UserHome 子路由设置的 path 是空,所以会作为导航/user/1 时的匹配路由。

15.6　命名视图

有时候想同时(同级)呈现多个视图,而不是嵌套呈现,例如创建一个布局,有 headbar(导航)、sidebar(侧边栏)和 main(主内容)3 个视图,这时命名视图就派上用场了。可以在界面中拥有多个单独命名的视图,而不是只有一个单独的出口。简单来说,命名视图就是给<router-view>设置名字 name。如示例代码 15-6-1 所示。

示例代码 15-6-1　命名视图的运用

```
<div id="app">
  <router-view name="headbar"></router-view>
<router-view  name="sidebar"></router-view>
  <div class="container">
    <router-view></router-view>
  </div>
</div>

...

var Main = {
  template: '<div>Main</div>',
}
var HeadBar = {
  template: '<div>Header</div>',
}
var SideBar = {
```

```
    template: '<div>SideBar</div>',
  }
  // 配置路由信息
  var router = new VueRouter({
    routes: [
      {
        path: '/',
        components: { // 采用 components 设置项
          default: Main,
          headbar: HeadBar,
  sidebar: SideBar,
        }
      }
    ]
  })
```

在上面的代码中，针对一个路由设置了多个视图作为组件来渲染，<router-view "name="headbar"></route-view>中的 name 属性和 components 对象中的 key 要对应，表示这个 <route-view>会被替换成组件的内容，default 就表示如果没有指定 name 属性，就选择默认的组件来替换对应的<route-view>。这样就实现了一个页面中有多个不同视图。

但是，这种在同一个页面使用多个<route-view>的情况，特别是在单页应用中，对于大多数业务来说并不常见，一般要抽离出一个经常变动的内容，将它放入<route-view>，而对于那些不变的内容，例如 headbar 或者 sidebar，可以单独封装成一个组件，在根组件中将它们作为子组件来导入。代码如下：

```
<div id="app">
  <headerbar></headerbar>
  <sidebar></sidebar>
  <div class="container">
    <router-view class="view"></router-view>
  </div>
</div>
```

命名视图的重点在于浏览器访问同一个 URL 可以匹配到多个视图组件，当切换路由时，这些组件可以同步变化，但是具体在哪些场合使用，还需要根据业务来决定。

15.7　编程式导航

在前一节的代码中，执行路由切换的操作都是以单击<router-link>组件来触发导航操作，这种方式称作声明式，那么在 vue-router 中除了使用<router-link>来定义导航链接，还可以借助 router 的实例方法通过编写代码来实现，这就是所谓的编程式导航。下面介绍编程式导航几个常用方法。

1. router.push(location, onComplete?, onAbort?)

在之前的代码中曾使用过 this.$route.params 获取路由的参数，this.$route 为当前的路由对象，在实现路由切换时，如果使用编程式导航，需要通过 this.$router.push 方法，通过 this.$router 获取的是设置在根实例中的一个 Vue Router 的实例，push 方法是由实例对象提供的，所以不要把 this.$route 和 this.$router 搞混了。

router.push 方法的第一个参数可以是一个字符串路径，也可以是一个描述地址的对象，在这个对象中可以设置传递到下一个路由的参数。onComplete 和 onAbort 作为第二个和第三个参数分别接受一个回调函数，它们分别表示当导航成功时触发和导航失败时触发（导航到相同的路由或在当前导航完成之前就导航到另一个不同的路由），不过这两个参数不是必须要传入的，如示例代码 15-7-1 所示。

```
示例代码 15-7-1　push 方法

// 字符串
router.push('home')

// 对象
router.push({ path: 'home' })

// 带查询参数，变成 /user?userId=test
router.push({ path: '/user', query: { userId: 'test' }})

// 命名的路由
router.push({ name: 'user', params: { userId: '123' }})
```

在上面列出的方法中，在调用 router.push 方法时，第一个参数设置成对象，可以实现导航和传递参数的功能，path 对应路由配置信息中定义的 path，query 设置传递的参数，在导航后的组件可以使用 this.$route.query 来接收，最后一种使用 name 方式来表明跳转的路由，params 设置传递的参数，这里的方式为命名路由。

有时候，通过一个名称来标识一个路由显得更方便一些，特别是在链接一个路由或者是执行一些跳转时。在创建 Router 实例时，并在 routes 配置中给某个路由设置名称 name 属性。如示例代码 15-7-2 所示。

```
示例代码 15-7-2　命名路由

var router = new VueRouter({
  routes: [
    {
      path: '/user/:id',
      name: 'user',
      component: User
    }
  ]
})
```

那么使用 name+params 和 path+query 有什么区别呢，总结如下：

- 进行路由配置时，path 是必配的，而 name 则可以选配。
- 使用 name 进行导航时，传参可以使用 params，接收参数需要使用$route.parmas，或者传参使用 query，接收参数使用$route.query。
- 使用 path 来进行导航时，传参只能使用 query，接收参数需要使用$route.query。
- query 更加类似于 ajax 中 get 传参，params 则类似于 post，简单来说，前者在浏览器地址栏中显示参数，后者则不显示。

调用 router.push 方法时，会向 history 栈添加一个新的记录，所以，当用户单击浏览器后退按钮时，就会回到之前的 URL。如果这时采用的是 query 传参，那么页面刷新时，参数也可以保留，效果如图 15-3 所示。

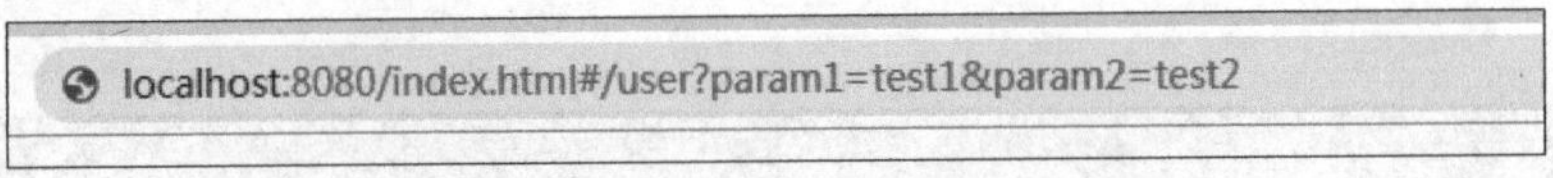

```
localhost:8080/index.html#/user?param1=test1&param2=test2
```

图 15-3 采用 query 传参，页面刷新时保留了参数

2. router.replace(location, onComplete?, onAbort?)

router.replace 方法也可以进行路由切换从而实现导航，与 router.push 很像，唯一的不同是，它不会向 history 添加新记录，而是跟它的方法名一样：替换（replace）掉当前的 history 记录。也就是当用户单击浏览器返回时，并不会向 history 添加记录。

3. router.go(Number)

router.go 这个方法的参数是一个整数，意思是在 history 记录中向前或者后退多少步，类似window.history.go(n)。如示例代码 15-7-3 所示。

示例代码 15-7-3 router.go

```
// 在浏览器记录中前进一步，等同于 router.forward()
router.go(1)

// 后退一步记录，等同于 router.back()
router.go(-1)

// 前进 3 步记录
router.go(3)

// 如果 history 记录不够用，就会失败
router.go(-100)
router.go(100)
```

15.8　路由组件传参

在之前的讲解中，我们知道传递参数可以有两种方式。

一种是声明式，即

```
<router-link to="/user/1"></router-link>
```

另一种是编程式，即

```
router.push({ name: 'user', params: { id: '1' }})
```

这两种方式，在组件中接受参数可以使用$route.params.id 来接收。但是，也可以不通过这种方式，采用 props 的方式将参数直接赋值给组件，将$route 和组件进行解耦。如示例代码 15-8-1 所示。

示例代码 15-8-1　路由组件传参

```
var User = {
  props: ['id'],// 代替 this.$route.params.id
  template: '<div>User {{ id }}</div>'
}
var router = new VueRouter({
  routes: [
    { path: '/user/:id', component: User, props: true },

    // 对于包含命名视图的路由，必须分别为每个命名视图添加 'props' 选项:
    {
      path: '/user/:id',
      components: { default: User, sidebar: Sidebar },
      props: { default: true, sidebar: false }
    }
  ]
})
```

当 props 被设置为 true 时，$route.params 的内容将会被设置为组件属性，在组件中可以使用 props 接收。

如果 props 是一个对象，它会将被所设置的值设置为组件属性，在组件中可以使用 props 来接收，这种情况可以理解为给组件的 props 设置一些默认的静态值。代码如下:

```
var User = {
  props: ['id'],// 获取 abc
  template: '<div>User {{ id }}</div>'
}
var router = new VueRouter({
  routes: [
    { path: '/user/:id', component: User, props: { id: 'abc'} },
  ]
```

```
})
```

可以创建一个函数返回 props。这个函数提供一个 route 参数，这样就可以将参数转换为另一种类型，将静态值与基于路由的值结合，等等。代码如下：

```
var User = {
  props: ['id'],// 从 query 中获取 id
  template: '<div>User {{ id }}</div>'
}
var router = new VueRouter({
  routes: [
    {
      path: '/user',
      component: User,
      name:'user',
      props: function(route) {
        return { id: route.query.id }
      }
    }
  ]
})
```

当浏览器 URL 是/user?id=test 时，会将{id: 'test'}作为属性传递给 User 组件。

15.9　路由重定向、别名及元信息

在日常的项目开发中，虽然有时设置的页面路径不一致，但却希望跳转到同一个页面，或者说是之前设置好的路由信息，由于某种程序逻辑需要将之前的页面导航到同一个组件上，这时就需要用到重定向功能。

重定向也是通过设置路由信息 routes 来完成的，具体如示例代码 15-9-1 所示。

示例代码 15-9-1　路由重定向

```
var router = new VueRouter({
  routes: [
    { path: '/a', redirect: '/b' },            // 直接从/a 重定向到/b
    { path: '/c', redirect: { name:'d' } } // 从/c 重定向到命名路由 d
    { path: '/e', redirect: function(to) {
      // 方法接收目标路由作为参数
      // 用 return 返回重定向的字符串路径或者路由对象
    }}
  ]
})
```

在上面的代码中可知，redirect 可以接收一个路径字符串或者路由对象以及一个返回路径或者路由对象的方法，其中直接设置路径字符串很好理解，如果是一个路由对象，就像之前在讲解

router.push 方法时传递的路由对象类似，可以设置传递的参数，代码如下：

```
var router = new VueRouter({
  routes: [
    {
      path: '/',
      redirect: function(to){
        return {
          path:'/header',
          // name: 'header'
          query:{
            id:to.query.id
          }
        }
      }
    },
    {
      path: '/header',
      name:'header',
      component: Header
    }
  ]
})
```

需要说明的是，导航守卫不会作用在 redirect 之前的路由上，只会在 redirect 之后的目标路由上，并且一个路由如果设置了 redirect，那么这个路由本身对应的组件视图也不会生效，也就是说无须给 redirect 路由配置 component。

"重定向"的意思是，当用户访问 /a 时，URL 将会被替换成 /b，然后匹配路由为 /b，那么"别名"又是什么呢？

/a 的别名是 /b，意味着，当用户访问 /b 时，URL 会保持为 /b，但是路由匹配则为 /a，就像用户访问 /a 一样。如示例代码 15-9-2 所示。

示例代码 15-9-2 路由别名

```
var router = new VueRouter({
  routes: [
    { path: '/a', component: A, alias: '/b' }
  ]
})
```

"别名"的功能让我们可以自由地将 UI 结构映射到任意的 URL，而不是受限于设置的嵌套路由结构。

在设置路由信息时，每个路由都有一个 meta 元数据字段，可以在这里设置一些自定义信息，供页面组件或者导航守卫和路由钩子函数使用。例如，将每个页面的 title 都写在 meta 中来统一维护，如示例代码 15-9-3 所示。

示例代码 15-9-3　路由元数据 meta

```
var router = new VueRouter ({
  routes: [
    {
      path: '/',
      name: 'index',
      component: Index,
      meta: { // 在这里设置 meta 信息
        title: '首页'
      }
    },
    {
      path: '/user',
      name: 'user',
      component: User,
      meta: { // 在这里设置 meta 信息
        title: '用户页'
      }
    }
  ]
})
```

在组件中，可以通过 this.$route.meta.title 获取路由元信息中的数据，在插值表达式中使用 $route.meta.title，代码如下：

```
var User = {
  created: function(){
    console.log(this.$route.meta.title)
  },
  template: '<h1>Title {{ $route.meta.title }}</h1>'
}
```

可以在全局前置路由守卫 beforeEach 中获取 meta 信息，然后修改 HTML 页面的 title，代码如下：

```
router.beforeEach(function(to, from, next) {
  window.document.title = to.meta.title;
  next();
})
```

15.10　Vue Router 的路由模式

在之前讲解和使用的 Vue Router 相关的方法和 API 都是基于哈希模式的（Vue Router 默认采用哈希模式——hash 模式），也就是说每次进行导航和路由切换时，在浏览器的 URL 上都可以看到对应的哈希变化，而哈希特性就是 URL 的改变不会导致浏览器刷新或者跳转，这正好可以满足我们单页应用的需求。

如果不想使用哈希模式，可以用路由的 history 模式，这种模式充分利用 history.pushState API 来完成 URL 跳转而无须重新加载页面。

下面先来具体了解一下这两种模式：

- **hash 模式**：哈希是指在 URL 中 "#" 符号后面的部分，例如 http://localhost/index.html#/user，"/user"这部分叫作哈希值，当该值变化时，不会导致浏览器向服务器发出请求，如果浏览器不发出请求，也就不会刷新页面。哈希值的变化可以采用浏览器原生提供的 hashchange 事件来监听。而 Vue Router 的 hash 模式就是不断地修改哈希值来监听和记录页面的路径。

- **history 模式**：history 模式是基于 HTML5 History Interface 中新增的 pushState()和 replaceState()两个 API 来实现的，通过这两个 API 可以改变浏览器 URL 地址且不会发送刷新浏览器的请求，不会产生# hash 值，例如 http://localhost/index.html/user。

history 模式和 hash 模式都可以满足浏览器的前进和后退功能，history 模式相较于 hash 模式可以让 URL 更加简洁，接近于真实的 URL，但是它的缺点是浏览器刷新之后，history 就失效了，转而立刻去请求真实的 URL 地址，对于纯前端来说，会丢失一些数据。

hash 模式和 history 模式都属于浏览器自身的特性，Vue Router 只是利用了这两个特性（通过调用浏览器提供的接口）来实现前端路由。如需启用 history 模式，注意使用 history 时务必使用静态服务来访问，不能直接双击文件访问，也可以通过配置 base 属性来设置应用的基路径，可参考示例代码 15-10-1 所示。

示例代码 15-10-1　history 模式的启用

```
var router = new VueRouter({
  mode: 'history', // 设置 mode 项
  routes: [...]
})
```

15.11　滚动行为

在应用中，有时会遇到这样的场景，当页面内容比较多时，整个页面就会变得可滚动，这时当我们进行路由切换时，或者从其他路由切换到这个页面时，想让页面滚动到顶部，或者是保持原先的滚动位置，就像重新加载页面那样，需要记录滚动的距离，而 Vue Router 可以支持这种操作，它允许我们自定义路由切换时页面如何滚动。

当创建一个 Router 实例时，设置 scrollBehavior 方法，如示例代码 15-11-1 所示。

示例代码 15-11-1　滚动 scrollBehavior

```
var router = new VueRouter({
  routes: [...],
```

```
scrollBehavior:function (to, from, savedPosition) {
  // return 期望滚动到哪个位置
}
})
```

当页面路由切换时会进入这个方法，scrollBehavior 方法接收 to 和 from 路由对象，它们分别表示切换前和切换后的路由，第三个参数 savedPosition 是一个对象，结构是 { x: number, y: number }，表示在页面切换时所存储的页面滚动的位置，如果页面不可滚动，就是默认值 { x: 0, y: 0 }。可以采用以下配置来设置跳转到原先滚动的位置，代码如下：

```
scrollBehavior:function (to, from, savedPosition) {
  if (savedPosition) {
    return savedPosition
  } else {
    return { x: 0, y: 0 } // 默认就不滚动
  }
}
```

savedPosition 方法的返回值决定了页面要滚动到哪个位置（会触发页面滚动，有时我们可能会看到这个过程）。如果要模拟"滚动到锚点"的行为，可以试试下面这段代码：

```
<router-link to="/user#nickname">姓名</router-link>
...
scrollBehavior:function (to, from, savedPosition) {
  if (to.hash) {
    return {
      selector: to.hash // #nickname
    }
  }
}
```

15.12　keep-alive

15.12.1　keep-alive 缓存状态

keep-alive，标签为 <keep-alive></keep-alive>，是 Vue 内置的一个组件，可以使被包含的组件保留状态或避免重新渲染。在之前的导航守卫章节中提到过复用的概念，这里有些类似但是又不完全一样，当 keep-alive 应用在 <route-view> 上时，导航的切换会保留切换之前的状态，如示例代码 15-12-1 所示。

示例代码 15-12-1　keep-alive

```
<div id="app">
  <p>
    <router-link to="/page">page</router-link>
    <router-link to="/user">user</router-link>
```

```
    </p>
    <keep-alive>
      <router-view></router-view>
    </keep-alive>
  </div>

  // 创建 User 组件
  var User = {
    template: '<div><input type="range" /></div>',

  }
  // 创建 Page 组件
  var Page = {
    template: '<div><input type="text" /></div>',

  }

  // 设置路由信息
  var router = new VueRouter({
    routes: [
      { path: '/page', component: Page },
      { path: '/user', component: User },
    ]
  })

  // 定义一个根实例 vm
  var vm = new Vue({
      el: '#app',
      router: router,
  })
```

　　在上面的代码中补全 HTML 内容和 Script 内容后，可以在浏览器中运行。我们分别在 User 和 Page 组件中的 template 定义了文本输入框和滑动选择器，当输入文字或者调整滑块位置切换回来之后，这些状态都被保存了下来。

　　<router-view>也是一个组件，如果直接被包含在<keep-alive>里面，所有路径匹配到的视图组件都会被缓存，就是说如果只对某个或者某几个路径的路由进行缓存，<keep-alive>也支持 include/exclude 设置项，如示例代码 15-12-2 所示。

示例代码 15-12-2　keep-alive 的 include/exclude 设置项

```
<keep-alive :include="['page']">
  <router-view></router-view>
</keep-alive>
...

var User = {
  name:'user',
```

```
template: '<div><input type="range" /></div>',
}

var Page = {
  name:'page',
  template: '<div><input type="text" /></div>',
}
```

include/exclude 可以设置单个字符串或者正则表达式，也可以是一个由字符串或正则表达式组成的数组，匹配的内容是组件的名称 name，include 表示需要缓存的组件，exclude 表示不需要缓存的组件，这里需要注意组件名称是组件的 name 属性，不是在设置路由信息中的命名路由 name。

有时，在不想通过 name 来设置缓存的组件时（例如在有些应用场合，无法提前得知组件的名称），也可以利用之前讲解的元数据 meta 来设置是否需要缓存，如示例代码 15-12-3 所示。

示例代码 15-12-3　meta 数据设置 keep-alive

```
<keep-alive>
    <router-view v-if="$route.meta.keepAlive">
        <!-- 这里是会被缓存的视图组件，比如 Page !-->
    </router-view>
</keep-alive>

<router-view v-if="!$route.meta.keepAlive">
    <!-- 这里是不被缓存的视图组件，比如 User !-->
</router-view>
...
var router = new VueRouter({
  routes: [
    {
      path: '/user',
      component: User,
      meta:{
          keepAlive: false
      }
    },
    {
      path: '/page',
      component: Page,
      meta:{
          keepAlive: true
      }
    }
  ]
})
```

当把<keep-alive>应用在<router-view>上并在路由进行切换时，实际上组件是不会被销毁的，例如从 User 切换到 Page，除了第一次之外，User 和 Page 的生命周期方法，例如 created、mounted

等都不会触发。但是如果没有使用 keep-alive 进行缓存，那么就相当于路由切换时，组件都被销毁了，当切换返回时，组件都会被重新创建，当然组件的生命周期方法都会被执行。可以使用下面的代码来做验证。

```javascript
var User = {
  template: '<div><input type="range" /></div>',
  created: function(){
    console.log('created')
  },
  mounted: function(){
    console.log('mounted')
  }
}

var Page = {
  template: '<div><input type="text" /></div>',
  created: function(){
    console.log('created')
  },
  mounted: function(){
    console.log('mounted')
  }
}
```

但是，在组件生命周期方法中，有两个特殊的方法：activated 和 deactivated。activated 表示当 vue-router 的页面被打开时，会触发这个钩子函数。deactivated 表示当 vue-router 的页面被关闭时，会触发这个钩子函数。有了这两个方法，就可以在组件中得到页面切换的时机。如示例代码 15-12-4 所示。

示例代码 15-12-4　activated 方法和 deactivated 方法的使用

```javascript
var User = {
  template: '<div><input type="range" /></div>',
  activated: function(){
    console.log('activated')
  },
  deactivated: function(){
    console.log('deactivated')
  }
}

var Page = {
  template: '<div><input type="text" /></div>',
  activated: function(){
    console.log('activated')
  },
  deactivated: function(){
```

```
        console.log('deactivated')
    }
}
```

除了使用组件生命周期方法之外，也可以使用组件内的守卫方法 beforeRouteEnter 和 beforeRouteLeave，可以达到相同的效果。注意之前讲的复用问题，路由切换时需要两个不同的组件才可以使用。

<keep-alive>不仅在 vue-router 中应用比较广泛，在一般的组件中也是可以使用的。下一节将解释 keep-alive 的底层实现原理。

15.12.2　keep-alive 实现原理浅析

<keep-alive>是 Vue.js 的一个内置组件，既然是组件，它也有自己的生命周期方法，下面通过 Vue.js 源码（src/core/components/keep-alive.js）来分析其实现原理。

在 created 方法中，会创建一个缓存容器和缓存的 key 列表：

```
created:function (){
    /* 缓存对象 */
    this.cache = Object.create(null)
    this.keys = []
}
```

<keep-alive>自己实现了 render 方法，并没有使用 Vue 内置的 render 方法，在执行<keep-alive>组件渲染时，就会执行这个 render 方法：

```
render () {
    /* 得到 slot 插槽中的第一个组件 */
    const vnode: VNode = getFirstComponentChild(this.$slots.default)

    const componentOptions: ?VNodeComponentOptions = vnode &&
vnode.componentOptions
    if (componentOptions) {
        // check pattern
        /* 获取组件名称，优先获取组件的 name 字段，否则是组件的 tag */
        const name: ?string = getComponentName(componentOptions)
        /* name 不在 include 中或者 exclude 中，则直接返回 vnode（没有存取缓存） */
        if (name && (
        (this.include && !matches(this.include, name)) ||
        (this.exclude && matches(this.exclude, name))
        )) {
            return vnode
        }
        const key: ?string = vnode.key == null
        // same constructor may get registered as different local components
        // so cid alone is not enough (#3269)
        ? componentOptions.Ctor.cid + (componentOptions.tag ?
'::${componentOptions.tag}' : '')
```

```
        : vnode.key
      /* 如果已经缓存了，则直接从缓存中获取组件实例给 vnode，若还未缓存则先进行缓存 */
      if (this.cache[key]) {
        vnode.componentInstance = this.cache[key].componentInstance
      } else {
        this.cache[key] = vnode
      }
      /* keepAlive 标记位 */
      vnode.data.keepAlive = true
    }
    return vnode
}
```

在 render 方法中，<keep-alive>缓存的并不是直接的 DOM 节点，而是 Vue 中内置的 VNode 对象（可以理解成虚拟 DOM，将 DOM 的 attr、id、innerHTML 等分别采用 JavaScript 对象的形式来存储），vnode 经过 render 方法后，会被替换成真正的 DOM 内容。

首先通过 getFirstComponentChild 获取第一个子组件，获取该组件的 name（若有组件名则直接使用组件名，否则使用 tag）。接下来会将这个 name 通过 include 与 exclude 属性进行匹配，匹配不成功（说明不需要进行缓存），则不进行任何操作直接返回 vnode。需要注意的是，<keep-alive>只会处理它的第一个子组件，所以如果给<keep-alive>设置多个子组件，是无法生效的。

<keep-alive>还有一个 watch 方法，用来监听 include 以及 exclude 的改变：

```
watch: {
    /* 监视 include 以及 exclude，在被修改时对 cache 进行修正 */
    include (val: string | RegExp) {
        pruneCache(this.cache, this._vnode, name => matches(val, name))
    },
    exclude (val: string | RegExp) {
        pruneCache(this.cache, this._vnode, name => !matches(val, name))
    }
},
```

这里的程序逻辑是动态监听 include 和 exclude 的改变，从而动态地维护之前创建的缓存对象 this.cache，其实就是对 this.cache 进行遍历，发现缓存的节点名称和新的规则没有匹配上时，就把这个缓存节点从缓存中摘除。下面来看看 pruneCache 这个方法：

```
/* 修正 cache */
function pruneCache (cache: VNodeCache, current: VNode, filter: Function) {
  for (const key in cache) {
    /* 取出 cache 中的 vnode */
    const cachedNode: ?VNode = cache[key]
    if (cachedNode) {
      const name: ?string = getComponentName(cachedNode.componentOptions)
      /* name 不符合 filter 条件的，同时不是当前渲染的 vnode 时，销毁 vnode 对应的组件实例（Vue 实例），并从 cache 中移除 */
      if (name && !filter(name)) {
```

```
      if (cachedNode !== current) {
        pruneCacheEntry(cachedNode)
      }
      cache[key] = null
    }
  }
}

/* 销毁 vnode 对应的组件实例（Vue 实例） */
function pruneCacheEntry (vnode: ?VNode) {
  if (vnode) {
    vnode.componentInstance.$destroy()
  }
}
```

遍历 cache 中的所有项，如果不符合 filter 指定的规则，则会执行 pruneCacheEntry。pruneCacheEntry 会调用组件实例的$destroy 方法来销毁组件。最后，在 destroyed 方法中销毁不需要的缓存组件：

```
/* 在 destroyed 钩子中销毁所有 cache 中的组件实例 */
destroyed () {
  for (const key in this.cache) {
    pruneCacheEntry(this.cache[key])
  }
}
```

总结一下，<keep-alive>组件也是一个 Vue 组件，它的实现是通过自定义的 render 方法并且使用了插槽。由于是直接使用 VNode 方式进行内容替换，不是直接存储 DOM 结构，所以不会执行组件内的生命周期方法，它通过 include 和 exclude 维护组件的 cache 对象，从而来处理缓存中的具体逻辑。

15.13　路由懒加载

在打包构建应用时，如果页面很多，JavaScript 包会变得非常大而影响页面加载。如果能把不同路由对应的组件分割成不同的代码块，然后在路由被访问的时候才加载对应的组件，这样会更加高效。

结合 Vue 的异步组件和模块打包工具 Webpack 的代码分割功能，可以轻松实现路由组件的懒加载。我们将会在后面的实战项目中来具体讲解这部分内容。

至此，整个 Vue Router 相关的知识都已介绍完毕，如在本章开始所说，在日常的单页移动 Web 应用中，Vue Router 的使用非常广泛，它应用于处理页面之间的切换以及管理整个应用的路由配置，已经成为使用 Vue 的项目标配。

15.14 本章小结

在本章中，讲解了 Vue Router 的相关知识，主要内容包括：单页应用的定义、Vue Router 概述、动态路由、导航守卫、嵌套路由、命名视图、编程式导航、路由组件传参、路由配置别名和重定向以及元信息、Vue Router 路由模式、滚动行为、keep-alive、路由懒加载。内容涵盖了 Vue Router 的使用、底层原理等。

Vue Router 是 Vue.js 官方的路由管理器，它和 Vue.js 的核心深度集成，可以轻松实现页面之间或者组件之间的导航交互操作，通过路由来实现大型应用的页面跳转管理，令开发者可以轻松构建单页面应用。最后建议读者自行运行本章的各个示例代码，以加深对本章知识的理解。

下面来检验一下读者对本章内容的掌握程度。

- 单页应用和多页应用的区别是什么？
- Vue Router 中如何监听路由变化，有几种方式？
- Vue Router 中有哪些路由模式，它们有什么区别？
- Vue Router 中跳转页面时，如何传递参数？
- Vue Router 中实现页面跳转时，如何保存页面的状态？

第16章

PWA 技术全揭秘

随着互联网技术的发展，Web 应用已经越来越流行，技术的发展也越来越迅速，尤其是移动互联网的到来使得 HTML5 技术、Hybrid 混合开发更加火爆起来。但是，对于移动 Web 来说，始终没能摆脱 PC 时代的一些根本性问题，所需的资源依赖网络下载，用户体验始终要依赖浏览器，这让移动 Web 应用和原生应用相比，尤其是移动手机端的体验，总让人感觉"不正规"，而 PWA 技术的到来，让下一代 Web 应用终于步入正轨。

16.1 PWA 技术介绍

PWA（Progressing Web App）渐进式网页应用程序，是 Google 公司在 2016 年 Google I/O 大会上提出的下一代 Web 应用模型，并在随后的日子里迅速发展，如图 16-1 所示。

图 16-1 PWA 应用

一个 PWA 应用是通过 Web 技术编写出的网页应用。并结合 App Manifest 和 Service Worker 来实现和原生应用一样的安装和删除、实时推送、离线访问等功能。

16.1.1　PWA 应用的特点

PWA 应用是指使用指定技术和标准模式来开发的 Web 应用，这将同时赋予它们 Web 应用和原生应用的特性，比如下面这些特性：

- **渐进式**：适用于选用任何浏览器的所有用户，因为它是以渐进式增强作为核心宗旨来开发的。
- **自适应**：适合任何机型，如桌面设备、移动设备、平板电脑或任何未来设备。
- **连接无关性**：能够借助于服务工作线程在离线或低质量网络状况下工作。
- **离线推送**：使用推送消息通知，能够让应用像原生应用一样，提升用户体验。
- **实时更新**：在服务工作更新进程的作用下，在用户无感知的情况下，时刻保持最新状态。
- **安全性**：通过 HTTPS 提供服务，以防止窥探和确保内容不被篡改。

简而言之，一个 PWA 应用能够让用户像使用原生应用一样的体验，但是应用中的大部分技术是采用移动 Web 和 HTML5 开发的，并且能够离线使用。

这些特点和功能正是当前针对移动 Web 的优化方向，有了这些特性将使得 Web 应用的用户体验更好，真正实现秒开优化。

16.1.2　PWA 技术结构

PWA 技术是一个广义的技术栈，其中包含了一系列的技术：Service Worker、Web App Manifest、Cache API、Fetch API、Push API、Web Push Protocol、Notifications，等等，如图 16-2 所示。当然，W3C 关于这些技术的标准还在处于草案阶段，当前浏览器还没有达到完全支持的程度，由此可见 PWA 技术的广泛应用还是取决于各大浏览器厂商的持续跟进。

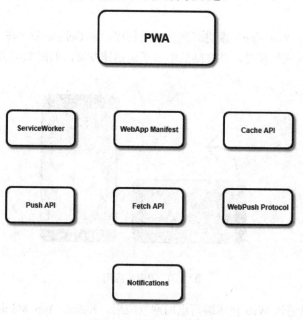

图 16-2　PWA 技术结构

16.1.3　PWA 技术兼容性

在学习使用任何 Web 前端技术的同时,还需要关注浏览器的兼容性问题,PWA 技术也不例外,但是特殊的是 PWA 并不是一项技术,而是包含了很多具体的技术,所以针对这些具体的技术,不同的浏览器的兼容性也不一样,下面就来梳理一下,以下相关的数据来自 Can I Use（https://caniuse.com）。

Service Worker:作为 PWA 技术栈的核心技术,其中包含了 Cache API、Push API、Web Push Protocol,下面来看看它的兼容性,如图 16-3 所示。

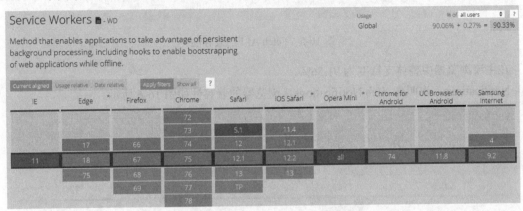

图 16-3　Service Worker 的兼容性

对于 PC 端来讲,Chrome 浏览器的支持度较好,对于移动端而言,iOS 的 Safari 浏览器从 11.4（iOS 系统版本）开始支持,Chrome for Android 从 74 版本开始支持。在主流浏览器中整体支持度为 90.33%。

Web App Manifest:也叫 manifest.json 浏览器的兼容性,如图 16-4 所示。

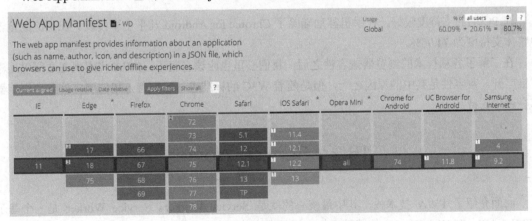

图 16-4　Web App Manifest 的兼容性

对于 PC 端来讲,Chrome 浏览器的支持度较好,对于移动端而言,整体支持度不是很好,目前只有 Chrome for Android 从 74 版本开始支持。在主流浏览器中整体支持度为 60.09%。

Fetch API:类似 XMLHttpRequest 的 API,浏览器的兼容性如图 16-5 所示。

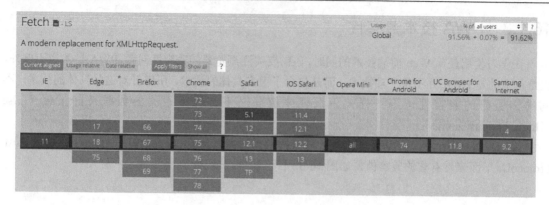

图 16-5　Fetch API 的兼容性

在主流浏览器中整体支持度为 91.56%。

Notifications：也叫作 Web Notifications，浏览器的兼容性如图 16-6 所示。

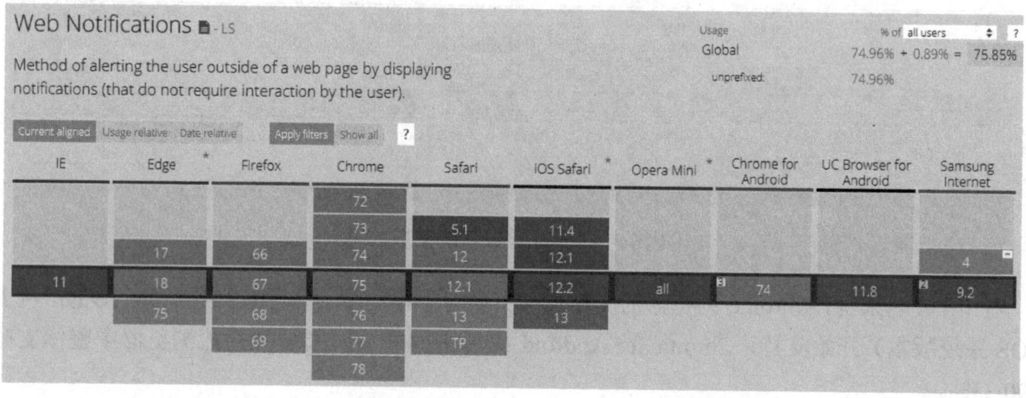

图 16-6　Notifications 的兼容性

在 PC 端的支持度较好，在手机移动端除了 Chrome for Android 几乎全军覆没。在主流浏览器中整体支持度为 74.96%。

在了解了各项技术的浏览器兼容性之后，我们心里也应该有底了，PWA 应用现在之所以还没有推广开，兼容性是其中的原因之一，但是随着 W3C 的标准进一步完善，相信国内外各大浏览器都会逐步支持。

16.2　Service Worker

前面介绍了 PWA 技术栈，其中最核心的就是 Service Worker。Service Worker 是一个基于 HTML5 API，在 Web Worker 的基础上加上了持久离线缓存和网络代理功能，结合 Cache API 提供了 JavaScript 操作浏览器缓存的功能，这使得 Service Worker 和 PWA 密不可分。但是，Service Worker 不仅可以结合 PWA 应用来使用，也可以独立使用，例如优化页面的离线功能和打开速度等。

16.2.1 Service Worker 功能和特性

一个独立的执行线程、单独的作用域范围、单独的运行环境，有自己独立的 context 上下文。

一旦安装了，就永远存在，除非被手动注销掉（unregister）。即使 Chrome 浏览器关闭也会在后台运行。利用这个特性可以实现离线消息推送功能。

处于安全性考虑，必须在 HTTPS 环境下才能工作。当然在本地调试时，使用 localhost 则不受 HTTPS 限制。

提供拦截浏览器请求的接口，可以控制打开作用域范围下所有的页面请求。需要注意的是，一旦请求被 Service Worker 接管，就意味着任何请求都由你来控制，因此一定要做好容错机制，保证页面的正常运行。

由于是独立线程，Service Worker 不能直接操作页面 DOM，但可以通过事件机制来操作页面 DOM，例如使用 postMessage。

需要指出的是，Service Worker 相关的 API 广泛地使用了 Promise，因此如果读者不熟悉 Promise，那就需要先去了解一下。

16.2.2 Promise 介绍

Promise 是一种非常适用于异步操作的机制，比传统的回调函数解决方案更合理也更强大。从语法上说，Promise 是一个对象，从中可以获取异步操作的结果：成功或者失败。在 Promise 中，有三种状态：pending（进行中）、resolved（已成功）和 rejected（已失败）。只有异步操作的结果，才可以决定当前是哪一种状态，无法被 Promise 之外的方式改变。这也是 Promise 这个名字的由来，它的英文意思是"承诺"，表示其他手段无法改变，创建一个 Promise 对象，如示例代码 16-2-1 所示。

示例代码 16-2-1 创建 Promise 对象

```
var promise = new Promise(function(resolve, reject) {
  // ... some code
  if (/* 异步操作成功 */){
    resolve(value);
  } else {
    reject(error);
  }
});
```

在上面的代码中，创建了一个 Promise 对象，Promise 构造函数接受一个函数作为参数，该函数的两个参数分别是 resolve 和 reject。这是两个内置函数，resolve 函数的作用是将 Promise 对象的状态变为"成功"，在异步操作成功时调用，并将异步操作的结果作为参数传递出去；reject 函数的作用是将 Promise 对象的状态变为"失败"，在异步操作失败时调用，并将异步操作报出的错误作为参数传递出去。当代码中出现错误（Error）时，就会调用 catch 回调方法，并将错误信息作为参数传递出去。

Promise 对象实例生成后，可以用 then 方法分别指定 resolved（成功）状态和 rejected（失败）

状态的回调函数以及 catch 方法。如示例代码 16-2-2 所示。

示例代码 16-2-2　Promise 方法的调用

```
promise.then(function(value) {
  // success 逻辑
}, function(error) {
  // failure 逻辑
}).catch(function(){
  // error 逻辑
});
```

then()方法返回的是一个新的 Promise 实例（不是原来的那个 Promise 实例）。因此可以采用链式写法，即 then()方法后面再调用另一个 then()方法，比如：

```
getJSON("/1.json").then(function(post) {
  return getJSON(post.nextUrl);
}).then(function (data) {
  console.log("resolved: ", data);
}, function (err){
  console.log("rejected: ", err);
});
```

下面是一个用 Promise 对象实现的 Ajax 操作 get 方法的例子。如示例代码 16-2-3 所示。

示例代码 16-2-3　Promise 封装 Ajax 操作

```
var getJSON = function(url) {
  // 返回一个 Promise 对象
  var promise = new Promise(function(resolve, reject){
    var client = new XMLHttpRequest(); //创建 XMLHttpRequest 对象
    client.open("GET", url);
    client.onreadystatechange = onreadystatechange;
    client.responseType = "json";        //设置返回格式为 json
    client.setRequestHeader("Accept", "application/json");//设置发送格式 json
    client.send();//发送
    function onreadystatechange() {
      if (this.readyState !== 4) {
        return;
      }
      if (this.status === 200) {
        resolve(this.response);
      } else {
        reject(new Error(this.statusText));
      }
    };
  });
  return promise;
};

getJSON("/data.json").then(function(data) {
  console.log(data);
}, function(error) {
  console.error(error);
```

```
});
```

了解 Promise 的基本知识便于后续学习使用 Service Worker。当然，Promise 的应用场合还是比较多的，如果想要深入了解，可以访问网址：https://developer.mozilla.org/en-US/docs/Web/JavaScript/Reference/Global_Objects/Promise，进行一个系统的学习。

16.2.3　注册 Service Worker

从本小节开始，我们将会演示如何使用 Service Worker。先创建一个文件夹 demo，新建一个 index.html 文件在后面使用，内容很多，只需要一些简单的测试数据即可。如示例代码 16-2-4 所示。

示例代码 16-2-4　index.html

```html
<!DOCTYPE html>
<html>
<head>
  <title>Service Worker Demo</title>
</head>
<body>
<h3>Service Worker Demo</h3>
<script type="text/javascript" src="./sw.js"></script>
</body>
</html>
```

使用 Service Worker 的第一步就是先注册，在 index.html 文件中加入一段代码来注册 Service Worker。如示例代码 16-2-5 所示。

示例代码 16-2-5　注册 Service Worker

```javascript
    if ('serviceWorker' in navigator) {
        window.addEventListener('load', function () {
            navigator.serviceWorker.register('/sw.js', {scope: '/'})
                .then(function (registration) {

                    // 注册成功
                    console.log('ServiceWorker registration successful with scope:
', registration.scope);
                })
                .catch(function (err) {

                    // 注册失败:(
                    console.log('ServiceWorker registration failed: ', err);
                });
        });
    }
```

注册 Service Worker 之前，需要判断 Service Worker 的支持性，判断 navigator 中是否有 Service Worker 对象 API，这个判断不能缺少（做好容错机制），否则代码可能会因此报错而无法正常使用。

在代码中监听了 window 的 onload 事件，当页面加载成功后就会调用下面的方法：

```javascript
navigator.serviceWorker.register('/sw.js', {scope: '/'})
```

这个方法接收两个参数，返回一个 Promise 对象，其中参数说明如下：

- **/sw.js:** 必填，表示 Service Worker 脚本的 URL 地址，同域名下的路径，必须是一个 JavaScript 文件。
- **{scope: '/'}:** 可选，可以传一个对象，但是对象只支持 scope，表示用于指定想让 Service Worker 控制内容的子目录，/表示当前的根目录（根域名），/page 表示 page 下的目录。需要说明的是，scope 关系到 Service Worker 的生效路径，必须谨慎配置，通常是 URL，默认值是/，以此来解析传入的路径，并且设置的路径必须是 sw.js 所在目录的子目录。

then()函数链式调用 Promise，当 Promise 被 resolve 时，里面的代码就会被执行。后面的 catch() 函数在 Promise 被 rejected 时才会被执行。

16.2.4 检测 Service Worker 是否注册成功

直接在浏览器中双击 index.html 是无法使用 Service Worker 服务的，所以需要使用 http-server 来开启一个 localhost 服务。

进入 demo 的根目录，然后打开 CMD 命令行控制台，运行 http-server，下面以 Chrome 浏览器来展示 Service Worker 的运行。启动 Chrome 浏览器，输入 http://localhost:8080/index.html，如图 16-7 所示。

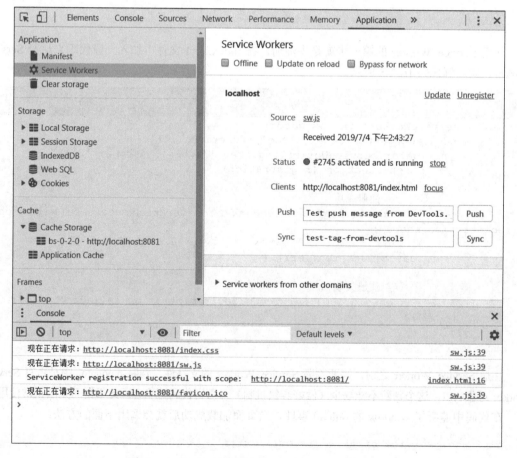

图 16-7 Chrome 浏览器中 Service Worker 的界面

在 Chrome 控制台的 Application 下，可以看到 Service Worker 的状态，Status 为绿色图标，activated and is running 表示 Service Worker 已经注册成功，正常运行。

16.2.5　安装 Service Worker

这里所谓的安装 Service Worker，其实就是监听 Service Worker 的 install 事件，在注册 Service Worker 之后，当第一次访问这个站点时，浏览器就会自动下载并安装 Service Worker，在安装成功时就会触发 install 事件，我们需要通过代码监听 install 事件，新建 sw.js，Service Worker 相关的逻辑都会写在这里，如示例代码 16-2-6 所示。

示例代码 16-2-6　Service Worker 监听 install 事件

```
var cacheName = 'bs-0-2-0'
var cacheFiles = [
  'index.css',
]

// 监听 install 事件，安装完成后，进行文件缓存
self.addEventListener('install', function (e) {
  console.log('Service Worker 状态：install')

  // 找到 key 对应的缓存并且获得可以操作的 cache 对象
  var cacheOpenPromise = caches.open(cacheName).then(function (cache) {
    // 将需要缓存的文件加进来
    return cache.addAll(cacheFiles)
  })
  // 将 promise 对象传给 event
  e.waitUntil(cacheOpenPromise)
})
```

Service Worker 的 install 事件一旦触发，就表示 Service Worker 安装成功，接下来就可以执行缓存相关的初始化逻辑。

在上述代码中，首先定义了一个 cacheName，这是一个用作标记缓存的 key 值字符串，当然也可以自定义这个 key 值，另外我们将 index.css 作为将要缓存的文件进行缓存，这里使用到了 cache 相关的 API，在后面也会多次用到。

self 是一个能够使用 Service Worker 上下文的对象，这个上下文不同于我们平时使用的 window，它是一个独立的线程，这也体现出 Service Worker 无法直接操作 DOM 的特性。另外可以看到，在 Service Worker 中大量使用了 Promise，e.waitUtntil() 接收一个 Promise 对象，表示告诉浏览器这个逻辑是异步的，直到 Promise 被 resolved 或 rejected 才会被执行。

在上面的代码中，首先定义了一个 cacheName，这是一个用作标记缓存的 key 值字符串，当然也可以自定义这个 key 值，另外我们将 index.css 作为将要缓存的文件进行缓存，这里用到了 cache 相关的 API，我们会在后文讲解。

16.2.6 激活 Service Worker

在 Service Worker 安装成功之后，Service Worker 就会激活，即 activate。在 Service Worker 首次注册和激活时，并不会有什么不同。但是，当 Service Worker 更新时，就不太一样了。因为激活的目的在于如果之前有旧的 Service Worker 在运行，就需要废弃旧的，将当前的 Service Worker 激活成最新的，激活成功之后会触发 activate 事件。在 sw.js 添加这些程序逻辑，如示例代码 16-2-7 所示。

```
示例代码 16-2-7    Service Worker 监听 activate 事件
// 监听 activate 事件，激活后通过 cache 的 key 来判断是否更新 cache 中的静态资源
self.addEventListener('activate', function (e) {
  console.log('Service Worker 状态：activate')
  var cachePromise = caches.keys().then(function (keys) {
    // 遍历当前 scope 使用的 key 值
    return Promise.all(keys.map(function (key) {
      // 如果新获取到的 key 和之前缓存的 key 不一致，就删除之前版本的缓存
      if (key !== cacheName) {
        return caches.delete(key)
      }
    }))
  })
  // 将 promise 对象传给 event
  e.waitUntil(cachePromise)
  // 在 activate 事件回调函数中执行该方法表示取得页面的控制权，保证第一次加载 fetch
  return self.clients.claim()
})
```

请记住，一旦使用了缓存，那么必不可少的就是必须要关注缓存的更新，Service Worker 也不例外。

上面代码的程序逻辑就是找到之前的缓存，通过对比此次的 key 值是否与之前的缓存用的 key 值相同，如果不同则对缓存进行更新。

16.2.7 Service Worker 更新

下面就来讲解一下 Service Worker 在什么时机更新，是如何更新的，更新哪些内容，可以归纳如下：

- 每当已安装的 Service Worker 页面被打开时，便会触发 Service Worker 脚本更新。
- 当上次脚本更新写入 Service Worker 数据库的时间戳与本次更新超过 24 小时，便会触发 Service Worker 脚本更新。
- 当 sw.js 文件改变时，便会触发 Service Worker 脚本更新。

更新流程与安装类似，只是在更新安装成功后不会立即进入激活状态，更新后的 Service Worker 会和原始的 Service Worker 共存，并运行它的 install 事件回调函数，一旦新的 Service Worker 安装成功，它就会进入 wait 状态，需要等待旧版本的 Service Worker 进程/线程终止。self.skipWaiting() 可以阻止这种等待，让新 Service Worker 安装成功后立即激活。整个流程如图 16-8 所示。

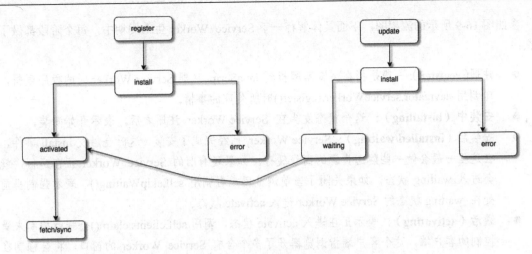

图 16-8　Service Worker 的更新流程

了解了整个更新流程之后，基本上对 Service Worker 工作的大致过程就有所了解了。下面讲解 Service Worker 的生命周期。

16.2.8　Service Worker 生命周期

前面提到的 install 事件和 activate 事件都是在 Service Worker 的生命周期中触发的，一个完整的 Service Worker 生命周期如图 16-9 所示。

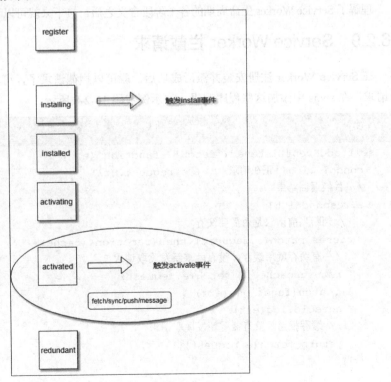

图 16-9　Service Worker 生命周期

参照图 16-9 所示的流程图，下面具体解释一下 Service Worker 生命周期中，每个阶段都做了什么：

- **注册（register）**：一般是指在浏览器解析到 JavaScript 注册 Service Worker 时的程序逻辑，即调用 navigator.serviceWorker.register()时所处理的事情。
- **安装中（installing）**：这个状态发生在 Service Worker 注册之后，表示开始安装。
- **安装后（installed/waiting）**：Service Worker 已经完成了安装，这时会触发 install 事件，在这里一般会做一些静态资源的离线缓存。如果还有旧的 Service Worker 正在运行，就会进入 waiting 状态，如果关闭了当前浏览器或者调用 self.skipWaiting()，表示强制当前处在 waiting 状态的 Service Worker 进入 activate 状态。
- **激活（activating）**：表示正在进入 activate 状态，调用 self.clients.claim()会强行控制未受控制的客户端，这个客户端指浏览器开了多个含有 Service Worker 的窗口，将会强制在不切换的情况下，替换旧的 Service Worker 脚本以便让其不再控制这些页面，之后将被停止，此时会触发 activate 事件。
- **激活后（activated）**：这个状态表示 Service Worker 激活成功，在 activate 事件回调中，一般会清除上一个版本的静态资源缓存，或者采用其他更新缓存的策略。这代表 Service Worker 已经可以处理功能性的事件 fetch（读取请求）、sync（后台同步）、push（推送）、message（操作 DOM）。
- **废弃状态（redundant）**：这个状态表示一个 Service Worker 的生命周期结束。

理解了 Service Worker 生命周期的各个阶段含义之后，接下来就可以利用 fetch 事件来拦截请求。

16.2.9　Service Worker 拦截请求

在 Service Worker 注册安装并激活成功后，就可以拦截请求了，可以通过监听 fetch 事件来处理请求。在 sw.js 中添加这些程序逻辑，如示例代码 16-2-8 所示。

示例代码 16-2-8　Service Worker 拦截请求

```
self.addEventListener('fetch', function (e) {
  console.log('正在请求：' + e.request.url)
  // 替换返回结果
  e.respondWith(
    // 判断当前请求是否需要缓存
    caches.match(e.request).then(function (cache) {
      // 有缓存就用缓存，没有就重新发读取请求
      return cache || fetch(e.request)
    }).catch(function (err) {
      console.log(err)
      // 缓存报错，就直接重新发读取请求
      return fetch(e.request)
    })
  )
})
```

需要注意的是，一旦监听 fetch 事件之后，在之前注册 Service Worker 时的 scope 下的所有请求都会经过这里，所以这里的代码需要做好容错机制。

在上面的代码中，采用 e.respondWith()方法来替换请求，先去寻找缓存中是否有资源，有缓存就用缓存，没有就重新调用 fetch 从网络获取资源。

在 sw.js 中已经添加了不少的程序逻辑，接下来验证一下程序，首先创建一个 index.html 文件，文件内容随意，在 index.html 中导入 index.css，如示例代码 16-2-9 所示。

示例代码 16-2-9　index.html 导入 index.css

```
...
<head>
  <title>Service Worker Demo</title>
  <link rel="stylesheet" type="text/css" href="./index.css">
</head>
...
```

接下来，在项目根目录执行 http-server 并启动项目，在浏览器中输入 http://localhost:8080/index.html，在 Chrome 的开发工具中，切换到 Network 面板，可以看到当前页面的网络请求，查看一下效果，如图 16-10 所示。

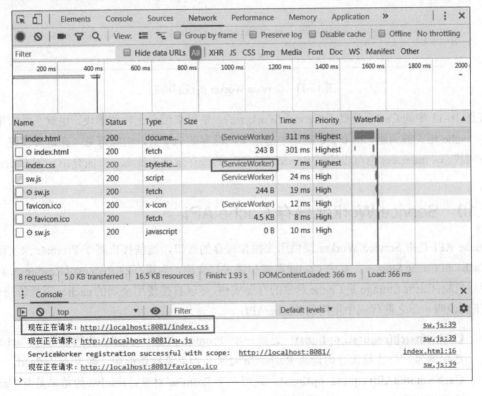

图 16-10　Service Worker 的拦截请求

获取 index.css 的请求处于 Service Worker，表示这个资源文件来自 Service Worker，在下面的 Console 面板中，可以看到在 fetch 回调方法（即回调函数）中打印的日志，再切换到 Chrome 控制台的 Application 下，查看 Service Worker 的缓存，如图 16-11 所示。

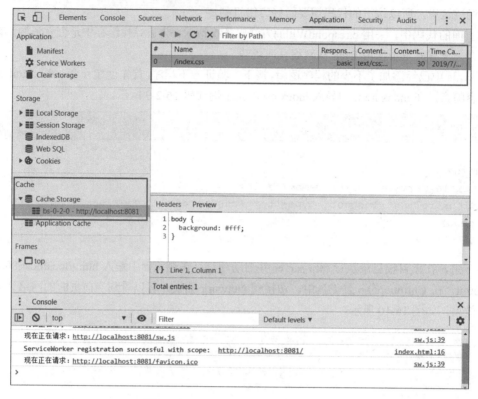

图 16-11　Service Worker 的缓存内容

在图 16-11 中的 Cache 是属于 Service Worker 的，是用来缓存文件的模块，也就是之前编写在 sw.js 中 cache 相关的调用，bs-0-2-0 就是之前定义的缓存的 key 值，由此可见，在这种情况下即使处于断网状态，index.css 也可以通过 Service Worker 的缓存来读取资源，下面介绍一下 Cache 的使用。

16.2.10　Service Worker 缓存 Cache API

Cache API 是由 Service Worker 提供用来操作缓存的接口，这些接口基于 Promise 来实现，包括了 Cache 和 Cache Storage，其中 Cache 直接和请求打交道，为缓存的 Request / Response 对象对提供存储机制，Cache Storage 是 Cache 对象的存储实例，可以直接使用全局的 caches 属性访问 Cache API。下面说明一下之前代码中使用的 Cache API：

- **Cache.match(request, options)**：返回一个 Promise 对象，resolve 的结果是与 Cache 对象匹配的第一个已经缓存的请求 Response 对象，如果没有匹配到，则为 undefined。
- **Cache.matchAll(request, options)**：返回一个 Promise 对象，resolve 的结果是与 Cache 对象匹配的所有 Response 组成的数组。
- **Cache.addAll(requests)**：接收一个 URL 数组，检索并把返回的 Response 对象添加到给定的 Cache 对象中。
- **Cache.delete(request, options)**：搜索 key 值为 request 的 Cache 条目。如果找到，则删除

该 Cache 条目，并且返回一个 resolve 为 true 的 Promise 对象；如果未找到，则返回一个 resolve 为 false 的 Promise 对象。

- **Cache.keys(request, options)**：返回一个 Promise 对象，resolve 的结果是 Cache 对象 key 值所组成的数组。

除了一些 API 的区别之外，可以把 Cache API 当作和 local Storage 一样的方式去使用，除了 API 的一些差别之外，还要注意的是每个浏览器都硬性限制了一个网域下缓存数据的大小，可以使用 StorageEstimate API，即 navigator.storage.estimate()获得这个缓存的大小，如图 16-12 所示。

```
> await navigator.storage.estimate()
< ▼{quota: 2779758271, usage: 10615323, usageDetails: {…}}
     quota: 2779758271
     usage: 10615323
   ▼usageDetails:
       caches: 10520320
       indexedDB: 1211
       serviceWorkerRegistrations: 93792
     ▶ __proto__: Object
   ▶ __proto__: Object
```

图 16-12　StorageEstimate API

quota 表示总容量，usage 表示已用量，usageDetails 表示使用详情。浏览器会尽其所能去管理磁盘空间，但它有可能会删除一个网域下的缓存数据。浏览器要么自动删除特定域的全部缓存，要么全部保留。如果不想让浏览器自动处理缓存，需要编写好缓存的更新和删除逻辑。

16.2.11　Service Worker 离线推送 Push API

Service Worker 的另外一个技术特性是离线推送功能，所谓离线推送就是离线消息推送，顾名思义就是在手机上收到的某个应用（App）推送的消息，相较于移动端原生的应用，Web 应用缺少这一项常用的功能。而借助 Service Worker，就是用户在打开浏览器时，不需要进入特定的网站，就能收到该网站推送来的消息，例如：新评论、新动态等。需要说明的是，这项特性目前在 iOS 系统中并不支持，而在 PC 端或者 Android 端的 Chrome 浏览器中，可以实现在用户不打开浏览器的情况下，收到离线推送的消息。

想要完成离线消息推送需要 2 个部分：客户端监听消息和服务端推送消息。在 sw.js 中添加消息监听逻辑，如示例代码 16-2-10 所示。

示例代码 16-2-10　Service Worker 监听 push 事件

```
// 添加 service worker 对 push 的监听
self.addEventListener('push', function (e) {
  var data = e.data
  if (e.data) {
    var text = data.text()
    console.log('push 的数据为：', text)
    // 调用 Notification API 提醒消息
    self.registration.showNotification(text)
```

```
  } else {
  console.log('push 没有任何数据')
  }
})
```

在完成监听逻辑之后，就要模拟推送逻辑了，切换到在 Chrome 控制台的 Application 下，查看 Service Worker 面板，可以看到有一个 Push 按钮，这里可以利用 Chrome 模拟后端发起一个推送，单击这个按钮之后即可看到控制台上打印了推送的数据。self.registration 表示在 Service Worker 注册安装成功后可供使用的 Service Worker 相关 API 接口的上下文对象。调用 showNotifacation 方法并弹出了提示消息，如图 16-13 所示。

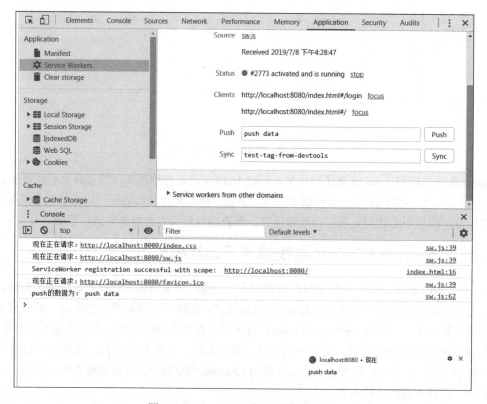

图 16-13　Service Worker 推送的数据

当然，这里只是采用 Chrome 浏览器来模拟后端的推送，在实际项目中是无法使用的，真正的后端推送需要遵循 Web Push 协议和流程。

Web Push 是一个基于客户端、服务端和推送服务器三者组成的一种流程规范，可以分为 3 个步骤：

● 客户端完成请求订阅一个用户的处理逻辑。

● 服务端调用遵循 Web Push 协议的接口，把消息推送到推送服务器（该服务器由浏览器决定，开发者所能做的只是控制发送的数据）。

● 推送服务器将该消息推送至对应的浏览器，用户收到推送的消息。

用户订阅就相当于通知提供订阅服务的后端，如果想要更新，可以直接推送内容，流程如图 16-14 所示。

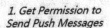
1. Get Permission to　　2. Get PushSubscription　　3. Send PushSubscription
Send Push Messages　　　　　　　　　　　　　　　　to Your Server

图 16-14　用户订阅的流程

首先，浏览器需要获得用户的授权，即 Get PushSubscription，同意之后将用户标识发给后端，当用户完成了订阅之后，后端就相当于存储了这个用户的信息，有内容时就推送消息，流程如图 16-15 所示。

图 16-15　推送流程

服务端的推送流程总结如下：

● 首先，在项目的后台（服务器）存储用户订阅时传给过来的标识。

● 然后，在后台要推送时，找到这个标识，并联系推送服务器将内容和标识传给推送服务，再让推送服务将消息推送给用户端（iOS 和 Android 各自都有自己的推送服务器，这个和操作系统相关）。

● 最后在这里有一个约定，用户的标识要和推送服务达成一致，例如使用 Chrome 浏览器，那么推送服务就是 Google 公司的推送服务 FCM[1]。

当然，上面讲解的都是一些理论流程的知识，真正到代码中，还需要具体去编写一些处理逻辑，由于这部分内容涉及后端的知识，因此这里就不过多讲解，如果读者想要学习这部分的内容，可以在我们提供的 Service Worker 的演示源码里找到。

至此，Service Worker 的基本知识就讲解完了。我们理解了 Service Worker 在 PWA 应用中扮演了重要的角色，利用 Service Worker 的请求拦截和缓存处理能让项目真正做到离线访问，同时 Service Worker 也提供了 Push 的功能，可以让 Web 应用更像是一个真实的原生应用。当然，Service Worker 可以作为一个独立的技术来使用，例如可以利用缓存来提升页面的用户体验等。下面来讲解 PWA 技术栈的另一个技术特性——Notifications。

---

[1] FCM（Firebase Cloud Messaging）指云信息传递，是由 Google 提供的一种跨平台消息传递解决方案，可提供免费、可靠的消息传递服务。

16.3 Notifications

Notifications 这里特指 Web Notifications，也就是 Web 通知，它允许服务器向用户提示一些信息，并根据用户不同的行为进行一些简单的处理。结合 Service Worker 的 Push 可以实现比较常见的功能，包括电商网站向用户提醒他们所关注商品的价格变化，或在线聊天网站提醒用户收到了新消息，等等。需要说明的是，Notifications 其实也是一种标准规范，规范了基本的 API，各个浏览器厂商则按照规范去实现，当然，Notifications 不仅可以结合 Service Worker 来使用，也可以独立使用。下面主要基于 PC 端的 Chrome 浏览器来讲解 Notifications。

16.3.1 获取授权

正如常见的推送通知一样，我们可以设置是否接受通知，所以通知必须被授权，否则就会造成滥用，试想一下被垃圾推送轰炸的场景，那是一件多么可怕的事情。Notifications 获取用户授权时会在浏览器左上角弹出一个确认框，询问用户是否允许此站点以域名来区分推送通知，获取授权如示例代码 16-3-1 所示。

示例代码 16-3-1　Notification 获取授权

```
if (window.Notification) {
    Notification.requestPermission( function(status) {
        console.log(status); // 仅当值为 "granted" 时显示通知
    });
}
```

上述代码在执行时，会出现询问是否允许授权的确认框，单击"允许"按钮即表示允许通知，如图 16-16 所示。

图 16-16　通知授权

之后可以通过检查只读属性 Notification.permission 的值来查看是否已经有权限。该属性的值将是下列之一：

- **default:** 用户还未被询问是否授权，所以通知不会被显示。
- **granted:** 表示之前已经询问过用户，并且用户已经授予了显示通知的权限。
- **denied:** 用户已经明确地拒绝了显示通知的权限。

16.3.2 显示通知

在获取授权之后就可以定制化显示所要通知的内容了，如果是在 Service Worker 中，则可以使用 self.registration.showNotification 方法，如果是单独使用，则可以通过 new Notification() 显示通知，大多数情况下是通过 self.registration.showNotification 显示通知的，可以修改一下之前在 sw.js 中的代码，如示例代码 16-3-2 所示。

示例代码 16-3-2　显示通知

```
self.registration.showNotification('收到新消息', {
  body: '收到消息，呼起APP',
  icon: './imgs/icon.png',
  actions: [{
      action: 'go-in',
      title: '进入程序'
  }]
})
```

其中一些参数表示如下：

● **title：** 通知的标题。
● **body：** 通知的主要内容文字。
● **icon：** 通知的图标，可以配置一张图片的链接地址。
● **actions：** 通知的操作项，是一个数组，action 表示单击之后触发的 key 值，title 表示操作项的名称。

通知显示效果和各项设置，如图 16-17 所示。

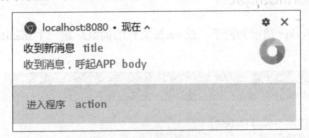

图 16-17　通知显示的设置

可以通过给 Notifications 绑定 click 事件来完善通知项的单击处理逻辑，这样就用到所设置的 action 值，具体的代码可以参考示例代码 16-3-3 所示。

示例代码 16-3-3　通知项的单击处理

```
self.addEventListener('notificationclick', function (e) {
    var action = e.action;
    if (action === 'go-in') {
      console.log('单击了 action')
    }
    // 关闭通知
    e.notification.close();
});
```

当然，在显示通知这里还有很多可设置的选项，有些是不经常用的，这里就不过多介绍了。另外，显示通知在手机端 iOS 系统的 Safari 中是无法使用的，在 Android 中可以使用 Android 版本的 Chrome 浏览器来显示通知，代码是通用的，显示效果如图 16-18 所示。

图 16-18　Android 版本的 Chrome 显示通知

16.4　Web App Manifest

之前讲解的 Service Worker 可用于进行离线缓存，Notifications 可用于进行离线通知显示，那么 Web App Manifest 这项技术就是来给 PWA 应用锦上添花的。Web App Manifest 作为 PWA 技术栈其中的一项，实际上就是一个文件的各种设置，这个文件名为 manifest.json，它是一个 json 格式的文件，通过这些设置可以实现很多功能，例如把站点添加到主屏幕，让 PWA 应用具有更加原生的体验。

16.4.1　导入 manifest.json

还是以 Service Worker 演示为例子，在 sw.js 文件的同级新建一个 manifest.json 文件，如示例代码 16-4-1 所示。

示例代码 16-4-1　manifest.json

```
{
    "short_name": "WECIRCLE",
    "name": "WECIRCLE",
    "icons": [
        {
            "src": "./imgs/icon.png",
            "type": "image/png",
            "sizes": "192x192"
        }
    ],
    "start_url": "./index.html",
    "display": "standalone",
    "background_color": "#181818",
    "theme_color": "#181818"
}
```

然后，在 index.html 中使用 link 标签导入 manifest.json 文件，注意放在 HTML 的头部。如示例代码 16-4-2 所示。

示例代码 16-4-2　导入 manifest.json 文件

```
<link rel="manifest" href="./manifest.json">
```

设置完成之后，在浏览器中打开 http://localhost:8080/index.html，在 PC 端的 Chrome 浏览器或者 iOS 的 Safari 浏览器中，或者在 Android 的 Chrome 浏览器中，都会多出一个功能"将程序添加到主屏幕"，如图 16-19、图 16-20 和图 16-21 所示。当成功保存到主屏幕之后，就像保存了一个真实的应用，在下一次使用时，直接打开这个桌面程序即可。

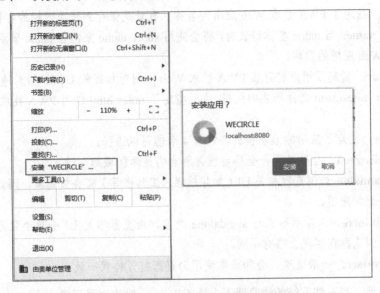

图 16-19　PC 版本的 Chrome 保存到桌面

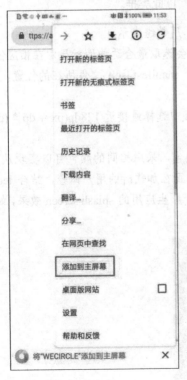

图 16-20　Android 版本的 Chrome 保存到桌面　　图 16-21　iOS 版本的 Safari 保存到桌面

16.4.2 manifest.json 各项设置

当然，在之前的 manifest.json 文件中只是进行了一些简单的设置，关于 manifest.json 还有更多的设置项，这些完整的设置项解释如下：

- **name:** 指定了 PWA 技术 Web 应用的名称，也就是保存到桌面图标的名称。
- **short_name:** 当 name 名称过长时，将会使用 short_name 来代替 name 显示，也就是 PWA 技术 Web 应用的简称。
- **start_url:** 指定了用户打开该 PWA 技术 Web 应用时加载的 URL。相对地址的 URL 是相对于 manifest.json 文件所在的位置。这里指定了 index.html 作为 PWA 技术 Web 应用的启动页。
- **display:** 指定了应用的显示模式，它有 4 个值可以选择：
  - ✧ **fullscreen:** 全屏显示，会尽可能将所有的显示区域都占满。
  - ✧ **standalone:** 浏览器相关 UI（如导航栏、工具栏等）将会被隐藏，因此看起来更像一个原始应用。
  - ✧ **minimal-ui:** 显示形式与 standalone 类似，浏览器相关 UI 会最小化为一个按钮，不同浏览器在实现上略有不同。
  - ✧ **browser:** 一般来说，会和正常使用浏览器打开样式一致。

这里需要说明，当一些系统的浏览器不支持 fullscreen 时将会显示成 standalone 的效果，当不支持 standalone 属性时，将会显示成 minimal-ui 的效果，以此类推。

- **icons:** 指定了应用的桌面图标和启动页图像，用数组表示：
  - ✧ **sizes:** 图标的大小。通过指定大小，系统会选取最合适的图标显示在相应位置上。
  - ✧ **src:** 图标的文件路径。相对路径是相对于 manifest.json 文件所在的位置，也可以使用绝对路径，例如 http://xxx.png。
  - ✧ **type:** 图标的图片类型。浏览器会从 icons 中选择最接近 128dp(px = dp * (dpi / 160)) 的图片作为启动画面。
- **background_color:** 指定了启动画面的背景颜色，采用相同的颜色可以实现从启动画面到首页的平稳过渡，也可以用来改善页面资源正在加载时的用户体验，结合 icons 属性，可以定义背景颜色+图片的启动页效果，类似于原生应用的 splash screen 效果，如图 16-22 所示。

图 16-22　manifest.json 设置的 splash screen 效果

- **theme_color:** 指定了 Web 应用的主题颜色。可以通过该属性来控制浏览器用户界面（UI）的颜色。比如状态栏、内容页中的状态栏、地址栏的颜色，都会被 theme_color 所影响。

之前在讲解 manifest.json 兼容性的时候介绍过，manifest.json 部分支持 iOS，可以通过设置 meta 的方式来完善 manifest.json 设置，即在 index.html 的头部添加一些代码，如示例代码 16-4-3 所示。

示例代码 16-4-3　iOS 设置 meta

```html
<meta name="mobile-web-app-capable" content="yes">
<meta name="apple-mobile-web-app-capable" content="yes">
<link rel="apple-touch-icon" sizes="192x192" href="./img/icons.png" />
```

上面的 manifest.json 基本设置比较完整了，涵盖了日常需要的很多选项，结合这些设置，能让 PWA 应用的功能更加强大。

16.5　本章小结

在本章中，讲解了 PWA 技术的相关知识，PWA 技术作为移动 Web 开发中的重要环节，还在不断发展壮大中，随着近些年各大浏览器厂商不断更新以及标准不断规范，相信 PWA 会越来越火。本章以一个 Service Worker 的演示代码为主线，讲解 PWA 的技术特性，现在总结如下：

- PWA 技术作为新兴技术必然会有浏览器兼容性问题，在使用时需要注意兼容问题的处理。
- Promise 是一个 JavaScript 处理异步请求以及回调的解决方案，掌握好它也是使用 Service Worker 的必备前置技能，在本章中简单介绍了 Promise，读者要理解 resolve 和 reject 以及 then 等链式调用的基本用法。
- Service Worker 是 PWA 技术中的核心特性，它主要用于离线缓存管理，有着丰富的 API 可供使用，当然也可以单独使用 Service Worker 来提升项目的用户体验。
- Notifications 是一个负责通知逻辑的模块，主要用来定制化离线推送功能，掌握基本的 API 可以让通知显示更加多样化。
- 最后是 Web App Manifest 技术，也就是 manifest.json 文件的各项设置，它主要用于为 Web 页面增加保存到桌面或者主屏幕的功能，包括设置一些启动参数，例如图片、闪屏等，它让 PWA 应用更加逼近与原生应用，为用户体验锦上添花。

下面来检验一下读者对本章内容的掌握程度：

- 什么是 PWA 应用，它有哪些特性？
- Service Worker 技术和 PWA 技术的关系是什么？
- Service Worker 的更新策略是什么？
- Service Worker 的生命周期是什么？
- manifest.json 文件的内容是什么格式的，它的作用是什么？

第17章

ECMAScript 6 语言基础

本章的实战项目将会全部采用 ECMAScript 6.0（简称 ES6）语法来开发，ES6（于 2015 年 6 月正式发布）是 JavaScript 语言的下一代标准，相对于 ES5（于 2011 年 6 月正式发布），新增了一些语法规则和数据结构方法，例如比较典型的 Set 和 Map 数据结构和箭头函数，等等，可以理解成传统 JavaScript 的升级版，后续还会有 ES7、ES8 版本等。

由于移动端操作系统和浏览器兼容性问题的限制，虽然大部分原生就支持 ES6 语法的 JavaScript，但是仍有一部分市场占有率较低的机型无法支持 ES6 语法，例如 Android 系统 4.4 及以下版本和 iOS 系统 8.4 及以下版本。因此为了项目的健壮性和更强的适配性，会采用 Node.js 的 Babel 工具来将 ES6 代码转换成兼容性更强的 ES5 代码。

由于 ES6 的语法内容很多，相对复杂，因此本章只会对实战项目中用到的 ES6 语法并结合 ES5 的写法来对比讲解和演示。

17.1 变量声明

17.1.1 let, var, const

在 ES6 语法中，新增了 let 和 const 来声明变量，在 ES6 之前，ES5 中只有全局作用域和函数作用域，代码如下：

```
if(true) {
    var a = 'Tom'
}
console.log('a',a) // Tom
```

作用域是一个独立的地盘，让变量不外泄出去，但是上面代码中的变量 a 就作为全局作用域外泄了出去，所以此时 JavaScript 没有区块作用域（或称为块级作用域）的概念。

在 ES6 中加入区块作用域之后，代码如下：

```
if(true) {
  let a = 'Tom'
}
console.log('a',a) // Uncaught ReferenceError: a is not defined
```

let 和 var 都可用来声明变量，但是在 ES6 中，有下面一些区别：

- 使用 var 声明的变量，没有区块的概念，可以跨块访问。
- 使用 let 声明的变量，只能在区块作用域中访问，不能跨块访问。

在相同的作用域下，使用 var 和 let 具有相同的效果，建议在 ES6 语法中使用 let 来声明变量，这样可以更加明确该变量所处的作用域。

const 表示声明常量，一般用于一旦声明就不再修改的值，并且 const 声明的变量必须经过初始化，代码如下：

```
const a = 1
a = 2 // Uncaught TypeError: Assignment to constant variable
const b // Uncaught SyntaxError: Missing initializer in const declaration
```

总结一下，如果在 ES5 中习惯了使用 var 来声明变量，在切换到 ES6 时，就需要思考一下变量的用途和类型，选择合适的 let 和 const 来使代码更加规范和语义化。

17.1.2　箭头函数

ES6 新增了使用"箭头"（=>）声明函数，代码如下：

```
let f = v => v
// 等同于
var f = function (v) {
  return v
}
```

如果箭头函数不需要参数或需要多个参数，就使用一个圆括号代表参数部分，当函数的内容只有返回语句时，可以省去大括号和 return 指令，代码如下：

```
let f = () => 5
// 等同于
var f = function () { return 5 }

let sum = (num1, num2) => num1 + num2;
// 等同于
var sum = function(num1, num2) {
  return num1 + num2
}
```

如果箭头函数的内容部分多于一条语句，就要用大括号将它们括起来，并且使用 return 语句返回，代码如下：

```
let sum = (num1, num2) => {
  let num = 0
  return num1 + num2 + num;
}
```

箭头函数会默认绑定外层的上下文对象 this 的值，因此在箭头函数中 this 的值和外层的 this 是一样的，不需要使用 bind 或者 call 的方法来改变函数中的上下文对象，例如下面的代码：

```
mounted () {
  this.foo = 1
  setTimeout(function(){
    console.log(this.foo)     // 打印出 1
  }.bind(this),200)
}
//相当于
mounted () {
  this.foo = 1
  setTimeout(() => {
    console.log(this.foo)     // 同样打印出 1
  },200)
}
```

上面的代码中，在 Vue.js 的 mounted 方法中 this 指向当前的 Vue 组件的上下文对象，如果想要在 setTimeout 的方法中使用 this 来获取当前 Vue 组件的上下文对象，那么非箭头函数需要使用 bind，箭头函数则不需要。

箭头函数是实战项目中使用最多的 ES6 语法，所以掌握好其规则和用法是非常重要的。

17.1.3　对象属性和方法的简写

ES6 允许在大括号中直接写入变量和函数，作为对象的属性和方法，这样的书写更加简洁，代码如下：

```
const foo = 'bar'
const baz = {foo}

// 等同于
const baz = {foo: foo}
console.log(baz) // {foo: "bar"}
```

对象中如果含有方法，也可以将 function 关键字省去，代码如下：

```
{
  name: 'item',
  data () {
    return {
      name:'bar'
    }
  }
}
```

```
  mounted () {

  },
  methods: {
    clearSearch () {

    }
  }
}
// 相当于
{
  name: 'item',
  data :function() {
    return {
name:'bar'
    }
  }
  mounted :function() {

  },
  methods: {
    clearSearch :function() {

    }
  }
}
```

在上面的代码中，展示了采用 ES6 语法来创建 Vue 组件所需的方法和属性，包括 name 属性、
mounted 方法、data 方法，等等，是后面实战项目中经常使用的写法。

17.2　模块化

17.2.1　ES6 模块化概述

在 ES6 版本之前，JavaScript 一直没有模块（Module）体系，无法将一个大程序拆分成互相依
赖的小文件，再用简单的方法拼装起来。其他语言都有这项功能，比如 Ruby 的 require，Python 的
import，甚至就连 CSS 都有@import，但是 JavaScript 任何这方面的支持都没有，这对开发大型的、
复杂的项目形成了巨大障碍。

好在广大的 JavaScript 程序员自己制定了一些模块加载方案，最主要的有 CommonJS 和 AMD
两种。前者用于 Node.js 服务器，后者用于浏览器。

17.2.2　import 和 export

随着 ES6 的到来，终于原生支持了模块化功能，即 import 和 export，而且实现得相当简单，完全可以取代 CommonJS 和 AMD 规范成为浏览器和服务器通用的模块化解决方案。

在 ES6 的模块化系统中，一个模块就是一个独立的文件，模块中的对外接口采用 export 关键字导出，可以将 export 放在任何变量、函数或类声明的前面，从而将它们暴露给外部代码使用，代码如下：

要导出数据，在变量前面加上 export 关键字：

```
export var name = "小明";
export let age = 20;

// 上面的写法等价于下面的写法

var name = "小明";
let age = 20;
export {
  name:name,
  age:age
}
// export 对象简写的方式
export {name,age}
```

要导出函数，需要在函数前面加上 export 关键字：

```
export function sum(num1,num2){
  return num1 + num2;
}
// 等价于
let sum = function (num1,num2){
  return num1 + num2;
}
export sum
```

所以，如果没有通过 export 关键字导出，在外部则无法访问该模块的变量或者函数。

有时会在代码中看到使用 export default，它和 export 具有同样的作用，都是用来导出对外提供接口的，但是它们之间还有一些区别：

- export default 用于规定模块的默认对外接口，并且一个文件只能有一个 export default，而 export 可以有多个。
- export default 只能直接输出，不能先声明再输出。

```
// export default 只能直接输出
export default function sum(num1,num2) {
  return num1 + num2;
}
```

在一个模块中可以采用 import 来导入另一个模块 export 的内容。

导入含有多个 export 的内容，可以采用对象简写的方式，也是现在使用比较多的方式，代码如下：

```
//other.js
var name = "小明"
let age = 20
// export 对象简写的方式
export {name,age}

//import.js
import {name,age} from "other.js"
console.log(name) // 小明
console.log(age) // 20
```

导入只有一个 export default 的内容，代码如下：

```
//other.js
export default function sum(num1,num2) {
  return num1 + num2;
}
//import.js
import sum from "other.js"
console.log(sum(1,1)) // 2
```

有时也会在代码中看到 module.exports 的用法，这种用法是从 Node.js 的 CommonJS 演化而来，它其实就是相当于：

```
module.exports = xxx
// 相当于
export xxx
```

ES6 的模块化方案使得原生 JavaScript 的"拆分"能力提升了一个大的台阶，几乎成为当下最流行的写法，并应用在大部分的企业项目中。

17.3　async/await

async/await 语法在 2016 年就已经提出来了，属于 ES7 其中的一个测试标准（目前来看是直接跳过 ES7，列为 ES8 的标准了），它主要为了解决下面两个问题：

● 过多的嵌套回调问题。
● 以 Promise 为主的链式回调问题。

在之前的章节中讲解过 Promise，如果说 Promise 解决了恐怖的嵌套回调问题，但是解决得并不彻底，过多地使用 Promise 会引发以 then 为主的复杂链式调用问题，同样会让代码在阅读起来不那么顺畅，那么 async/await 就是它们的救星。

async/await 是两个关键字，根据翻译可以了解它们主要解决异步问题，其中 async 关键字代表后面的函数中有异步操作，await 关键字表示等待一个异步方法执行完成。这两个关键字需要结合使用。

当函数中有异步操作时，就可以在声明时再其前面加一个关键字 async，代码如下：

```
async function myFunc() {
   //异步操作...
}
```

使用 async 声明的函数在被调用时，会将返回值转换成一个 Promise 对象，因此 async 函数通过 return 返回的值，会进入 Promise 的 resolved 状态，成为 then 方法中回调函数的参数，代码如下：

```
// myFunc()返回一个 Promise 对象
async function myFunc() {
  return 'hello';
}
// 使用 then 方法就可以接收到返回值
myFunc().then(value => {
  console.log(value); // hello
})
```

如果不想使用 Promise 的方式接收 myFunc()的返回值，可以使用 await 关键字更加简洁地获取返回值，代码如下：

```
async function myFunc() {
  return 'hello';
}
let foo = await myFunc(); // hello
```

await 表示等待一个 Promise 返回，但是 await 后面的 Promise 对象不会总是返回 resolved 状态，如果发生异常，则进入 rejected 状态，那么整个 async 异步函数就会中断执行，为了记录错误的位置和编写异常逻辑的代码，需要使用 try/catch，代码如下：

```
try {
  let foo = await myFunc(); // hello
}catch(e){
  // 错误逻辑
  console.log(e)
}
```

下面举一个例子，在后面的实战项目开发中，会经常用到数据接口请求数据的场合，接口请求一般是一个异步操作，例如在 Vue 的 mounted 方法中请求数据，代码如下：

```
async mounted () {
    // 代码编写自上而下一行一行便于阅读
  let resp = await ajax.get('weibo/list')
  let top = resp[0]
  console.log(top)
}
```

在上面的代码中，ajax.get()方法会返回一个 Promise，采用 await 进行了接收，并且 await 必须包含在一个用 async 声明的函数中。

可以看出，在使用了 async/await 之后，整个代码逻辑更加清晰，没有了复杂的回调和烦琐的换行。

至此，对于实战项目中用到的相关 ES6 语法基本讲解完毕，如果读者想更进一步了解 ES6 的更多语法知识，可以自行在其官网上学习。

17.4　本章小结

在本章中，讲解了 ECMAScript 6 语言的相关知识，主要内容包括：ES6 的变量声明、ES6 的模块化方案、async/await 异步函数解决方案。ES6 语法是一个新的标准，并且会在越来越多的前端项目中使用，更多的开源框架和工具会默认采用 ES6 语法，所以掌握好这些知识就非常重要。

当然，本章讲解的这些知识只是 ES6 语言的一部分，目的是为了后面的实战项目打下基础，读者可以在其官网上学习更多的语法知识。

下面来检验一下读者对本章内容的掌握程度：

- 使用 let，var，const 三种方式声明变量有什么区别？
- 箭头函数 let sum = (num) => num+1，如果采用 ES5 的写法该如何写？
- ES6 模块化方案中 export 和 export default 有什么区别？
- async/await 主要用来解决什么问题？

第18章

响应式单页面管理系统的开发

在本章，主要结合之前所学习的 Vue.js 的相关基础知识，来开发一个小型的实战项目——待办事项系统，该实战项目是一个响应式的单页面管理系统，主要有以下几个功能：

- 创建一个事项。
- 将事项标记为已完成。
- 将事项标记为未完成。
- 删除一个事项。
- 恢复一个删除的事项。

其中实战项目主要使用了 Vue.js 的基础知识，较适合初学者，主要知识包括：

- Vue.js 单文件组件的使用。
- Vue.js 常用指令的使用。
- Vue.js 组件的通信方式。
- Vue.js 生命周期方法和事件方法的使用。
- Vue.js 监听属性。

同时也包括了一些移动端布局以及离线存储等相关知识，建议读者在学习完本书的 Vue.js 核心基础章节后再来动手实现该项目，以便巩固所学到的知识。

18.1　创建 index.html

作为一个单页应用，首先需要创建对应的 HTML 页面，同时导入 Vue.js 库文件，再新建 vue-todo 文件夹，进入该文件夹后创建 index.html，代码如下：

```
<!DOCTYPE html>
```

```
<html lang="en">
  <head>
    <meta charset="utf-8">
    <meta name="viewport" content="width=device-width, initial-scale=1.0,
maximum-scale=1.0, user-scalable=no" />
    <title>待办事项</title>
    <script src="https://cdn.jsdelivr.net/npm/vue/dist/vue.js"></script>
  </head>
  <body>
  </body>
</html>
```

在上面的代码中，采用了从第三方 CDN 方式获取 vue.js，也可以直接将对应的文件下载到本地计算机中，然后从本地计算机导入，这样可靠性会更高一些。

index.html 作为单页应用的唯一入口，在系统运行时，需要将其和整个项目相关的资源放在静态服务器中，然后以 localhost 的方式访问。由于这个实战项目不会采用构建和打包相关的工具，因此需要在本地启动 http-server，启动 CMD 命令行工具，进入 vue-todo 目录，执行如下命令：

```
http-server
```

服务启动后，在浏览器的地址栏中输入 http://localhost:8080/index.html 即可访问。

18.2　创建根实例和页面组件

每一个 Vue 应用都是从一个根实例开始的，新建 index.js 代码如下：

```
// 创建根实例
new Vue({
  el: '#app',
  data: {},
  components: {},
  methods: {}
})
```

在上面的代码中，将根实例挂载到了 id 为 app 的 DOM 节点中，然后在 index.html 中增加对应的 DOM 元素，代码如下：

```
<div id="app">
//...
</div>
```

最后，还需要在 index.html 中导入 index.js，代码如下：

```
<script type="text/javascript" src="index.js"></script>
```

在完成了页面的基础框架后，就可以开始开发对应的 Vue 组件了。为了保证代码结构的清晰，这里会采用单文件组件的方式来开发页面逻辑。首先在 vue-todo 目录下创建 views 文件夹，然后在 views 文件夹下创建 todo.vue 组件和 recycle.vue 组件，分别表示待办事项页和回收站页面，这两个组件的初始化代码如下：

todo.vue 组件

```html
<template>
  <div class="todo"></div>
</template>
<script>
  /**
   * 待办事项页面组件
   */
  module.exports = {
    name: 'todo',          // 组件的名称尽量和文件名一致
    components: {},        // 子组件的设置
    data() {},             // 组件的数据
    mounted() {},          // 组件的生命周期方法
    methods: {}            // 组件的方法
  }
</script>
<style>
//...
</style>
```

recycle.vue 组件

```html
<template>
  <div class="recycle"></div>
</template>
<script>
  /**
   * 回收站页面组件
   */
  module.exports = {
    name: 'recycle',       // 组件的名称尽量和文件名一致
    components: {},        // 子组件的设置
    data() {},             // 组件的数据
    mounted() {},          // 组件的生命周期方法
    methods: {}            // 组件的方法
  }
</script>
<style>
//...
</style>
```

在上面的代码中，页面组件是独立的并以.vue 结尾的单文件组件，这些组件需要设置在根实

例中，但是根实例相关的代码在 index.js 中，这就需要在 index.js 中来导入这两个页面组件，所以需要借助 ES6 的模块化方案 import 和 export。

在 todo.vue 和 recycle.vue 中，使用 export 来导出组件对象，理论上，在 index.js 中使用 import 来导入对象即可，但是作为以.vue 结尾的文件，是无法直接被 import 导入的，毕竟以.vue 结尾的文件并不是标准的 JavaScript 语法，在这种情况下，如果还想采用单文件组件的方式，那么就需要导入一个支持加载.vue 文件的工具。

在这里，我们采用 http-vue-loader.js 来帮助导入.vue 文件，在 index.html 中导入 http-vue-loader.js，代码如下：

```
<script src="https://unpkg.com/http-vue-loader"></script>
```

http-vue-loader 其实是一个 JavaScript 文件，与导入 Vue.js 类似，这个文件也可以直接下载到本地计算机中，然后从本地计算机导入。导入之后，http-vue-loader 会再提供一个 httpVueLoader() 方法，并挂载到全局对象 window 上，在导入 todo.vue 和 recycle.vue 时，可以替换原先的 import。修改 index.js，代码如下：

```
new Vue({
  el: '#app',
  ...
  components: {
    todo: httpVueLoader('./views/todo.vue'),
    recycle: httpVueLoader('./views/recycle.vue')
  }
  ...
})
```

httpVueLoader()方法的参数是 Vue 组件的地址，通过这种方式导入，还需要修改之前导入 index.js 时的<script>标签的 type 属性，代码如下：

```
<script type="module" src="index.js"></script>
```

就浏览器而言，对于是否需要支持 ES6 的模块化方案是需要明确指定的，在传统的 JavaScript 中，声明一个变量 var foo = 1，该变量默认挂载到全局对象 window 下，可以使用 window.foo 访问，而在模块化中变量具有自己的作用域，是无法直接通过 window.foo 访问的，同时，export 和 import 关键字只能在模块化的 JavaScript 中使用，所以需要使用 type="module"代替 type="text/javascript" 来指定导入的 JavaScript 脚本是一个模块化的脚本。

当前这个实战项目是一个入门级的项目，所以组件导入都是采用此方式，但是需要注意的是，当下的企业级项目是不会采用这种方式的，结合前端工程化的架构，会使用模块打包工具来解决组件的导入问题，例如 Webpack 方案提供的 vue-loader，在下一个实战项目中，我们将采用这种方案。

18.3　页面切换

在了解了组件导入方式之后，就可以开发子组件了，整个系统包括待办事项列表和回收站列表两个大的子页面，使用单击标题按钮来实现切换，在 vue-todo 目录下，新建 components 目录，然后创建 navheader.vue 文件作为标题按钮组件，初始化代码如下：

```
<template>
  <div class="nav-header">

  </div>
</template>
<script>
  /**
   * 标题按钮组件
   */
  module.exports = {
    name: 'navheader',
    props: {
      page: {// 接收父组件传递的页面名称
        type: String
      }
    }
  }
</script>
<style>

</style>
```

在上面的代码中，需要接收一个 props 值为 page，用来表示当前哪个标题按钮处于激活状态，然后开发两个标题按钮的 UI，分别是待办事项和回收站，同时给这两个按钮绑定单击事件，修改组件<template>部分，代码如下：

```
<div class="nav-header">
  <a @click="changePage('todo')" :class="{active:page == 'todo'}">
    代办事项
  </a> |
  <a @click="changePage('recycle')" :class="{active:page == 'recycle'}">
    回收站
  </a>
</div>
```

当两个按钮被单击时，分别执行对应的页面切换方法，同时处于单击状态的按钮会变成激活状态的绿色。在样式方面，修改组件<style>部分，代码如下：

```
.nav-header {
  padding: 20px;          /* 设置内边距 */
  text-align: center;     /* 设置字体居中 */
}

.nav-header a {
  font-weight: 700;       /* 设置字体加粗 */
```

```
  color: #2c3e50;          /* 设置字体颜色 */
  cursor: pointer;          /* 设置鼠标移入时成小手状 */
}


.nav-header a.active {
  color: #42b983          /* 设置激活状态的字体颜色 */
}
```

在单击回调方法中，通知父组件改变当前页面，在组件 methods 中增加方法，代码如下：

```
new Vue({
  el: '#app',
  data: {
    currentPage: 'todo'       // 默认为 todo 页面
  },
  components: {
    navheader: httpVueLoader('./components/navheader.vue'),
    todo: httpVueLoader('./views/todo.vue'),
    recycle: httpVueLoader('./views/recycle.vue')
  },
  methods: {
    changePage (val) {        // 接收到子组件的调用
      // 改变当前页面
      this.currentPage = val
    }
  }
})
```

同时在 index.html 中使用<navheader>组件，并将之前的<recycle>组件和<recycle>进行联动切换，主要使用 v-show 来实现页面的隐藏和显示，从而达到切换页面的效果，代码如下：

```
<div class="app-content">
  <navheader @change="changePage" :page="currentPage"></navheader>
  <todo v-show="currentPage == 'todo'"></todo>
  <recycle v-show="currentPage == 'recycle'"></recycle>
</div>
```

至此，当单击待办事项和回收站按钮时，就会切换到对应的页面。

18.4　待办事项页面的开发

在完成了页面切换的程序逻辑之后，接下来就开始开发待办事项页面，待办事项页面在功能上主要有两个：

● 创建事项
● 显示已创建的事项

除此之外，对事项状态的编辑和删除会放在后面的单条事项组件中开发。

18.4.1 创建事项

首先是页面标题，直接采用一个<div>标签即可，修改 todo.vue 的<template>这部分，代码如下：

```
<div class="todo">
  <div class="title">
    事项列表
  </div>
  ...
</div>
```

同时给标题添加对应的样式，修改 todo.vue 的<style>这部分，代码如下：

```
.todo .title {
  font-size: 24px;          /* 设置字体 */
  font-weight: 600;         /* 设置字体加粗 */
  line-height: 27px;        /* 设置行高 */
  margin-bottom: 24px;      /* 设置外下边距 */
  text-align: center;       /* 设置字体居中 */
}
```

在编写样式代码时，需要注意的是，由于每个组件的样式代码分布在各自的文件中，因此为了避免组件样式互相影响，为每个组件编写样式时，要采用组件最外层的<div>的 class 类来包裹，例如上面的代码中，使用 CSS 的样式代码都必须写在.todo 这个 class 类的下一级。

接着，继续开发创建事项这部分程序逻辑，这部分功能主要由一个输入框来实现内容的输入，然后通过回车键实现内容的提交。

首先编写 UI 部分的代码，紧接着上面的标题内容，代码如下：

```
<div class="add-new">
  <input v-model.trim="newTodoContent" class="input" type="text"
name="new_todo" placeholder="请输入内容"
    @keyup.enter.prevent="saveTodo">
</div>
```

在上面的代码中，主要给<input>使用了添加修饰符 trim 的 v-mode 指令，同时绑定了 keyup 事件，并且制定了回车键和禁止页面重载的修饰符，关于修饰符相关的知识，读者可以回顾一下 Vue.js 核心基础指令章节的内容。

然后设置输入框对应的样式，代码如下：

```
.todo .add-new {
  margin-bottom: 10px;
}
.todo .add-new input {
/* 添加阴影效果 */
```

```
    box-shadow:inset 0 0.0625em 0.125em rgba(10, 10, 10, .05);
    width: 100%;          /* 设置宽度 */
    height: 40px;         /* 设置高度 */
    padding: 4px;         /* 设置内边距 */
    font-size: 16px;      /* 设置字体大小 */
    color: #363636;       /* 设置字体颜色 */
    background-color: #fff;          /* 设置背景颜色 */
    border-color: transparent;       /* 去除默认背景边框 */
    border-radius: 4px;              /* 设置圆角 */
    box-sizing: border-box;          /* 设置内边距不占据宽高 */
}
```

由于输入框默认的样式和项目整体风格不搭配，因此需要有部分代码来修改和覆盖掉这些样式，例如上面代码中的设置背景颜色、去除默认边框，等等。完成之后，输入框的 UI 效果如图 18-1 所示。

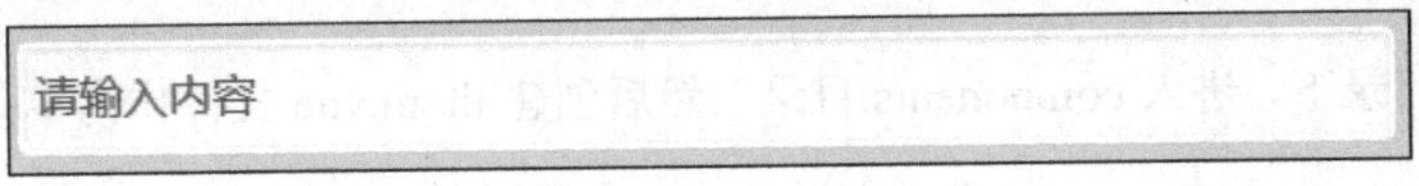

图 18-1　输入框的 UI 效果

完成了 UI 和样式之后，就需要开发对应的交互逻辑了，首先在 todo 组件的 data 中设置 input 的 v-model 项 newTodoContent 以及已经创建的事项列表 todoItems，代码如下：

```
data() {
  return {
    newTodoContent: '', // 输入框 input 的内容
todoItems: []          // 待办事项的列表
  }
}
```

然后，在 todo 组件的 methods 中声明 saveTodo 方法，作为输入框按回车键之后的回调方法，然后在此方法中完成创建事项逻辑，代码如下：

```
/**
 * 创建事项
 */
saveTodo() {
  // 如果没有输入内容，直接返回
  if (!this.newTodoContent) return
  // 将事项存入列表
  this.todoItems.push({
    id: Math.random().toString(36).substr(2, 5),     // 获取随机 ID 值
    content: this.newTodoContent                     // 设置内容
  })
  // 创建完成后清空输入框的内容
  this.newTodoContent = ''
}
```

每次创建一个事项，都会往 this.todoItems 数组中插入一条数据，每当 this.todoItems 变动时，便会触发双向绑定来更新事项列表的 UI。

采用 v-for 指令来循环渲染事项列表，在上面创建事项输入框内容的代码之后，接着编写列表逻辑，代码如下：

```
<div>
  <titem v-for="item in todoItems" :key="item.id" :item="item"
@delete="deleteItem" @complete="completeItem"></titem>
</div>
```

在上面的代码中，<titem>组件是即将新建的单条事项组件，表示每一条事项的内容，并且传递了事项数据、删除回调方法、标记事项状态回调方法，其中标记事项状态和删除事项的逻辑都会编写在这个组件内部。

18.4.2 单条事项组件

在 vue-todo 目录下，进入 components 目录，然后创建 titem.vue 文件作为单条事项组件，初始化代码如下：

```
<template>
  <div class="todo-item">

  </div>
</template>
<script>
  /**
   * 单条事项组件
   */
  module.exports = {
    name: 'titem',
    props: {
      item: { // 接收父组件传递的事项数据
        type: Object,
      }
    },
  }
</script>
<style>

</style>
```

在上面的代码中，采用 props 接收父组件传递的数据 item，功能上主要由单选框、内容显示区和删除按钮所构成。首先修改<template>部分，添加对应的 UI，代码如下：

```
<div class="todo-item" :class="{completed:isCompleted}">
  <div class="item-checkbox">
    <input type="checkbox" class="checkbox" v-model="isCompleted">
```

```
    </div>
    <div class="item-content">{{item.content}}</div>
    <div class="item-delete" @click="deleteItem" title="删除"></div>
</div>
```

在上面的代码中，使用\<input\>标签的 checkbox 类型来实现单选框，同时采用 v-model 指令指定 isCompleted 的值，接着使用插值表达式{{item.content}}渲染出事项的文字内容，最后使用一个\<div\>标签来实现删除按钮的程序逻辑。

在样式方面，主要采用 flex 布局，最外层的.todo-item 作为容器，.checkbox 和.item-content 作为子元素，.item-delete 采用绝对定位，修改\<style\>部分的样式，代码如下：

```css
.todo-item {
  display: flex;              /* 设置弹性布局 */
  align-items: center;        /* 设置内容沿交叉轴方向居中 */
  margin-bottom: 16px;        /* 设置外下边距 */
  background: #fff;           /* 设置背景颜色 */
  padding: 10px;              /* 设置内边距 */
  border-radius: 5px;         /* 设置圆角样式 */
  position: relative;         /* 设置相对定位，参照.item-delete 绝对定位 */
}
.todo-item.completed {        /* 被标记为完成时的样式 */
  text-decoration: line-through;   /* 设置字体中划线 */
  opacity: .5;                     /* 设置透明度 */
}
.item-checkbox .checkbox {
  cursor: pointer;
}
.item-content {
  flex: 1;                    /* 撑满剩余位置 */
  padding-left: 10px;         /* 设置左边距 */
  padding-right: 30px;        /* 设置右边距 */
}
.item-delete {
  cursor: pointer;
  width: 25px;
  height: 25px;
  background-image: url('./delete.png');     /* 设置背景图片 */
  background-size: 60% 60%;                   /* 设置背景尺寸 */
  background-repeat: no-repeat;               /* 设置背景不重复 */
  background-position: center;                /* 设置背景位置 */
  border-radius: 50%;                         /* 设置 div 为圆形 */
  position: absolute;                         /* 设置绝对定位 */
  right: 11px;
}
.item-delete:hover {
  background-color: #dbdbdb;                  /* 设置鼠标移入时背景颜色为#dbdbdb */
```

```
    }
```

    isCompleted 需要在组件 data 属性中设置，在默认情况下为 false，当.checkbox 被单击时，isCompleted 的值会动态改变，同时要通知父组件更新事项的数据，增加以上的交互操作逻辑，在之前的组件基础上修改，代码如下：

```
...
data() {
  return { // 针对.checkbox，增加 isCompleted 属性
    isCompleted: this.item.isCompleted || false// 默认从事项数据中获取，否则为
false
  }
},
watch: {// 使用监听属性监听 isCompleted 的变化
  isCompleted(val) {
    this.item.isCompleted = val
    // 通知父组件更改事项的状态数据
    this.$emit('complete', this.item)
  }
}
...
```

    通过 Vue 的监听属性 watch，实时获取 isCompleted 的值，然后将修改同步给父组件数据（同步给父组件是为了让数据持久化，当页面刷新后数据不丢失，这部分逻辑会在后面讲解）。最后，针对删除逻辑，增加回调方法，修改组件 methods 方法，增加代码如下：

```
...
methods: {
  deleteItem() {// "删除"按钮的单击回调函数
    // 通知父组件更改事项的状态数据
    this.$emit('delete', this.item)
  }
}
```

    至此，整个创建事项，显示事项列表，删除事项这些功能逻辑都已经完成，效果如图 18-2 所示。

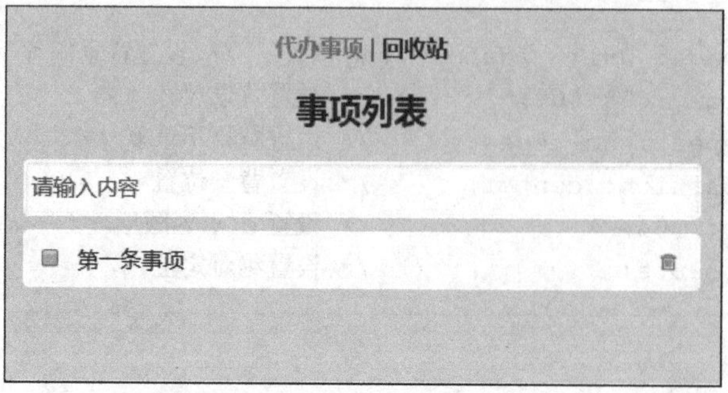

图 18-2　输入框的 UI 效果

　　虽然这部分的业务逻辑已经完成，但是作为一个事项记录系统而言，没有持久化数据的功能，当刷新页面之后，之前创建的事项就会消失，这显然不行。接下来，就需要完善数据持久化逻辑。

18.4.3　数据持久化

　　在之前的章节中，曾经介绍过几种前端常用的数据持久化方法，其中使用最广泛的是 LocalStorage，本项目的数据持久化也采用这种方案。创建 utils 文件夹，同时新建 dataUtils.js 文件，该文件作为对 LocalStorage 的封装，完整代码如下：

```javascript
/**
 * 创建存储器，基于 LocalStorage 的封装
 * 允许存储基于 JSON 格式的数据
 */
export default {
  /**
   * 通过 key 获取值
   * @param {String} key - key 值
   */
  getItem(key) {
    let item = window.localStorage.getItem(key)
    // 获取数据后，直接转换成 JSON 对象
    return item ? window.JSON.parse(item) : null
  },
  /**
   * 通过 key 存储数据
   * @param {String} key - key 值
   * @param {*} value - 需要存储的数据将会转换成字符串
   */
  setItem(key, value) {
    window.localStorage.setItem(key, window.JSON.stringify(value))
  },
  /**
   * 删除指定 key 的数据
   * @param {string} key
   */
  removeItem(key) {
    window.localStorage.removeItem(key)
  },
  /**
   * 清空当前系统的存储
   */
  clearAllItems() {
    window.localStorage.clear()
  }
}
```

　　创建完 dataUtils.js 之后，就需要在组件中使用，可以把 dataUtils.js 中操作 LocalStorage 的方法

挂载到 Vue 的全局方法上，修改 index.js，增加代码如下：

```
// 对于.js 文件，可以直接使用 import 导入
import dataUtils from './utils/dataUtils.js'

// 挂载全局$dataUtils 方法
Vue.prototype.$dataUtils = dataUtils
```

对于 dataUtils.js 这个文件，可以直接使用 ES6 的 import 来导入，无须使用 httpVueLoader。接着，修改 todo.vue 组件，在 methods 中增加 fetchData 方法，从 LocalStorage 中获取数据，并在 mounted 中调用该方法，代码如下：

```
mounted() {
  this.fetchData() // 在组件生命周期 mounted 中，调用加载数据方法
}
...
/**
 * 从存储中获取待办事项数据
 */
fetchData() {
  this.todoItems = this.$dataUtils.getItem('todoList') || []
}
```

存储过程中显示事项数据的前提是，在创建事项的同时包括删除事项和修改事项的状态，这些时刻都需要将事项进行存储，所以每次事项数据改变时都需要对存储进行更新，我们采用监听属性 watch 来实现：一旦改动就立即调用更新存储。修改 todo.vue，代码如下：

```
watch: {
  // 监听 todoItems
  todoItems(val) {
    this.storeItems(val)// 一旦有改动，就立即调用更新存储
  }
}
...
/**
 * 存储事项列表
 */
storeItems(array) {
  this.$dataUtils.setItem('todoList', array)
}
```

接着，在之前的单条事项<titem>组件中，修改事项状态和删除事项都调用了父组件对应的方法来修改事项数据。下面就来完善这些方法，在<todo>组件 methods 中，新增代码如下：

```
/**
 * 删除事项
 */
deleteItem(obj) {
```

```
  // 以下逻辑用于找到对应 id 的事项,然后删除
  var newArray = [] // 创建一个新数组
  this.todoItems.forEach(function(item) {
    if (item.id != obj.id) {// 对比 id
      newArray.push(item)// 依次 push 原数组元素,除了需要删除的那个元素
    }
  })
  // 赋值新数组
  this.todoItems = newArray
},
/**
 * 修改事项
 */
completeItem(obj) {
  // 创建一个新数组
  let newArray = []
  // 找到对应 id 的事项,然后替换
  this.todoItems.forEach((item) =>{
    if (item.id == obj.id) {
      newArray.push(obj)
    } else {
      newArray.push(item)
    }
  })
  // 赋值新数组
  this.todoItems = newArray
}
```

在上面的代码中,最后都会令 this.todoItems 更新数据,一方面可以实现数据双向绑定从而更新对应的 UI;另一方面触发 watch 中的监听方法,从而存储数据。

至此,待办事项的全部程序逻辑都已完成,读者可以完成创建事项,删除事项和修改事项状态这些功能,并且刷新页面之后数据也不会丢失,距离成为一个管理系统又进了一步。下面就进入回收站页面的开发。

18.5 回收站页面的开发

回收站页面的功能主要有两个:

● 恢复事项
● 显示已删除的事项

回收站页面和待办事项页面的功能正好相反,但是在实现逻辑上很类似,主要由回收站页面组件 recycle.vue 和单条删除事项 ritem.vue 所组成。

18.5.1 已删除事项列表

首先是页面标题，直接采用一个<div>标签即可修改 recycle.vue 的<template>这部分，代码如下：

```
<div class="todo">
  <div class="title">
    回收站
  </div>
  ...
</div>
```

同时给标题添加对应的样式，修改 recycle.vue 的<style>这部分，代码如下：

```
.recycle .title {
  font-size: 24px;          /* 设置字体 */
  font-weight: 600;         /* 设置字体加粗 */
  line-height: 27px;        /* 设置行高 */
  margin-bottom: 24px;      /* 设置外下边距 */
  text-align: center;       /* 设置字体居中 */
}
```

在编写样式代码时，使用 CSS 的样式代码都必须写在.recycle 这个 class 类的下一级。原因在之前待办事项页面已经解释过，这里不再赘述。

接下来就是显示已经删除的事项列表，首先需要在 data 中定义 recycleItems 属性，然后采用 v-for 指令来遍历 this.recycleItems，修改 recycle.vue 的<template>部分，代码如下：

```
...
<div class="no-data" v-if="recycleItems.length == 0">暂无已删除的事项</div>
<ritem v-for="item in recycleItems" :key="item.id" :item="item"
@revert="revertItem"></ritem>
...
```

同时修改<recycle>组件，增加对应的逻辑，完整的代码如下：

```
/**
 * 回收站页面组件
 */
module.exports = {
  name: 'recycle',   // 组件的名称，尽量和文件名一致
  components: {
    ritem: httpVueLoader('../components/ritem.vue')
  },
  data() {
    return {
      recycleItems: []    // 已删除事项的列表
    }
  },
```

```
mounted() {
  this.$EventBus.$on('addDelete', function(obj) {
    this.recycleItems.push(obj)
  }.bind(this))
  this.fetchData()
},
watch: {
  // 监听 recycleItems
  recycleItems(val) {
    this.storeItems(val)    // 一旦有改动，就立即调用更新存储
  }
},
methods: {
  /**
   * 从存储中获取已删除事项数据
   */
  fetchData() {
    this.recycleItems = this.$dataUtils.getItem('recycleList') || []
  },
  /**
   * 恢复事项
   */
  revertItem(obj) {
    // 创建一个新数组
    let newArray = []
    // 将需要恢复的事项从已删除事项列表中剔除
    this.recycleItems.forEach((item)=> {
      if (item.id != obj.id) {
        newArray.push(item)
      }
    })
    // 赋值新数组
    this.recycleItems = newArray
  },
  /**
   * 存储已删除事项列表
   */
  storeItems(array) {
    this.$dataUtils.setItem('recycleList', array)
  }
}
}
```

在上面的代码中显示完成业务逻辑的同时，集成了数据持久化功能（具体逻辑可以参考注释），另外当没有已删除的数据显示时，增加"暂无已删除的事项"提示信息，这样页面就不会显得太空了。

18.5.2 单条已删除事项组件

在 vue-todo 目录下进入 components 目录,然后创建 ritem.vue 文件作为单条已删除事项组件。首先是对应的 DOM 结构,修改<template>部分,代码如下:

```html
<template>
  <div class="recycle-item" :class="{completed:item.isCompleted}">
    <div class="item-checkbox">
      <input type="checkbox" class="checkbox" disabled="disabled">
    </div>
    <div class="item-content">
      <div class="break-all">{{item.content}}</div>
    </div>
    <div class="item-revert" @click="revertItem" title="恢复"></div>
  </div>
</template>
```

对于单条已删除事项组件,在 UI 显示上和单条事项组件类似,但是在功能上需要屏幕编辑状态的.checkbox 元素,同时提供恢复事项的按钮,采用的样式主要是 flex 布局,样式代码如下:

```css
.recycle-item {
  display: flex;                   /* 设置弹性布局 */
  align-items: center;             /* 设置内容在交叉轴方向居中 */
  margin-bottom: 16px;             /* 设置外下边距 */
  background: #fff;                /* 设置背景颜色 */
  padding: 10px;                   /* 设置内边距 */
  border-radius: 5px;              /* 设置圆角样式 */
  position: relative;              /* 设置相对定位,参照.item-delete 绝对定位 */
}
.recycle-item.completed {    /* 被标记为完成时的样式 */
  text-decoration: line-through;    /* 设置字体中划线 */
  opacity: .5;                      /* 设置透明度 */
}
.item-content {
  flex: 1;                 /* 撑满剩余位置 */
  padding-left: 10px;      /* 设置左边距 */
  padding-right: 30px;     /* 设置右边距 */
}
.item-revert {
  cursor: pointer;
  width: 25px;
  height: 25px;
  background-image: url('./revert.png');         /* 设置背景图片 */
  background-size: 60% 60%;                      /* 设置背景尺寸 */
  background-repeat: no-repeat;                  /* 设置背景不重复 */
  background-position: center;                   /* 设置背景位置 */
  border-radius: 50%;                            /* 设置 div 为圆形 */
```

```
    position: absolute;                    /* 设置绝对定位 */
    right: 11px;
}
.item-revert:hover {
    background-color: #dbdbdb;      /* 设置鼠标移入时背景颜色为#dbdbdb */
}
```

最后，将单击恢复按钮回调和接收父组件传递数据的这部分逻辑添加在<ritem>组件中，代码如下：

```
/**
 * 单条已删除事项组件
 */
module.exports = {
  name: 'rtime',
  props: {
    item: {
      type: Object // 接收父组件传递的事项数据
    }
  },
  methods: {
    /**
     * 恢复一条事项
     */
    revertItem() {
      this.$emit('revert', this.item)
    }
  }
}
```

至此，回收站页面的逻辑已经完成，效果如图 18-3 所示。

图 18-3　回收站页面的效果

18.6　删除事项和恢复事项联动

在之前的章节中，我们虽然完成了待办事项和回收站页面，但这两个页面始终是孤立的，对于事项的删除并没有联动，例如删除一条事项后，回收站并不会实时更新。同理，恢复一条事项后，事项列表也不会实时更新，只能在下次进入系统时才会显示。

所以，需要借助 Vue.js 中的兄弟组件通信方案来实现两个页面的数据更新，在这里我们采用中央事件总线的方案，这种方案的逻辑理解起来比较简单，而且针对没有兄弟关系的子组件也可实现通信，适配性更强。

首先，在根实例上挂载中央事件总线对象 EventBus，修改 index.js，代码如下：

```
// 定义中央事件总线
let EventBus = new Vue()

// 将中央事件总线赋值给 Vue.prototype，这样所有组件都能访问到了
Vue.prototype.$EventBus = EventBus
```

然后，修改 recycle.vue 中<recycle>组件的 mounted 方法，增加事件监听，代码如下：

```
mounted() {
  // 接收到删除事件后，增加对应的逻辑
  this.$EventBus.$on('addDelete', (obj) =>{
    // 往已删除列表中添加数据
    this.recycleItems.push(obj)
  })
}
```

EventBus 中央事件总线在逻辑上是由监听事件和派发事件组成的，读者可以回顾一下之前讲解的中央事件总线通信机制。在结合 Vue.js 使用时，一般会把监听事件的逻辑放在组件的 mounted 或 created 生命周期方法中，派发事件逻辑可以放在单击事件或其他需要派发的逻辑中。

修改 todo.vue 中<todo>组件的删除回调方法 deleteItem，增加事件派发，并传递派发的数据，代码如下：

```
deleteItem(obj) {
  ...
  // 通知回收站页面，实时更新已删除数据
  this.$EventBus.$emit('addDelete', obj)
}
```

通过上面的代码，当删除一条事项后，回收站会立刻更新数据，前提是回收站页面组件未销毁，这也是之前采用 v-show 指令来实现页面切换而不采用 v-if 指令的原因。采用 v-show 指令时页面只是隐藏了，并没有销毁，如果采用 v-if 指令，当组件被切换后，就会被销毁。

然后，实现恢复事项逻辑，修改 todo.vue 中<recycle>组件的 mounted 方法，增加事件监听，代码如下：

```
mounted() {
  // 接收到恢复事件后，增加对应的逻辑
  this.$EventBus.$on('addRevert', (obj) =>{
    // 往事项列表中添加数据
    this.todoItems.push(obj)
  })
}
```

修改 recycle.vue 中<recycle>组件的恢复回调方法 revertItem，增加事件派发，并传递派发的数据，代码如下：

```
revertItem(obj) {
  ...
  // 通知待办事项列表页面，实时更新已恢复的数据
  this.$EventBus.$emit('addRevert', obj)
}
```

至此，删除事项和恢复事项都已经做到了实时联动，并且页面刷新之后数据也不会丢失，真正成为了一个功能完善的事项管理项目。

18.7　美化页面背景和添加清空按钮

虽说作为一个初级的 Vue.js 练手项目，但是在样式方面还可以再美化一下，同时提升用户使用的体验。内容不多，主要是为 index.html 页面的背景添加渐变背景。

在 index.html 中，添加<style>样式，代码如下：

```
body {
  margin: 0;          /* 清除页面默认边距 */
}
#app {
  color: #2c3e50;     /* 设置默认字体颜色 */
  background: linear-gradient(180deg, #2ebf91, #8360c3);/* 设置线性渐变：从蓝色
到紫色 */
  height: 100vh;      /* 设置容器高度为撑满容器 */
  display: flex;      /* 设置容器为弹性布局 */
  align-items: center   /* 设置文字居中 */
}
.container {
  padding: 0 10px;      /* 设置内边距 */
  flex-grow: 1;         /* 设置弹性值为撑满宽度 */
  margin: 0 auto;       /* 设置居中 */
  position: relative;
}
.app-content {
  background: #ededed;  /* 设置背景颜色 */
  padding: 16px;        /* 设置内边距 */
  padding-top: 0;       /* 设置内上边距为 0 */
  border-radius: 5px;   /* 设置圆角属性 */
  box-shadow: 0 0 30px -5px #2c3e50;    /* 设置边框阴影 */
  margin: 16px auto;    /* 设置上下边距并左右居中 */
  min-height: 300px;    /* 设置最小高度 */
}
```

在上面的代码中，具体样式的实现可以参考注释。对 .app-content 采用最小高度而不用固定高度，是为了添加多条事项时，页面可以被自动撑开而不会出现滚动条，这样用户的体验更好。

　　对于代办事项而言，删除之后进入回收站，也可以在回收站进行恢复，但是始终没有办法彻底清除事项，需要添加一个清空按钮来重置整个系统的代办事项，修改之前的 navheader.vue 组件，添加清空按钮逻辑，代码如下：

```
<span class="clear" @click="clear">清空</span>
...
methods: {
  clear() {
    // 清空缓存
    this.$dataUtils.clearAllItems()
    // 刷新页面
    window.location.reload()
  }
```

　　至此，第一个实战项目：待办事项系统已经完成，效果如图 18-4 所示。

图 18-4　待办事项完成效果图

　　作为一个偏基础的项目，掌握好每一个知识点是开发下一个实战项目的前提，当然，读者也可以在该项目的基础上继续自由发挥，实现自己想要实现的功能。

第19章

实战项目：新浪微博 Web App

经过了从 HTML5 和 CSS3 基本知识的学习，到移动 Web 相关适配和调试的学习，以及 Vue.js 框架技术的学习，积累了这么多的理论知识，就可以开始进行实战项目开发了。本章将结合本书前面所讲解的相关知识，从零开始来完成一个企业级移动 Web 实战项目——新浪微博 Web App 项目。

需要说明一下，为了照顾没有后端基础的读者，本实战项目只涉及前端的相关知识，不会涉及后端和数据库，所用到的接口数据为事先提供的"假"数据（即模仿后端和数据库的数据）。当然，对后端感兴趣的读者，也可以自行完成后端程序逻辑的开发。

由于本实战项目的完整源代码可以在本书提供的下载资源中查看，因此本章主要偏向于实战项目中知识点的讲解，并且只会列出核心的演示代码，建议读者可以先查看本实战项目的完整源代码，理解本项目的大致结构，这样有利于本章内容的学习。

19.1 准备开发环境

"工欲善其事，必先利其器"，在开发一个完整的项目之前，准备一个完整的开发环境是非常重要的。如果读者是一个前端开发的"大佬"，这些环境早已用得滚瓜烂熟，就可以跳过本节。如果读者是刚"入坑"前端开发人员，那么就跟随本节一步一步把环境搭建起来吧！

19.1.1 安装代码编辑器 Sublime Text 3

笔者采用的是 Sublime Text 3 这款编辑器（Sublime Text 3 的下载地址是 https://www.sublimetext.com/3），请选择合适的平台安装，如图 19-1 所示。

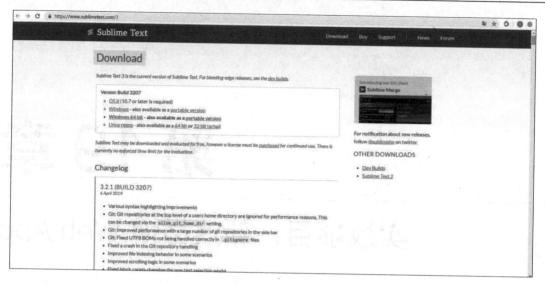

图 19-1   下载 Sublime Text 3 编辑器的页面

当前流行的代码编辑器主要有：Visual Studio Code、Sublime Text 3 和 WebStorm 这 3 种，笔者建议代码编辑器的选择取决于用户的喜好和习惯，所谓"萝卜白菜，各有所爱"。从当前的趋势看来，Visual Studio Code 的使用者更多一些，这可能得益于精美的界面风格和完善的插件生态，笔者之前也一直用这款编辑器；WebStorm 的功能也很强大，但是太过笨重。那么本项目之所以没有用这两种代码编辑器而是选择了 Sublime Text，只是为了体验一下新鲜的事物。从效果上来看，Sublime Text 3 更加轻便，如果长时间操作，也不会感到卡顿。总之，这 3 种编辑器的功能都可以满足日常的开发需求，读者选择自己喜欢的编辑器即可。

19.1.2   安装 Node.js

在之前的移动 Web 开发调试章节中已经讲解过 Node.js 的安装，这里就不再赘述了，在后续的实战项目开发中，都会使用 npm 工具来安装相关包或模块。这里需要说明一下，使用 npm 来安装包时，如果遇到安装时间过长导致无法连接，大多数都是因为 npm 包的源地址默认为国外的地址，国内的网络会对这些地址进行屏蔽，发生这种情况时推荐使用国内的 npm 镜像来安装包。

安装并使用 cnpm（淘宝 NPM 镜像）工具来安装 npm 包。首先安装 cnpm，在 CMD 命令行终端中执行下面的命令：

```
npm install -g cnpm --registry=https://registry.npm.taobao.org
```

上面的命令使用全局方式安装了 cnpm，安装成功后，就可直接使用 cnpm install xxx 的命令形式来安装相关的包了，cnpm 的命令完全兼容 npm 的命令，命令如下：

```
npm install vue 相当于 cnpm install vue
npm uninstall vue 相当于 cnpm uninstall vue
npm search vue 相当于 cnpm search vue
...
```

cnpm 镜像会定时与官方 npm 同步最新的包，目前频率为 10 分钟一次，以保证 cnpm 尽量能够及时获取全球各地提交的最新包。在完成了开发前的环境准备之后，下面就正式进入项目的开发。

19.2 安装 vue cli 3 初始化前端项目

本节先初始化一个前端项目，创建前端项目会使用到 vue cli 3 这个工具，它是一个 npm 包，可以用来生成项目"脚手架"，所谓"脚手架"就是一个项目初期的结构。vue cli 3 可用于规范项目初期的目录结构、构建设置等，然后就可以把时间花在程序逻辑的设计和编写上，以减少添加各种设置的烦琐工作。但是，也无法完全排除在项目开发过程中会修改一些设置来满足项目的需求。

19.2.1 安装 vue cli 3

可以采用之前介绍的 cnpm 工具来安装 vue cli 3，使用下面的命令来安装：

```
cnpm install -g @vue/cli
```

使用全局安装的方式来安装，之后就可以直接在 CMD 命令行终端输入命令来初始化前端项目，把项目命名为 weibo，创建项目的命令如下：

```
vue create weibo
```

执行成功后，可以在 CMD 命令行终端看到如图 19-2 所示的结果。

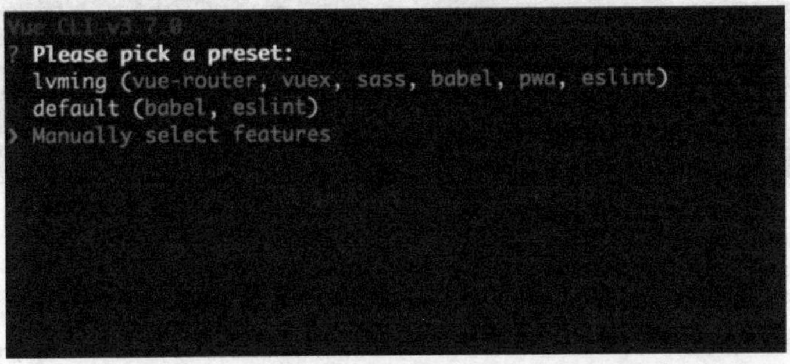

```
Vue CLI v3.7.0
? Please pick a preset:
  lvming (vue-router, vuex, sass, babel, pwa, eslint)
  default (babel, eslint)
> Manually select features
```

图 19-2 执行项目创建命令后看到的结果

图 19-2 所示的内容表示 vue cli 3 工具在创建项目"脚手架"时，提供了 3 种模板选项。其中第一个"lvming"表示上次创建并保存过的模板；第二个是系统默认的模板；第三个表示自由选择所需要的模块来组成模板，这里我们选择 Manually select features，表示不采用默认的模板，而是根据自己的情况选择需要安装的模块，例如 vue-router、ESLint 等。

关于 vue cli 3 提供相关的模块及其含义如下：

- **Babel:** 提供了能够使用 ES6 的条件，Babel 是一个开源的 npm 包，可用于 ES6 代码转换成浏览器兼容性更强的 ES5。这意味着，现在就可以用 ES6 编写程序，而不用担心现有环境是否支持，基本上现在的项目都会选择 ES6。

- **Router:** 指的是之前章节讲解过的 vue-router，属于 Vue 中的一项，它主要用于实现单页应用的页面路由。

- **Vuex:** 专门为 Vue.js 设计的状态管理库，它采用集中式存储来管理应用的所有组件的状态，另外使用 Vuex 可以实现跨组件的通信。
- **CSS Pre-processors:** CSS 的预处理工具，可以选择 Sass、Less 或 Stylus，同时默认会集成 PostCss 工具，其中 PostCss、Sass、Less 和 Stylus 这些 CSS 预处理工具的区别在于：
  - ✧ PostCss 是将最后生成的 CSS 进行处理，包括补充和提供一些额外的功能，比较典型的功能是将 CSS 样式添加不同浏览器的前缀，例如 autoprefixer。
  - ✧ CSS 预处理工具，强调的是提供一些 API，使得编写 CSS 样式时更具有逻辑性，使 CSS 更有组织性，例如可以定义变量，等等。
- **Linter/Formatter:** 代码规范工具，现在主要用的就是 ESLint，用于处理代码规范问题。

19.2.2　初始化项目

在选择完项目模板之后，接着依次单击"下一步"按钮，直接根据提示选择即可，当进入最后一步时，就可以看到之前所有选择模块的清单，如图 19-3 所示。

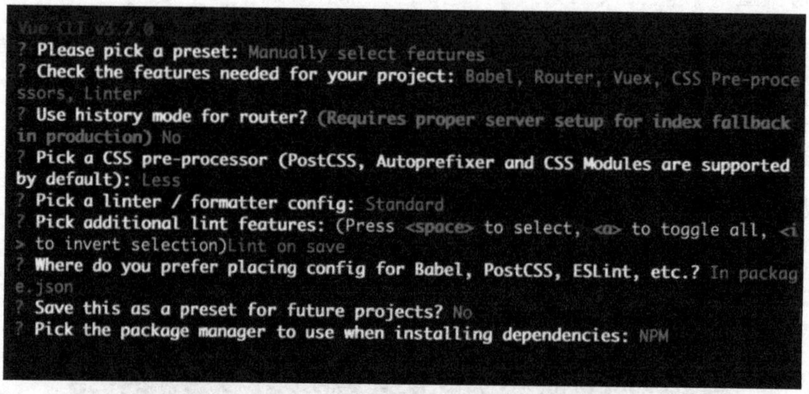

图 19-3　vue cli 3 创建项目后所有选择模块的清单

共选择了 Babel、Router、Vuex、CSS Pre-processors 和 Linter 这些模块，其中 CSS Pre-processors 只采用了默认的设置，在实战项目中不会使用 Less，图 19-3 显示了 CSS Pre-processors 默认设置的含义，其他的一些模块选项的含义如下：

- **history mode:** 表示选择哪种路由模式，在这个实战项目中并没有选择 history 模式，而是选择了默认的 hash 模式，这样就可以在 URL 中清晰地看到页面的参数和当前的路径。
- **Pick a linter 和 Pick additional lint features:** 表示选择 ESLint 来实现代码规范检查，ESLint 可以设置规范的范本，在这个实战项目中选择的是 Standard，同时规定了在代码进行保存时，也进行规范检查（注意这里需要配置编辑器才能生效）。
- **where do you prefer placing config for babel...:** 这一项有两个选择：
  - ✧ In dedicated config files: 表示单独创建 Bable 和 ESlint 的配置文件。
  - ✧ In package.json: 表示将 Bable 和 ESlint 这些配置文件继承在 package.json 中。
  - ✧ 这里选择的模式是单独的配置文件，也就是 In dedicated config files，这样有利于单独对这些配置文件进行管理。如果选择 In package.json，那么最终生成的 package.json 如示例代码 19-2-1 所示。

示例代码 19-2-1　In package.json 示例

```json
/* package.json */
  {
    "name": "wecircle",
    "version": "0.1.0",
    "private": true,
    "scripts": {
      "serve": "vue-cli-service serve",
      "build": "vue-cli-service build",
      "lint": "vue-cli-service lint"
    },
    "dependencies": {
      "core-js": "^2.6.5",
      "vue": "^2.6.10",
      "vue-router": "^3.0.3",
      "vuex": "^3.0.1"
    },
    "devDependencies": {
      "@vue/cli-plugin-babel": "^3.7.0",
      "@vue/cli-plugin-eslint": "^3.7.0",
      "@vue/cli-service": "^3.7.0",
      "@vue/eslint-config-standard": "^4.0.0",
      "babel-eslint": "^10.0.1",
      "eslint": "^5.16.0",
      "eslint-plugin-vue": "^5.0.0",
      "vue-template-compiler": "^2.5.21"
    },
    "eslintConfig": {
      "root": true,
      "env": {
        "node": true
      },
      "extends": [
        "plugin:vue/essential",
        "@vue/standard"
      ],
      "rules": {},
      "parserOptions": {
        "parser": "babel-eslint"
      }
    },
    "postcss": {
      "plugins": {
        "autoprefixer": {}
      }
    },
```

```
    "browserslist": [
      "> 1%",
      "last 2 versions"
    ]
  }
```

- **save this as a preset...:** 表示是否愿意将这次选择的模块存储成一个模板，以便下一次创建项目时可以直接选择（也就是第一步创建时"lvming"模板的含义）。

至此，项目的初始文件和目录结构就完成了，如图 19-4 所示。看起来结构清晰明朗，相比 vue cli 2 减少了很多东西，不过，随着项目的进行，会不断添加代码。

```
├─ public                    // 静态文件目录
│   ├─ index.html            // 首页html
├─ dist                      // 打包输出目录（首次打包之后生成）
├─ src                       // 项目源码目录
│   ├─ assets
│   ├─ components
│   ├─ views
│   ├─ App.vue
│   ├─ main.js
│   ├─ router.js
│   ├─ store.js
├─ .editorconfig             // 编辑器配置项
├─ .eslintrc.js              // eslint 配置项
├─ .eslintignore.js          // eslint 忽略目录
├─ postcss.config.js         // postCss配置项
├─ babel.config.js           // babel配置项
├─ vue.config.js             // 项目配置文件，用了配置或者覆盖默认的配置
├─ package.json              // package.json
```

图 19-4　项目初始化后的目录结构

19.2.3　启动项目

打开项目中的 package.json 文件，找到其中的 scripts，可以看到 3 个命令：serve、build 和 lint，如下所示：

```
    "scripts": {
    "serve": "vue-cli-service serve",
    "build": "vue-cli-service build",
    "lint": "vue-cli-service lint"
  }
```

分别使用 npm run 来运行这 3 个命令，它们的作用含义如下：

- 启动开发模式：npm run serve。
- 启动生产模式打包：npm run build。
- 启动代码规范检查，处理语法错误：npm run lint。

一般的前端项目分为开发模式和生产模式，开发模式主要在项目未发布前，处于研发阶段的环境，大多数资源都没有压缩处理，更方便调试；而生产模式表示要将项目放在生产环境中，包括

代码和图片的这些资源都会经过压缩处理，同时会对一些路径和域名进行替换，是真正让用户体验的环境。

　　开发模式启动时，可以设置自动启动浏览器，并访问项目的首页，地址默认是 http://localhost:8080，并且在项目开发的任何时刻都可以通过 npm run build lint 来检查一下当前的代码是否规范，此命令会扫描项目中的代码来进行检查，可以通过 .eslintrc.js 文件来设置。

　　上面的这 3 个命令都是基于 vue-cli-service（在安装 vue cli 3 会同时安装）提供的命令，也可以直接使用 npx vue-cli-service serve 命令来代替 npm run serve，同时 npx vue-cli-service serve 可以设置更多的参数，它们的含义如下。

　　命令：npx vue-cli-service serve，其他参数说明：

- --open：在服务器启动时打开浏览器。
- --copy：在服务器启动时将 URL 复制到剪切板。
- --mode：指定环境模式（默认值：development，另外一个是 production）。
- --host：在服务器启动时指定 host（默认值：localhost）。
- --port：在服务器启动时指定 port（默认值：8080）。
- --https：使用 https（默认值：false）。

　　例如：npx vue-cli-service serve --port 8888 --open

　　命令：npx vue-cli-service build，其他参数说明：

- --mode：指定环境模式（默认值：production）。
- --dest：指定输出目录（默认值：dist）。
- --modern：面向现代浏览器，以"带自动回退方式"来构建应用。
- --target：app | lib | wc | wc-async（默认值：app）。
- --name：库或 Web Components 模式下的名字（默认值：package.json 中的"name"字段或入口文件名）。
- --no-clean：在构建项目之前不清除目标目录。
- --report：生成 report.html 以帮助分析包内容。
- --report-json：生成 report.json 以帮助分析包内容。
- --watch：监听文件变化。

　　命令：npx vue-cli-service lint，其他参数说明：

- --format[formatter]：指定一个 formatter（默认值：codeframe）。
- --no-fix：不修复错误。
- --no-fix-warnings：除了 warnings（警告）错误不修复，其他的都修复。
- --max-errors[limit]：超过多少个错误就标记本次构建失败（默认值：0）。
- --max-warnings[limit]：超过多少个 warnings（警告）错误就标记本次构建失败（默认值：Infinity）。

　　通过 npx vue-cli-service --help 命令来查看，就会发现有另外一个 inspect 命令，如图 19-5 所示。

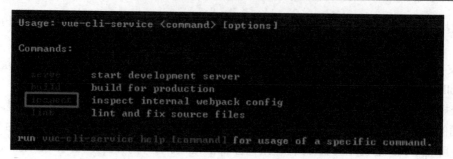

图 19-5　执行 npx vue-cli-service --help 命令后显示的结果

执行 vue-cli-service inspect 命令可以得到项目的 Webpack 配置文件，由于 vue cli 3 将整个默认的 Webpack 配置集成到了内部，因此无法单独查看 Webpack 配置文件，使用这个命令可以在当前项目的根目录中得到一个 webpack.config.xxx.js 的配置文件。

若要查看当前项目的 Webpack 配置文件，可以执行如下命令：

```
npx vue-cli-service inspect
```

该命令还有一个参数--mode，可用于设置查看是开发模式（development）的配置文件还是生产模式（production）的配置文件。

19.3　使用 MUI

在完成了项目初始化框架的搭建后，就可以开始项目业务逻辑的开发了。首先需要导入 MUI 来作为前端的 UI 库。是否使用前端的 UI 库，取决于项目所处的团队环境。一般来说，一个专业的项目团队由 UI 设计师来负责页面设计和切图（包括按钮、字体的样式等），同时也会把控整个项目的 UI 风格，这样每个项目页面的 UI 完全不需要前端工程师来负责。但是，如果对于由前端工程师自己独立开发的项目来说，为了节约时间、提升效率、专注于程序逻辑的开发，那么就会使用现成的前端 UI 库，这些 UI 库会提供一些默认的按钮、字体和一些前端 UI 控件的样式，供前端工程师直接使用。比较常见的一些 UI 库有 Bootstrap、Element UI、Ant Design，等等。

MUI 是一个功能非常强大的前端框架（它的官网地址为 https://www.dcloud.io/mui.html），由 DCLOUD 公司研发而成，本实战项目使用的 UI 库只是其中一个比较常用的模块。MUI 主要应用在开发 HyBrid 模式的 Web 应用中，主要包括：

- MUI 前端 UI 库：专注于移动 Web 端的前端 UI 组件库。
- HTML5+：HTML5 能力扩展规范。
- HTML5+ Runtime：结合 HyBrid 模式，实现 HTML5+规范的强化浏览器引擎。

19.3.1　导入 MUI

要使用 MUI 的前端组件库，可以从网址 https://github.com/dcloudio/mui/tree/master/dist 中下载对应的 mui.js、mui.min.css 和对应的字体文件，并导入到项目中。

在项目的 public 文件夹下新建 lib 目录，将 mui.min.js 复制其中，同时在 src 文件夹下新建 assets

目录，将 mui.min.css 和字体文件复制其中，然后在 main.js 中采用 import 方式导入 mui.min.css，如下代码所示：

```
import './assets/mui/css/mui.min.css'
```

字体文件无须单独导入，和 mui.min.css 处于同一级文件夹即可。在 index.html 中使用<script>标签方式导入 mui.min.js，如下代码所示：

```
<script type="text/javascript" src="<%= BASE_URL %>lib/mui/js
/mui.min.js"></script>
```

BASE_URL 是项目的根路径，会通过 Webpack 在构建时替换成真正的路径。

为何在 index.html 中导入 mui.min.js 而在 main.js 中导入 mui.min.css？主要有以下原因：

- mui.min.js 属于第三方的依赖，在 index.html 中导入可以直接使用一个全局变量 window.mui，这样就不必在每个页面使用时导入，比较方便，并且在安装 mui.min.js 时也是采用直接下载的方式来导入，并没有放在 node_modules 中来使用。当然，通过 node_modules 导入也是完全可以的。
- mui.min.css 也是第三方的样式，在 main.js 中使用 import 方式导入是为了让 Webpack 帮助我们进行编译和打包，这样就可以让 postcss-px-to-viewport 插件对 mui.min.css 中的样式单位 px 进行 vw 转换。

导入之后，还需要在项目的 App.vue 的 mounted 方法中，调用 mui.init() 来激活 MUI 组件功能，以真正开启 MUI。

19.3.2　postcss-px-to-viewport 插件的安装和配置

在之前的章节中，讲解过移动 Web 适配相关的知识，这个实战项目将采用 vw 适配方案，采用这种方案就少不了将 px 单位转换成 vw 单位的步骤，这时就需要使用 postcss-px-to-viewport 插件来完成这个工作。

postcss-px-to-viewport 是 PostCss 工具的一个插件，主要用来对 CSS 样式中的适配代码进行转换，在之前使用 vue cli 3 生成项目时，已经默认集成了 PostCss，然后就需要安装 postcss-px-to-viewport，采用 npm 安装，安装目录如下：

```
cnpm install postcss-px-to-viewport --save
```

安装完成后，就需要找到项目中的 postcss.config.js 文件并添加配置，如下所示：

```
"postcss-px-to-viewport": {
  viewportWidth: 375,    // 视区的宽度，对应的是视觉设计稿的宽度，iPhone 6s 一般是 375
  viewportHeight: 667,   // 视区的高度，iPhone 6s 一般是 667
  unitPrecision: 3,      // 指定'px'转换为视区单位值的小数位数（很多时候无法整除）
  viewportUnit: "vw",    // 指定需要转换的视区单位，使用 vw
  selectorBlackList: ['.ignore', '.hairlines'],    // 指定不转换为视区单位的
class 类，可以自定义，可以无限添加，建议定义一至两个通用的类名
  minPixelValue: 1, // 小于或等于'1px'，则不转换为视区单位，也可以设置为想要的值
  mediaQuery: false // 是否允许在媒体查询中转换'px'
```

```
    },
```

配置完成之后，后续在项目中编写 CSS 样式时直接用 px 单位，而最终的代码就是已转换好的 vw 单位，非常方便。

同时，也可以顺带配置 autoprefixer 插件，给 CSS 样式自动添加浏览器前缀，代码如下：

```
plugins: {
    autoprefixer: {},
    'postcss-px-to-viewport': {
        /*...*/
    }
}
```

19.4　登录页面的开发

（1）　　　（2）

一切准备就绪，我们开始进入微博项目第一个页面的开发。首先是登录页面，主要由登录框（用户名和密码）以及登录按钮等元素组成，页面原型图如图 19-6 所示。

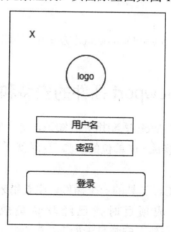

图 19-6　登录页面的原型图

在项目的 src 目录的 views 目录下，新建一个 login 文件夹，同时新建 index.vue，代码如下：

```
<template>

</template>

<script>

export default {
  name: 'login',
  data () {
    return {
```

```
      password: '',
      phoneNum: ''
    }
  },

  methods: {

  }
}
</script>
<style scoped>

</style>
```

这里采用的是 Vue 中的单文件组件，<template>标签中的代码是页面的 DOM 元素，<script>标签中的代码是页面的主要交互操作逻辑，<style>标签中的代码是页面的 CSS 样式。

接下来编写微博 logo 元素、登录输入框和登录按钮的 DOM 结构代码，如下所示：

```
<template>

  <div class="container">
    <div class="close-icon" @click="close"></div>
    <div class="top-logo"></div>
    <p class="title">登录微博</p>
    <p class="sub-title">分享生活 发现世界</p>
    <form class="mui-input-group">
      <div class="mui-input-row">
        <label>手机号: </label>
        <input type="tel" placeholder="请输入手机号">
      </div>
      <div class="mui-input-row mui-password">
        <label>密码: </label>
        <input type="password" class="mui-input-password" placeholder="请输入
密码"><span class="mui-icon mui-icon-eye"></span>
      </div>
    </form>
    <button type="button" class="mui-btn mui-btn-warning mui-btn-block
login-btn">登录</button>
  </div>
```

在上面的代码中，主要采用的是 MUI 的现成组件。输入框、密码框以及登录按钮都采用的是 MUI 的样式，同时密码框带有隐藏和显示密码的功能。

新浪微博的 logo，采用<div>并以 background-image 的方式导入，同时设置背景图片居中和尺寸样式，如下所示：

```
.top-logo {
  height: 90px;
```

```
width: 100%;
background-image: url('./imgs/logo.png');
background-repeat: no-repeat;
background-size: 80px 70px;
background-position: center;
margin-top: 70px;
}
```

另外一个就是在左上角的关闭按钮，采用绝对定位的\<div\>并以 background-image 的方式导入，同时设置背景图片居中和尺寸样式，如下所示：

```
.close-icon {
  position: absolute;
  top: 18px;
  left: 18px;
  width: 20px;
  height: 20px;
  background-image: url('./imgs/close.png');
  background-size: cover;
}
```

在完成 UI 样式后，就开始开发交互逻辑。首先给手机号输入框和密码输入框绑定两个 v-model，然后给登录按钮绑定 click 事件，在 click 回调方法中，可以通过 this.phoneNum 和 this.password 获取具体的值，代码如下：

```
<input type="tel" v-model="phoneNum" placeholder="请输入手机号">
<input type="password" v-model="password" placeholder="请输入密码">
<button type="button" @click="login">登录</button>
...
login () {
  console.log(this.phoneNum, this.password)
},
```

在完成登录单击交互操作逻辑后，就需要实现一些信息持久化的功能了，需要将用户的信息通过 Vuex 保存起来，这样在后面的其他页面中就可以更加方便地获取到这些信息。

在项目的 store.js 中，编写 Vuex 逻辑，在 state 中新增 currentUser，默认是空对象{}，然后在 mutations 中添加 currentUser 方法，对 state.currentUser 进行赋值，最后提供 setUser 的 actions 来供外部调用，代码如下：

```
export default new Vuex.Store({
  state: {
    // 存储当前用户的数据
    currentUser: {},
  },
  mutations: {
    /*
     * 设置当前用户的 mutations
```

```
    */
    currentUser (state, user) {
      state.currentUser = user
    },
  },
  actions: {
    setUser (context, user) {
      context.commit('currentUser', user)
    }
  }
})
```

然后，在 login.vue 的 login 方法中调用 setUser 这个 action，同时准备一些 "假" 数据来存储，
代码如下：

```
let user = {
  description: '实践过，才懂得',
  follow_count: 315,
  followers_count: 425,
  gender: 'm',
  profile_image_url:
'http://wecircle.oss-cn-beijing.aliyuncs.com/image-1576550113681.jpg',
  screen_name: '吕小鸣javascript',
  verified: true
}
this.$store.dispatch('setUser', user)
```

在使用 Vuex 来派发（dispatch）一个 action 时，可以多思考一下：在 Vuex 的流程中，首先在
组件中通过派发（dispatch）进入 action，再进入 mutations，然后去修改 state，最终影响 store 的状
态。那么能不能直接修改 state 呢？在 Vuex 中修改 store 的状态，采用 action 和直接修改 state 有何
区别？可以总结出以下几点：

- 理论上，如果需要修改 store 中的 state 值，例如上面的 currentUser，直接采用
  this.$store.state.currentUser = user 和 this.$store.dispatch('setUser', user)都可以达到目的，而
  且能够生效。直接修改 state 不需要添加 mutations 和 action，直接操作即可，而后者需要
  添加 mutations 和 action。
- 在大多数情况下，Vuex 的官方不推荐直接修改 state 的值，这样不利于代码的维护，而且
  Vue 调试工具无法跟踪到。另外，在这个实战项目只只是简单修改 state 的一个值，逻辑
  相对简单，但是如果后续逻辑复杂，修改 state 前需要很多逻辑，而且这些逻辑在很多地
  方都会用到，那么采用 mutations 和 action 就更高效，维护也更容易。
- 如果在创建 Vuex 时启用了严格模式 strict:true，那么在代码中就不能直接修改 state 的值，
  只能采用 mutations 和 action 的方式，启用严格模式的代码如下：

```
export default new Vuex.Store({
  strict: true,//严格模式，只能用 action 来修改 state
  ...
```

```
})
```

通过这种配置，直接修改 state 就会报错，笔者并不建议通过这种方案来约束，因为这样会在运行时消耗更多的性能去处理这个逻辑，更推荐在编码时自我约束更好。

至此，登录逻辑已基本完成，最后，需要将此登录页面设置在 vue-router 中，在项目的 router.js 中添加 login.vue 的路由，代码如下：

```
Vue.use(Router)
...
routes: [
  {
    path: '/login',
    component: () => import(/* webpackChunkName: "login" */
    './views/login')
  },
]
```

其中的 component 对应的是一个函数 function，在方法内去导入 login.vue 组件，这种写法表示该 login.vue 组件会在最终 Webpack 构建模块时分拆打包，独立成一个 JavaScript 文件（在 Webpack 中叫作 chunk），将来只有路由到这个组件时，才会去加载文件，也就是"懒加载"这个文件。

被注释掉的/* webpackChunkName: "login" */表示打包后此文件的文件名，这段代码虽然被注释掉，但是在 Webpack 构建模块打包时，会去识别它，所以不能省略。

最终登录页面完成后的效果如图 19-7 所示。

图 19-7　登录页面完成后的效果图

19.5　微博首页的开发

（1）　　　（2）

接下来进行微博首页的开发，首页是整个项目中最复杂的页面，它包括 4 个页面，分别是"新鲜事""消息""我的"和"设置"页面，也包括一些公共组件，例如底部的 tabbar 组件和顶部的 headerbar 组件，页面的原型图如图 19-8 所示。

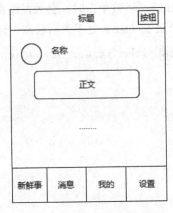

图 19-8　微博首页的原型图

底部的页签（tab）分别控制页面切换，默认定位在"新鲜事"页签，下面来分别开发含有切换功能的底部 tabbar（页签条）。

19.5.1　tabbar 组件的开发

在项目的 src 目录的 components 目录下新建 tabbar 文件夹，并新建 index.vue 作为单文件组件，放在 components 目录下的原因为 tabbar 是一个公共组件，会被多个页面导入，所以需要放在通用的目录下，index.vue 代码如下：

```
<template>
 <nav class="bottom-bar">
  <router-link to="/">
   <span class="mui-icon mui-icon-home"></span>
   <span class="mui-tab-label">首页</span>
  </router-link>
  <router-link to="/message">
   <span class="mui-icon mui-icon-email"></span>
   <span class="mui-tab-label">消息</span>
  </router-link>
  <router-link to="/my">
   <span class="mui-icon mui-icon-person"></span>
   <span class="mui-tab-label">我的</span>
  </router-link>
```

```
    <router-link to="/setting">
      <span class="mui-icon mui-icon-gear"></span>
      <span class="mui-tab-label">设置</span>
    </router-link>
  </nav>
</template>
```

上面的代码主要是 tabbar 组件的 DOM 结构，大部分使用了 MUI 组件和 icon 图片，最外层的.bottom-bar 通过<div>采用 fixed 定位布局，可以实现始终在页面底部驻留，并且每个页签（tab）都作为一个 vue-router 的<router-link>，当被单击时，会触发路由的变化。同时，该组件接收一个 props currentKey 来决定当前是哪个页签（tab）处于激活状态，代码如下：

```
<router-link :class="{'tab-item':true, active:currentKey == 'message'}"
to="/message">
  /* ... */
</router-link>
...
props: {
  currentKey: {
    type: String,
    default: 'index'
  }
}
```

通过 currentKey 判断当前 tabbar 处于哪个页面中，同时赋予 active 的 class，即可标识出处于激活态的页签（tab），最后这 4 个页签（tab）可以采用<div>+flex 布局来轻松实现，代码如下：

```
.tab-item {
  flex: 1;
  display: flex;
  flex-direction:column;
  align-items: center;
  justify-content: center;
  color: #929292;
  font-size: 17px;
}
.tab-item.active {
  color: #ff7d15;
}
```

最终 tabbar 完成的效果如图 19-9 所示。

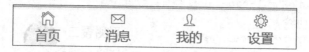

图 19-9　tabbar 完成后的效果图

19.5.2　headerbar 组件的开发

headerbar 组件实际上就是页面的导航栏，主要由标题和导航按钮所组成，与 tabbar 类似采用固定（fixed）定位，驻留在页面顶部。

在项目的 src 目录的 components 目录下新建 headerbar 文件夹，并新建 index.vue 作为单文件组件，同样 headerbar 是一个公共组件，会被多个页面导入，所以需要放在通用的目录下，index.vue 代码如下：

```
<template>
  <header class="mui-bar mui-bar-nav headerbar">
    <button @click="goBack" v-if="useBack" class="mui-btn mui-btn-link
mui-btn-nav mui-pull-left"><span class="mui-icon mui-icon-left-nav"></span>返回
</button>
    <h1 class="mui-title">{{title}}</h1>
    <button v-if="useRightBtn" class="mui-btn mui-btn-link mui-pull-right"
@click="rightBtnClick">{{useRightBtn}}</button>
  </header>
</template>
```

上面的代码主要是 headerbar 组件的 DOM 结构，大部分使用了 MUI 组件和 icon 图片，需要做的就是接收传递的 props 来动态显示需要显示的元素，例如控制是否显示返回按钮、是否显示右侧操作按钮以及中间标题的显示。

对于返回按钮，需要绑定 click 事件并设置 goBack()方法，在回调方法中调用 this.$router.back()来返回上一个路由，右侧按钮的功能可以通过 props 来定制，rightBtnClick()方法用来通知调用的父组件，代码如下：

```
methods: {
  goBack () {
    // 返回上一个路由
    this.$router.back()
  },
  rightBtnClick () {
    // 通知父组件
    this.$emit('rightBtnClick')
  }
}
```

headerbar 逻辑较为简单，最终完成的效果如图 19-10 所示。

图 19-10　headerbar 完成后的效果图

由于 tabbar 和 headerbar 都属于独立组件，并不是逻辑意义上的页面，所以不必在 router.js 中进行设置，下面就来开发 4 个页签（tab）对应的页面。

19.5.3　4 个页签（tab）页面的开发

微博首页是由"新鲜事""消息""发表""设置"共 4 个同级的页面所组成，这 4 个页面的内容主要由其子组件来构成，所以，下面先来完成 4 个页面的框架逻辑，具体每个页面的开发逻辑在后面讲解。

在项目的 src 目录的 views 目录下新建 4 个文件夹，分别是 index、message、my 和 setting，并分别在这 4 个文件夹下创建对应的 index.vue，并在各自的组件中导入 headerbar 和 tabbar 组件，代码如下。

"新鲜事"页面：

```
<template>
  <div class="container">
    <headerbar title="新鲜事"></headerbar>
    新鲜事
    <tabbar currentKey="index"></tabbar>
  </div>
</template>
...
import tabbar from '@/components/tabbar'
import headerbar from '@/components/headerbar'
```

"消息"页面：

```
<template>
  <div class="container">
    <headerbar title="消息"></headerbar>
    消息
    <tabbar currentKey="message"></tabbar>
  </div>
</template>
```

"我的"页面：

```
<template>
  <div class="container">
    <headerbar title="我的"></headerbar>
    我的
    <tabbar currentKey="my"></tabbar>
  </div>
</template>
```

"设置"页面：

```
<template>
  <div class="container">
    <headerbar title="设置"></headerbar>
    设置
    <tabbar currentKey="setting"></tabbar>
  </div>
</template>
```

每个页面在使用子组件<tabbar>时，通过传递不同的 currentKey 来区分当前所处的页面，同时在使用子组件<headerbar>时，传递不同的 title 或者其他的按钮设置，要完成这些功能，需要在 router.js 中对每个页面设置对应的路由，这样就结合之前 tabbar 中的<router-link>联动起来了，对应修改 router.js 的代码如下：

```
{
  path: '/',
  component: index  // index "新鲜事" 页面是整个 App 的第一个页面，所以不采用懒加载，
而直接设置
},
{
  path: '/message',
  component: () => import(/* webpackChunkName: "message" */ './views/message')
```

```
},
{
  path: '/my',
  component: () => import(/* webpackChunkName: "my" */ './views/my')
},
{
  path: '/setting',
  component: () => import(/* webpackChunkName: "setting" */ './views/setting')
}
```

完成上面的这些程序逻辑后，整个微博首页的页签切换逻辑就开发完毕了。至此，当单击 tabbar 对应的按钮时，就可以实现页面的切换。

通过上面所列举的项目代码，可以体现出在进行项目代码组织时，组件及其所在的文件要遵循一定的规范，公共组件需要放在 components 目录下，每个组件以文件夹为单元，名称和组件名称要保持一致，组件的入口文件命名为 index.vue，在当前组件的目录下还可以放置其子组件或者静态资源图片文件，等等。

19.6 新鲜事页面的开发

(1) (2) (3) (4) (5)

"新鲜事"页面的主要功能是承载微博列表，主要由若干个单条微博构成，并且在页面滚动到底部时可以加载更多的微博，同时包括提供发表入口等功能。因此，可以拆分成滚动加载组件、单条微博组件和"发表"按钮。

19.6.1 滚动加载组件的开发

首先需要实现滚动加载组件，在项目的 src 目录的 components 目录下新建 scrollview 文件夹，并新建 index.vue 作为单文件组件，代码如下：

```
<template>
  <div class="scrollview">
    <slot></slot>
    <div class="loadmore">
      <span class="loadmore-tips">{{loadEnd ? '已加载完毕':'正在加载...'}}
</span>
    </div>
  </div>
</template>
```

Scrollview 与之前开发的组件相比，特殊的是用户会把其当作父组件来使用，提到这种父组件的调用场景，插槽用法就最合适不过了，所以，在上面的代码中采用<slot></slot>来预先占坑，当其被其他组件调用时，这部分内容会被替换成子组件的内容，同时包括滚动到底部 loading 效果的 DOM 结构。

然后，采用 onscroll 事件实现滚动监听逻辑，代码如下：

```
mounted () {
  window.addEventListener('scroll', this.onLoadPage.bind(this))
},
beforeDestroy () {
  // 在组件销毁时要移除 scroll 事件
  window.removeEventListener('scroll', this.onLoadPage.bind(this))
},
activated () {
  window.addEventListener('scroll', this.onLoadPage.bind(this))
},
deactivated () {
  // 在组件切换掉时要移除 scroll 事件
  window.removeEventListener('scroll', this.onLoadPage.bind(this))
}
```

上面的代码主要包含绑定事件和移除事件的逻辑。需要注意的是，在 Vue 的组件中给 window 对象绑定事件时调用的 window.addEventListener()方法，在组件被移除或者切换掉时须调用 window.removeEventListener()方法来移除事件。至于为什么给 window 绑定滚动事件、移动 Web 端采用的滚动类型和滚动原理以及如何判断滚动到底部，下面会进行解释。

移动端 Web 的滚动方式主要有如下几类：

● **body 滚动**：页面的高度由内容自动撑大，body 自然形成滚动条，如果不进行处理，默认都是 body 滚动。形成的原理如图 19-11 所示。

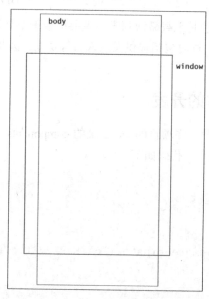

图 19-11　body 滚动的原理图

● **局部滚动**：滚动行为在一个固定宽和高的<div>元素内触发，将该 div 设置成 overflow:scroll/auto;来形成 div 内部的滚动，滚动条出现在 div 内部。形成的原理如图 19-12 所示。

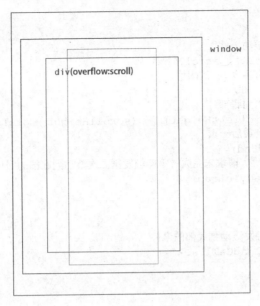

图 19-12　局部滚动的原理图

- **模拟滚动：** 在移动 Web 端众多滚动组件中，目前使用最多的方案包括 MUI 的滚动组件和著名的 IScroll 滚动组件，实现这种滚动原理一般有两种：
  - ◇ 监听滚动元素的 touchmove 事件，当事件触发时修改元素的 transform 属性来实现元素的位移，让手指离开时触发 touchend 事件，采用 requestanimationframe 维护着 setInterval 在一个线型函数下不断地修改元素的 transform，以实现手指离开时的一段惯性滚动距离。
  - ◇ 监听滚动元素的 touchmove 事件，当事件触发时修改元素的 transform 属性来实现元素的位移，让手指离开时触发 touchend 事件，然后给元素设置一个 CSS 的 animation 动画，并设置好 duration 和 timing-function 来实现手指离开时的一段惯性滚动距离。

在这 3 种滚动方式中，body 滚动的"消耗"最小。局部滚动的底层实现是通过终端的 WebView 组件来生成 iOS 和 Android 对应的原生 ScrollView 组件，每生成一个 ScrollView 组件都会消耗更多的内存。而模拟滚动浏览器在 JavaScript 层面会消耗更多的性能去改变 DOM 元素的位置，在 DOM 复杂层级较深的页面消耗的性能更多，所以针对模拟滚动需要更多的优化逻辑才能达到良好的用户体验。因此，在没有特殊应用的情况下，滚动加载使用正常的 body 滚动方式更好。

理解了移动 Web 端滚动的原理后，完成滚动加载逻辑就变得很简单了，需要做的就是捕捉滚动事件，实时计算位置并在合适的时机触发加载方法。在 scrollview 目录下的 index.vue 中添加程序逻辑，代码如下：

```
onLoadPage () {
    // 获取 clientHeight
    let clientHeight = document.documentElement.clientHeight
    // 获取 scrollHeight
    let scrollHeight = document.body.scrollHeight
    // 获取 scrollTop，这里注意要兼容一下某些机型的 document.documentElement.
scrollTop 可能为 0
    let scrollTop = document.documentElement.scrollTop || document.body.
```

```
scrollTop
      // 通知父组件触发滚动事件
      this.$emit('scroll', scrollTop)
      // 通知距离底部还有多少 px 的阈值
      let proLoadDis = 60
      // 判断页面滚动是否到底部
      if ((scrollTop + clientHeight) >= (scrollHeight - proLoadDis)) { // 560 1915
        // 是否已经滚动到最后一页
        if (!this.loadEnd) {
          // 判断在一个 API 请求未完成时不能触发第二次滚动到底部的回调
          if (!this.readyToLoad) {
            return
          }

          // 通知父组件触发滚动到底部的事件
          this.$emit('loadCallback')
        }
      }
    }
```

在上面的代码中，用到了 3 个滚动常用的值，它们的含义分别是：

- **scrollTop:** 表示获取或设置元素的内容向上滚动的像素值。
- **clientHeight:** 可见区域的高度，也就是如果区域在 overflow:auto 的情况下，里面的内容如果超过这个高度就会出现滚动条。
- **scrollHeight:** 表示获取一个元素所含内容的高度，包括由于内容超出，滚动到屏幕外的不可见区域。

在页面滚动时，这 3 个滚动常用值的关系可以从图 19-13 中看出。

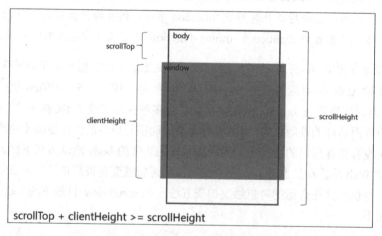

图 19-13　3 个滚动常用值的关系

当公式(scrollTop + clientHeight) >= scrollHeight 表示滚动到达了底部时。也可以加一个距离底部还有多少距离的阈值 proLoadDis，公式(scrollTop + clientHeight) >=(scrollHeight - proLoadDis)表示距离底部还有 proLoadDis 时，就提前触发滚动到底部的处理逻辑。

19.6.2 单条微博组件的开发

单条微博组件相对来说是比较复杂的组件，功能上主要作为微博内容的容器，包括头像元素、昵称元素、微博正文元素、点赞、评论、转发操作。同时，每条微博都有不同的类型，例如文字类型、文字+图片类型、视频类型、转发类型，等等。

在项目的 src 目录的 components 目录下新建 post 文件夹，并创建 index.vue，代码如下：

```
<template>
  <div class="item-wrap"  @click="goDetail('commentlist')">
    <div class="item-top">
      <avatar :user="mblog.user" class="left-avatar"></avatar>
      <div class="item-right">
        <div class="name">{{mblog.user.screen_name}}</div>
        <div class="time">{{mblog.created_at}} 来自
{{mblog.source}}</div>
      </div>
    </div>
  </div>
</template>
```

在上面的代码中，实现了头像和昵称这些模块的 DOM 结构，用最外层的.item-wrap 来包裹，主要利用了 flex 布局，最后，绑定单击事件来跳转到后面要开发的微博详情页。针对头像这部分 UI，单独抽离成<avatar>组件，便于后续的公用。

在项目的 src 目录的 components 目录下新建 avatar 文件夹，并创建 index.vue，代码如下：

```
<template>
  <div class="img-wrap" :class="{vip:user.badge.user_name_certificate}">
    <img class="avatar" :src="user.profile_image_url" />
  </div>
</template>
```

头像部分的 UI 相对比较简单，使用<img>标签来承载即可，另外头像的 vip 标识可以采用伪类的方式来实现，采用的 CSS 代码如下：

```
<style scoped>
.img-wrap {
  width: 45px;
  height: 45px;
  position: relative;/*父元素设置为 relative，便于伪类子元素 absolute 定位*/
}
.vip.img-wrap::after {
  content: '';
  width: 13px;
  height: 13px;
  position: absolute;
  background-image: url('./imgs/vip-icon.png');
  background-size: cover;
```

```
    bottom: 0;
    right: 2px;
}
.avatar {
    width: 100%;
    height: 100%;
    border-radius: 50%;
    background-color: #eee;
}
```

头像组件完成后，传入 user 数据即可，最终 UI 的效果如图 19-14 所示。

图 19-14 头像组件的最终效果图

然后是微博正文模块，通过观察数据可知，每条微博的正文都是由富文本组成的，也就是正文内容不仅仅包括纯文字，还包括一些链接、表情，等等，如图 19-15 所示。

reward_exhibition_type: 2
reward_scheme: "sinaweibo://reward?bid=1000293251&enter_id=1000293251&enter_type=1&oid=4445494505828028&seller=1646343160&share=18
rid: "1_0_0_1413049274125587092_0_0_0"
show_additional_indication: 0
show_attitude_bar: 0
source: "微博 weibo.com"
text: "《 <a href="https://m.weibo.cn/search?containerid=231522type%3D1%26t%3D10%26q%30%23%E7%86%8A%E5%87%BA%E6%B2%A1%E7%88%82%E9
text length: 302
```
<<a href="https://m.weibo.cn/search?
containerid=231522type%3D1%26t%3D10%26q%3D%23%E7%86%8A%E5%87%BA%E6%B2%A1%E7%88%82%E9%8E%E5%A4%A7%E9%99%86%23&extparam=%23%E7%86%8A%E5%87%BA%E6%B2%A1%E7%88%82%
_ctg1_3288" data-hide=""><span class="surl-text">#熊出没狂野大陆#</span></a>》的新海底深藏玄机！今年最强三人组又要开启新的探险旅程，将带领大家进入能变身各种神奇动物的科幻世界，不多说了，已预定2020年大
href="https://m.weibo.cn/search?containerid=231522type%3D1%26t%3D10%26q%3D%23%E7%86%8A%E5%87%BA%E6%B2%A1%E7%88%8F%98%E4%BA%86%23&extparam=%23%E7%86%8A%E5%87%BA%E6%B2%A1%E7%88%8
hide=""><span class="surl-text">#熊出没变了#</span></a>
```
```

图 19-15 微博正文模块

所以针对这类数据在 Vue 中需要使用 v-html 指令，代码如下：

```
<div class="text-content" v-html="formatText(mblog.text)"></div>
...
formatText (value) {
    // 过滤链接中可能引发跳转的逻辑
    let reg = /href=("|')(.+?)("|')/gi;

    return value.replace(reg, '').replace(/<br \/><br \/>/g, '<br />')
}
```

一旦采用 v-html 指令就代表要信任后台返回的数据，同时需要过滤一些字符，formatText()方法表示把一些正文中的<a>标签可能引发跳转逻辑的字符（例如 href）移除掉，同时移除一些影响布局的标签（例如换行
）。

对于正文中的超链接内容、话题内容、@内容等需要单独使用特殊的字体颜色来标识，但是由于这部分内容属于后端提供的，并不是由前端代码生成的，所以无法直接通过样式来设置。那么针对此类情况，若要强制改变其样式，就需要用到 Vue 样式逻辑中的深度作用域/deep/，使用代码如下：
```

```
.text-content /deep/ a,.text-content /deep/ .surl-text {
  color: #3c6e9e;
}
```

在上面的代码中，对于.text-content 下的 a 标签及.surl-text，这两类元素并不在当前正文组件的 DOM 结构中，而是通过 v-html 渲染出的，所以需要采用/deep/来改变其字体样式。

然后就是微博的内容部分，主要为图片、视频、转发的图片或转发的视频，所以这里会出现使用 v-if/v-else 这些条件控制指令，我们先将这些内容抽离出独立组件。

在当前的 post 目录下，新建 pics 文件夹，并创建 index.vue 来表示微博的图片组件，代码如下：

```
<template>
  <div class="pic-content"
    <img v-if="mblog.pics && mblog.pics.length ==
1" :style="imgOneStyle(mblog.pics[0])"
class="img-wrap-one" :src="mblog.pics[0].url">
      <div v-else class="img-content">
        <div
          class="img-item"
          :style="imgStyle(item)"
          v-for="(item,index) in mblog.pics"
          :key="index"
        >
        </div>
      </div>
    </div>
</template>
```

对于单图逻辑，如何设置图片宽和高的逻辑，代码如下：

```
imgOneStyle () {
  return item => {
    let height = null
    let width = null

    // 如果图片是长图，则给定最大的长度
    if (item.geo.height > item.geo.width) {
      height = Math.min(200, item.geo.height)
      // 根据比例设置宽度
      width = height * item.geo.width / item.geo.height
    } else { // 如果图片是宽图，则给定固定的宽度
      width = Math.min(200, item.geo.width)
      // 根据比例设置高度
      height = width * item.geo.height / item.geo.width
    }
    // 转换成 vw 单位
    return {
      height: this.pxtovw(height),
```

```
      width: this.pxtovw(width)
    }
  }
}
```

在上面的代码中，给单图的 img 元素设置一个计算属性 computed，同时将图片的大小信息数据传进去来计算图片显示时的宽和高，具体逻辑是：分别针对长图和宽图来进行设置，在保证图片原始比例的前提下，最长边不超过 200。

对于多图逻辑，利用 flex 布局实现 9 宫格排列，每张小图可采用 background-image 来显示，同时使用 background-size: cover 达到图片居中的效果，代码如下：

```css
.img-content {
  display: flex;
  flex-wrap: wrap;
  padding-left: 15px;
}
.img-item {
  width: 115px;
  height: 115px;
  border: 2px solid #fff;
  box-sizing: border-box;
  background-size: cover;
  background-position: center center;
  background-repeat: no-repeat;
  background-color: #e9e9e9;
}
```

在完成了图片的显示功能之后，还需要添加单击查看大图的功能，这里可以直接使用 MUI 提供的图片查看器 previewimage 插件。首先，在项目的 index.html 上导入对应的 JavaScript 文件和在 main.js 中导入对应的 CSS 文件，代码如下：

```
index.html:
...<script type="text/javascript" src="<%=
BASE_URL %>lib/mui/js/mui.zoom.js"></script>
  <script type="text/javascript" src="<%=
BASE_URL %>lib/mui/js/mui.previewimage.js"></script>

main.js:
import './assets/mui/css/mui.previewimage.css'
```

然后，找到图片对应 DOM 结构，分别给 data-preview-src 和 data-preview-group 绑定数据：

- **data-preview-src**：必填，图片查看器 previewimage 组件查看图片的源地址。
- **data-preview-group**：必填，图片对应的唯一 id，对于相同 id 的图片属于同组，同组图片可以滑动切换。

通过 Vue 的 v-bind 指令可以给单图和多图对应的元素绑定此数据，代码如下：

```
<... :data-preview-src="mblog.pics[0].large.url" :data-preview-group="grou
pId" ...>
```

其中 groupId 可以由模拟后端的"假"数据提供的微博 ID 加上当前时间戳来构成，随后单击图片就可以看到大图切换的功能。

至此，图片类微博相关的 UI 就开发完成了，最终的效果如图 19-16 所示（点赞、转发、评论的 UI 在后面讲解）。

图 19-16　图片类微博的最终效果图

接下来进入微博视频部分的开发，从提供的假数据来看，视频数据主要是一个视频链接地址，大部分为 mp4 格式，所以可以使用 video.js 来承载视频播放功能。

在当前的 post 目录下新建 videopart 文件夹，并创建 index.vue 表示微博的视频部分，代码如下：

```
<template>
  <div class="video-content">
    <div class="ply-btn" v-show="played" @click="play($event)"></div>
    <video :id="playid" class="video-js">
     <source :src="videoData.media_info.mp4_hd_url" type="video/mp4">
    </video>
  </div>
</template>
```

在上面的代码中，采用 <video> 标签将视频功能需要的数据默认在 DOM 结构中，主要是 playid 和 src 数据。然后，安装和导入 video.js 模块：

```
cnpm install video.js --save
```

在 videopart 下的 index.vue 中导入 videojs 和对应的 CSS，代码如下：

```
import videojs from 'video.js'
import 'video.js/dist/video-js.css'
```

然后，在组件的 mounted 方法中，调用 videojs 初始化方法来创建播放器，代码如下：

```
mounted () {
  let options = {
    controls: true,        // 设置是否显示视频控制器
    preload: 'auto',            // 设置是否缓冲
    poster: this.videoData.page_pic.url, // 视频预览图
    fluid: true,                // 自适应大小
    bigPlayButton: false        // 隐藏默认的播放按钮
  }

  // 初始化 videojs，第一个参数为 video 标签的 ID，第二个参数是 videojs 接收的参数，第三
个是 videojs 初始化成功后执行的方法
  this.player = videojs(this.playid, options, () => {
    console.log('初始化成功')
  })
}
```

其中，**playid** 由 vid+时间戳构成，保证唯一性，然后自定义开始播放按钮来实现视频的播放。这里需要意识到当有多个视频播放时，必须处理好播放关系，尤其是在微博列表页，会出现多个视频的情况。所以，这里的处理逻辑就是：

- 使用 Vue 中全局变量来存储每个播放器实例。
- 当播放当前视频时，将其他正在播放的视频暂停。

在项目的 **main.js** 中创建一个全局变量数组，代码如下：

```
...
Vue.prototype.$videoPlayerList = [] // 存储视频播放器实例
...
```

在创建根实例时，通过 prototype 方式可以挂载全局变量，这样在后面的子组件中，可以直接通过 this.$videoPlayerList 来操作（全局变量一般会采用$开头）。

在 videopart 组件 mounted 方法中添加对应的保存逻辑和暂停逻辑，代码如下：

```
...
// 在当前播放器播放时，暂停其他播放器
this.player.on('play',()=>{
  this.played = true
  this.$videoPlayerList.forEach((item)=>{
    if (item.id_ != this.playid) { // 通过 playid 来判断是否是当前的播放器实例
      item.pause()// 暂停播放
    }
  })
})

// 存储播放器实例
this.$videoPlayerList.push(this.player)
```

至此，视频类微博相关的 UI 就开发完成了，最终的效果如图 19-17 所示。

图 19-17　视频类微博的最终效果图

　　最后是转发类别的微博 UI 开发，转发类别是一个复合类型，可以嵌套文本、图片及视频，在之前将图片部分和视频部分进行抽离的好处就体现出来了，即体现了组件化带来的优势。

　　在当前的 post 目录下新建 repost 文件夹，并创建 index.vue 表示微博的转发部分，代码如下：

```
<template>
  <div class="repost-content">
    <span class="nickname">{{nickname}}</span>
    <div class="text-content"
v-html="formatText(retweeted_status.text)"></div>
    <pics v-if="retweeted_status.pics" :mblog="retweeted_status"></pics>
    <videopart v-else-if="retweeted_status.page_info && retweeted_status.
page_info.type
=='video'" :vid="retweeted_status.id" :videoData="retweeted_status.page_info">
</videopart>

  </div>
</template>
```

　　在上面的代码中，主要是转发类微博的 DOM 结构，除了昵称和正文之外，其余部分通过组件导入的方式，显示出之前独立编写的图片模块组件和视频模块组件，但是需要利用 v-if 来判断具体显示哪种类型。在样式方面，转发内容需要给定一个特殊的背景颜色，CSS 代码如下所示：

```
.repost-content {
  padding-top: 5px;
  padding-bottom: 5px;
  background-color: #f7f7f7;
}
```

　　至此，转发类微博相关的 UI 就开发完成了，最终的效果如图 19-18 所示。

图 19-18 转发类微博的最终效果图

最后就剩下转发、评论、点赞功能按钮的 UI 和逻辑开发了，这部分内容相对简单，主要采用 flex 布局来实现，不再使用代码演示来讲解了，读者可以直接参考源代码，下面重点讲解单击"点赞"按钮时点赞动画的实现。

点赞动画主要是通过控制点赞按钮的图片 icon 的大小和旋转来实现的，首先需要将点赞动画的动画执行时间线进行拆解，如图 19-19 所示。

图 19-19 点赞动画的动画执行时间线拆解示意图

主要步骤在第 2 步和第 3 步，第①是常态，第②步顺时针旋转到 20deg，第③步再逆时针旋转到-10deg，同时进行放大，最后一步是再恢复到常态，这就构成了整个动画的逻辑流程，转换成对应的 CSS 代码，需要创建一个 animation，代码如下：

```
@keyframes bounce-in {
  0% {
    transform: rotate(0deg) scale(1);
  }
  30% {
    transform: rotate(20deg);
  }
  50% {
    transform: rotate(-10deg) scale(2.5);
  }
```

```
  100% {
    transform: rotate(0deg) scale(1);
  }
}
```

同时，利用 Vue.js 中的动画组件<transition>来使组件具有动画效果，代码如下：

```
<transition name="bounce" @after-enter="afterAnim">
  <div class="liked-icon-big icon" v-if="showAnim"></div>
</transition>
...
.bounce-enter-active {
  animation: bounce-in 1s;
  animation-timing-function: ease-in-out;
}
```

在上面的代码中，.bounce-enter-active 结合 name="bounce"来将 CSS 动画和<transition>结合起来，使用 v-if 来控制动画的开始，用@after-enter 来捕获到动画结束的时间点，从而改变对应的 UI，例如修改点赞数。

至此，单条微博组件的 UI 和逻辑就已经基本完成，最后，还需要给整体组件绑定页面跳转事件，当单击单条微博时，可以跳转到微博详情页，给最外层<div>元素.item-wrap 绑定 click 事件，代码如下：

```
<div class="item-wrap"  @click="goDetail">
...
</div>
...
goDetail (page) {
  // 传入微博 id
  this.$router.push({
    path: '/detail/' + this.mblog.id
  })
}
```

在上面的代码中，看似是一个很简单的 click 事件绑定逻辑，但是在实际运行中，会出现以下问题：

● 在整个单条微博组件中，有很多内部元素有其自身的单击响应逻辑，例如单击图片可以查看大图，单击播放按钮可以播放视频。

● 当这些元素被单击时，不仅会响应其自身的单击逻辑，也会同时将事件传递给最上层的.item-wrap 元素，并触发跳转逻辑。

显然，此问题会影响正常的交互逻辑，解决办法就是采用给指定范围的内部元素绑定 click 事件，同时使用 e.stopPropagation()阻止事件的传递，例如针对视频播放按钮的播放逻辑，代码如下：

```
<div class="video-content" @click="prevent($event)">
...
```

```
</div>
...
prevent (e) {
  e.stopPropagation()
}
```

通过$event 关键字，可以在 click 事件中获取到事件对象，e.stopPropagation()可以阻止事件"冒泡"，从而阻止单击事件向上传递，对于查看大图操作，由于 previewimage 组件已经自动实现了阻止冒泡，所以无须手动添加。

单条微博组件同样是一个公共组件，在后面的微博详情页中也会用到。

19.6.3 "发表"按钮的开发

"新鲜事"页面的最后一部分内容就是"发表"按钮及其相关逻辑，这部分比较简单，主要来改造之前的 headerbar 组件，在 headerbar 组件中添加"发表"按钮 UI 和样式，代码如下：

```
<div v-if="useAdd" class="add-icon mui-pull-right" @click="goPublish"></div>
...
goPublish () {
  this.$router.push({
    path: '/publish'
  })
}
...
.add-icon {
  width: 26px;
  height: 26px;
  background-image: url('./add.png');
  background-size: cover;
  margin-top: 9px;
}
```

在上面的代码中，v-if 指令用来控制是否使用"发表"按钮，在"发表"按钮被单击后，就跳转到"发表"页面。

19.6.4 新鲜事微博列表的开发

在完成了"新鲜事"页面各自的独立组件开发之后，就需要完成新鲜事的微博列表逻辑了，在 index 文件夹下的 index.vue 中引入<scrollview>组件实现滚动列表，同时定义 loadCallback 方法，用来加载微博列表数据，代码如下：

```
<scrollview
  class="list-content"
  @loadCallback="loadCallback"
  :isend="isend"
  :readyToLoad="readyToLoad"
  :dataList="dataList"
```

```
    >
      <post v-for="(item) in dataList" :key="item.mblog.id" :data="item"
class="item"></post>
    </scrollview>
    ...
    computed: {
      dataList () {
        return this.$store.state.weiboDataList // 从 Vuex 的 store 获取数据
      }
    }
    ...
    async loadCallback () {
      if (this.pageIndex == 2) {      // 加载到第二页时，就结束加载，默认只有 2 页数据
        this.isend = true;            // isend=true 表示停止 scrollview 的滚动加载功能
        return;
      }
      this.readyToLoad = false;       // readyToLoad 表示在发送 ajax 请求这段时间内不触发
判断滚动到底部的行为
      let resp = await service.get('json/list' + (this.pageIndex + 1) + '.json');
      this.readyToLoad = true;        // 请求发送完成后，可以正常触发滚动到底部的行为
      let array = resp.data.cards || [];
      this.$store.dispatch('setWeiboDataList', array); // 将加载的数据放入 Vuex 中，
便于后续的发表功能联动

      this.pageIndex++;
    }
```

　　在上面的代码中，将列表数据放在 Vuex 中，每次加载数据都会派发（dispatch）一个 action，将数据传入 store，而要获取数据时，通过计算属性从 store 中获取。之所以绕了一圈将数据存放在 Vuex 中是为了和其他页面共享，即发表时可以直接通过 Vuex 来修改列表数据。

　　至此，"新鲜事"页面相关的逻辑都开发完成了，下面进入"发表"页面的开发。

19.7　发表页面的开发

（1）　　　　　（2）

　　"发表"页面主要提供微博发表的功能，这里我们只实现文字和图片类的发表，首先来看一下"发表"页面的原型图，如图 19-20 所示。

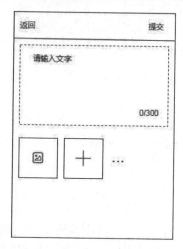

图 19-20 "发表"页面的原型图

在项目的 src 目录的 views 目录下新建 publish 文件夹，并创建 index.vue，代码如下：

```
<template>
  <div class="container">
    <headerbar useRightBtn="发表" :useBack="true" title="发表"
@rightBtnClick="publish"></headerbar>
    <textarea id="postContent"
      maxlength="300"
      placeholder="分享新鲜事..."
      @input="oninput"
      v-model="postContent"></textarea>
    <div class="text-count"><span
class="left-count">{{textCount}}</span>/300</div>
  </div>
</template>
```

在上面的代码中，主要是 headerbar 的设置和发表输入框的 DOM 结构，这里使用<textarea>标签，同时监听 input 事件，当用户输入时来动态改变字符数，@rightBtnClick 表示当单击 headerbar的提交按钮时，传递给"发表"页面的回调函数。下面针对 oninput 事件，讲解一下相关的知识。

在 PC 端常用的监听输入事件，可能会用 keyup 事件或者 keydown 事件来监听，但是到了移动端，主要有下面 3 个事件来监听用户的输入行为：

● **Oninput:** 该事件在用户输入时，value 改变时触发，是实时的。通过 JavaScript 改变<input>或者<textarea>DOM 的 value 时，不会触发。

● **onchange:** 该事件在用户输入时，value 改变（两次内容有可能还是相同的）且失去焦点时触发。通过 JavaScript 改变<input>或者<textarea>DOM 的 value 时，不会触发。

● **onpropertychange:** 该事件在用户输入时，value 改变时触发，是实时的。通过 JavaScript改变<input>或者<textarea>DOM 的 value 时，会触发，此事件为 IE 专属。

通过上面的解释可知，这里的实时计算字数的场景使用 oninput 事件是非常合适的。

微博的发表除了文字之外，还有另外一个非常重要的图片元素，在移动 Web 端发表图片，主要利用的是<input type="file">的图片上传功能，这个知识在前面的章节讲解过，那么这里将通过一个隐藏的<input type="file">来实现发表图片的功能，代码如下：

```
<div class="selected-images">
    <div class="image-item" v-for="(item,index) in
imageList" :key="index" :style="imgStyle(item)">
        <div class="delete-icon" @click="deleteImage(index)"></div>
    </div>
    <div class="plus-image" @click="openFileUploader"></div>
</div>
<input type="file" id="fileUploader" ref="fileUploader"
    @change="fileChange"
    accept="image/*"
    multiple="multiple"/>
```

在上面的代码中，.selected-images 的<div>元素用来显示已经选择的图片，由于<input type="file">只需要其上传功能，并不需要它的 UI，所以将其隐藏，取而代之的是.plus-image 的<div>元素用来触发<input type="file">单击，从而触发上传操作，然后采用 onchange 事件来获得上传的图片内容，代码如下：

```
fileChange (event) {
  let files = event.target.files;        //获取文件对象
  for (let i = 0; i < files.length; i++) {
    var reader = new FileReader();
    reader.readAsDataURL(files[i]);      //将图片转换成base64字符串
    reader.onload = (e) => {
      let image = new Image()            //转换成 Image 对象，为了获取图片大小
      image.onload = () => {
        // 保存到图片列表数组中
        this.imageList.push({
          base64: e.target.result,
          width: image.width,
          height: image.height
        })
      }
      image.src = e.target.result
    }
  }
  // 每次选完图片后要清除 value
  event.target.value = null
}
```

在上面的代码中，关键点是使用 FileReader 的 readAsDataURL 方法，将图片转换成可存储的 base64 字符串，当显示已选择的图片时，将 base64 字符串赋值给<div>元素的 background-image 的 url 属性即可，代码如下：

```
computed: {
  imgStyle () {
    return item => {
      return {
        backgroundImage: 'url(' + item.base64 + ')'
      }
    }
  }
}
```

当发表内容输入完毕，单击提交按钮时，就需要对数据进行保存，这里需要获取当前登录的用户信息 currentUser，这个数据在之前登录成功时设置在 Vuex 中的 store 中，可以采用计算属性来获取，代码如下：

```
computed: {
  currentUser () { // 采用计算属性来获取 Vuex 中的 currentUser 值
    return this.$store.state.currentUser
  }
}
```

最后，将发表的内容进行数据组装，最终通过 Vuex 来派发（dispatch）一个 action，通知"新鲜事"微博列表页，从而可以实时更新最新发布的微博数据。

至此，"发表"页面的相关逻辑已经开发完毕，最后需要在 router.js 中设置对应的路由，可参考之前页面的设置，这里就不再用代码演示了。

19.8 消息页面的开发

"消息"页面的逻辑相对比较简单，主要功能是对消息列表的显示，页面原型图如图 19-21 所示。

图 19-21 "消息"页面的原型图

"消息"页面的主要工作量在单条消息组件上，在项目的 src 目录的 views 目录下，找到之前创建的 message 文件夹，在 index.vue 中添加处理逻辑，代码如下：

```
<template>
  <div class="container">
    <headerbar :useBack="false" title="消息列表"></headerbar>
    <div class="content-list">
      <item v-for="(item,index) in dataList" :key="index" :data="item"></item>
    </div>
    <tabbar currentKey="message"></tabbar>
  </div>
</template>
```

在上面的代码中，<item>即是单条消息组件，通过 v-for 指令来渲染成一个列表，在当前的

message 文件夹下，新建 item 文件夹，同时新建 index.vue，代码如下：

```
<template>
  <div class="item-wrap">
    <avatar :user="user" class="left-avatar"></avatar>
    <div class="item-right">
      <div class="nickname">{{data.user.screen_name}}</div>
      <div class="content one-line">{{data.text}}</div>
    </div>
    <div class="time-info">
       {{data.created_at}}
    </div>
  </div>
</template>
```

在上面的代码中，主要实现了单条消息组件的 DOM 结构，同时引入之前开发的<avatar>头像组件，逻辑较为简单，将数据使用插值表达式渲染即可，样式方面主要是利用 flex 布局。

19.9　我的页面的开发

"我的"页面的主要功能是用来显示当前登录用户的信息以及所发表或者转发的微博，页面的原型图如图 19-22 所示。

图 19-22　"我的"页面的原型图

在项目的 src 目录的 views 目录下，找到之前创建的 my 文件夹，在 index.vue 中添加处理逻辑，代码如下：

```
<template>
  <div class="container">
    <headerbar :useBack="false"  title="我的"></headerbar>
    <div class="top-info" v-if="myInfo">
      <avatar :user="user" class="left-avatar"></avatar>
      <div class="right-info">
        <div
class="nickname" :class="myInfo.user.gender">{{myInfo.user.screen_name}}</div>
        <div class="desc">简介：{{myInfo.user.description}}</div>
```

```
        </div>
      </div>
      <div class="other-info" v-if="myInfo">
        <div class="other-content">
          <div class="count">{{myInfo.user.statuses_count}}</div>
          <div class="text">微博</div>
        </div>
       <div class="other-content">
          <div class="count">{{myInfo.user.follow_count}}</div>
          <div class="text">关注</div>
        </div>
        <div class="other-content">
          <div class="count">{{myInfo.user.followers_count}}</div>
          <div class="text">粉丝</div>
        </div>
      </div>
      <mylist></mylist>
     <tabbar currentKey="my"></tabbar>
  </div>
</template>
```

在上面的代码中，主要是页面上部的 DOM 结构，包括了头像、昵称以及微博粉丝数量等这些
元素，其中关于性别的图片 icon 显示，同样采用了伪类来实现，代码如下：

```
.nickname:after {
  content: '';
  display: block;
  width: 15px;
  height: 15px;
  background-size: cover;
  background-position: center;
  position: absolute;
  right: -18px;
  top: 0;
}
.f:after {
  background-image: url('./imgs/female.png');
}
.m:after {
  background-image: url('./imgs/male.png');
}
```

给.nickname 设置 after 伪类，通过不同的 class 名称，f 代表女性，m 代表男性，标识出不同的
图片 icon 显示。

"我的"页面剩下的部分是一个集合了若干个单条微博组件的列表，借助组件化的优势，可
以轻松借助之前编写好的组件来拼凑出这部分内容。

在当前的 my 文件夹下新建 list 文件夹，同时新建 index.vue，代码如下：

```
<template>
  <div class="content-list">
    <div class="item" v-for="(item,index) in dataList" :key="index">
      <post :data="item"></post>
    </div>
  </div>
```

```
</template>
```

在上面的代码中，结构很简单，只需要导入之前编写的单条微博组件，根据提供的页面"假"数据，然后采用 v-for 指令循环渲染出列表数据即可。

项目开发到这里，已经开发了 6 个页面了，但是对于每个页面来说，并没有很多的工作量，这得益于我们在编码时的组件划分。每当新建一个组件时，都要思考一下该组件在功能上处于项目中的什么角色，是否可能被复用，是否提供了完善的 props，这些都是评估一个开发编码水平的关键因素。

19.10　微博详情页面的开发

(1)　　　(2)　　　(3)

微博详情页是功能相对复杂的页面，主要提供了微博详情查看功能、点赞列表、转发列表、评论列表查看功能，同时也是转发评论页面的入口。微博详情页在意义上是整个项目中被访问次数最多的页面，页面的原型图如图 19-23 所示。

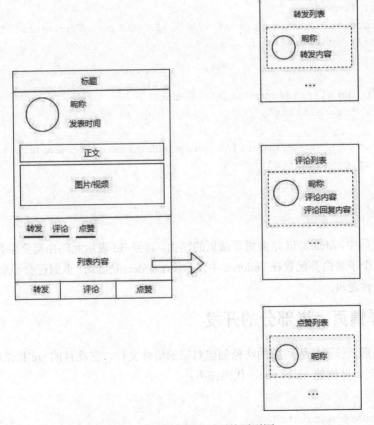

图 19-23　微博详情页面的原型图

先来拆分一下页面结构，页面的上半部分为微博的详细信息，下半部分为三个可切换的 tab。

对于上半部分固定，下半部分可切换的页面结构，可以采取父路由→子路由嵌套方式，下面就先来开发路由逻辑。

19.10.1 配置二级路由

找到项目的 router.js 添加对应的路由逻辑，代码如下：

```
{
  path: '/detail/:id',
  component: () => import(/* webpackChunkName: "detail" */ './views/detail'),
  children: [
    {
      // 当 /detail/:id/likelist 匹配成功
      path: 'likelist',
      component: () => import(/* webpackChunkName: "likelist" */
'./views/detail/likelist')
    },
    {
      // 当 /detail/:id/repostlist 匹配成功
      path: 'repostlist',
      component: () => import(/* webpackChunkName: "repostlist" */
'./views/detail/repostlist')
    },
    {
      // 当 /detail/:id/commentlist 匹配成功
      path: 'commentlist',

      component: () => import(/* webpackChunkName: "commentlist" */
'./views/detail/commentlist')
    }
  ]
}
```

在上面的代码中，/detail/:id 是微博详情页的路由，冒号+id 表示此路由需要参数，同时在 detail 路由下添加了三个子路由并配置在 children 中，当路由为/detail/:id/时，页面便会导航到对应的页面，并进入对应的组件逻辑。

19.10.2 详情页上半部分的开发

配置完路由后，就要按照对应的路径创建对应的组件文件，在项目的 src 目录的 views 目录下新建 detail 文件夹，并创建 index.vue，代码如下：

```
<template>
  <div class="container">
    <headerbar :useBack="true"  title="微博正文"></headerbar>
    <post type="detail" v-if="itemData" :data="itemData"></post>
    ...
```

```
    </div>
  </template>
```

在上面的代码中，首先实现了标题栏和微博详细信息部分，这部分内容主要是通过导入之前的公共组件，其中<headerbar>组件可以直接使用，而单条微博组件<post>组需要稍加改造。

单条微博组件<post>本身用于列表中的微博显示，当作为详情页的内容时，主要有以下改动：

● 修改昵称的字体颜色。
● 底部转发、评论、点赞操作栏在详情页不显示。
● 一些间距的修改。

如果发现详情页和列表页的微博显示部分 UI 和交互操作差异过大，单条微博组件用于详情页但需要修改的 UI 比较多时，甚至需要修改交互操作的逻辑，那么就说明不适合再公用此组件了，因此对于公用组件划分以及是否创建一个新组件或者引用之前的组件这个问题，需要根据实际的 UI 和交互逻辑而定。

找到项目 components 目录下的<post>组件的 index.vue，修改代码如下：

```
<template>
  <div class="item-wrap" :class="{detail:type=='detail'}">
    ...
    <div v-if="type == 'list'" class="item-footer">
      ...
    </div>
  </div>
</template>
...
props: {
  type: {
    type: String,
    default: 'list'
  }
}
...
.item-wrap.detail{
  padding-bottom: 15px;
}
.item-wrap.detail .name{
  color: #333;
}
```

在上面的代码中，首先提供了 type 作为 props，使得可以接收父组件传递的参数，然后利用 type 作为判断标识，结合 v-if 指令，完成在不同页面下 UI 的显示。

这部分 UI 渲染所需要的数据，不会像之前一样采用 ajax 去请求接口获取，可以直接利用上一级页面（包括新鲜事列表页或者个人信息页）带过来的数据，而后直接进行渲染。这样可以节省一次接口请求，提升了这部分内容的显示速度。但是，如果对数据的实时性要求高，也可以根据路由 id 参数，发送 ajax 从接口请求数据。

改造单条微博组件<post>，修改单击跳转处的逻辑，代码如下：

```
goDetail (page) {
  // 确保只在列表页有跳转逻辑，详情页不跳转
  if (this.type !== 'list') return

  this.$store.dispatch('setDetailData', this.data)
  this.$router.push({
    path: '/detail/' + this.mblog.id + '/' + page
  })
}
```

在上面的代码中，通过 Vuex 来实现两个组件的数据传递，通过派发（dispatch）一个 action 来通知数据改变，同时还需要在 store.js 中设置好，以及在微博详情页面采用计算属性来接收。修改项目的 store.js，添加对应的设置，代码如下：

```
{
  state: {
    // 详情页使用的数据，使用对象（id 为 key）的形式来保存每个微博的数据
    detailData: {}
  },
  mutations: {
    /*
     * 设置详情页的 mutations
     */
    setDetailData (state, obj) {
      state.detailData[obj.mblog.id] = obj
    },
  },
  actions: {
    setDetailData (context, obj) {
      context.commit('setDetailData', obj)
    },
  },
  getters: {
    getDatailData: function(state){
      // 提供参数，根据 id 查到对应的数据
      return function(id){
        return state.detailData[id]||{};
      }
    }
  }
}
```

在对应的微博详情页中，采用计算属性来接收，代码如下：

```
computed: {
  itemData () {
    return this.$store.getters.getDatailData(this.$route.params.id)
  }
}
```

在页面之间传参，Vuex 是一种方案，这种方式是比较常用的，后面会讲解另外一种页面跳转时数据的传递方案。

完成了标题栏和微博详细信息部分之后，下面就是 3 个页签（tab）加列表部分的开发，首先配置路由对应的<router-view>，代码如下：

```
<router-link replace :to="'/detail/'+this.$route.params.id+'/repostlist'">
<div class="tab-item">转发{{itemData.mblog.reposts_count | numFormat}}</div>
</router-link>
<router-link replace :to="'/detail/'+this.$route.params.id+'/commentlist'">
<div class="tab-item">评论{{itemData.mblog.comments_count | numFormat}}</div>
</router-link>
<router-link replace :to="'/detail/'+this.$route.params.id+'/likelist'">
<div class="tab-item">赞{{itemData.mblog.attitudes_count | numFormat}}</div>
</router-link>
...
<keep-alive>
  <router-view></router-view>
</keep-alive>
...
```

之前在 router.js 设置了 3 个列表的二级路由配置，还需设置对应的<router-view>，同时添加了 keep-alive 来实现列表切换时的状态保存。

19.10.3　转发和点赞列表的开发

在当前的 detail 目录下新建 repostlist 文件夹，同时新建 index.vue，代码如下：

```
<template>
  <div class="content-list">
    <ritem v-for="(item,index) in dataList" :key="index" :data="item"></ritem>
  </div>
</template>
```

在上面的代码中，主要是转发列表的 DOM 结构，利用 v-for 指令循环渲染单条转发内容组件<ritem>，主要逻辑在<ritem>中实现。

在当前的 repostlist 文件夹下新建 ritem 文件夹，同时新建 index.vue，代码如下：

```
<template>
  <div class="item-wrap">
    <avatar :user="data.user" class="left-avatar"></avatar>
    <div class="item-right">
      <div class="nickname">{{data.user.screen_name}}</div>
      <div class="content">{{data.text}}</div>
      <div class="item-info">
        <div class="time-info">
          {{data.created_at}}
        </div>
```

```
            </div>
        </div>
    </div>
</template>
```

在上面的代码中，主要是单条转发内容的 DOM 结构，头像部分使用之前的<avatar>组件，其余部分按照 flex 布局开发即可，最终实现的效果如图 19-24 所示。

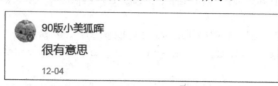

图 19-24　单条转发组件最终效果图

点赞列表和转发列表很类似，都是比较简单的一个列表，找到 likelist 文件夹，进入 index.vue，修改代码如下：

```
<template>
  <div class="content-list">
    <litem v-for="(item,index) in dataList" :key="index" :data="item"></litem>
  </div>
</template>
```

上述代码中，主要是转发列表的 DOM 结构，利用 v-for 指令循环渲染单条点赞内容组件<litem>，主要逻辑在<litem>实现。

在当前的 likelist 文件夹下新建 litem 文件夹，同时新建 index.vue，代码如下：

```
<template>
  <div class="item-wrap">
    <img class="left-avatar" :src="data.user.profile_image_url" />
    <div class="nickname">{{data.user.screen_name}}</div>
  </div>
</template>
```

上述代码中，主要是单条点赞内容的 DOM 结构，由点赞人头像和昵称构成，由于头像比较简单，没有 vip 验证标识，所以直接使用<img>来展示即可，最终实现的效果如图 19-25 所示。

图 19-25　单条点赞组件效果图

19.10.4　评论列表的开发

在当前的 detail 目录下新建 commentlist 文件夹，同时新建 index.vue，代码如下：

```
<template>
  <scrollView
```

```
    @loadCallback="loadCallback"
    :isend="isend"
    :readyToLoad="readyToLoad"
    :dataList="dataList"
  >
    <div class="content-list">
      <citem v-for="(item,index) in
dataList" :key="index" :data="item"></citem>
    </div>
  </scrollView>
</template>
```

在上面的代码中，与转发列表不同的是导入了 <scrollview> 组件，给列表添加滚动加载功能，并添加对应的数据请求回调函数，代码如下：

```
async loadCallback () {
  if (this.pageIndex == 2) {// 加载到第二页时，就结束加载，默认只有 2 页数据
    this.isend = true          // isend=true 表示停止 scrollview 的滚动加载功能
    return
  }
  this.readyToLoad = false  // readyToLoad 表示在发送 ajax 请求这段时间内不触发判断
滚动到底部的行为
  let resp = await service.get('json/comment/' + this.$route.params.id +
'.json')
  this.readyToLoad = true   // 请求发送完成后，可以正常触发滚动到底部的行为
  let array = resp.data.data || []
  this.$store.dispatch('setCommentDataList', array)// 将加载的数据放入 Vuex 中，
便于后续的评论功能联动
  this.pageIndex++
}
```

上面的代码主要将评论列表需要的数据放在 Vuex 中来管理，在后面的评论功能可以实现事件通知以便实时更新列表，与发表的实时更新逻辑类似。

完成了列表逻辑之后，可以开始开发单条评论内容组件 <citem>，相对于单条转发内容组件 <ritem>，该组件的逻辑稍复杂，并且此组件不仅会被评论列表引用，在后面的"更多回复"页面中也会用到。

在当前的 commentlist 文件夹下新建 citem 文件夹，同时新建 index.vue，代码如下：

```
<template>
  <div class="item-wrap">
    <avatar :user="data.user" class="left-avatar"></avatar>
    <div class="item-right">
      <div class="nickname">{{data.user.screen_name}}</div>
      <div class="content" v-html="formatText(data.text)"></div>
      ...
    </div>
  </div>
</template>
```

在上面的代码中，是单条评论内容的一部分 DOM 结构，主要包括头像和昵称以及评论正文，在布局方面采用 flex 布局即可，需要注意的是，评论的内容也是一段富文本内容，可能会包括表情等，特殊之处是评论内容可以评论图片，所以这段富文本内容可能会包括图片查看功能，如图 19-26 所示。

图 19-26　富文本内容可能会包括图片查看功能

所以需要将字符串中的图片链接提取出来，替换成 MUI 的图片查看器要求的格式，新建 formatText 方法进行转换，代码如下：

```
formatText (value) {
  let reg = /href=("|')(.+?)("|')/gi //通过匹配找出含有 href="xxx"的字符串
  let arr = value.match(reg)

  if (arr && arr[0]) {
    let imgStr = arr[0].replace(/^href="/, '').replace(/"$/, '')// 将 href 等
号右边的内容提取出字符串
    if (/\.(gif|png|jpg)$/.test(imgStr)) { // 判断此字符串是否是一张图片链接
      // 构造 MUI 图片查看器需要的格式
      let str = 'data-preview-src="' + imgStr + '" data-preview-group="' +
(this.data.id + Date.now()) + '"'
      value = value.replace(reg, str)
    }
  }
  // 将一些不需要的换行符和图片占位符去掉
  return value.replace(/<br \/><br \/>/g, '<br
/>').replace(/<span.*?class='url-icon'.*?>.*?<\/span>/ig, '')
}
```

转换方法主要是利用正则表达式对字符串进行关键词提取和处理，代码相关的逻辑含义可以通过注释来理解。

接下来是单条评论组件的剩余部分，接着之前的\<citem\>组件的 index.vue 编写程序逻辑，代码如下：

```
<div v-show="type === 'list'" class="comment-inner"
v-if="data.more_info_users && data.more_info_users[0]">
  <div class="text"><span
class="inner-blue">{{data.more_info_users[0].screen_name}}</span>等人<span
class="inner-spec inner-blue" @click="goMoreComment">共
{{data.more_info_users.length}}条回复 &gt;</span></div>
</div>
<div class="item-info">
  <div class="time-info">
    {{data.created_at | formatTime}}
```

```
    </div>
    <div class="tool-box">
      <div class="like-content">
        <div class="like-icon"></div>
        <div class="like-num">{{data.like_count || ''}}</div>
      </div>
      <div class="comment-content">
        <div class="comment-icon"></div>
      </div>
    </div>
  </div>
</div>
```

在上面的代码中，主要包括了评论正文、评论的回复以及点赞数和评论的 DOM 结构，其中对评论回复这部分 UI 是否显示进行了逻辑判断，在微博详情页中显示，而在更多回复页面则不显示，并且当回复数大于 1 时才会显示，同时添加单击事件来跳转到更多回复页面，剩余的部分直接按照正常 flex 布局即可。最终，整个单条评论组件的实现效果如图 19-27 所示。

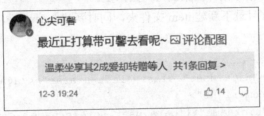

图 19-27　整个单条评论组件的实现效果

微博详情页剩余的部分就剩下底部的转发、评论、"点赞"按钮相关的逻辑了，由于这部分逻辑与之前的单条微博组件中的底部组件的逻辑基本类似，也是 flex 布局加上对按钮事件的绑定，所以这里就不再赘述。

至此，微博详情页的页面逻辑就开发完成了。

19.11　更多回复页面的开发

"更多回复"页面主要是显示微博评论列表中对每条评论所有的回复内容，这个页面逻辑相对简单，并且入口只有一个微博评论列表，页面的原型图如图 19-28 所示。

图 19-28　"更多回复"页面的原型图

在项目的 src 目录的 views 目录下创建 morecomment 文件夹，同时新建 index.vue，代码如下：

```html
<template>
  <div class="container">
    <headerbar :useBack="true" title="更多回复"></headerbar>
    <citem v-if="mainCommentData" :data="mainCommentData"
type="morecomment"></citem>
    <div class="content-list">
      <item v-for="(item,index) in dataList" :key="index" :data="item"></item>
    </div>
  </div>
</template>
```

在上面的代码中，主要包括两个部分，上半部分是微博评论的原始内容；下半部分则是针对此评论的回复列表，其中上半部分直接引用了之前开发的单条评论组件，进一步体现出组件化的好处，下半部分则是用 v-for 指令循环渲染出每一条回复。

在当前 morecomment 目录下新建 item 文件夹，同时新建 index.vue，代码如下：

```html
<template>
  <div class="item-wrap">
    <avatar :user="data.user" class="left-avatar"></avatar>
    <div class="item-right">
      <div class="nickname">{{data.user.screen_name}}</div>
      <div class="content">{{data.text}}</div>
      <div class="item-info">
        <div class="time-info">
          {{data.created_at | formatTime}}
        </div>
      </div>
    </div>
  </div>
</template>
```

在上面的代码中，主要是每条回复的 DOM 结构，内容较为简单，样式方面直接使用 flex 布局即可，需要注意的是，在使用评论创建的时间数据时，采用了 Vue 的 filter 来格式化时间，代码如下：

```js
{{data.created_at | formatTime}}
...
filters: {
  formatTime (value) {
    // 将时间格式转换成 MM-DD hh:mm 格式
    let date = new Date(value)
    return (date.getMonth() + 1) + '-' + date.getDate() + ' ' + date.getHours()
+ ':' + date.getMinutes()
  }
}
```

另外，"更多回复"页面上半部分所需的数据也可以直接从上一个页面带过来，之前讲过

采用 Vuex 来实现页面组件之间的数据传递，那么在这里我们使用另外一种方案来传递数据，修改
微博详情页的评论列表组件 commentlist 中的跳转逻辑，代码如下：

```
// 单击"更多回复"的回调函数
goMoreComment () {
  // 采用 vue-router 的 push 方法进行传参，将数据传入 params 对象中
  this.$router.push({
    name: 'morecomment',
    params: {
      mainCommentData: this.data
    }
  })
}
```

同时修改"更多回复"页面中接收数据的逻辑，代码如下：

```
data () {
  return {
    // 接收 vue-router 中上一个页面传递的数据
    mainCommentData: this.$route.params.mainCommentData,
  }
}
```

最后，还需要将"更多回复"页面添加到页面的路由配置中，修改 router.js，代码如下：

```
{
  path: '/morecomment',
  name: 'morecomment', // 添加 name 设置，这样在使用 push({name:morecomment}) 跳转
时才能生效
  component: () => import(/* webpackChunkName: "morecomment" */
'./views/morecomment')
}
```

至此，"更多回复"页面的上半部分和下半部分就开发完成了，效果如图 19-29 所示。

图 19-29　"更多回复"页面的最终效果图

19.12　评论页面的开发

（1）　　　（2）

评论页面主要是提供微博评论的功能，在交互操作上和"发表"页面类似，页面原型图如图19-30 所示。

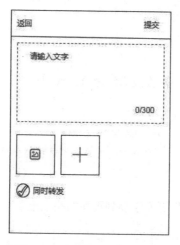

图 19-30　评论页面的原型图

评论页面作为用户输入评论的入口，主要由输入框+图片选择功能区域所组成，并且图片只限制选择一张，同时要添加是否同时转发的处理逻辑。

在项目的 src 目录的 views 目录下创建 comment 文件夹，同时新建 index.vue，代码如下：

```
<template>
  <div class="container">
    <headerbar useRightBtn="提交" :useBack="true" title="评论微博"
@rightBtnClick="submit"></headerbar>
    ...
    <div class="repost-content">
      <div class="mui-checkbox repost-btn">
        <input class="repost-checkbox" value="" v-model="isRepost"
type="checkbox">
      </div>
      <div class="repost-text">同时转发</div>
    </div>
    ...
  </div>
</template>
```

在上面的代码中，主要是评论页面的 DOM 结构，其中省略了输入框和图片选择相关的 UI，这部分可以直接参考之前的发表页面，这里主要开发同时转发功能，采用了 MUI 的 checkbox 组件，设置 v-model 即可获取到勾选的状态。

单击提交评论时，主要有以下逻辑需要单独处理：

● 将所选择的图片转换成 MUI 图片查看器组件支持的格式。

● 判断是否同时转发，即调用评论接口和转发两个接口，同时这两个接口可以实时更新数据。

在提交回调方法中，进行评论内容的转换，代码如下：

```
submit () {
  let text = this.postContent
  let id = Date.now() //指定唯一 id
  if (this.imageList.length > 0) {//判断是否选择了图片
    let str = '<a data-preview-src="$$src" data-preview-group="$$id"><span
class="surl-text">评论配图</span></a>'
    str = str.replace('$$src', this.imageList[0].base64).replace('$$id', id)
// 使用 base64 字符串替换
    text += str
  }
  ...
}
```

在上面的代码中，主要逻辑是构造含有 data-preview-src 和 data-preview-group 的字符串，以供 MUI 图片查看器组件使用。

评论的接口需要派发（dispatch）一个 action 来实时更新评论列表，然后，根据 checkbox 组件 v-model 设置的 isRepost 字段判断是否需要转发，如果需要直接 dispatch 对应的 action，这两个 action 都需在 store.js 中进行设置，可以参考之前类似的设置，这里就不再使用代码演示了。

如果勾选了"同时转发"复选框，则还需要接收上一个页面带来的原始微博的数据，供转发使用，修改微博详情页中"单击评论"按钮的跳转逻辑，代码如下：

```
goComment () {
  this.$store.dispatch('setToRepostData', this.itemData) // 将转发所需要的数据
通过 Vuex 传递
  this.$router.push({
    path: '/comment',
  })
}
```

同时在评论页面进行数据接收，代码如下：

```
repostData () {
  return this.$store.state.toRepostData.mblog
}
```

最后，还需要在 router.js 将页面设置在项目的路由中，这里就不再用代码演示了。

至此，评论页面的逻辑就已经完成了，整个页面的效果如图 19-31 所示。

图 19-31 评论页面的最终效果图

由于评论页面的逻辑和转发页面的逻辑所涉及的知识点基本相同，因此对于转发页面就不再使用代码演示了，读者可以参考项目的源代码进行学习。

19.13 页面转场动画

页面转场也称为页面跳转，表示从一个页面跳转到另外一个页面，传统的 HTML5 项目页面跳转分为两种应用场合：

- **单页面的 HTML5 项目：** 由于所有页面都是在一个 HTML 中，因此页面的切换一般是将上一个页面的 DOM 内容移除，将下一个页面的 DOM 内容附加上去，在此之间可以做一些动画效果，例如从左往右，从下往上。
- **多页面的 HTML5 项目：** 由于是多个 HTML，可以采取 window.open('page.html') 来实现页面的跳转，此跳转在页面返回时，可能不会保留上一个页面的状态，例如输入框的值、滚动的距离等。如果 HTML5 页面是内嵌在一个混合模式（Hybrid）应用中，也可以借助提供的原生接口来实现页面跳转，这样的跳转体验要好很多，可以利用原生的页面切换动画，同时在页面返回时可以保持上一个页面的状态，实际上是一个多 WebView 应用，大家可以参考微信→发现→游戏里的应用，就是采用这种方案。

本项目是一个单页面的 H5 项目，所以采用第一种场景来实现页面的转场切换动画。做好转场切换动画是衡量一个 H5 项目用户体验的一个关键指标，是让用户用起来像是一个原生应用的重要体现，下面就来实现这种动画效果。

19.13.1　监听路由变化

实现页面转场动画的关键在于页面切换时给定离开页和进入页时刻对应的动画效果，所以第一步需要能够监听到页面切换的时机，那么对于采用 vue-router 实现页面切换的项目，核心在于监听路由的变化。在之前的章节中，我们讲解过多种来监听路由变化的方法，其中包括：

- 用监听属性 watch 来监听$route 对象。
- 使用路由导航守卫。

这里采用 watch 监听$route 对象的方法更为合适，并且为了监听到每一个页面的每一次路由切换，需要将监听属性 watch 设置在根组件中，修改项目的 App.vue，代码如下：

```
export default {
  name: 'App',
  ...
  watch: {
    // 使用 watch 监听$router 的变化
    $route (to, from) {
      console.log('切换前的页面: ',from)
      console.log('切换后的页面: ',to)
    }
  }
}
```

在上面的代码中，from 表示上一个页面的路由对象，to 表示下一个页面的路由对象，每当有路由切换时都会进入这个方法。

19.13.2　使用 transition 动画组件

接着需要利用 Vue 的动画组件 transition 结合路由 router-view 实现页面切换时的过渡效果，代码如下：

```
<transition :enter-active-class="transitionNameIn" :leave-active-class="transitionNameOut" :duration="duration">
  <keep-alive>
    <router-view></router-view>
  </keep-alive>
</transition>
```

页面之间的切换，从过程来分析就是为离开的页面添加离开动画，为进入的页面添加进入动画，实际上就是从一个状态到另一个状态的过渡效果，所以可以利用过渡相关的属性来设置动画。在上面的代码中：

- enter-active-class 和 leave-active-class 分别表示过渡开始时和过渡结束时使用的 class 类名。
- duration 表示过渡执行的时间，这里不采用 CSS 来设置动画的时间，需要手动指定。
- class 类名用到了 Animate.css 动画库的动画名称，例如 fadeIn、slideIn 等。

Animate.css 是一个使用 CSS3 的 animation 制作动画效果的开源集合,里面默认了很多种常用的动画,且调用方法非常简单。我们在项目中主要用其实现一些特效动画,并结合 vue-router 实现各种页面转场效果。

安装 Animate.css 非常简单,在官网上下载对应的 CSS 文件,并在页面中导入即可,资源地址如下:

- 体验地址:https://daneden.github.io/animate.css/
- 下载地址:https://raw.github.com/daneden/animate.css/master/animate.css

下载之后放在项目的 assets 文件夹下,然后在 main.js 中采用 import 方式导入 animate.css,代码如下:

```
import './assets/animate.css'
```

至于为何使用 import 而不是在 index.html 采用<link>方式导入,可以参考之前的 mui.min.css 和 mui.previewimage.css 导入方法。

19.13.3　添加转场动画 CSS 样式

转场动画的类型主要有以下几种:

- 翻页型:离开页面向左移出屏幕区域,进入页面向左移入屏幕区域。
- 模态型:离开页面静止不动,进入页面从下往上进入屏幕区域并覆盖离开页面。
- 静止型:页面切换无动画,直接切换。

上述类型中,翻页型是使用最多的切换类型,一般作为默认的切换类型。本项目的各页返回时,离开页面和进入页面分别向相反的方向执行动画效果即可,结合微博类 App 的用户交互习惯,将发表类页面包括发表页面、评论页面、转发页面、登录页面归为模态型切换;将微博首页的 4 个页签(tab)页面包括"新鲜事"页面、"消息"页面、"我的"页面、"设置"页面归为静止型切换;将剩余的页面归为翻页型切换。

结合每种切换动画的运动逻辑和 Animate.css 库,修改 watch 监听$route 的方法,代码如下:

```
$route (to, from) {
  let modelPage = ['/publish', '/login', '/comment', '/repost'] // 模态切换
  let normalPage = ['/', '/my', '/message', '/setting'] // 静止切换
  // 判断是返回操作还是进入操作
  if (this.$router.backFlag) {
    // 从模态型页面返回
    if (modelPage.indexOf(from.path) > -1) {
      this.duration = 500 // 持续时间
      this.transitionNameIn = ''
      this.transitionNameOut = 'animated faster slideOutDown'
    }
    // 从静止型页面返回
    else if (normalPage.indexOf(from.path) > -1) {
      this.duration = 0 // 持续时间为 0, 即不需要动画
```

```
      this.transitionNameOut = ''
      this.transitionNameIn = ''
    } else {// 从翻页型页面返回
      this.duration = 500 // 持续时间
      this.transitionNameOut = 'animated faster slideOutRight'
      this.transitionNameIn = 'animated faster slideInLeft'
    }
  } else {
    // 进入模态型页面
    if (modelPage.indexOf(to.path) > -1) {
      this.duration = 500 // 持续时间
      this.transitionNameIn = 'animated faster slideInUp'
      this.transitionNameOut = ''
    }
    // 进入静止型页面
    else if (normalPage.indexOf(to.path) > -1) {
      this.duration = 0 // 持续时间为 0，即不需要动画
      this.transitionNameOut = ''
      this.transitionNameIn = ''
    } else {// 进入翻页型页面
      this.duration = 500 // 持续时间
      this.transitionNameIn = 'animated faster slideInRight'
      this.transitionNameOut = 'animated faster slideOutLeft'
    }
  }
  // 重置返回的标志位
  this.$router.backFlag = false
}
```

在上面的代码中，可以结合注释理解详细的切换动画逻辑，其中 this.$router.backFlag 是判断返回操作的标志位，需要和 this.$router.back() 一起使用，代码如下：

```
goBack () {
  this.$router.backFlag = true // 表示返回的标志位
  this.$router.back()
}
```

19.13.4 页面缓存和相同页面组件的复用

使用 vue-router 来实现页面切换时，对于一些频繁切换的页面，为了提升用户体验，可以采用 `<keep-alive>` 来缓存页面状态，所以对于首页的 4 个页签页面，可以使用 `<keep-alive>` 来缓存，并通过 include 来指定具体的页面，代码如下：

```
<keep-alive :include="['index','message','my','setting']">
  <router-view></router-view>
</keep-alive>
```

在上面的代码中，include 表示需要缓存的页面，可以设置数组，数组中每个项表示页面组件

的组件名称 name。

页面切换的前后如果是同一个组件，例如从一个微博详情页切换到另一个微博详情页，也就是当使用路由参数从/detail/1 导航到/detail/2 时，原来的组件实例会被复用。这个是 Vue 为了提升性能而进行的内部优化，因为两个路由都渲染同一个组件，比起销毁再创建，复用则显得更加高效，不过，这也意味着组件的生命周期钩子不会再被调用。

因此，在这种情况下，因为切换前后只有一个页面组件，页面的转场动画自然不会生效，为了解决这个问题，需要告诉 Vue 对于这种情况，要禁止复用组件，可以通过给<router-view>设置唯一 key 的方式，代码如下：

```
<router-view :key="key"></router-view>
...
computed: {
  key () {
    // 判断是否为详情页
    let reg = /\/detail\/\d+/gi
    let arr = this.$route.fullPath path.match(reg)
    if (arr && arr.length > 0) {
     // 详情页使用/detail/:id 作为 key 的值为路由完整路径
    } return arr[0]
  }
}
```

在上面的代码中，如果计算属性得到的 key 值是相同的，那么不影响其复用组件的特性；如果不同，例如/detail/1 和/detail/2 这种切换场景，就不会再复用组件。

19.14 改造 PWA 应用

本节将 PWA 技术运用到微博实战项目中。

19.14.1 配置 sw.js 文件

PWA 应用改造的核心是使用 Service Worker，而 Service Worker 的核心是编写对应的 sw.js，在前面讲解的演示项目中，sw.js 主要用来设置缓存的文件及监听推送 push 相关的逻辑，对于微博类应用来说，暂不适用 push 相关逻辑，只关注文件的缓存逻辑即可。

由于本实战项目构建之后的文件很多，并且当有代码改动时，每次构建的文件名都不相同，所以在 sw.js 中设置需要缓存文件的列表时，无法写成一个固定的地址。参考如下代码：

```
var cacheFiles = [
  './static/js/vendor.d70d8829.js'
  './static/js/app.d70d8869.js'
]
```

在上面的代码中，cacheFiles 数组中的每个文件都会经常变动，所以每次修改都是一件很烦琐的事情，好在 Webpack 提供了一个针对 Service Worker 缓存文件设置而生成的插件 offline-plugin，使用此插件可以帮我们自动完成这些事情，自动生成对应的 sw.js 文件。

安装 offline-plugin 插件的命令如下：

```
cnpm install offline-plugin --save
```

找到项目的 vue.config.js 文件，添加对应的设置，代码如下：

```
configureWebpack: {
  plugins: [
    new OfflinePlugin({
      // 要求触发 Service Worker 事件回调
      ServiceWorker: {
        events: true,
      },
      // 更新策略选择全部更新
      updateStrategy: 'all',
      // 除去一些不需要缓存的文件
      excludes: ['**/*.map', '**/*.svg', '**/*.png', '**/*.jpg'],

      // 添加 index.html 的更新
      rewrites (asset) {
        if (asset.indexOf('index.html') > -1) {
          return './index.html'
        }
        return asset
      }
    })
  ]
}
```

configureWebpack 这个设置项就是专门用于设置 Webpack 相关的逻辑，由于使用 vue cli3 生成的项目不再有单独的 Webpack 文件，统一由 vue.config.js 这个文件来管理，而 offline-plugin 也属于 Webpack 的插件，因此在这里设置对应的参数。

offline-plugin 插件会自动扫描 Webpack 构建出来的 dist 目录中的文件，对这些文件设置缓存列表，其中的一些设置参数含义如下：

- **excludes:** 指定了一些不需要缓存的文件列表，例如我们不希望对图片资源进行缓存，并且支持正则表达式的方式。
- **updateStrategy:** 指定了缓存策略选择全部更新，另外一种是增量更新 changed。
- **event:** 指定了要触发 Service Worker 事件的回调函数，这个 registerServiceWorker.js 中的设置是相对应的，只有这里设置成 true，那边的回调函数才会触发。

设置完成之后，还需要在 main.js 中编写 offline-plugin 运行时的逻辑，在 main.js 的同级目录中创建 registerServiceWorker.js 文件，并在 main.js 中导入，代码如下：

```
import * as OfflinePluginRuntime from 'offline-plugin/runtime'
```

```
// 注册 Service Worker
OfflinePluginRuntime.install({

  onUpdateReady: () => {
    // 当发现有更新时，调用 applyUpdate()跳过等待立刻更新，相当于调用 skipwaiting()方
    OfflinePluginRuntime.applyUpdate()
  },
  onUpdated: () => {
    // 更新完成后刷新一下页面
    window.location.reload()
  }
})
```

在上面的代码中，主要是注册 Service Worker 以及当发现 Service Worker 有更新时，页
处理相关的逻辑，如果不熟悉 Service Worker 的状态和更新策略，可以回顾 PWA 技术一章的内

19.14.2 设置 manifest.json 文件

添加到桌面快捷方式的功能是 PWA 应用的一部分，它让应用看起来更像是一个 Web 应用，
在前端项目的 public 文件夹下新建 manifest.json 文件，代码如下：

```
{
  "name": "WEIBO",
  "short_name": "WEIBO",
  "icons": [
    {
      "src": "./img/icons/ weibo-192.png ",
      "sizes": "192x192",
      "type": "image/png"
    },
    {
      "src": "./img/icons/ weibo-192.png ",
      "sizes": "512x512",
      "type": "image/png"
    }
  ],
  "start_url": "./index.html?from=manifest",
  "display": "standalone",
  "background_color": "#181818",
  "theme_color": "#181818"
}
```

在上面的代码中，主要设置 App 图标、启动页、主题颜色等，每项设置参数的含义就不再赘
述了，读者可以在之前的 PWA 技术章节中找到。

由于 iOS 系统对 manifest.json 只是部分支持，因此需要在 head 中设置额外的 meta 属性才能让
iOS 系统更加完善，修改 index.html，代码如下：

```
<meta name="apple-mobile-web-app-capable" content="yes">
<meta name="apple-mobile-web-app-title" content="WEIBO">
<link rel="apple-touch-icon" sizes="192x192"
href="./img/icons/weibo-192.png" />
<link rel="apple-touch-icon" sizes="512x512"
href="./img/icons/weibo-192.png" />
```

最后，在 index.html 中导入 manifest.json 文件。至此，PWA 改造就基本完成了。

19.15　打包和部署

通过上面的开发和讲解，整个微博移动 Web 应用实战项目就基本完成了，最后剩下的就是将
包并部署在生产环境中。随着前端工程化的流行，现在的前端项目已经不再是由几个简单的
页面和 JavaScript 所组成，而是一个完整的项目工程，当代码开发完毕后，需要对项目进行
，打包的目的是将零散的 Vue 文件、CSS 文件、JavaScript 文件以及 HTML 文件进行逻辑化的
并和压缩，让项目在生产环境中运行时达到最优的性能体验。

目前比较流行的打包方案是采用 Webpack 工具，由于我们的项目在创建时采用了 vue cli 3 脚
手架工具，因此已经默认集成了 Webpack，要将这个项目打包，只需要执行如下命令：

```
npm run build
```

为生产环境打包之后，会在当前项目的根目录下生成一个 dist 文件夹，该文件夹中包含项目
完整代码的静态文件，并且经过压缩和合并。可以通过配置 vue.config.js 来指定静态资源运行时的
路径和存放的目录，代码如下：

```
...
publicPath: '/', // 静态资源线上的访问路径
assetsDir: 'static',// 用于放置生成的静态资源（js、css、img、fonts）路径，项目打包
之后，静态资源会放在这个文件夹下
configureWebpack: {
...
```

打包之后就需要部署，所谓部署就是将项目打包之后的源代码包放在服务器中，由于前端的
代码包都属于静态资源文件，无须关注后台服务和数据库，因此直接部署在静态资源服务器即可，
这里主要分为本地服务器和远程服务器：

- 本地服务器可以直接采用 http-server，在 dist 目录下，使用 CMD 命令行执行 http-server
  命令即可。
- 远程服务器包括自建服务器和第三方服务器，自建服务器需要自己购买机器和公网 IP，
  一般的小型公司或者企业会采用第三方的云服务器，比较出名的云服务有亚马逊的 AWS、
  阿里云、腾讯云，等等。

启动 http-server，如图 19-32 所示。

```
C:\weibo\sina\app\dist>http-server
Starting up http-server, serving ./
Available on:
  http://10.69.4.233:8080
  http://127.0.0.1:8080
Hit CTRL-C to stop the server
```

图 19-32　启动 http-server

阿里云服务如图 19-33 所示。

图 19-33　阿里云服务

采用第三方云服务器是目前比较流行的部署方案，直接使用云平台提供的工具和快速部署方案把应用的开发者从运维工作中解脱出来。至于如何选择和使用第三方云服务，可以直接去对应的官方网站查询，这部分内容本书不进行介绍。